"十二五"国家重点图书出版规划

物联网工程专业规划教材

# ZigBee技术原理与实战

杜军朝 刘惠 刘传益 马海潮 等编著

机械工业出版社

China Machine Press

## 图书在版编目（CIP）数据

ZigBee 技术原理与实战 / 杜军朝等编著 . —北京：机械工业出版社，2014.11（2024.7 重印）
（物联网工程专业系列教材）

ISBN 978-7-111-48096-9

I. Z… II. 杜… III. 无线网 – 高等学校 – 教材 IV. TN92

中国版本图书馆 CIP 数据核字（2014）第 224247 号

本书深入分析和实践了一门新兴无线通信技术——ZigBee。全书深入浅出、循序渐进地从原理到实践、从实验到实战，系统全面地讲述了 ZigBee 通信技术原理、Z-Stack 协议栈以及在工程实践中的应用实例。全书共分为 8 章：第 1 章为 ZigBee 技术背景概述；第 2 章为 ZigBee 无线传感器网络通信标准；第 3 章为 ZigBee 常用射频芯片介绍；第 4 章为 ZigBee 技术软硬件开发环境介绍；第 5 章为 TI Z-Stack 2007 协议栈架构及重要术语；第 6 章为基于 TI Z-Stack 2007/Pro 的应用实践（这是本书的核心内容）；第 7 章为基于 ZigBee 技术的无线工控网络系统；第 8 章为 ZigBee 技术关键问题研究。

本书编写的目的是让读者在宏观上把握 ZigBee 技术及其所属无线传感器网络技术背景，在理论上系统深入地学习 ZigBee 技术知识体系并熟悉具体原理细节，在实践中熟练运用 ZigBee 技术开发无线传感器网络应用系统。

本书可作为从事无线传感器网络、ZigBee 技术等研究开发人员的参考用书，也可作为本科生和研究生物联网、计算机、自动化、无线通信等课程的实用教材。

出版发行：机械工业出版社（北京市西城区百万庄大街 22 号　邮政编码：100037）

责任编辑：张梦玲　　　　　　　　　　　　　　责任校对：殷　虹

印　　刷：中煤（北京）印务有限公司　　　　版　　次：2024 年 7 月第 1 版第 8 次印刷

开　　本：185mm×260mm　1/16　　　　　　印　　张：23.5

书　　号：ISBN 978-7-111-48096-9　　　　　定　　价：59.00 元（附光盘）
　　　　　　ISBN 978-7-89405-539-2（光盘）

客服电话：（010）88361066　68326294

# 序

网络正在深刻地改变人类的生产和生活方式。随着感知识别技术的发展，以传感器和智能识别终端为代表的设备能够准确快捷地完成对物理世界的感知、测量和测控；随着芯片成本的不断降低，可联网的终端数目激增；同时人们对来自物理世界的信息需求也与日俱增，进而希望让所有能够独立寻址的普通物理对象网络化，从而实现人类社会和物理系统的信息整合。于是，便催生了一种新型的网络——物联网（Internet of Things）。

物联网形式多样、技术复杂、涉及面广，融合了半导体、传感器、通信技术、计算机等多种技术。按照信息获取、传递和处理的原则，可以将物联网划分为感知识别层、网络传输层和应用服务层，各层之间相对独立又紧密联系。网络传输层连接感知识别层和应用服务层，具有强大的桥梁作用，并要能高效、稳定、及时、安全地传输上下层数据，因此是物联网中重要的基础设施，扮演着重要的角色。正所谓"大鹏一日同风起，扶摇直上九万里"，网络传输层的关键技术就是这股"风"，助推"大鹏"物联网的发展。网络传输层具有互联网、无线宽带网、无线低速网、移动通信网等网络形式。本书介绍的 ZigBee 技术就属于无线低速网络范畴，其能够满足物理世界的联网需求，并已展现出广阔的市场前景。

ZigBee 究竟是一种什么类型的技术呢？ZigBee 在中国被译为"紫蜂"，主要用于短距离的无线连接，依据 IEEE 802.15.4 通信标准，只需很少的能量，便能以接力的方式通过无线电波实现微小传感器之间的相互协调通信。蓝牙技术和 ZigBee 技术相似，但对家庭自动化控制和工业遥测、遥控领域而言，其结构复杂，功耗大，距离短，组网规模小。而工业现场的无线数据传输必须是高可靠的，并能抵抗各种电磁干扰。ZigBee 正是为工业现场自动化控制数据传输建立的，具有简单、方便、可靠、低成本、低功耗等优势。

在章节组织上，本书没有直接对 ZigBee 技术展开论述，而是首先介绍了 ZigBee

技术所属的物联网、无线传感器网络领域的背景，综述了 ZigBee 的技术简介、基础、特点以及应用。然后，从原理方面阐述了 ZigBee 的技术细节。最后，本书递进地介绍了 ZigBee 技术软硬件开发基础、实践进阶、项目案例和技术研究。本书知识地图清晰明朗、理论与实践并重、语言浅显易懂、结构层次分明、图文并茂，同时作者也善举例类比、旁征博引。

本书是编者对国内外 ZigBee 技术研究成果的分析和整理，且难能可贵的是：此书归纳和总结了作者科研小组多年来的科研成果、项目经验和技术积累。相信本书将是国内一部优秀的 ZigBee 技术书籍，也希望本书能够成为该领域科研工作者、相关工程人员以及教师、同学的重要参考书，并对物联网领域技术普及和发展起到重要的作用。

# 前　言

## ZigBee 简介

ZigBee 技术是一种近距离、低功耗、低速率、低成本的无线通信技术，兼具经济、可靠、易于部署等优势，已成为无线传感器网络中最具潜力和研究价值的技术，在工业控制、环境监测、智能家居、医疗护理、安全预警、目标追踪等应用场合已展现出广阔的市场前景。

与传统网络类似，ZigBee 无线传感器网络也需要相应的网络协议支持。ZigBee 联盟采用 IEEE 802.15.4 标准作为 ZigBee 网络的物理层和介质访问控制层（MAC）规范，并以此为基础制定网络层和应用层规范。一些国际知名的大公司和组织依据 ZigBee 的标准和规范实现了各自的协议栈，如德州仪器（TI）的 Z-Stack[119]，飞思卡尔（Freescale）的 BeeStack[122]。ZigBee 应用项目开发也需要以这些协议栈为基础。

## 本书特色

目前，市面上介绍 ZigBee 技术的书籍主要分为两种：一种是介绍 IEEE 802.15.4 标准和 ZigBee 联盟规范的原理书，虽然全面详细，但读者不易理解 ZigBee 技术在实际中的应用；另一种是讲解 Z-Stack 官方例程的实践书，虽然具有一定指导性，但大都是对 ZigBee 技术泛泛而谈，更类似于 Z-Stack 使用手册。鉴于此，本书结合作者在 ZigBee 无线传感器网络具体项目上的经验，深入地分析了 ZigBee 网络通信原理和 Z-Stack 协议栈，提炼并剖析了多个具有代表性的协议栈案例。

本书特点是从原理到实践，从实验到实战，利用 TI 公司 CC2530 片上系统，并基于 Z-Stack 2007/Pro 协议栈，循序渐进地引导读者深入地理解 ZigBee 技术，进而掌握如何使用 ZigBee 技术来完成自己的项目需求。

本书的编写目的是让读者在宏观上把握 ZigBee 及其所属无线传感器网络的背

景，在理论上系统深入地学习 ZigBee 技术并熟悉具体原理细节，在实践中熟练运用 ZigBee 技术开发无线传感器网络应用系统。

## 章节安排

全书共分为 8 章，章节组织如下：

第 1 章，ZigBee 技术背景概述。本章首先介绍 ZigBee 所属的无线传感器网络领域应用现状、网络特点、关键技术、应用前景等，然后讲述 ZigBee 技术在无线传感器网络中的位置、目的、功能、特点以及运行机理。

第 2 章，ZigBee 无线传感器网络通信标准。ZigBee 网络技术大致由三部分组成：一是由 IEEE 定义的 802.15.4 标准，其构成了 ZigBee 网络协议的物理层和介质访问控制层；二是由 ZigBee 联盟制定的网络层和应用层规范；三是由用户根据需求在应用层规划的协议。本章结合编者的 ZigBee 网络项目实践，参考 Z-Stack 协议栈实现，阐述了 IEEE 802.15.4 标准以及 ZigBee 网络层和应用层规范。

第 3 章，ZigBee 常用射频芯片介绍。第 2 章讲述了 ZigBee 网络通信标准等理论知识，然而 ZigBee 网络并不是空中楼阁，需要特定射频芯片和硬件平台承载运行。本章首先介绍一些领先半导体生产厂商推出的支持 IEEE 802.15.4 标准的射频芯片，如 TI CC253X[117]、Freescale MC1319X[120]、Ember EM35X[123]，然后介绍一些用于学习、开发 ZigBee 网络应用的硬件平台。

第 4 章，ZigBee 技术软硬件开发环境介绍。古语说得好：工欲善其事，必先利其器。为了提高项目开发效率，读者需要选择合适的软硬件开发工具，搭建开发环境，并使用抓包工具分析调试程序，以帮助读者尽快排查无线网络中出现的问题。本章最后几节带领读者利用 Z-Stack 例程建立一个新的应用工程。虽然建立的是一个空工程，但是这将是读者运用 ZigBee 协议栈实践自己工程项目的基础。新建应用工程是一个必不可少的过程，同时也是最重要的环节之一。

第 5 章，TI Z-Stack 2007 协议栈架构及重要术语。与传统基于 TCP/IP 网络的应用类似，ZigBee 项目开发也需要网络协议栈作为基础。一些国际知名的大公司和组织也实现了自己的 ZigBee 协议栈。本章通过深入介绍 TI Z-Stack 2007 协议栈让读者理解 ZigBee 标准和规范对应代码层次的实现，并掌握 Z-Stack 协议栈架构和操作系统调度运行机理。本章还介绍了 Z-Stack 各层间原语通信的实现，同时也罗列并阐述了在 ZigBee 应用开发中容易引起读者困惑的重要术语（这些困惑是编者在开发过程中也曾经遇到的）。本章最后讲述了 Z-Stack 中网络的运行机理，以便读者深入理解协议栈的执行。

第 6 章，基于 TI Z-Stack 2007/Pro 的应用实践（这是本书的核心内容）。编者根据 ZigBee 无线工控网络的实现，从不同方面提炼出多个具有代表性的典型案例。

❑ 创建 ZigBee 协议栈工程：介绍怎样创建一个新的工程、添加应用层任务并完成简单事件的处理，实现简单的 ZigBee 网络。

❑ ZigBee 建网和入网：详细阐述了 ZigBee 网络组建过程，并利用抓包工具 Packet Sniffer 分析数据在 ZigBee 网络中的传输流程。

❑ ZigBee 网络自诊断：使用串口 UART1 实现 ZigBee 网络系统的自诊断，方便程序调试，判断网络中的故障点。

❑ ZigBee 网络外部环境数据采集：利用传感器节点采集外部环境温度、光照等信息，构建一个具有实际意义的无线传感器网络。

❑ ZigBee 网络的 AES 数据加密：为了避开设备干扰和防止数据信息被窃听，ZigBee 网络通过采用数据加密技术提高系统运行的安全性。

❑ ZigBee 多跳组播：ZigBee 网络工作组内设备可以接收组播数据包，而组外设备将无法接收，进而实现对特定设备的分组管理。

第 7 章，基于 ZigBee 技术的无线工控网络系统。本章素材来自一个具体的产学研项目，让读者身临其境地感受如何运用 ZigBee 技术开发无线传感器网络实际应用系统。该项目主要研究 ZigBee 大规模网络在新型工业缝制设备中的部署，推广物联网产业化应用。该系统利用 ZigBee 自组织网络，实时进行数据采集和高可靠传输，并通过自主研发的硬件网关设备，将数据上传至后台监控服务系统以完成数据统计、分析和预测。该系统已经完成大面积部署，并在一些服装厂得到了有效运用，效果良好。

第 8 章，ZigBee 技术关键问题研究。本章探讨 ZigBee 无线传感器网络性能提升方面的高级话题，可供读者深入学习研究 ZigBee 技术。

❑ 调整 ZigBee 网络节点发射功率：考虑到 ZigBee 网络节点能源供应受限问题，通过合理调节发射功率，降低节点能量消耗，进而延长 ZigBee 网络寿命。

❑ ZigBee 网络的 LQI（链路质量指示）、RSSI（信号强度）、丢包率：考虑到实际 ZigBee 网络部署环境的复杂多变性，LQI、RSSI、丢包率等性能指标对 ZigBee 网络资源的分配调度具有重要参考意义。

❑ 影响 ZigBee 网络数据传输速率的因素：考虑到节点间的通信距离、发射功率、障碍物以及节点干扰等因素对数据发送速率的影响，进一步测试、评估数据传输速率能否满足实际应用需要。

❑ ZigBee 网络多信道调度：为提高 ZigBee 网络规模，利用 ZigBee 多信道特性建立多个 PAN 网络；节点根据多个网络的负载程度有选择性地加入网络；由于某种原因与网络断开连接后，节点自动切换信道加入另一个可用网络，以增强网络灵活性和对外界环境的抗干扰性。

- ❑ ZigBee 网络低功耗模式机制研究：考虑到网络节点间通信频率较低的应用场合，ZigBee 节点依据某种策略进行周期性休眠与唤醒，这对减少 ZigBee 网络能量消耗，实现低占空比（Low Duty-Cycle）网络具有重要参考意义。

## 本书用法

本书可作为无线传感器网络、ZigBee 技术相关领域研究开发人员的案头参考用书，以及物联网、计算机、自动化、无线通信等相关专业本科生、研究生的实用教材。

（1）作为工程技术人员和研究人员参考用书

对于专业技术研究开发人员而言，建议读者先浏览本书的前 3 章，然后从第 4 章搭建软硬件开发环境开始重点学习。通过学习第 5 章，读者可快速了解 TI Z-Stack 协议栈开发基础。通过第 6 章 TI Z-Stack 2007/Pro 应用实践的学习，读者可快速入门 TI Z-Stack 程序开发，构建一个具有实际意义的 ZigBee 网络。第 7 章可为读者提供实际无线传感器网络应用项目解决方案的思路。如果实际项目对网络性能有要求，读者可研读第 8 章。如果需要继续研究 ZigBee 技术，读者可再次深入学习本书前 4 章的理论知识。

（2）作为教材或教学参考用书

本书兼顾系统性和通用性，且理论性与实践性并重，可作为 54 学时的 ZigBee 技术原理与应用教材。建议学生在学习第 6 章协议栈实践部分时，要经常联系第 2 章 ZigBee 通信原理内容，通过原理和实践相结合的方式可更迅速、熟练地掌握 ZigBee 技术。

（3）对初学 ZigBee 技术读者的建议

1）首先应了解 ZigBee 所属无线传感器网络领域的特征及基本概念。

2）ZigBee 技术是软硬件结合的技术，硬件和软件的学习同样重要。建议初学者尽量购买市面上成熟的 ZigBee 模块和协议栈产品，迅速搭建好软硬件开发平台。并学习、完成关于单片机芯片（如 CC2530）的基础实践项目，了解 CC2530 芯片的基本结构，尤其是如何配置相关寄存器。

3）通过学习第 6 章的简单示例程序来了解具体编程方法，熟悉开发软件和 ZigBee 网络操作。并结合应用需求，利用现有程序模板进行项目开发。

4）了解 ZigBee 协议架构，结合 ZigBee 无线通信标准原理熟悉 Z-Stack 的层次和结构。

5）经常参考 IEEE 802.15.4 标准、ZigBee 规范、模块及射频芯片原理图、Z-Stack 开发、Z-Stack 应用 API 等文档。

6）运行和修改本书中的案例源代码是学习 ZigBee 技术编程的很好方法。

7）当利用开发板测试程序和验证功能正确后，读者就可以考虑开发自己的电路板了，将外围器件整合到 ZigBee 模块上或者将 ZigBee 模块嵌入到其他设备中。这样有利于 ZigBee 设备小型化、精简化、集成化、低成本化和产品化。

西安电子科技大学移动计算和物联网系统实验室自 2006 年就开始了传感器网络技术的研究，并先后获得了国家科技重大专项、国家自然科学基金、教育部科学技术研究重点项目等纵向课题的研究，同时中兴通讯公司产学研基金也多次资助实验室开展研究。自 2010 年，实验室开始研发基于 ZigBee 的软硬件系统，并研发了终端节点和网关设备，开发了面向特定行业的软件系统。在项目实施中，为了能够将相关技术传承下来，教师指导研究生撰写了大量的技术报告和学习报告来记录相关技术的实验，这为本书奠定了坚实的基础。刘传益同学提议将这些技术整理一下，撰写成书，以为同行和同学提供帮助。采纳了他的建议后，让实验室的科研小组撰写了大纲的初稿，后经过师生多次讨论，确定了书稿的内容。整个科研小组都为本书的编写作出了贡献。第一稿完成后，杜军朝、刘惠、刘传益和马海潮又进行了若干轮的反复修订和统稿。

本书从决心要写，到提纲形成，再到分工编写成稿、案例验证、反复修订、统稿，直到和读者见面，历经四年多的时间，凝结着整个科研小组的心血。为方便读者学习，本书还有配套光盘，其包含了本书的例程代码。同时，王利敏、张荧俊、张捷同学在他们过往的研究生涯中为科研小组留下了珍贵的无线传感器网络资料，在此表示感谢。

本书许多原创性实验为刘传益和冀维臻同学合作完成的，在暑假期间，两人夜以继日地调试 ZigBee 模块。而对于其他参与者而言，李旋是个技术爱好者，善写博文，涉猎广泛，乐于钻研。姚家胜做事认真，高标准，严要求，极富文档编写能力。刘志富天资聪颖，思路敏捷，软硬兼吃，他曾"研究"过 ZigBee 原理、操作系统调度，也曾"刻画"过硬件 PCB 电路板。李兴是编程大牛，依稀记得他在编程时，戴着耳麦，盯着屏幕，猛敲键盘。科研小组的成员李晓军、刘文涛、薛鹏、孔鑫、张应昌同学也积极参与了本书的编写和修订。

机械工业出版社的编辑们在本书的编写和出版过程中也提供了很多宝贵的指导意见。感谢 TI 公司对本书的支持。本书同时也凝聚了很多 ZigBee 领域科研、工作、学习人员的智慧和见解。在此对他们表示衷心的感谢。

由于编者水平有限，书中难免出现错误和不妥之处，敬请广大读者批评指正。

编者 2014 年 10 月
于西安电子科技大学老校区

# 目 录

# 第 1 章 ZigBee 技术背景概述

ZigBee 技术是一种新兴的短距离无线传感器网络标准，具有低成本、低功耗、体积小等特性，兼具经济、可靠、易于部署等优势，恰好顺应了市场需求，在工业控制、环境监测、智能家居、医疗护理、安全预警、目标追踪等应用场合已展现出广阔的市场前景，且 ZigBee 网络已成为无线传感器网络中最具发展潜力和研究价值的网络之一。

翻开 ZigBee 技术的篇章，物联网和无线传感器网络则是不得不提的话题。本章首先介绍 ZigBee 所属无线传感器网络领域的应用现状、网络特点、关键技术、应用前景等，然后讲述 ZigBee 技术在无线传感器网络中所处的位置、目的、功能、特点以及运行机理。

## 1.1  无线传感器网络概述

随着个人计算机、计算机网络的普及，信息化已经成为时代大潮，网络已逐渐成为我们的生活必需品。就在人们不断地将网络的触角延伸、实现"存在的即是上网的"理想的时候，融合了传感器技术、信息处理技术和网络通信技术的无线传感器网络（Wireless Sensor Networks，WSN）技术应运而生。无线传感器网络发展迅速，其应用已经渗透到社会的各行各业，且存在由短距离到长距离，由大功耗到低功耗，由红外线到 ZigBee 的各种形式。

无线传感器网络是由大量静止或移动的廉价微型传感器组成的多跳自组织无线网络，通过协作的方式感知、采集、处理和传输对象的监测信息。无线传感器网络具有三种典型的感知、传输和处理功能，对应着现代信息技术的三大基础技术：传感器技术、通信技术和计算机技术。

物联网（The Internet of Things）是将物与物进行连接并完成信息通信的网络，其将是下一个推动世界科技高速发展的重要动力。物联网的定义是：通过射频识别（RFID）、红外感应器、全球定位系统、激光扫描器等信息传感设备，按约定的协议，把任何物品都与互联网连接起来，并进行信息交换和通信，以实现智能化识别、定位、跟踪、监控和管理的一种网络。

无线传感器网络作为物联网的一部分，其涉及物联网的感知层和传输层，可以随时随地获取被控、测物体的信息，并完成数据信息传输。这些信息感知设备与互联网连接在一起，以便进行更为复杂的信息交换和通信。因此，无线传感器网络对物联网发展起着至关重要的作用。

无线传感器网络作为获取现实世界信息的一种重要工具，使人类认识现实世界的触手伸得更远，信息化的程度更高。传感器就像无线传感器网络中的一只只触手，改变人类与自然界的交互方式。无线传感器网络能够扩展现有网络的互联功能，提高人类认知物理世界的能力，是近年来新兴的技术领域，受到了全社会普遍关注。

### 1.1.1 无线传感器网络的发展和现状

无线传感器网络起初来源于军方研究，并有着广阔的应用前景，在国家安全、环境监测、交通管理、空间探索等领域具有重大的应用价值，因而引起了军界、工业界和学术界的高度关注。美国《商业周刊》和MIT《技术评论》，将无线传感器网络列为21世纪最有影响的21项技术和改变世界的10大技术之一。

#### 1. 无线传感器网络发展历程

与很多技术一样，WSN的发展最初也是由军方驱动的。早期的声音监测系统（Sound Surveillance System，SOSUS）、空中预警与控制系统（Airborne Warning and Control System，AWACS）都是最早的WSN。到如今可以认为WSN的发展经历了四个阶段，如图1-1所示[116]。

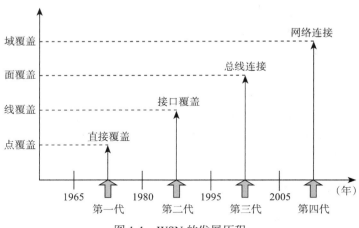

图 1-1　WSN 的发展历程

普遍认为无线传感器网络在20世纪70年代初现端倪。具有简单信息信号获取能力的传统传感器利用点对点线路和控制器的简单网络构成了WSN的雏形。这一个阶段的研究主要来自美国军方和国家科学基金会资助的一些项目。如1978年，由美国国防部高级研究计划署（The Defense Advanced Research Projects Agency, DARPA）在卡内基梅隆大学（Carnegie Mellon University）主办的分布式传感器网络研讨会上，出于军事防御系统的需要，此会提出对WSN的通信与计算之间的权衡展开研究。第二代WSN的出现可追溯到20世纪80年代，这一代的WSN具有信息综合感知能力、通信能力和计算能力，并采用串、并接口（如RS232、RS485）与传感控制器相连，构成具有多种综合信息处理能力的WSN。

第三代 WSN 大约出现在本世纪初，它在数据传输与编码的研究中使用具有智能的、可获取多种信息信号的传感器，且现场总线技术也被用于组建 WSN，同时组网传感器的种类和数量都有所增加，采用现场总线连接传感控制器，以构成局域网络，并成为智能化 WSN。这个阶段对 WSN 的信息处理、数据查询、部署覆盖等应用和中间件的相关问题进行了越来越深入的研究，还对 WSN 的通信网络的特性进行了研究，特别是通信协议的设计和实现。在这个阶段，研究学者们设计并提出了许多通信协议，特别是数据链路层的 MAC（Medium Access Control）协议和网络层的路由协议。随着传感器网络技术的发展，它的应用也从军事发展到社会的各个领域。

第四代 WSN 正在研究开发，目前成形并大量投入使用的产品还没有出现，它使用大量具有多功能、多信息信号获取能力的传感器，采用自组织无线接入网络，与 WSN 控制器连接，构成无线传感器网络。

由于 WSN 顺应了当前技术发展的潮流，各国都对其进行了深入研究。在 2001 年，美国国防部在 C4ISR（Command Control Communication Computer Intelligence Surveillance Reconnaissance）的基础上提出了 C4KISR 计划（增加了 Killing），把 WSN 作为一个重要研究领域。自此，美国 DARPA 启动了 SensIT（Sensor Information Technology）计划，旨在建立一个廉价的、无处不在的网络系统。美国国家科学基金会（National Science Foundation，NSF）自 2004 年启动 NOSS（Networking of Sensor Systems）项目，以资助美国高校从事 WSN 的建模、算法和协议、体系和系统、网络编程和安全隐私等方面的研究。Intel、Crossbow、Arch Rock 和 Moteiv 等公司也针对不同行业提供了硬件平台和解决方案。UC Berkeley（加州大学伯克利分校）、UCLA（加州大学洛杉矶分校）、Stanford（斯坦福大学）、Harvard（哈佛大学）和 Virginia（弗吉尼亚大学）等大学都有较大的相关研究组。在 2005 年，ACM 还增设 WSN 研究的专刊（ACM Transactions On Sensor Networks，TOSN）。在美国国家科学基金会的推动下，加州大学伯克利分校、麻省理工学院、康奈尔大学、加州大学洛杉矶分校等开始了传感器网络的基础理论和关键技术的研究。英国、日本、意大利等国家的一些大学和研究机构也纷纷开展了该领域的研究工作。

我国传感器网络的研究工作也和国外几乎同步展开。在 2001 年，中国科学院成立了中科院上海微系统所，旨在整合中科院内部的相关单位，共同推进传感器网络的研究。从 2002 年开始，中国国家自然科学基金委员会开始部署传感器网络相关的课题。中科院软件所、计算所、电子所、自动化所、哈尔滨工业大学、清华大学、上海交通大学、南京大学、国防科技大学、北京邮电大学、西北工业大学、西安电子科技大学等许多科研机构和高等院校也纷纷加入到该领域的研究工作中来，一些企业也加入了无线传感器网络研究的行列。

国家自然科学基金、国家"863"项目、国家"973"项目都对无线传感器网络的研究工作展开资助。国内的研究工作逐渐从国外项目的跟踪向有自主知识产权的硬件、软件、算法和应用领域深入开展。

2. 研究现状

无线传感器网络技术是多学科交叉的研究领域，因而包含众多研究方向。无线传感器网络技术具有天生的应用相关性，利用通用平台构建的系统都无法达到最优效果。目前研究工作主要集中在传感器网络技术、通信协议和感知数据查询处理技术上，并取得了一些成果。

（1）传感器网络系统方面的研究

美国陆续展开的一系列重要的 WSN 研究项目主要包括：分布式传感器网络（DSN）、集成的无线网络传感器（WINS）、智能尘埃（Smart Dust）、无线嵌入式系统（WEBS）、分布式系统可升级协调体系结构研究（SCADDS）、嵌入式网络传感（CENS）等。

美国 DARPA 每年都投入上千万美元进行 WSN 技术研究，并在 C4ISR 基础上提出了 C4KISR 计划，强调战场情报的感知能力、信息的综合能力和利用能力，把 WSN 作为一个重要研究领域，设立了智能传感器网络、灵巧传感器网络通信、无人值守地面传感器群、传感器组网系统、网状传感器系统等一系列的军事传感器网络研究项目。

美国的一些大型 IT 公司（如 Intel、HP、Rockwell、Texas Instruments 等）通过与高校合作逐渐介入该领域的研究开发工作，并纷纷设立或启动相应的研发计划，在无线传感器节点的微型化、低功耗设计、网络组织、数据处理与管理以及 WSN 应用等方面都取得了许多重要的研究成果。Dust Networks 和 Crossbow Technologies 等公司的智能尘埃、Mote、Mica 系列节点已走出实验室，进入应用测试阶段。

（2）传感器网络通信协议的研究

人们首先对已有互联网和自组织无线网络的通信协议进行了研究，发现许多协议在传感器网络上并不适用。康奈尔大学、南加州大学等很多大学开展了传感器网络通信协议的研究，先后提出了几种新的通信协议，包括协商类协议（如 SPIN-PP 协议、SPIN-EC 协议、SPIN-BC 协议、SPIN-RL 协议[63]）、定向发布类协议（Directed Diffusion，DD[63]）、能耗敏感类（TEEN）协议[65]、多路径类协议、传播路由类协议、介质访问控制（CSMA-CA[42]）类协议、基于簇（Cluster）的协议（LEACH[67]）和以数据为中心的路由算法。

（3）感知数据查询处理技术研究

康奈尔大学在感知数据查询处理技术方面开展的研究工作较多。他们研制了一个测试感知数据查询技术性能的 COUGAR[3] 系统，探讨了如何把分布式查询处理技术应用于感知数据查询的处理。加州大学伯克利分校研究了传感器网络的数据查询技术，提出了实现可动态调整的连续查询的处理方法和管理传感器网络上多查询的方法，并研制了一个感知数据库系统（TinyDB）。南加州大学研究了传感器网络上的聚集函数的计算方法，提出了节省能源的计算聚集的树构造算法，并通过实验证明无线通信机制对聚集计算性能有很大的影响。

3. 发展前景

毋庸置疑，WSN 从机制研究、系统研发到应用示范试点，在技术和产业方面已逐渐走向成熟。但在近年来的市场应用过程中，无线传感器网络的发展和普及遇到了许多困难和挑战，从市场的角度来看，发展前景尚有些扑朔迷离。其中，主要原因是杀手级应用所需的几项关键性的支撑技术目前难于突破。制约应用的问题主要体现在以下几个方面：

- **标准化**：目前传感器网络尚处于发展初级阶段，在硬件射频芯片、操作系统、网络协议栈、核心应用等方面尚未出现广泛认同的标准。
- **成本**：传感器网络节点成本是制约它大规模广泛应用的重要因素，需根据具体应用的要求均衡成本、数据精度及能量供应时间。
- **低能耗**：大部分的应用领域需要网络采用一次性独立供电系统，因此要求网络工作能耗低，延长网络的生命周期。能量是无线传感器网络市场应用的重要因素。
- **微型化**：在某些领域中，要求节点的体积微型化，且对目标本身不产生任何影响或者不被发现以完成特殊的任务。

- **移动性**：在一些应用中，节点是需要不断移动的，这导致网络在快速自组、稳定性上存在着诸多问题。目标定位的精确度与硬件资源、网络规模、周围环境等因素有关，因此移动过程中的定位也存在着一定困难。
- **安全**：安全主要体现在两方面。一是硬件节点自身的安全。传感器网络特别适用于无人监守的野外环境。节点常部署于森林、海洋、矿井、隧道等场景中，因此需防止外界破坏、腐蚀等。另一个是传感器网络安全。无线传感器网络应用环境复杂多变，网络可靠性、健壮性、防止被恶意攻击以及敏感数据的安全性就显得至关重要。

市场不会向技术妥协，如果一项技术不能在方方面面做到完美，就很难被市场所接受。无线传感器网络技术要想在未来十几年内有所发展，一方面要在这些关键支撑技术上有所突破；另一方面，就要在成熟的市场中寻找应用，构思更有趣、更高效的杀手锏应用模式[114]。

虽然困难重重，但无线传感器网络的发展前景还是值得看好的。无线传感器网络涉及微电子技术、计算机技术和无线通信等关键技术，其普及和发展需要各领域的技术突破和相互协作。低功耗、多功能传感器的快速发展，使其在更加微小的体积内能够集成信息采集、数据处理和无线通信等多种功能。无线传感器网络在鲁棒性、自组织能力、使用寿命、低成本等应用要求的性能方面也越来越好，这为无线传感器网络大规模广泛应用以及商业化提供了一定可能性。

无线传感器网络与互联网的融合必然会迸发出持久的生命力，人们通过无线传感器网络感知客观物理世界，将数据汇聚到处理中心并进行处理、分析和转发，这会大大扩展现有互联网的网络功能。除了以低成本实现数据高速传输外，未来移动通信网络还要求在无专用通信基础设施的场景下，网络具有适应性和生存能力，可以预见，无线传感器网络和自组织网络因其灵活性，在未来移动通信网络中会起到至关重要的作用。

许多国家和协会都非常重视无线传感器网络的发展。如 IEEE 协会正在努力地推进无线传感器网络的应用和发展，波士顿大学（Boston University）创办了传感器网络协会，希望能够促进传感器联网技术的开发。

值得庆幸的是，WSN 技术在中国找到了发展机会。政府引导、研究人员推动和企业的积极参与大大加快了 WSN 技术的市场化进程。中国必将在 WSN 技术和市场推进中发挥重要作用。《中国未来 20 年技术预见研究》中总共有 157 个技术课题，其中有 7 个直接论述传感器网络。2006 年发布的《国家中长期科学与技术发展规划纲要》为信息技术确定了 3 个前沿方向，其中智能感知技术和自组织网络技术与无线传感器网络直接相关。值得一提的是，中国工业和信息化部在 2008 年启动的"新一代宽带移动通信网"国家级重大专项中，第 6 个子专题"短距离无线互联与无线传感器网络研发和产业化"是专门针对传感器网络技术而设立的。

在 2009 年 8 月，时任总理温家宝在视察无锡物联网产业研究院时指出，要尽快突破核心技术，把传感技术和 TD 通信技术发展结合起来，尽快建立"感知中国"中心，在同年 11 月底，国务院正式批准无锡建设国家传感信息中心。在 2012 年 3 月，国家政府工作报告将物联网提升为战略新兴产业。在 2013 年 2 月，工业和信息化部发布《加快推进传感器及智能化仪器仪表产业发展行动计划》，以解决传感器行业主干产品智能化、网络化、可靠性、安全性等关键问题。无线传感器网络的快速发展已经成为了一种趋势，人类社会将会因此而产生巨大的变革。

### 1.1.2 无线传感器网络的体系结构

下面主要从网络结构、硬件环境、软件环境三个方面介绍无线传感器网络的体系结构。

1. 网络结构

无线传感器网络系统通常包括传感器节点、汇聚节点和任务管理节点，其结构如图1-2所示。无线传感器网络典型工作方式是使用运载设备将大量传感器节点（数量从几百到几千个）抛撒到感兴趣区域，节点通过自组织快速形成一个无线网络。节点既是信息的采集和发出者，也是信息的路由者，采集的数据通过多跳路由到达汇聚节点（Sink Node）。汇聚节点是一个特殊的节点，它可以通过互联网、移动网络、卫星、无人机等与外部系统通信。节点由于受到体积、价格和电源供给等因素的限制，通信距离较短，只能与自己通信范围内的邻居交换数据。节点要访问通信范围以外的节点，必须使用多跳路由方式。为了保证网络内大多数节点都可以与汇聚节点建立无线链路，节点的分布要相当密集。

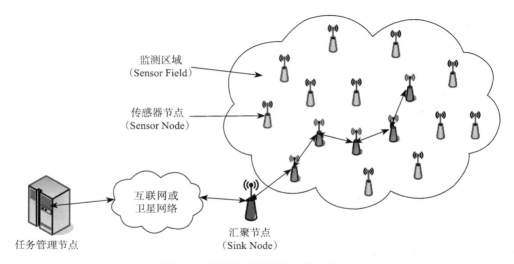

图1-2 无线传感器网络的体系结构

2. 硬件环境

在不同的应用中，传感器节点设计也各不相同，但是它们的基本结构是类似的。节点的典型硬件结构如图1-3所示，通常由四种模块组成：传感器模块、处理器模块、无线射频模块和能量供应模块。具体包括传感器、AD转换器、处理器、存储器、射频模块、电池及电源管理电路等。传感器、AD转换器负责采集监控区域内的信息，具体可采集温度、湿度、光强度、加速度等信息，并把模拟信号转换成数字信号，以便进一步处理。处理器正如人类的大脑一样，协调、控制整个传感器节点的操作、功耗管理以及任务管理等。存储器存储采集到的数据和其他节点转发的数据。射频模块负责与其他传感器节点进行无线通信，并交换控制信息和收发采集数据。电池及电源管理电路是整个节点网络的动力中枢，负责提供系统运行的必备能源。一旦电源耗尽，节点就失去了工作能力。因此，为了最大限度地节省能耗，在硬件设计方面，要尽量采用低功耗器件，在没有通信任务的时候，切断射频模块电源；在软件设计方面，各层通信协议都应该以节能为中心目标，必要时可以牺牲其他一些网络性能，以获得更高的节能效果。

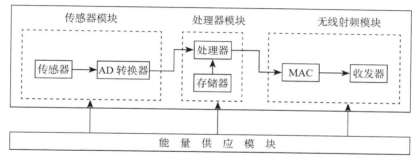

图 1-3   传感器节点的体系结构

在硬件选型上，处理器是传感器节点的核心，须满足体积小、集成度高、功耗低且支持睡眠模式、速度快、成本尽量低等要求。电源根据应用的需求决定采用电池还是主电源供电。目前，已有一些公司研究和开发了利用环境能量（如太阳能、风能、热能、机械振动能、声能、电磁能等）的供能系统，以扩展能量来源。传感器节点通常处于睡眠状态，睡眠唤醒时间以及睡眠电流是重要的硬件设计指标。

3. 软件环境

传感器网络可以看作一种由大量微型、廉价、能量有限的传感器节点组成的分布式系统。需要针对传感器网络应用的多样性和硬件特点来设计操作系统和软件环境。现有的嵌入式系统，如 VxWorks、WinCE、Linux、QNX、VRTX 等，提供了面向嵌入式领域的相对复杂的应用，其功能也比较复杂，且由于提供了实时性支持、内存动态分配、虚拟内存、文件系统等功能，系统代码尺寸也比较大。而传感器网络的硬件资源有限，这些操作系统都较难在这样的硬件资源上运行。传感器网络应用的特点是并发性密集，它可能同时存在多个同时执行的控制逻辑。另外，节点模块化程度高，这要求操作系统能够让应用程序方便地对硬件进行控制，并且支持模块的扩充和组合。为满足了上述要求，加州大学伯克利分校的研究人员设计了 TinyOS[2] 操作系统。TinyOS 提供了轻量级线程（Task）技术、两层调度（Two Level Scheduling）、主动消息（Active Message）、事件驱动模式和组件化编程。

TinyOS 采用轻量级线程技术和两层调度方式，可有效地使用传感器节点的资源。在 TinyOS 中的轻量级线程按照 FIFO 的方式进行调度，轻量级线程之间不允许抢占；而硬件处理线程（中断处理程序）可以打断用户的轻量级线程和低优先级的中断处理线程，以便硬件中断能进行快速响应。TinyOS 的通信层采用的关键通信协议是主动消息。主动消息是基于事件驱动的高性能并行通信方式，以前主要用于计算机并行计算领域。通过主动消息，TinyOS 中的系统模块可快速响应通信层传来的通信事件，有效地提高 CPU 的使用率。在 TinyOS 中，事件驱动模式是通过模块（Module）来实现的。每个模块由一组命令（Commands）和事件（Events）组成，这些命令和事件成为该模块的接口（Interface）。TinyOS 的组件化编程是通过 nesC[4] 语言来提供的。nesC 语言是由 C 语言扩展而来的，意把组件化思想和 TinyOS 基于事件驱动的执行模型结合起来。在 TinyOS 上的应用程序是由许多功能独立且相互有联系的软件组件（Component）构成的。不同组件之间的关系是专门通过称为配件（Configuration）的组件文件来描述的。每个组件声明自己使用的接口及其要通知的事件，这些声明将用于组件的相互连接。图 1-4 显示了一个多跳无线通信的传感器应用程序的组件结构。上层的组件对下层的组件发命令，下层组件向上层组件通知事件的发生，最底层的组件直接和硬件打交道。

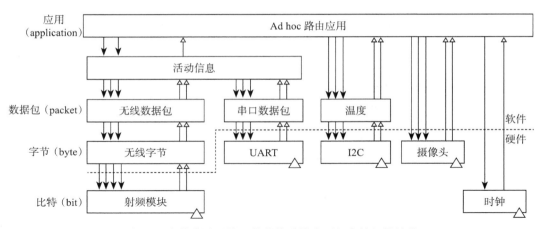

图 1-4　支持多跳无线通信的传感器应用程序的组件结构

4. 网络协议栈

　　网络协议体系是网络协议分层以及网络协议的集合。无线传感器网络的网络协议体系也可以划分成 TCP/IP 的五层模型，如图 1-5 所示。

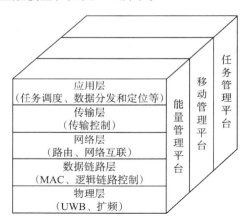

图 1-5　传感器节点协议栈结构 [103]

　　其中，物理层遵照提供简单的信号调制和无线收发技术；数据链路层负责数据成帧、帧检测、媒介访问控制和差错控制；网络层负责路由生成与路由选择；传输层负责数据流的传输控制；应用层包括一系列基于检测任务的应用层软件。能量管理平台管理传感器节点如何使用能源；移动管理平台检测、注册传感器节点的移动，维护到汇聚节点的路由；任务管理平台在一个给定的区域内负责平衡和调度监测任务。

## 1.1.3　无线传感器网络的特点

　　总的来说，无线传感器网络具有分布式、无中心、自组织、节点可移动、可以快速组网、系统抗毁性强和无需架设网络基础设施等特点。在无线传感器网络中，传感器节点能量、存储、计算和通信带宽等资源有限，单个节点功能比较弱，需要众多节点协作实现具体应用任务。无线传感器网络从最初的设计和经过多年的实践检验和进化，呈现出了如下的特点 [88][90][91]。

## 1. 大规模网络

传感器网络的大规模性包含两方面含义：一方面指传感器节点分布在地理范围广泛的区域内；另一方面指传感器节点部署密集。

大规模性使得传感器网络具有如下优点：通过分布式处理大量的采集信息能够提高监测的精确度，降低对单个节点传感器的精度要求；大量冗余节点的存在，使得系统具有很强的容错性能；大量节点能够增大覆盖的监测区域，减少"空洞"或者盲区。

## 2. 部署方式

无线传感器网络具有可快速部署的特点。由于资源受限的关系，单个传感器节点的感知范围有限。要达到较大的覆盖范围和较强的感知能力就需要部署较多的节点。因此，无线传感器网络具有监控范围和节点数目庞大、分布密集等特点。

## 3. 自组织网络

通常传感器节点是通过随意抛撒的方式进行部署的，节点位置不能预先精确确定，节点之间的邻居关系预先也不知道。因此，传感器网络节点需要具备自组织能力，以确保能进行自动配置和管理，通过拓扑控制机制和网络协议自动形成转发监测数据的多跳无线网络系统。

## 4. 动态性网络

传感器网络的拓扑结构可能因为多种因素而改变，如环境因素、电能耗尽、节点故障、无线通信链路带宽变化或者时断时通、传感器与监测对象和观察者的移动性、新节点的加入等。因此需要无线传感器网络能自动适应这种变化。

## 5. 硬件资源有限

由于传感器节点价格低、体积小、功耗低，所以其计算能力、通信能量、电源能量等都很有限。这些限制决定了在传感器网络设计过程中，在硬件上要尽量采用低功耗的器件；在软件上要确保协议层次不能太复杂，且任何技术和协议的使用都要以节能为前提。

## 6. 可靠性差

由于节点本身的尺寸限制和控制成本的需要，传感器节点的器件性能受到了限制，节点也更容易出现故障。无线传感器网络使用开放的 ISM（Industrial, Scientific and Medical）频段，并且无线通信易受环境、信号干扰和能量耗尽等因素影响而发生多径衰落和阴影效应。节点一般采用电池供电，且通常部署在条件艰苦恶劣的地方，数目大、更换非常困难，因此，网络的维护十分困难甚至不可维护。另外，传感器网络的通信保密性和安全性也十分重要，这是为了防止监测数据被盗取和获取伪造的监测信息。因此，传感器网络的软硬件需要很强的安全性、鲁棒性和容错性。

## 7. 以数据为中心的网络

路由协议通常是以节点的地址为路由标识和依据的。若想访问互联网中的资源，首先需要知道存放该资源的服务器的 IP 地址。互联网是一个以地址为中心的网络，而无线传感器网络是任务型网络。当用户使用传感器网络查询事件时，可直接将所关心的事件告诉网络，而不是通知某个确定编号的节点。

无线传感器网络中的大量节点是随机部署的，在应用时更关注监测区域的感知数据。传感器网络通常包含从多个传感器节点到少数汇聚节点的数据流，按照对感知数据的需求，形成以数据为中心的转发路径。

**8. 异构节点与事件相关性**

无线传感器节点一般安装有传感器，传感器可以有各种类型，如机械型传感器、热感应传感器、超声波传感器、红外线传感器、自动成像传感器等，组合使用它们可提升单一种类传感器的识别性能。传感器网络中一个事件可以被多个传感器节点感应到，这些传感器节点产生大小不同的事件数据，以从不同的角度去描述相同的事件。

**9. 应用相关的网络**

传感器网络用来感知客观世界、获取信息。应用环境千差万别，不同的传感器网络应用关心不同的物理量，其硬件平台、软件系统甚至通信协议都可能有很大的差别。只有让系统更贴近具体应用，并结合每一个具体应用的需求，才能设计出高效的系统。这是传感器网络设计和传统网络设计的不同之处。

### 1.1.4 无线传感器网络的典型应用

无线传感器网络中的传感器种类繁多，其可以感知温度、湿度、光照、土壤成分、重力、压力、电磁、噪声、距离、移动物体大小、速度和方向等周边环境信息。常见的传感器类型有温湿度数字传感器、红外传感器、气体传感器、光敏传感器、加速度传感器和压力传感器。这也决定了无线传感器网络可以应用于众多的领域。

无线传感器网络的应用前景十分广阔，它能够广泛地应用于军事预警、环境监控、建筑物监控、生态监控、空间探索、智能交通、安全生产、智能家居、健康护理等领域。随着传感器网络的深入研究和广泛应用，传感器网络将逐渐深入到人们生活的各个领域。

**1. 军事领域**

由于传感器网络具有可快速部署、自组织、高容错的特点，因此在军事领域中得到广泛的应用。利用无线传感器网络能够监控战场上敌军的兵力部署和调动，也能够对战场进行实时监控和态势感知。将无线传感器节点抛洒在战场上，通过对传感器网络采集到的数据进行分析，可以对敌军兵力和装备进行准确的目标定位（见图1-6）。利用化学传感器，可以监测到生化武器，以便提早防范，减少人员伤亡。VigilNet[105]是美国弗吉尼亚大学开发的基于无线传感器网络的监视系统，该系统可以获取和验证敌方能力，利用一组协作的节点以节能的方式来监测和跟踪移动目标的位置。美国俄亥俄州立大学开发的传感器网络系统，可用于入侵检测和目标分类与跟踪[104]。

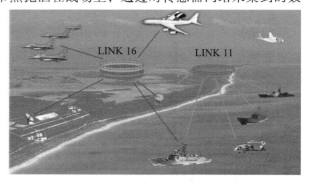

图1-6 战场定位示意图[99]

美国军方于2005年成功开发了由Crossbow公司研发的产品组建的枪声定位系统，利用该系统在突发事件（如枪声、爆炸等）发生时，可以准确定位事件发生的地点，为反恐、救援提供了有力手段。

**2. 环境检测和保护**

传感器网络在生态环境研究方面也越来越受到人们的关注。传感器网络可以用来监视大气、土壤、河流、生态环境的变化；也可以监测降雨量、河流的水位，并以此来预测山洪的暴发；还可以监测森林火灾，且能够在较短的时间内准确的定位火源的具体地点、火势的大小和走向等信息。美国哈佛大学的研究小组，利用传感器网络来监测火山的暴发。美国加州大学伯克利分校英特尔实验室和大西洋学院联合在大鸭岛上部署了一个多层次的传感器网络，用来监测岛上海燕的生活习性，并进行动物栖息地的生态监测 [7]。同时，传感器网络也可以跟踪动物的迁徙 [8]。

英特尔公司与加利福尼亚州大学伯克利分校领导着"微尘"技术的研究应用工作。他们成功创建了瓶盖大小的全能传感器，且能够执行计算、检测与通信等功能。在 2002 年 1 月，英特尔研究实验室人员将 32 个微型传感器连接到互联网，以读出缅因州"大鸭岛"上的气候，评估一种海燕鸟巢的环境条件。在 2003 年，他们换用另外 150 个安有 D 型微型电池的第二代传感器。他们的目的是让世界各国研究员实现无人入侵式及无破坏式的方法来评估这些鸟巢的条件。

清华大学的刘云浩教授等人在用于森林生态监测的"绿野千传"（GreenOrbs）的大规模网络中布置了上千个节点，以长期收集森林里的温度、湿度、光照和二氧化碳浓度等多种生态信息。该系统能够为实现大规模林业监控提供技术支持和实践经验。

"绿野千传"项目的目的是建立长期大规模无线传感器网络系统，这是在无线传感器网络研究领域中进行的前瞻研究与探索。通过"绿野千传"，希望能够探索无线传感器网络系统潜在的研究空间，提供可行的科学解决方案，特别是针对在原始森林中部署 1 000 多个节点、需要持续工作一年以上的无线传感器网络系统所面临的研究和工程挑战。在 2009 年 5 月刘云浩教授成功部署了一个 120 个节点的原型系统，同年 10 月原型系统扩充至 330 个点；2009 年 8 月在浙江省天目山脉实现了一个超过 200 个节点的实用系统，该系统至今已经连续运转超过一年。无线传感器网络诊断系统拓扑监控运行实例如图 1-7 所示。

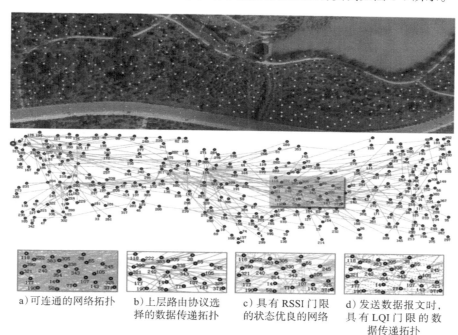

a) 可连通的网络拓扑　　b) 上层路由协议选　　c) 具有 RSSI 门限　　d) 发送数据报文时，
　　　　　　　　　　　择的数据传递拓扑　　的状态优良的网络　　具有 LQI 门限的数
　　　　　　　　　　　　　　　　　　　　　　　　　　　　　　据传递拓扑

图 1-7　无线传感器网络诊断系统拓扑监控运行实例

刘云浩教授的另一个 CitySee 项目[92]的目标是在无锡市区部署上以千计的无线传感器节点，监控城市多维环境数据，如二氧化碳、温度、湿度、光照、定位等，该系统可以实现实时获取、及时分析、快速预测的功能。从而做到节能减排，支持政府政策决定，并为公民日常生活提供便利服务。

### 3. 智能家居和医疗护理

传感器网络还能够用于智能家居中，通过在家电和家具中嵌入传感器节点，为人们提供更加舒适、更加人性化的家居环境。另外，传感器网络也可以用于医疗护理，通过传感器网络可以实时监测病人的各种生理数据，例如心率和血压，医生则可以随时了解病人的病情，以便及时抢救有危险的病人。利用传感器网络还可以跟踪和定位病人，防止一些有精神异常的病人走失。

意法半导体设计了一款无线"智能" MEMS 隐形眼镜传感器，如图 1-8 所示。该命名为 SENSIMED Triggerfish[100]的解决方案，利用一个嵌入式微型应变计连续在一段时间内（通常为 24h）监测眼睛的曲率，并为医生提供现有的普通眼科设备无法取得的重要的病症管理数据。青光眼虽然不可治愈，但是如果及时诊断，并得到正确治疗，仍然可以控制病情的发展。因此，通过及早诊断并针对个人量身制订最佳的治疗方案，便能够更有效地照顾青光眼病患。

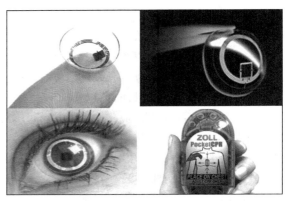

图 1-8　MEMS 隐形眼镜传感器[100]

### 4. 无线智能电网应用

WSN 最大的成功应用之一：智能电表。目前越来越多的智能电表已安装到位，世界上许多国家都要求在新房子构建或改造时安装智能电表。智能电表也曾被看作家庭自动化的一个起点。将无线传感器嵌入仪表里，并自动与智能电表、控制设备通信，成为了智能电网活动的重要组成部分。

道路照明是城市公共设施的重要组成部分，如图 1-9 所示，利用无线传感器网络的道路照明系统可以实现无线照明网络化监控管理。这种控制系统可以实时地获得每盏路灯的状况并能控制路灯开关，以便根据具体情况调整路灯亮度，从而有效地节省电能。

图 1-9　无线照明控制系统[102]

### 5. 工业控制

无线传感器网络在油田中的应用被认为是工业控制的一种典型应用。石油采集、运输和存储等环节的众多参数经过传感器感知并通过网络传输至监控中心，为监控油井生产异常、监控油井产量、运输防盗和存储、防盗、防漏等提供了重要参考。

英特尔公司曾测试过一个工厂的无线网络，该网络由 40 台机器上的 210 个传感器组成。试验表明，监控系统将能够改善工厂的运作条件，并能够大幅降低设备检查成本，缩短停机时间，并提高设备使用效率。

ZigBee 作为无线传感器网络工业控制应用的典型代表，为自动化控制数据传输而建立。本书第 7 章将详细介绍一种基于 ZigBee 技术的无线工控网络系统。该系统应用于工业缝制设备的监管。缝纫设备互相连接形成一个控制网络，使工厂生产和制造过程更加自动化、效率化、精确化，并具有可控性及可视性。其实际部署场景如图 1-10 所示。

### 6. 农业领域

在农业方面，无线传感器网络也可发挥其巨大的优势。在农业应用中，传感器网络可以采集包括土壤、肥料、水分、光照、温度、空气、牲畜和家禽的生活环境状况等农田信息，为农业生产提供参考决策信息。无线传感器网络具有通信便利、部署方便等优点，使其能在节水灌溉的控制中得以应用。采用可测量土壤参数、气象参数的传感器节点并与互联网、GPS 技术结合，能够方便采集农作物需水信息和灌区动态管理，实现高效、低能耗、低成本的农业节水灌溉平台。目前，Digital Sun 公司开发的自动洒水系统（Sense Wireless Sensor）就是一项较为成功的农业领域应用。一个葡萄园环境监测系统如图 1-11 所示。

图 1-10　基于 ZigBee 技术的无线工控网络系统

图 1-11　葡萄园环境监测系统 [98]

### 7. 安全预警

建筑物状态监控是利用传感器网络来监控建筑物的安全状态。建筑物在小的震动中产生的损伤从外表是看不出来，但可能产生内在的裂缝，而这个裂缝在下一次震动中可能会导致建筑物倒塌。美国加州大学伯克利分校的环境工程和计算机科学家们采用传感器网络，让大楼和桥梁等建筑物能够感觉并意识到它们自身的状态，使得安装了传感器网络的智能建筑自动告诉管理部门它们的状态，从而让管理人员提前了解建筑物的安全性和稳固程度，并采取有效措施防患于未然 [5]。香港科技大学的研究者采用传感器网络监测矿井的塌方信息和瓦斯气的浓度信息，同时为矿工提供逃生的指导意见 [6]。

图 1-12　监测桥梁结构 [101] 的无线传感器网络

一种监测桥梁结构的无线传感器网络应用如图 1-12 所示。

无线传感器网络在地表位移监测、地表沉降、应力应变监测、地质超前预报等方面都有着一定应用。在交通领域中，它也可以用作车辆监控系统。物流领域是 WSN 网络技术发展最快最成熟的应用领域。尽管在仓储物流领域，RFID 技术还没有被广泛采纳，但基于 RFID 和传感器节点的技术在大粒度商品物流管理中已经得到了广泛的应用。

### 1.1.5　无线传感器网络的关键技术

无线传感器网络涉及信息感知、采集和计算模式等，是一个多学科交叉研究的全新领域。在理论和工程层次上，许多关键的技术亟待研究和突破。下面简要介绍其涉及的关键技术。

#### 1. 网络协议

由于传感器节点计算能力、存储能力、通信能力和能量供应都十分有限，再加上传感器网络的应用相关性，使得无线传感器网络的网络协议设计很具挑战性。目前传感器网络的网络协议主要为 MAC 协议和路由协议。在局部范围内需要 MAC 协议协调其间的无线信道分配，在整个网络范围内需要路由协议选择最优的通信路径。

（1）MAC 协议

在无线传感器网络中，介质访问控制（Medium Access Control, MAC）协议是传感器网络底层的基础结构，它决定了无线信道的使用方式。无线传感器网络的 MAC 协议设计要考虑到有效节能，可扩展性，以及网络资源利用率。同时，传感器网络的应用相关性，使得介质访问控制协议必须同时考虑路由层、传输层以及应用层的特性。另外，用于事件监测的无线传感器网络系统，在有效节能的情况下，还要考虑面向事件的、异构节点的应用对介质访问控制协议的新需求。由于介质访问控制协议处于传感器网络协议的底层，对传感器网络的性能有较大影响，这是保证网络高效节能通信的关键网络协议之一，因此对它的深入研究有重要的意义。

无线传感器网络 MAC 层协议着重考虑节省能量，扩展性和网络效率（公平性，利用率，吞吐量和实时性）。传统的无线网络协议较少考虑能量有效性和节点间的全局协调，无线传感器网络协议需要根据应用特点进行设计。传感器网络 MAC 协议主要考虑节能和高扩展性，因此传感器节点在需要收发数据时才侦听无线信道，而没有数据收发时就进入睡眠状态。S-MAC[68] 和 T-MAC[95] 是典型的基于竞争的 MAC 协议，而 TRAMA[94] 和 DMAC[93] 是周期性时分复用的 MAC 协议。

（2）路由协议

无线传感器网络的路由协议负责将数据分组并从源节点通过网络转发到目的节点，同时路由协议须寻找源节点和目的节点间的优化路径，以便将数据分组沿着优化路径转发。传统无线网络重点考虑公平高效地利用网络带宽，并提供 QoS 保证机制，能量不是这类网络考虑的重点。而在无线传感器网络中，节点能量有限且一般没有能量补充，因此路由协议需要高效利用能量。另外，由于无线传感器网络节点众多，且节点只能获取局部拓扑信息，故路由协议需要在局部信息的基础上选择合适的路由路径。

传统 Ad-hoc 无线路由通常不符合无线传感器网络的要求，传感器网络路由协议需考虑能量有效性，且以数据为中心。路由协议不仅要考虑单个节点的能量消耗，而且要考虑整个网络能量的整体消耗，以延长网络的寿命。无线传感器网络以数据为中心，每个节点没必要采用全网统一编址，选择节点也不必根据节点编址，更多根据感兴趣的数据建立数据源到汇聚节点的转发路径。在无线传感器网络中，链路稳定性通常难以保证，通信信道质量比较低，拓扑变化比较频繁，因此要实现服务质量保证，需要设计可靠的路由协议。

根据应用对传感器网络各种特性的敏感度不同，目前常见的路由协议可划分为能量感知的路由协议[14]、基于查询的路由协议[15]、地理位置路由协议[16]和可靠路由协议[17]。

无线传感器网络的研究需要应对如下挑战：第一，网络节点的处理能力、存储能力和能量供应都有限，尤其在节点通过电池供电的网络系统中，能耗问题非常重要；第二，采用低功耗无线通信的无线传感器网络的信道容量较低，通信质量较差，比特出错率较高，链路稳定性难以保证，易受到外界环境因素的影响；第三，网络拓扑变化频繁，在通信过程中，节点会随时因为能量耗尽或者环境因素而离开网络，同时，也可能会有一些节点补充到网络中，如此网络中的节点就会动态变化，从而引起网络拓扑的频繁变化。

无线传感器网络具有很强的应用相关性，没有一个通用的路由协议能够适用所有的应用。因而，设计应用相关的、可扩展的、负载均衡的、节能的可靠路由协议是无线传感器网络中的一个重要的研究内容。

2. 能量管理

能量优先是传感器网络不同于其他任何网络的最大特点。传统无线网络的首要目标是提高服务质量和公平、高效地利用网络带宽，这些网络路由协议的主要任务是寻找源节点到目的节点间通信延迟小的路径，同时提高整个网络的利用率，很少考虑节点的能量消耗问题。无线传感器网络中节点能量有限且一般没有能量补充，因此，延长整个网络的生存期就成为传感器网络协议设计的重要目标。

尽管我们期望无线传感器网络节点能够依照我们的设计思路进行发送数据，并且是稳定的、可靠的、长期的，但是由于电池的持续供电能力较差，这将严重削弱网络的生存寿命。假如在一个森林环境无线传感器网络监控系统中，节点有上千个，更换所有节点的电池将会非常艰难。另外，普通电池都是化学电池，一旦耗完，将会给环境造成污染，同时还会带来原料浪费和废物回收等问题。

无线传感器网络与传统的无线网络相比，具有以下几个独特的方面：一是因节点自身的不足（电源的稳定性差、存储空间小）而受限；二是相比于传统的点对点通信方式，传感器节点大多采用广播方式传输数据；三是传感器节点资源有限，通信信道的不稳定性导致数据传输丢包率比较高，网络拓扑变化快，且易转化成死节点；四是分布密度高，无线传感器网络中的节点比较多，通常情况下能达成千个，甚至上万个。因此，传感器节点的能量管理显得尤为重要。

传感器节点的能量管理有两种方式：一是最大程度节约自身携带的能量，如电池能量等；二是从环境中获得的能量，如太阳能等。第二种方式不但要保证能收集到充分的能量，还要保证节点能依靠外界进行长期可靠地工作。

能源是限制无线传感器网络寿命的关键。降低节点的瞬时功耗和平均功耗，使节点周期性地进入睡眠模式的低占空比机制，这些都可以延长无线传感器网络节点的使用寿命。目前，无线传感器网络能源采集与存储、能源节约等难题已成为无线传感器网络研究与发展亟待解决的问题。

**3. 网络安全**

在传感器网络中，如何保证任务执行的机密性、数据产生的可靠性、数据融合的高效性、数据传输的安全性，都成为无线传感器网络安全问题需要全面考虑的内容。无线传感器网络中的一些安全机制包括：机密性、点到点的消息认证、完整性鉴别、广播和认证安全管理。无线传感器网络的 SPINS 安全框架[18]对上述的机制提供了相应的支持。

无线传感器网络安全受到严峻挑战，其安全需求主要有以下几个方面：

- **机密性**：机密性是指对 WSN 节点间传输的信息进行加密，以防止非法企图者在截获节点间的通信信号后，不能直接获得其所携带的消息内容。

- **完整性**：WSN 无线通信环境为对节点实施恶意破坏提供了方便，完整性要求节点收到的数据在传输过程中未被插入、删除或篡改，即保证接收到的消息与发送消息是一致的。

- **健壮性**：WSN 一般被部署在恶劣环境、无人区域或敌方阵地中，外部环境条件具有不确定性。另外，随着旧节点的失效或新节点的加入，网络的拓扑结构不断发生变化。因此，WSN 必须具有很强的适应性，使得单个节点或者少量节点的变化不会威胁整个网络的安全。

- **真实性**：WSN 的真实性主要体现在两个方面：点到点的消息认证和广播认证。点到点的消息认证使得某一节点在收到另一节点发送来的消息时，能够确认这个消息确实是从该节点发送过来的，而不是别人冒充的；广播认证主要解决单个节点向一组节点发送统一通告时的认证安全问题。在 WSN 中由于网络多路径传输延时的不确定性和恶意节点的重复攻击使得接收方可能收到延后的相同数据包。新鲜性要求接收方收到的数据包都是最新的、非重复的，即体现消息的时效性。

- **可用性**：可用性要求 WSN 能够按预先设定的工作方式向合法的用户提供信息访问服务，然而，攻击者可以通过信号干扰、伪造或者复制等方式使 WSN 处于部分或全部瘫痪状态，从而破坏系统的可用性。

- **访问控制**：WSN 不能通过设置防火墙进行访问过滤，由于硬件受限，也不能采用非对称加密体制的数字签名和公钥证书机制。WSN 必须建立一套符合自身特点，综合考虑性能、效率和安全性的访问控制机制。

**4. 运行开发环境**

传感器节点资源有限，传统操作系统（如 Windows 和 Unix）由于代码庞大、硬件资源环境等因素不适合无线传感器网络需要。专用的操作系统需要高效节能的数据处理、数据通信和数据存储的机制。针对传感器网络的嵌入式操作系统能够处理并发性密集的操作，同时传感器节点的模块化程度高，能够在有效节能的情况下方便地操控硬件。美国加州大学伯克利分校针对无线传感器网络研发的 TinyOS 操作系统，在传感器网络的研究中得到比较广泛的使用，同时也在逐渐的发展和完善中。

**5. 数据融合**

在无线传感器网络中由于传感器节点非常多，因此，感知信息具有很大的冗余度，传感器节点的冗余性保证了在个别节点或通信链路失效的情况下，不至于引起网络分立或监测数据不完整。但为了减少传输的数据量并有效地节能，在传感器网络的数据收集过程中，节点可利用本地计算和存储能力进行数据融合，以去除冗余信息，从而达到节能的目的。

数据融合技术可以在传感器网络的多个协议层中进行，如在应用层的数据筛选，网络层的路由数据融合，MAC 层的减少发送冲突和开销，以提高带宽效率和能量效率。

数据融合利用各种算法和策略对网络里的大量数据进行各种处理，以去除其中的冗余信息，并将处理的结果以预先定义的精简方式在网络中传输和通过网络的接口传送出去。数据融合技术涉及模式识别，决策，不确定理论和优化理论等。根据研究的方法和目的等的不同可以分成许多种类（如有损和无损数据融合，对系统能耗有不同等级影响的融合等）。在传感器网络的设计中，只有面向应用需求设计针对性强的数据融合方法，才能最大程度的获益。数据融合技术在无线传感器网络中嵌入"在网计算"（Computing Innet），且在动态目标跟踪和自动目标识别等领域有广泛的应用。

**6. 数据管理**

从数据存储的角度考虑，传感器网络被看成一个分布式的数据库。采用数据库中的方法在传感器网络中进行数据管理，可以将存储在网络中的数据的逻辑视图与网络中的实现进行分离，使得传感器网络的用户只需要关心数据查询的逻辑结构，而不需要关心实现细节。传感器网络的数据管理和传统的分布式数据库有很大的差别，传感器节点产生的数据是无限的数据流，并且针对传感器网络的查询是连续和随机抽样的查询，这使得传统的分布式数据库的数据管理不适合于传感器网络。美国加州大学伯克利分校的 TinyDB 系统 [59] 和康奈尔大学的 Cougar 系统 [60] 是目前具有代表性的传感器网络数据管理系统。

**7. 拓扑控制**

传感器网络的拓扑控制是无线传感器网络研究的关键技术之一，它主要的研究问题就是在满足网络的联通性和覆盖度的前提下，通过功率控制、骨干节点选择和睡眠调度，来生成一个高效的网络结构。通过拓扑控制生成良好的网络拓扑结构，能够提高路由协议和 MAC 协议的效率，有利于节省节点的能量，延长网络的时间。典型的拓扑控制的算法有：自适应分簇拓扑控制的 LEACH[19]，基于单元格划分簇的 GAF[20]，采用启发式节点唤醒和休眠的 STEM[21] 等。

**8. 负载均衡**

传感器网络的主要功能是从监控区域收集感兴趣的信息。例如环境监控 [22] 类应用需要让传感器网络运行很长的时间。因此，延长传感器网络的寿命是这种传感器网络中的任何路由协议的重要设计目标。本书参考文献 [23] 发现非均衡负载将迅速地耗尽一些传感器节点的能量，而导致传感器网络的寿命缩短。因此负载均衡在延长传感器网络寿命中扮演一个很重要的角色。一个好的路由协议应该考虑到负载均衡，从而延长传感器网络的生命周期。

**9. 健壮性和服务保证**

健壮性主要讨论的问题是系统的软硬件在恶劣环境下正常的概率。在硬件方面，无线传感器网络节点经常部署在恶劣环境中，可能会遭到风吹日晒、雨淋霜打，再加上往往随机部署。因此要求传感器节点非常坚固，能够适应恶劣的环境。

无线传感器网络的一个独特特点是它的节点出错率较高，这可能是由于能量耗尽或者物理损坏，而替换这些失效节点却是非常困难的。当一些节点失效了，传感器网络中就会产生一些路由洞，它将影响路由协议的可靠执行。因此，无线传感器网络中路由协议应该具有容错性，也就是说，路由协议绕过路由洞，并且阻止路由洞面积的迅速扩大。

MAC 协议需要考虑公平性、实时性、优先级、吞吐率和信道利用率。信道带宽要公平地分配给相同优先级的事件（即事件公平性）或者传感器节点（即节点公平性）。事件数据的传输延迟要小，以满足实时性要求。同一时刻发生许多事件，有一些是非常紧急的，也有一些事情属于一般事件，紧急事件数据需以高优先级传输。MAC协议也需要提高信道利用率，以便在有限的时间内收集尽可能多的数据。

### 10. 扩展性

由于传感器网络节点大规模的布置、数千甚至数万个传感器节点布置在范围可变的监测区域内，并且节点分布密度在传感器网络系统运行过程中不断变化，节点失效和新节点的加入以及节点的移动，都会让网络的拓扑结构发生动态变化。这就要求无线传感器网络具有很强的可扩展性，能够动态地适应网络规模和节点个数的变化，以保证网络应用的需求。传感器网络路由协议应该是可以扩展的。局部算法是唯一可以解决扩展性问题的方法[24][25][26]，且路由协议应该充分利用局部信息以提高扩展性。

### 11. 时钟同步

时钟同步是协调传感器网络节点的一个关键机制，在介质访问控制协议或者目标监测类的应用中都需要时钟同步机制。而传统的基于互联网的NTP协议和采用GPS的时钟同步并不完全适用于传感器网络。在传感器网络中已经提出了一些同步机制，例如RBS[27]是基于接收者—接收者的时钟同步方法；TINY-SYNC[28]利用节点之间时间的线性偏移，通过交换时标分组来估计两个节点间的最优匹配偏移量的方法来实现时钟同步；而TPSN[29]采用层次结构组织节点，使每个节点和上级某个节点同步，从而实现所有节点都与根节点的时钟同步。

### 12. 定位技术

传感器网络中确定事件发生的位置是传感器网络最基本的功能之一，因此定位采集数据的节点位置信息就十分重要。传感器节点是随机部署的，节点必须在部署完成后确定自身的位置。目前主要的定位方式是GPS，但是由于传感器自身节点资源限制，不可能为每个节点安装GPS装置。节点定位需要借助被定位的节点与位置已知的参考节点间某种形式的通信。传感器节点可以分为信标节点和普通节点。信标节点位置信息是预知的，普通节点的位置是未知的，它们需要通过某些机制来确定自身的位置。定位算法分为基于距离的定位和与距离无关的定位。基于距离定位算法依赖于定位技术，然后使用三边测量法、三角测量法、极大似然估计法来确定节点的位置。定位技术包括基于TOA的定位[30]、基于TDOA的定位[31]、基于AOA的定位[32]、基于RSSI的定位[33]。与距离无关的定位机制主要有质心算法[34]、APIT算法[35]和DV-Hop算法[36]等。

### 13. 应用

无线传感器的应用是相关的，而传感器节点能量有限、处理能力有限，因此需要多个节点协作来完成传感器网络的应用目标。这种节点之间的协作关系是和应用密切相关的。一般由一个功能更加强大的节点收集各个传感器的数据，然后进行分析和数据融合，进而决定下一步要执行的动作。

传感器网络在军事和民用方面有广泛的应用。不同应用目的对无线传感器网络提出了不同的要求。根据应用需求建立的应用模型，会影响到网络拓扑、路由算法、组网算法等方面的研究。

针对传感器网络的程序设计语言、程序设计方法学、软件开发环境和工具、软件测试工具等也是关键的技术。对于感知数据的处理，无线传感器也涉及感知数据的决策、反馈、统计、模式识别和状态估计等。

### 1.1.6  无线传感器网络介质访问控制协议与路由协议

本节就国内外最新的研究现状，对介质访问控制协议和路由协议进行详细的分析并比较几种典型协议的优缺点，剖析值得借鉴之处。

1. 介质访问控制协议研究

在无线传感器网络中，介质访问控制（MAC）协议决定无线信道的使用方式。它在传感器节点之间分配有限的无线通信资源，用来构建传感器网络系统的底层基础结构。MAC协议处于传感器网络协议的底层，对传感器网络性能有较大的影响。MAC 协议已经在无线网络[37]、移动自组织网络[38] 和无线传感器网络[39] 中有大量的研究。

传感器节点能量、存储、计算和通信带宽等资源有限，单个节点功能比较弱，因此，需要众多节点协作实现应用任务。多点通信在局部范围内需要 MAC 协议协调其间的无线信道分配，而在整个网络范围内需要路由协议选择通信路径。设计 MAC 协议需要着重考虑几个方面：节省能耗、可扩展性和网络效率（公平性、实时性、吞吐率和带宽利用率），尤其以节省能耗为首要考虑因素。而可能造成网络能量浪费的原因主要有：

- 如果 MAC 协议采用竞争方式使用共享的无线信道，节点在发送数据的过程中，可能会引起多个节点之间发送的数据产生冲突从而导致重发，浪费能量。
- 节点接收并处理不必要的数据。这种串听（Overhearing）现象会造成节点的无线收发模块和处理器模块浪费更多能量。
- 节点在不需要发送数据时一直保持对信道的空闲侦听，这种过度的空闲侦听会造成能量浪费。
- 在控制节点的信道分配时，如果控制消息过多，也会消耗较多的能量。传感器网络节点无线通信模块包括发送状态、接收状态、侦听状态和睡眠状态。它们所耗费的能耗也依次减少。MAC 协议为了减少能耗，则需要确定合适的"侦听 / 睡眠"交替使用策略，选择合适的信息发送时机，减少冲突概率。MAC 协议本身也要简单高效，以减少协议本身的能量开销。

（1）无线网络和移动自组织网络中的 MAC 协议

本小节将分析、比较无线网络和移动自组织网络中的几种典型 MAC 协议。

ALOHA[40] 利用无线广播信道产生一个单跳的网络。在 ALOHA 中，当有数据时，节点就访问信道。自然，当多个节点同时传输报文的时候，则会造成冲突。时隙 ALOHA[41] 会引入同步的传输时隙。在这种情况下，节点只是在时隙开始的时候传输报文。时隙 ALOHA 协议的吞吐率是 ALOHA 协议的两倍，但代价是需要节点时钟同步。

为了提高吞吐率并同时解决隐藏终端和暴露终端的问题，则需要使用冲突避免和冲突检测的方法。在 CSMA[42] 协议中，发送的节点首先侦听介质以确定它是空闲还是忙。如果介质忙，节点则推迟数据的发送，从而避免和已经存在的传输发生冲突。若介质空闲，节点则开始发送数据。MACA[43] 使用 RTS-CTS 控制报文来避免冲突。MACAW[44] 利用 RTS-CTS-DS-DATA-ACK 这一系列报文的交换在数据链路层实施快速的错误恢复。FAMA-NCS[46] 组合了控制报文和介质探测技术。

上面的 MAC 协议是发送端发起的协议，而 MACA-BI[44] 和 RI-BTMA[47] 协议是接收端发起的协议，也就是说接收节点轮询可能要发送数据的节点。如果发送节点的确有要发送给接收节点的数据，它就在轮询后发送数据。

TDMA[45] 是无冲突的介质访问控制协议，它广泛地应用于无线网络中。在 TDMA 中，信道被分成时隙，然后为每个节点分配一个传输时隙。通过这个传输时隙，节点可以保证无冲突地传输数据。然而，TDMA 需要时钟同步，同时吞吐率在低负载的情况下比较低。

一些 MAC 协议混合了基于竞争和预约的方法，并提供了 QoS 保证机制。在 C-PRMA[48] 中，节点通过随机访问的信道来发送它们的 QoS 请求到基站，基站根据不同的通信速率和延迟限制来调度上传的链路。RRA-ISA[49] 使用节点独立算法（ISA）来分配在信道中传输报文的权限，从而使吞吐率最大化。DQRUMA[50] 通过保证带宽和最小延迟调度算法（GBMD）来提高性能。在 MASCARA[51] 中，基站收集所有的请求，利用 PRADOS 算法来分配信道时隙。在分布式公平调度（DFS）[58] 中，不同数据流能够根据它们的权重和优先级分配相应的带宽，以保证公平共享无线信道。DFS 的基本思想是为每个报文关联一个开始和结束时间标签。高优先级的报文关联一个小的结束标签和一个短的退避时间。在 DFS 中，报文的开始和结束时间是用 SCFQ 算法来计算的。

为了节省能量，PAMAS[52]（能量感知协议），通过让节点在合适的时间休眠的方式以达到节能的目的。更进一步，PCM[53] 通过自适应的调整以发送能量来节能。

IEEE 802.11[54] 协议是无线局域网的标准。IEEE 802.11 设置了两种 MAC 协议的工作模式：DCF 模式和 PCF 模式。DCF 集成了 CSMA/CA 和二进制指数退避技术。在 DCF 中，用退避和 IFS(SIFS/PIFS/DIFS) 协调介质进行访问。IEEE 802.11 DCF 模式具有节能的机制。在每一个信标间隔的开始，每个节点必须在一个固定的时间间隔内保持激活状态，这个时间间隔叫作 ATIM 窗口。之后，一些节点就立即进入了睡眠状态。

在 IEEE 802.11 协议中，若报文错过它的时限，即使它们已经没有用处了，还要继续重传。一些 QoS 协议，例如，DCF-PC[55]，ES-DCF[56]，MACA/PR[57] 是对 IEEE 802.11 的扩充。它的基本思想就是利用短的 IFS 和等待时间，而短的退避时间来服务高优先级的数据。这些机制已表明平均报文传输延迟、错过时限率、报文的冲突率等相对于 IEEE 802.11 都有明显地减少。

（2）无线传感器网络相关的 MAC 层协议

本小节介绍无线传感器网络中的几种典型 MAC 协议。

S-MAC[68] 是专为无线传感器网络设计的基于竞争的介质访问控制协议，它的目的是节能和方便节点自组织。在 S-MAC 中，每个节点睡眠一段时间后，然后苏醒，并侦听是否有其他的节点要和它通信。所有的节点都能自由地选择自己的侦听和睡眠调度。侦听的时间段分成三个部分：SYNC、RTS 和 CTS。每一个部分又分成多个时隙，发送者在这些时隙中侦听信道。在簇拓扑结构下所有的簇成员和簇头同步并协调它们的睡眠调度。簇成员竞争发送 RTS 报文到簇头，以报告事件信息。而簇头则发送 CTS 报文给簇成员之一，允许它发送数据报文。赢得介质访问机会的簇成员利用它正常的睡眠调度来发送报文。簇成员发送一个数据报文，簇头就回答一个 ACK 报文。那些没有赢得介质访问机会的节点，则进入睡眠，然后苏醒，再去尝试竞争。在 CTS、DATA 和 ACK 报文中包含发送完成数据还需花费的时间。为了避免冲突，簇成员利用虚拟和物理的介质进行感知。当簇成员苏醒后，侦听 CTS、DATA 和 ACK 报文，并更新它们的网路分配矢量（NAV）。当簇成员有数据发送的时候，首先查看一下 NAV，如果 NAV 值不是零，则节点确定介质是忙的，于是又进入睡眠状态。T-MAC[95] 可提高 S-MAC 在可变负载情况下的性能。在 T-MAC 中，当在一个时间段 TA 中没有收到激活的事件时，侦听阶段终止。

TRAMA[94] 是基于 TDMA 的算法，它依靠节能的方式来提高经典 TDMA 的信道利用率。其类似 NAMA 协议，针对每个时隙，利用分布式选举算法从两跳的邻居节点中选择一个发送者。该选举算法消除了隐藏终端的问题，并确保发送节点单跳内的所有节点能够通过无冲突的方式来接收报文。信道分随机访问阶段和调度访问阶段。随机访问阶段用来建立两步邻居的拓扑信息。

Z-MAC[69] 集成了 TDMA 和 CSMA 的优点，同时避免了它们的缺点。Z-MAC 在低竞争状态下，具备低延迟特性，在高竞争状态下，具有高的信道利用率。同时，它用低的代价减少了两步邻居节点间的冲突。当前的 Z-MAC 利用 DRAND 算法来分配每个节点的时隙。TF 规则允许节点利用它们两跳的信息来选择自己的帧的大小。在 Z-MAC 中，节点有两个工作模式：低竞争级别（LCL）、高竞争级别（HCL）。只有当一个节点在最后的 LCL 阶段，从两步的邻居中接收一个明确的竞争通知信息（ECN），它才能进入高竞争级别（HCL）。在 HCL 阶段，节点工作在 TDMA 模式下，而在 LCL 阶段，节点工作在 CSMA 模式下。

B-MAC[70] 协议是一个轻量级的 MAC 协议，它是 Berkeley Mica2 的缺省协议。B-MAC 允许应用利用一个具有良好定义的接口来实现应用自己的 MAC 协议。它采用低能量侦听（LPL）和空闲信道侦听（CCA）技术来提高信道的利用率。

X-MAC[71] 协议可解决很长的前导比特串引起的问题，该问题会导致每跳的延迟过长，以及非接收节点的过量能耗。X-MAC 利用短的前导比特串来减少发送和接收方的能耗，同时减少每跳的延迟，以适应突发的和具有周期性的数据源。

Funneling-MAC[72] 协议可发现并解决传感器网络应用中的多对一传输中的漏斗效应。Funneling-MAC 是基于 CSMA-CA 的，它同时在漏斗区域实现了一个局部的 TDMA 算法。汇聚节点管理 TDMA 的调度。而 TDMA 只工作在邻近汇聚节点的漏斗区域，而不是贯穿整个网络。

IEEE 802.15.4（ZigBee）[73] 作为一个无线传感器网络标准协议，致力于解决低速无线个域网（LR-WPAN）的相关问题。802.15.4 MAC 协议能执行流控、维护网络同步、控制关联、管理设备的安全、管理保证信道机制。该标准允许使用超帧结构来分配专用的带宽，同时保证通信的延迟。超帧格式由 PAN 协调器来定义，并在超帧中使用网络信标报文。一个超帧由 16 个大小相等的时隙组成。这些时隙分成两个组：竞争访问阶段（CAP）和无竞争阶段（CFP）。分给 CFP 的时隙也叫做有保证时隙（GTS），它受 PAN 协调器的管理。MAC 通过 CSMA/CA 来控制无线信道的访问。

2. 路由协议研究

无线传感器网络路由协议具有的特征是：能量优先、基于局部拓扑信息、以数据为中心、应用相关。无线传感器网络的某些应用对通信的服务质量有较高的要求，如可靠性和实时性。而在无线传感器网络中，链路的稳定性难以保证，通信信道质量比较低，拓扑变化比较频繁，因此，要实现服务质量保证，需要设计可靠的路由协议。

无线传感器网络路由协议已有大量的研究成果，本书参考文献[89] 对不同路由协议进行了很好的综述，这里仅对本研究相关的路由协议进行分类比较。

（1）地理位置路由协议

在目标跟踪类应用中，需要唤醒距离跟踪目标最近的节点，以得到关于目标的更精确位置信息。在这类应用中，基于节点的位置信息选择路由，同时可完成节点的路由功能，还可降低维护路由的能耗。地理位置路由会假设节点已知道自己、目标节点或者目标区域的地理位置，然后，利用这些地理位置信息作为路由选择的依据。

GEAR[74]协议根据事件区域的地理位置信息，建立汇聚节点到事件区域的优化路径，避免了洪泛传播方式，从而减少了路由建立的开销。GEAR中每个节点都知道自己的位置信息和当前的剩余能量，并且邻居节点通过交换信息可知道所有邻居节点的位置信息和剩余能量。在 GEAR 中，汇聚节点发出查询命令，并根据事件区域的地理位置将查询命令发送到区域内距汇聚节点最近的节点，然后从该节点将查询命令传播到区域内的其他所有节点。而查询数据沿反向路径向汇聚节点传输。GPSR[75]是一种贪婪地理路由协议。它通过产生比原图的节点更稀疏的平面图来执行右手规则以绕过路由洞。GEM[76]路由是一种适用于数据中心存储的地理位置路由协议。它通过建立一个虚拟极坐标系统的方式来表示实际的网络拓扑结构。网络的节点形成了一个以汇聚节点为根的环形树，每个节点采用到树根的跳数距离和角度范围来表示。节点之间的数据路由采用这个环形树来实现。

（2）能量感知的路由

高效的利用网络能量是传感器网络路由协议的一个重要特征。为了强调高效利用能量的重要性，专门设计了能量感知路由协议。这类路由协议从数据传输中的无线传感器网络节能介质访问控制协议与可靠路由协议研究的能量消耗出发，考虑最优能耗路径和最长网络生存周期等问题。

本书参考文献[77]提出了一个能量感知的路由协议，它在不同的时间内，基于依赖能量的标准，选择出一组较好的路由路径。Younis 等在参考文献[78][79]中针对成簇的传感器网络设计了一个能量感知的路由协议。在他们的方法中，每一个簇的网关节点可利用感知的能量作为性能指标来管理拓扑的调整和路由的建立。

（3）信息查询路由协议

在环境监测和战场态势感知类应用中，系统需要不断查询传感器节点采集的数据。汇聚节点发出查询命令，传感器节点向汇聚节点报告采集的数据。传感器节点在传输路径上通常要进行数据融合，以减少通信流量进而节省能量。

Direct Diffusion[63]是基于查询的路由协议。汇聚节点通过兴趣消息（Interest）发出查询任务，并采用洪泛方式将兴趣消息传播给整个区域内的节点。在兴趣消息传播的过程中，协议在每个传感器节点上建立反向的从数据源到汇聚节点的数据传输梯度（Gradient）。传感器节点将采集到的数据沿梯度方向传输到汇聚节点。然后利用建立的梯度信息发现一个加强的路径来收集数据。Faruque 和 Helmy 提出的 RUGGED[80]协议是通过传播事件信息来指导路由的。

（4）可靠路由协议

无线传感器网络的一些特定应用对通信的服务质量有较高要求，如可靠性和实时性等。在无线传感器网络中，链路通信质量较差，拓扑变化比较频繁，要实现服务质量保证机制，需要设计相应的可靠路由协议。可靠路由协议主要从两个方面考虑：一是利用节点的冗余性提供多条路由路径以保证通信的可靠性；二是建立对传输可靠性的评估机制，从而保证每跳传输的可靠性。

Gupta 和 Younis 在文献 [81] 中提出了一个容错的分簇协议。Datta 在文献 [82] 中针对低移动性和单跳的无线网络提出了容错协议。Khanna 等 [83] 提出在容错数据分发中使用多路径来提供容错机制。RMST[84] 为应用软件提供保证传输和分片再重新组装的功能。RMST 是一种基于 NACK 的选择性协议，它可以被配置以用来进行网内缓冲和修复。PSFQ[85] 是 WSN 中传输层上的一个模式，它通过 NACK 进行单跳的错误恢复，以超过源节点的传输速率进行报文传输，并且在网内缓存报文。ReInForM[86] 从数据源节点开始，根据可靠性需求、信道质量以及传感器节点到汇聚节点的跳数，决定需要的传输路径数目，以及下一跳节点数目和相应的节点编号，从而实现可靠的数据传输。SPEED[87] 协议是一个实时路由协议，它在一定程度上实现了端到端的传输速率保证、网络拥塞控制以及负载均衡机制，并通过节点之间交换传输延迟信息，以得到网络的负载情况，然后节点再利用局部地理信息和传输速率信息作出路由决定，同时通过邻居反馈机制可使网络传输速率维持在一个全局定义的传输速率之上。

本节简要地介绍了无线传感器网络的发展和现状、体系结构、网络特点、典型应用和关键技术。无线传感器网络由军方驱动，至今大致经历了四个发展阶段，国内外许多组织和公司也加入到其研究行列，具有广阔的发展前景。无线传感器网络一般是由汇聚节点和传感器节点组成的一个自组织的网络。汇聚节点通过多跳的方式从传感器节点获取数据或者向传感器节点发送查询命令。传感器节点硬件主要包括：传感器、信号调理电路、AD 转换器件、微处理器、存储器、射频模块、电池及电源管理电路等。传感器节点一般使用 TinyOS 操作系统。TinyOS 提供了轻量级线程（Task）技术、两层调度（Two Level Scheduling）、主动消息（Active Message）、事件驱动模式和组件化编程。传感器网络具有大规模、自组织、动态性、可靠性、应用相关、以数据为中心等特点，它主要应用于军事预警、环境监控、建筑物监控、生态监控、空间探索、智能交通、安全生产、智能家居、健康护理等领域。传感器网络的关键技术包括：网络协议、网络安全、拓扑控制、时钟同步、定位技术、数据管理、运行与开发环境，以及应用相关的算法等。无线传感器网络领域的研究主要集中在介质访问控制协议和路由协议，一些典型的协议对我们学习和研究无线传感器网络有许多借鉴之处。

## 1.2    ZigBee 技术概述

ZigBee 技术特性很符合无线传感器网络特性。本节首先简要介绍 ZigBee 技术，然后介绍 ZigBee 网络需具备的基础知识，再介绍 ZigBee 相比于其他无线网络显著的特点和应用。读者学习完本节后，可对 ZigBee 形成宏观上的认识。

### 1.2.1    ZigBee 技术简介

ZigBee 是 ZigBee 联盟建立的技术标准，它是一种新兴的短距离、低功耗、低数据传输速率、低成本、低复杂度的无线传感器网络技术，为介于无线射频标签（RFID）技术和蓝牙（Blue Tooth）技术之间的技术提案。ZigBee 目前适合应用于短距离无线网络通信方面。其可以嵌入各种类型设备，ZigBee 联盟预测可应用于自动控制、传感、监控和工业控制、消费电子、农业等领域。

1. ZigBee 名字溯源

ZigBee 一词来源于蜜蜂在发现花粉位置时，通过跳优美的"Zigzag"舞蹈来通知同伴花粉所在的方位信息。ZigBee 是"Zigzag"和 Bee 的合成词。"Zigzag"表示蜜蜂的"之"字形舞蹈，其用于和同伴传递信息。"Bee"意思是蜜蜂，这表示 ZigBee 网络具有小巧简捷的无线传感功能。人们由蜜蜂靠这种"Zigzag"舞蹈与同伴传递信息的方式及其体积小、消耗能量少的特点联想到建立一种近距离、低功耗的无线网络（见图 1-13）。ZigBee 在此前也曾被称为"HomeRF Lite"或"FireFly"无线技术[110]，现在统称为 ZigBee 技术。

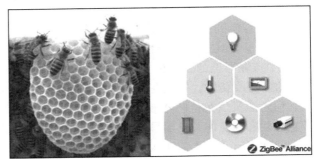

图 1-13　ZigBee 名字来源于蜜蜂[1]

### 2. IEEE 802.15.4 标准与 ZigBee 规范

ZigBee 的诞生和成长与两个组织密不可分，这两个组织分别是 IEEE 802.15 工作组和 ZigBee 联盟。他们制定了 IEEE 802.15.4 标准和 ZigBee 规范，也希望人们能够遵守这些 ZigBee 标准和规范，以推动 ZigBee 技术的发展。

ZigBee 联盟成立于 2001 年 8 月。在 2002 年下半年，英国 Invensys 公司、日本三菱电气公司、美国摩托罗拉公司和荷兰飞利浦半导体公司共同宣布成立"ZigBee 联盟"，致力于研发名为"ZigBee"的下一代无线通信标准及市场推广。目前，已有四百家芯片公司、无线设备开发商和制造商加入 ZigBee 联盟。在 2003 年，IEEE 802.15 工作组发布了适用于低速无线个人局域网（LR-WPAN）的 IEEE 802.15.4 协议标准，并定义了物理层和 MAC 层标准。

在 2004 年 12 月，ZigBee 联盟正式发布了该项技术的 ZigBee 1.0 规范，其称为 ZigBee 1.0 或 ZigBee 2004。第二个 ZigBee 协议栈规范于 2006 年 12 月发布，其称为 ZigBee 2006 规范，ZigBee 2006 规范将实现完全向后兼容性。在 2007 年 10 月，ZigBee 联盟发布了 ZigBee 2007 规范，并定义了两套高级的功能指令集（Feature Set）：ZigBee 功能指令集和 ZigBee Pro（ZigBee Professional）功能指令集。ZigBee 2007 包含两个协议栈模板（Profile）：一个是 ZigBee 协议栈模板，其目标是消费电子产品和灯光商业应用环境，设计简单，支持少于 300 个节点的网络；另一个是 ZigBee Pro 协议栈模板，目标是商业和工业环境，支持大型网络和 1 000 个以上的网络节点，具有更好的安全性。

ZigBee 技术是 ZigBee 联盟的产物。ZigBee 规范结构如图 1-14 所示，ZigBee 联盟采用 IEEE 802.15.4 标准作为 ZigBee 网络的物理层（PHY）和介质访问控制层（MAC）规范，并在此基础上制定了数据链路层（DLL）、网络层（NWK）和应用编程接口（API）规范，以负责高层应用、测试和市场推广等方面的工作。ZigBee 应用开发者则在 ZigBee 规范基础上进行项目开发。

物理层由射频收发器和底层控制模块构成，并提供基本的物理无线通

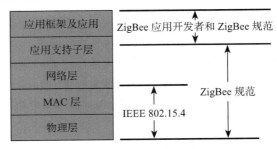

图 1-14　ZigBee 规范结构

信能力，其包括频率选择、信道、调制等。MAC 子层为高层访问物理信道提供点到点通信的服务接口以及单跳设备间的可靠传输。网络层负责网络管理、网络设备间的消息路由等。应用支持子层类似于 OSI 参考模型的传输层，负责多个应用之间逻辑路径通信，以及网络层与应用层之间消息格式的转换。与 OSI 参考模型中的应用层不同，ZigBee 应用层并非全部由用户自己开发，而 ZigBee 规范也已经提供了应用框架和网络管理应用接口，以供 ZigBee 应用开发者利用这些规范进行开发。

### 3. ZigBee 技术与常见无线通信技术

无线技术近年来发展迅猛，使得人们可以随时随地获取和交换信息，并为人们的生产和生活带来极大的便利。目前按照覆盖范围划分的无线通信技术包括无线广域网 WWAN、无线城域网 WMAN（WIMAX）、无线局域网 WLAN（WiFi）、无线个域网 WPAN（蓝牙、ZigBee 和 UWB）、无线体域网 WBAN，具体如图 1-15 所示。ZigBee 通信技术属于低速无线个域网 LR-WPAN 范畴，通信距离一般是几米到几十米，速率一般是几十 kbps。

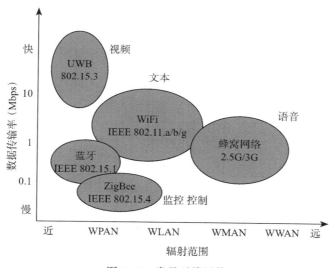

图 1-15    常见无线网络

与传统的无线网络协议提供高可靠的通信质量和高效能的网络吞吐率不同，ZigBee 更多地关注低数据传输速率。一般而言，传统网络如访问网页、在线视听等应用，对响应速度和数据传输速度有着敏感性的要求。而 ZigBee 技术多用于控制家庭照明和采集温湿度信息等，这些应用对数据传输速率要求不高且数据量较小。传统无线网络协议一般直接由电源供电，较少考虑能量消耗因素。而 ZigBee 节点一般由能量有限的电池供电，并长期处于无人值守的野外环境中，且个数多、分布区域广、所处环境复杂，这使得它的电池难以进行更换。因此，ZigBee 节点电池供应一般设计为常年运行。

传统无线网络设计用途专一，超宽带技术（UWB）用于无线视频传输，WiFi 用于无线访问接入互联网，蜂窝网络用于语音通信，蓝牙用于无线电子设备连接。ZigBee 主要用于监控和控制，但由于应用场景不同，它们提供的功能也不一样。

与同是出自 IEEE 802.15 工作组的蓝牙技术相比，表 1-1 所列的 ZigBee 协议栈代码量更小，且可用电池供电，组网能力强，并专注低传输速率，覆盖范围更广。因此，ZigBee 更适合于智能家居、工业监控等无线控制应用，并以多跳自组织网络方式使成百上千的节点彼此连接。而蓝牙主要用于点对点通信（如耳机与手机）。

表 1-1　ZigBee 与蓝牙标准对比

| 比较对象 | 蓝牙 | ZigBee |
|---|---|---|
| 空中信道接入 | FHSS | DSSS |
| 协议栈 /KB | 250 | 28 |
| 电池 | 可再充电 | 不可再充电（一般） |
| 网络设备最大数 | 8 | $2^{16}$ |
| 数据传输率 | 1Mbps | 20 ～ 250kbps |
| 网络覆盖 /m | 10 | 10 ～ 100 |
| 加入网络时间 | 3s | 30ms |
| 睡眠到活跃状态转换 | 3s | 15ms |

蜂窝网络通信质量好且覆盖面广，但系统资源消耗大，能量消耗高，电池供电仅能维持几天左右，ZigBee 与其的对比如表 1-2 所示。WiFi 传输速度可达到 1Mbps，传输距离可达 100m，但其功耗大、组网能力差，一般只可组成至多 32 个节点的星状网络。蓝牙技术成本低，但其传输距离仅为 10m，且只能组成至多 8 个节点的星状网络，电池最多也仅能维持数周。因此，这些传统无线通信技术在低数据传输速率应用中优势不明显。

表 1-2　ZigBee 与常见无线通信标准对比

| 标准 | GPRS/GSM | WiFi | 蓝牙 | ZigBee |
|---|---|---|---|---|
| 应用 | 声音、数据 | Web、Video | 电缆替代品 | 监控、控制 |
| 系统资源 | 16MB 以上 | 1MB 以上 | 250KB 以上 | 4KB ～ 6KB |
| 网络大小 | 1 | 32 | 8 | 65 536 |
| 电池寿命（天） | 1 ～ 7 | 0.5 ～ 5 | 1 ～ 7 | 100 ～ 1 000 以上 |
| 网络带宽 /kbps | 64 ～ 128 以上 | 11 000 以上 | 720 以上 | 20 ～ 250 |
| 传输范围 /m | 1 000 以上 | 1 ～ 100 | 1 ～ 10 以上 | 1 ～ 100 以上 |
| 市场优势 | 覆盖面，质量 | 速度，灵活 | 成本，方便 | 可靠，低功耗，成本 |

### 1.2.2　ZigBee 技术基础

本节简要介绍 ZigBee 网络中的一些基础知识和概念，其主要包括 ZigBee 技术使用的通信频段和信道、设备和节点逻辑类型、网络拓扑结构、组网建网过程、信标与非信标模式、地址类型、应用层基本概念和术语等内容。

ZigBee 是一种工作在 900MHz 和 2.4GHz 频段的新兴无线网络技术，它具有短通信距离（10m 到数百米），较为灵活的通信速率（40kbps 到 250kbps），星状、树状、网状（MESH）等多种网络拓扑，并且具有无线通信标识性的低成本、低功耗、可靠性特点。

#### 1. ZigBee 通信频段和信道

频段就是设备在工作时可以使用的一定范围内的频率段，信道是在这个频段内可供选择、用于传输信息的通道。如民用无线电台广播工作在 535 ～ 1 605kHz 频段，每 10kHz 划为一个节目。ZigBee 物理通信频段和信道如图 1-16 所示，ZigBee 物理层工作在 868MHz、915MHz 和 2.4GHz 这 3 个频段上。这 3 个频段共计分为 27 个信道，且分别拥有 1 个、10 个、16 个信道，并具有 20kbps、40kbps 和 250kbps 的最高数据传输速率，这些属于工业、科学和医学应用免费 ISM 频段。用户使用这些频段时不需要申请执照。各国对无线电产品都有严格的管理和监督，像移动通信中的 GSM、CDMA、3G 频段是由无线电部门管理，并需要申请执照和付费的。868MHz 和 915MHz 频段分别是欧洲和美国专属频段，2.4GHz 频段在全球都可以使用。因此，ZigBee 网络通信在国内使用的是具有 16 个信道的 2.4GHz 频段。

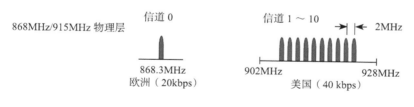

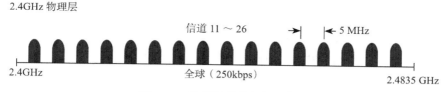

图 1-16    物理层通信频段和信道

**2. ZigBee 射频芯片和协议栈**

在硬件层次上，ZigBee 无线网络的实现需要依靠支持 IEEE 802.15.4 标准的无线射频芯片。随着 IEEE 802.15.4 标准和 ZigBee 规范的发布，世界各大无线芯片厂商陆续推出了支持该标准的片上系统（SoC）解决方案，如 TI 公司的 CC253X 系列芯片、Freescale 公司的 MC1319X 芯片、Ember 公司的 EM35X 等芯片。这些芯片大都集成了该标准的物理层功能，并支持部分 MAC 层功能。以 TI CC2530 芯片为例，CC2530 SoC 集成了 RF 收发器、增强型标准 8051 微处理器内核，具有 8KB 的 RAM、32/64/128/256 KB 多尺寸闪存、多个外设接口（如两个 USART、12 位 ADC 和 21 个通用 GPIO 等）以及支持其他 IEEE 802.15.4 标准的功能（如 IEEE 801.15.4 MAC 层定时器、硬件 CSMA/CA 和数字化 RSSI/LQI）。

在软件层次上，与传统网络 TCP/IP 协议栈类似，ZigBee 无线网络应用开发也需要依靠 ZigBee 协议栈。一些国际知名的大公司依据 IEEE 802.15.4 标准和 ZigBee 规范开发了自家的协议栈，TI 的 Z-Stack[119]，Freescale 的 BeeStack[122]。另外，许多组织也实现了免费的开源协议栈，如密西西比大学 R. Reese 教授开发的 msstatePAN 协议栈[133]。以 TI Z-Stack 协议栈为例，Z-Stack 协议栈是 ZigBee 规范的一种具体实现，它配合操作系统抽象层（OSAL）来完成任务调度，并采用分层的结构来实现物理层、介质访问控制子层、网络层、应用支持子层、应用框架、ZigBee 设备管理对象等各层功能。应用开发人员可在应用层完成代码编写，以实现应用项目的相关功能。

**3. 网络模型**

与一般的无线传感器网络系统类似，ZigBee 数据采集应用网络如图 1-17 所示，它主要包括 ZigBee 网络、网关和监控中心三部分。ZigBee 网络主要负责数据的采集和汇聚，监控中心负责数据的处理、分析、展示等，网关连接 ZigBee 网络和监控中心，起到数据传输的桥梁作用。上述三个部分主要涉及无线传感器网络数据的感知、传输、处理三个层面。

传输层的 ZigBee 无线传感器网络部分是本书讲述的重点。

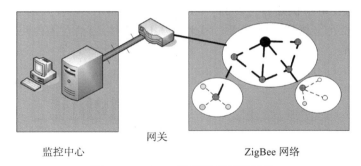

图 1-17　ZigBee 数据采集网络架构

　　一个比较典型的 ZigBee 网络模型如图 1-18 所示。它既包含了星形网络和网状网络，又包括了 ZigBee 中的协调器、路由器和终端等类型设备。较小的椭圆代表星状网络，较大的椭圆区域代表对等式的网状网络。协调器一般主要负责 ZigBee 网络的建立、维护、数据汇聚；路由器负责扩展网络、中继数据；终端设备主要负责数据采集。

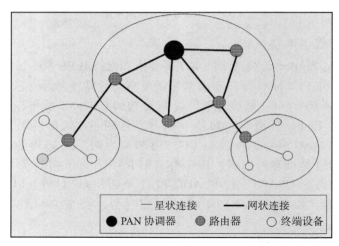

图 1-18　典型的 ZigBee 网络模型

### 4. 功能类型设备

　　ZigBee 网络支持两种设备：全功能设备（Full-Function Device，FFD）、精简功能设备（Reduced-Function Device，RFD）。全功能设备（FFD）支持 IEEE 802.15.4 标准定义的所有功能和特性，并拥有较多的存储资源、计算能力。而精简功能设备（RFD）只支持标准定义的一部分，功能简单，如电灯开关或是被动的红外线传感器，它一般不需要传输大量的数据。其对存储器需求量小，且只能与 FFD 设备通信。

　　如图 1-18 所示，ZigBee 规范将网络节点按照功能划分为 PAN（Personal Area Network）协调器 ZC（ZigBee Coordinator）、路由器 ZR（ZigBee Router）和终端设备 ZE（ZigBee EndDevice）三种类型，其中协调器和路由器均为全功能设备（FFD），终端设备为精简功能设备（RFD）。

　　● **协调器**：一个 ZigBee 网络有且仅有一个 PAN 协调器，且是 PAN 的总控制器，可以将其理解为网络中的第一个设备。该设备负责 ZigBee 网络启动，并配置网络使用的信道和网络标识符（PAN ID）。此外，协调器还要完成网络成员地址分配、节点绑定、建立安全层等任务，它在网络中需要最多的存储资源和计算能力。ZigBee 网络是优美的分布式网络，当网络协调器成功建立网络之后，基本上就完成了协调器身份的使命，而成为路由器角色。此时，即使关闭协调器节点，网络中其余的节点仍然能够相互通信。

- **路由器**：路由器主要实现允许设备加入网络、扩展网络覆盖的物理范围和数据包路由的功能。ZigBee 路由器扩展网络是指该设备可以作为网络中的潜在父节点，允许更多的路由和终端设备接入网络。其中，路由器最为重要的功能是"允许多跳路由"，即使两个设备不在彼此的物理射频范围内，也能通过路由器进行信号中转和中继，进行通信；路由节点存储路由表，负责寻找、建立及修复数据包路由路径。路由器一般还协助由电池供电的终端设备子节点工作，如缓存子节点数据等。路由器和协调器一般由主电源供电，且经常处于活跃状态。

- **终端设备**：终端设备一般为 ZigBee 网络边缘设备，它不具备成为协调器和路由器的能力，并常与监控对象连接在一起。终端设备一般由干电池或纽扣电池供电，大部分时间处于休眠状态。终端设备的一些工作常交由父节点路由器处理，如设备周期性处于睡眠状态，发送到设备的数据不能立即被接收，就暂存到其父设备节点，终端设备会定时向其父设备轮询数据；终端设备在向其他节点发送数据时，先将数据交由其父节点设备，然后以父设备的名义进行网络路由。

5. 拓扑结构

ZigBee 网络支持星状、树（簇）状和网状三种网络拓扑结构，如图 1-19 所示。

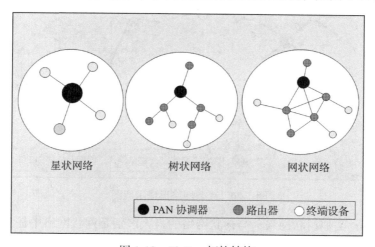

图 1-19　ZigBee 拓扑结构

- **星状网络**：由一个 PAN 协调器节点和一个或多个终端设备组成。在星状网络中，所有的终端设备都只与 PAN 协调器通信。且只允许 PAN 协调器与终端设备的通信，终端设备和终端设备不能够直接通信，终端设备间的消息通信需通过 PAN 协调器进行转发，然后再由协调器将消息发送到目标终端设备。

在星状网络中，网络协调器一般由持续电力的系统供电，而其他设备采用电池供电。

星状网络适合家庭自动化、个人计算机的外设、玩具游戏以及个人健康护理等小范围的应用。

- **树状网络**：由一个 PAN 协调器和一个或多个星状网络结构组成。终端设备可以选择加入 PAN 协调器或者路由器。设备能与自己的父节点或子节点直接通信，但与其他设备的通信只能依靠树状节点组织路由进行。

下面以簇树（Cluster-tree）网络为例介绍树状网络的形成过程，具体如图 1-20 所示。

网络协调器首先将自己设为簇头（Cluster Header，CLH），将簇标识符（Cluster Identifier，CID）设置为 0，同时为该簇选择一个未被使用的 PAN 标识符，以形成网络中的第一个簇。接着，网络协调器开始广播信标帧。邻近设备收到信标帧，与协调器进行时间同步后，就可以申请加入该簇。网络协调器决定设备可否成为簇成员，如果允许请求，则将该设备作为簇的子设备加入网络协调器的邻居列表。新加入的设备会将簇头作为它的父设备加入到自己的邻居列表中，并且周期性地发送信标帧，以便其他设备的加入。

如果多个邻近簇相连成网就可以构成更大的网络。PAN 协调器可以指定一个设备作为邻近簇的簇头，新的簇头同样也可以指定设备成为其相邻簇的簇头，这样就可以随着设备的加入构成一个簇树网络。每个节点的网络层地址分为两部分：簇标识符（Cluster Identifier，CID）和节点标识符（Node ID，NID）。同一簇内的节点具有相同的 CID，如上所述，PAN 协调器的 CID 为 0，其他簇头的 CID 由其父节点根据 Cluster-Tree 算法分配，簇头的 NID 为 0，其余节点的 NID 也是由其父节点根据 Cluster-Tree 算法分配。

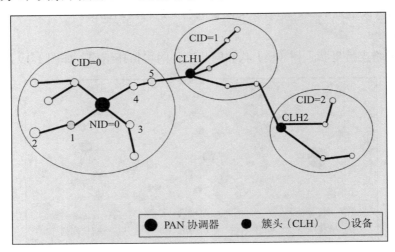

图 1-20　簇树网络形成示意图

- **网状网络**：类似树状网络。与树状网络的最大区别是网状网络中任意两个路由器能够直接通信，且具有路由功能的节点不用沿着树来通信而可以直接把消息发送给其他的路由节点。但是，不具有路由功能的节点只能依靠其父节点转发消息。同时，路由节点直接互联，由路由表进行消息网状路由。网状网络的优点是减少了消息传输延时，增强了可靠性；缺点是需要消耗更多的存储资源来存储路由表。

ZigBee 网络的路由采用 AODV（Ad hoc On-demand Distance Vector）算法。每个路由器维护一张路由表，并定期与其邻居路由器交换路由信息，并根据最小路由距离更新自己的路由表。

网状网络需要协调器来负责实现链路状态信息管理、设备身份认证等功能。网状网络可组织成较为复杂的网络，并具备支持 Ad-hoc、自组织和自愈的功能，同时以多跳路由方式在网络中传输数据。简而言之，网状网络就是一种多跳、多路径和可修复的网络。网状网络适用于设备分布范围广的应用，在工业监测与控制、货物库存跟踪、智能农业和安全等方面，具有非常好的应用前景。

在 ZigBee 网状网络中，无论网络中两个节点的距离有多远，只要两者有足够的中间设备来中继消息，消息就可以从一个节点传输到网络中其他任意一个节点。ZigBee 网状网络通信过程如图 1-21 所示，节点 1 要和节点 3 进行通信，但两者距离超出了彼此的无线信号覆盖范围。ZigBee 则会通过路由算法自动找出最优路径，由节点 1 发送数据到节点 2，再经节点 2 将数据转发到节点 3。

假设经过一段时间后，节点 1 到节点 2 的路径受阻，这或许是因为节点 2 发生了物理故障、电池能量耗尽、中间隔着障碍物或是两者受到其他设备的干扰等。如果是传统树状网络，节点 1 与节点 3 就失去了联系，不能进行通信。但是对于网状网络，ZigBee 会自动检测出出错的路由，并重新选择路由路径。如图 1-22 所示，节点 1 和节点 3 则可以通过节点 4 和节点 5 中继数据进行通信。

ZigBee 多路径网络路由可以举个生活的例子来说明。货物司机张某常年从西安到北京运送新鲜农产品，一般都是先到太原，然后去往北京。但是，由于天气或桥梁修筑的原因，西安到太原的高速公路短时间内不能通行。于是，张某就选择先去郑州，然后经由石家庄，最后把农产品及时送至北京农贸市场。

图 1-21　ZigBee 网状网络　　　　　　图 1-22　ZigBee 网状路由

网状网络在实际工业现场通信具有非常重要的意义。由于工业现场环境较为复杂，我们不能保证无线节点间的通信链路始终通畅。然而采用此类网络即使一条路径上的两个节点出现通信中断，控制数据包也可通过选择其他路径到达目的节点。

**6. ZigBee 网络组建与入网**

ZigBee 网络是一种自组织网络。所谓自组织，举个例子来说明，即一群蜜蜂野外采集花粉，则每个蜜蜂都携带一个 ZigBee 模块，只要彼此在通信范围内，在不借助传统意义上的路由器或基站的情况下，无需人工干预，就可自动地通过彼此寻找节点存在的方式，组成一个结构化的 ZigBee 网络。随着蜜蜂的移动，ZigBee 网络还可以重新寻找 ZigBee 模块，并对网络进行更新。

一个简单的 ZigBee 网络是如何形成的呢？ZigBee 网络组建主要包括两个步骤：网络初始化和加入网络节点。而加入网络节点又有两个步骤：通过成为协调器加入网络和通过加入已有网络。

ZigBee 网络形成过程如图 1-23 所示，首先，由 FFD 设备成为协调器，建立一个 ZigBee 网络。任何一个 FFD 设备上电后都有可能成为网络协调器，而是否要成为网络协调器是通过预先烧写的程序来确定的，一般而言，如果通过被动扫描没有发现其他的协调器设备，FFD 设备就确定成为协调器，并可建立自己的网络。接着，协调器节点进行能量和物理信道扫描，从信道列表中选择一个较好的信道。最后，协调器为这个新网络选择一个唯一的 PAN 标识符（PAN ID），设备通过这样的 PAN 标识符标记自己的网络属主关系。一旦网络建立成功，协调器就等待路由器与终端设备加入到网络。

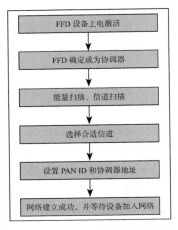

图 1-23　ZigBee 网络形成过程

终端设备入网过程如图 1-24 所示，路由器和终端设备上电后，首先重复发送信标请求，要求加入到 ZigBee 网络。协调器发现设备发出的信标请求，则响应一个超帧结构来实现与请求设备的同步，一旦同步成功，则允许设备与协调器进行关联。接着，设备发送要求加入网络的关联请求命令。协调器接收到关联请求命令后，如果协调器资源充足，则会给请求节点分配一个 16 位的短地址，并允许其加入网络。此时，节点将成功与协调器建立连接并可以发送和接收数据。

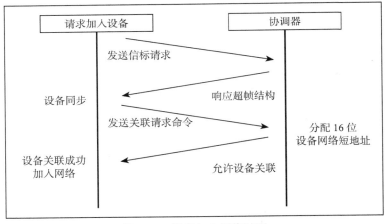

图 1-24　设备加入网络过程

设备入网可分为两种情况：一种是设备首次入网；另一种是设备重新加入网络。设备第一次入网是采取上述所说的关联方式。设备再次入网是采用孤立扫描的方式。这个设备也称作孤立设备，即指与网络失去了同步的设备。如果一个设备此前曾加入一个网络，设备则会启动孤立扫描程序来加入网络。ZigBee 设备会将网络中其他的节点信息存储在邻居表中，当它接收到进行孤立扫描的设备的加入请求时会检查其邻居表。如果是其子设备，该设备则通知子设备的网络位置，并加入网络。

待网络形成后，可能会出现网络 PAN ID 冲突的情况。如由于移动物体阻挡导致一个 FFD 自己建立网络，但是当移动物体离开的时候，网络中则会出现多个协调器。此时，协调器可以调用 PAN ID 冲突解决程序，改变其中一个协调器的 PAN ID 和信道，同时相应地修改其所属的子设备。一个 ZigBee 网络只能有一个 PAN 协调器，而一个信道上可以有多个 ZigBee 网络，只要这几个网络的 PAN ID 不同即可。

ZigBee 路由器与终端设备只需扫描一次可以加入的存在网络。而协调器则需要扫描两次，一次用于确定存在的网络，还有一次是物理信道列表的能量扫描。

综上所述，一个 ZigBee 网络只有一个 PAN 协调器，由协调器分配一个 16 位的 PAN ID 号，网络中的设备依据 PAN ID 号标识 ZigBee 网络归属。协调器负责整个网络的建网、运行，同时也可作为与其他类型网络的通信节点，如通过网关与监控中心连接。ZigBee 网络可以有若干个路由器和终端设备。协调器和路由器的器件必须由全功能器件（FFD）构成，而终端设备的器件可以由全功能设备（FFD），也可由精简功能设备（RFD）构成。

ZigBee 设备功能类型如表 1-3 所示，全功能设备（FFD）支持星状、树状和网状拓扑，并可以成为网络协调器，以和任何 ZigBee 设备通信。而精简功能设备（RFD）只支持标准定义的一部分，功能简单，存储器需求量小，但它只支持星状结构，不能成为网络协调器，也只能与协调器进行通信，在网络中通常用作终端设备。

表 1-3　功能设备类型

| 设备类型 | 全功能设备（FFD） | 精简功能设备（RFD） |
| --- | --- | --- |
| 拓扑结构 | 星状，树状，网状 | 星状 |
| 能否成为协调器 | 可以 | 不可 |
| 能否成为路由器 | 可以 | 不可 |
| 能否成为终端设备 | 可以 | 可以 |
| 通信对象 | 任何 ZigBee 设备 | 只能与协调器通信 |
| 存储器资源要求 | 较高 | 较低 |

**7. ZigBee 信标与非信标工作模式**

ZigBee 网络具有信标（Beacon）和非信标（Non-beacon）两种工作模式。两者最大的区别为是否要求网络中的设备同步，即同步工作、同步睡眠。信标工作模式通过发送信标，要求网络中所有设备同步工作、同步休眠，以减少能量的消耗。而在非信标工作模式下，只有终端设备可以进行周期性休眠，协调器和路由器必须长期处于工作状态。

信标与非信标模式举例如图 1-25 所示，即张某要去李某家中送东西，如果双方采取信标工作模式，张某打电话对李某说："我晚上 10 点去你家送东西。"张某和李某首先要核对一下他们家中的钟表是否保证一致（这就相当于设备张和设备李进行同步），然后李某就在晚上 10 点等待张某到来，其他时间可以关门休息。如果双方采取非信标模式，张某对李某说："我会到你家送东西。"李某就一直等待张某来送东西。

信标模式　　　　　　　　　　　　　　　非信标模式

图 1-25　信标与非信标模式举例

信标模式定义了一种超帧（Superframe）结构格式，ZigBee 协调器在超帧开始后，以一定的时间间隔向网络广播信标帧。信标帧包括一些时序和网络信息，主要用于设备之间的同步。协调器将两个信标帧之间的发送间隔划分为 16 个相同的时隙。这些时隙分为网络活动区间和非活动区间两个部分，消息只能在网络活动区间的各时隙内发送。网络活动区间又可分为竞争接入和非竞争接入时期，在竞争接入时期，各节点以竞争方式接入信道，在非竞争接入时期，节点采用时分复用的方式接入信道。在非活动区间，协调器将处于低功耗的睡眠模式，等待下一个超帧周期的开始。

在非信标模式下，网络父节点为终端设备子节点缓存数据帧。终端节点会主动向父节点提取数据。终端设备也会周期性地进入休眠状态，而且大部分时间都处于休眠状态，同时也会周期性地与父节点握手，确认自己没有离开网络。一般而言，节点从休眠模式到被激活仅为 15ms。非信标模式不需要网络设备进行同步。因此，非信标模式网络规模较信标模式网络规模大。在实际应用中，ZigBee 网络更多采用非信标模式。

在非信标模式下，路由器和协调器节点由于经常需要和网关、WiFi 设备进行数据交互，并常处于工作状态，因此使用主电源供电。另外，因为路由器一般需要较远的通信距离，所以常使用中继放大器增加发射距离。

### 8. ZigBee 网络地址

ZigBee 网络地址也可以类比为邮递员投信地址，ZigBee 节点设备相当于信箱，数据包相当于信件。邮递员必须要知道信件发往的地址，才能准确地把信件投往目的信箱。而 ZigBee 网络数据包地址相当于信件上的地址。数据包源地址和目的地址相当于收件人和寄件人地址。因此，与其他通信类似，地址概念在 ZigBee 网络通信中也具有非常重要的作用。

在设备加入网络后，ZigBee 网络需要为每个设备分配一个唯一的地址。也就是说，需要保证设备分配的地址不能与网络中其他设备的地址产生冲突，才能够保证数据包发送给一个指定的设备。ZigBee 2006 和 ZigBee 2007 采用分布式地址分配方案，它通过与父设备进行通信获得网络地址。ZigBee 2007/Pro 采用随机地址分配方案，对新加入的设备采用随机地址分配方案。

ZigBee 网络主要有三种类型的地址：扩展地址、短地址、终端地址。

- **扩展地址**又称 IEEE 地址、MAC 地址。扩展地址位数为 64 位，由设备商固化在设备中。任何 ZigBee 网络设备都具有全球唯一的扩展地址，即该 64 位地址唯一标识设备。在 PAN 网络中，此地址可直接用于通信。
- **短地址**又称为网络地址，它用于在本地网络中标识设备节点，发送网络数据。短地址位数为 16 位。也就是说，一个 ZigBee 网络理论上最多可以容纳 $2^{16} = 65\ 536$ 个节点。在协调器建立网络后，使用 0x0000 作为自己的短地址。ZigBee 网络地址有两种分配方式：一种是随机分配；另一种是分布式分配。在设备需要关联时，由父设备分配 16 位短地址。设备可以使用 16 位短地址在网络中进行通信。不同的 ZigBee 网络可能具有相同的短地址。

但是在 ZigBee 设置目标地址时，需要注意以下几个特殊的地址：

① 0xFFFF：对网络中所有的设备进行广播。

② 0xFFFE：应用层将不指定目标设备，读取绑定表中相应目标设备的短地址。

③ 0xFFFD：对活跃的设备进行广播。

④ 0xFFFC：只广播到协调器和路由器。

⑤ 0x0000：只与协调器设备进行通信。

⑥ 0x0000 ～ 0xFFFB：与网络中特定的目的地址设备通信。

- **终端（End Point）地址**类似于在 TCP/IP 通信中，为方便计算机上不同的进程进行通信，在传输层设置的端口（Port）号。ZigBee 节点上的不同设备（如各种类型传感器、开关、LED 灯等）被称为应用框架中用户定义的应用对象。为方便这些应用对象进行通信，ZigBee 协议将它们定义为终端。与 TCP/IP 端口号码标记应用进程类似，ZigBee 协议需要为终端分配特定号码以标记应用对象。终端号码范围为 0 ～ 255。其中，端点号 0 必须具有，并分配给 ZigBee 设备对象（ZDO）使用，端点号 1 ～ 240 分配给用户开发的应用对象，端点号 255 是广播地址，端点号 241 ～ 254 保留为以后使用。

9. ZigBee 应用层基本概念

为了更好地理解 ZigBee 应用开发，读者需要理解几个基础的术语，如节点（Node）、端点（End Point）、群集（Cluster）、属性（Atrribute）、规约（Profile）、绑定（Binding）等。

节点（Node）只对应一个无线信号收发器，且只能使用一个无线通信信道。如 2.4GHz 频段有 16 个无线信道，而 ZigBee 节点只能选择一个信道进行通信。ZigBee 应用层基本术语关系如图 1-26 所示，一个开关节点控制一个灯节点的亮和灭。一个节点包括多个端点（Endpoint），端点范围为 0 ～ 240，端点号 0 分配给 ZigBee 设备对象（ZDO）使用，以用于设备管理等，而 1 ～ 240 分配给用户开发的自定义应用对象。一个端点可以具有多个群集（Cluster），每个群集具有特定的群集号（Cluster ID）。按照数据流向方向，群集分为输入群集和输出群集。群集是属性（Atrribute）的集合，其包括一个或多个属性。如果一个端点 m 的输出群集和另一个端点 n 的输入群集具有相同的 Cluster ID，那么端点 m 就可以控制端点 n。

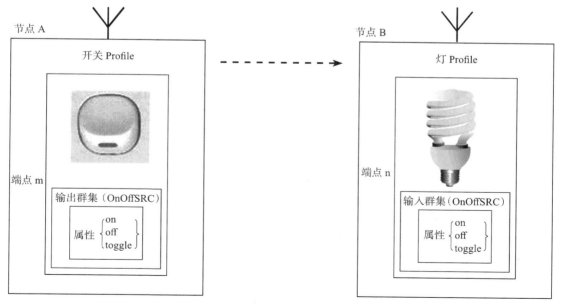

图 1-26  应用层基本术语关系

在 ZigBee 联盟确认的标准方案下，相同应用对象采用的所有群集的集合称为 Profile。开发者在开发这些 ZigBee 应用时，如果能够遵循这些规约，即使和其他厂商的不同产品也可以通信。如果开发者自己定义 Profile，就不能保证其与采用 ZigBee 联盟定义的规范产品之间的通信。Profile 的概念类似于手机电源插座、USB、串口等标准。如果各家厂商闭门造车，则会引起产品市场混乱，不同类型的产品也很难进行通信。然而，如果一些标准化组织出台关于这些产品的标准，且各家厂商都遵循这些标准，就可以保证这些产品能够互相兼容。因此，标准化对 ZigBee 产品市场推广至关重要。一个 Profile 由一个或多个群集组成，并为应用对象提供了统一的外部接口。

家庭照明控制灯规范 Profile 是 ZigBee 联盟制定的标准规范。如图 1-26 所示，节点 A（开关）控制节点 B（灯）的亮和灭。在节点 A 的端点 m 上，应用对象（开关）的输出群集 Cluster ID 为 OnOffSRC。与之对应的节点 B 的端点 n 上，应用对象（灯）的输入群集 Cluster ID 也为 OnOffSRC。因此，开关通过这个群集来控制灯。开关上输出群集定义了一个属性 OnOffSRC，其具有 on、off、toggle 三种属性状态。其中，on 代表开灯，off 代表关灯，toggle 代表改变灯原来的状态，如原来灯是亮的，按下开关按钮之后，灯就被关灭。如果需要点亮灯节点 B，节点 A 开关通过发送应用层命令帧消息，将灯输入群集 OnOffSRC 中的属性 OnOff 设置为 on 状态。

绑定机制允许一个应用服务在不知道目标地址的情况下向另一个应用服务发送数据包，在发送时使用的目标地址将由 APS 从绑定表中自动获得，从而使消息能够顺利被一个或多个目标节点的一个或多个应用服务接收。

ZigBee 允许不同节点上的独立端点通过使用相同的 Cluster ID 绑定、建立一个逻辑上的通道连接。这里的逻辑连接是相对于物理层的信道连接来说的，其连接介质是空气。绑定连接和物理层之上的对等层连接类似，不存在实际的物理连接。节点绑定关系如图 1-27 所示，网络中有三个节点 A、B、C。节点 A 拥有两个开关：开关 1 和开关 2，其分别在端点 10 和 20 上。节点 B 拥有两个灯：灯 1 和灯 2，其分别在端点 1 和 2 上。节点 C 也拥有两个灯：灯 3 和灯 4，其分别在端点 3 和 4 上。为了实现开关 1 能够控制灯 1、灯 2、灯 3，开关 2 控制灯 4。读者需要在协调器中建立它们之间的绑定关系，即端点 10 分别与端点 1、2、3 绑定，端点 20 与端点 4 绑定。

值得注意的是：开关 1 的输出群集与灯 1、2、3 的输入群集 Cluster ID 需一致。开关 2 的输出群集与灯 4 的输入群集 Cluster ID 需一致。为了能够区分开关 1 和 2，开关 1 和 2 的 Cluster ID 不能一样。绑定表存在于协调器中（注：在 ZigBee 2004 协议中，绑定表只存在于协调器中，在 ZigBee 2006 以后的协议中，绑定表则可存在于任何类型的设备中，其称为源绑定方式）。两个端点之间的消息通信需经过协调器，一个端点首先将消息发送到协调器中。ZigBee 协调器接收到消息之后，在绑定表中查找所有与这个端点绑定的地址，并发送消息。

这里的绑定有两层含义：一是，绑定是将节点的端点即应用对象"绑定"起来，允许应用程序不必指定目标地址，实际发送时的目标地址从绑定表中可获得，这种消息发送方式称为间接传输，而指定目标地址的消息发送方式称为直接传输。二是，允许一个端点和多个端点的绑定，当一个端点向多个端点传送消息时，程序中不必——指定目标地址，这点类似于手机上的信息群发。如果读者拿着一个新手机（电话簿没有电话号码）想要给亲朋好友发送新年祝福短信。读者首先应编辑完短信，然后询问好友的电话号码，接着输入号码，点击发送，最后，继续重复上述过程，直到给所有好友都发送了信息。这个过程相当费时费力。如果允许"绑定"，读者首先把电话号码存到电话簿中，并注上好友的名字，然后再建立好友分组，当再次发送拜年短信时，只需编辑好祝福短信，然后到电话簿中找到好友分组，群发即可。可见，绑定操作能够使不同节点间的应用对象通信更加方便、灵活、快捷。

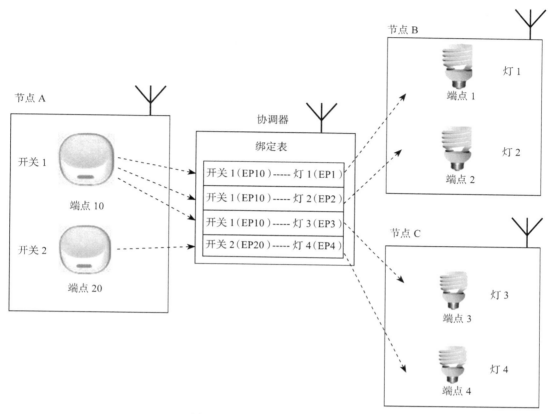

图 1-27　不同节点间的绑定关系

## 1.2.3　ZigBee 网络的特点

ZigBee 网络具有低功耗、低成本、通信可靠、数据安全、网络容量大、时延较短、近距离、低速率、自组织、自愈能力强等特点，也具有很多其他网络无可比拟的优势。

### 1. 低功耗

关于低功耗，对笔记本电脑来说，它一般可以工作几个小时。对于手机来说，它一般也就工作几天，待机的时间稍长一些。而对于 ZigBee 设备，一个较为经典的说法是：ZigBee 节点通过两节干电池可长年累月地在野外环境中工作。据有关资料说明，ZigBee 设备仅靠两节 5 号电池就可以维持使用长达 6 个月到两年的时间。这不是说 ZigBee 不消耗能量，而是通过合适的能量管理策略，可使得设备工作很长时间。

除了 ZigBee 传输速率低、传输数据量小的因素外，ZigBee 设备低功耗的主要原因是低占空比机制。在 ZigBee 网络中，节点通常的休眠调度是以工作周期为单位的。节点占空比定义是在一个工作周期内处于活动状态的时间与工作周期总长度的时间比值。举个例子来说，"三天打鱼，两天晒网"，五天作为一个打鱼周期，则打鱼工作的占空比就是 60%。

如果节点占空比不大于10%，我们把这种工作方式称为低占空比机制。

节点各模块的耗能情况如图1-28所示，一般情况下，ZigBee节点的无线通信单元是耗能单元中能耗最大的。节点传输信息要比执行计算更消耗电能。传感器传1位信息需要的电能足以执行3 000条计算指令[66]。无线通信单元有发送、接收、空闲、睡眠等四种状态。如图1-28所示，节点在发送状态时的功耗最大，接收状态次之。虽然节点在处于空闲状态时，不接收也不发送数据，但是它会一直监听信道是否有数据发送过来，因此耗能较接收次之。在睡眠状态时，通信单元关闭发射机，因而耗能最少。由此可见，为了能让ZigBee节点的生存周期更长，应该有效提高节点的传输效率，减少空闲监听时间，减少节点间不必要的通信，让其尽可能多地进入睡眠状态。ZigBee网络是专为活动时间低于1%的低占空比应用而设计的。由于占空比很低，节点能够采用电池进行长期供电。

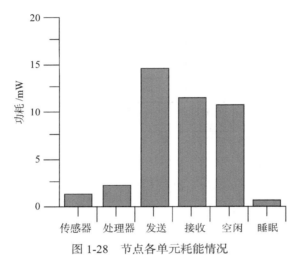

图1-28　节点各单元耗能情况

如前所述，在ZigBee网络应用中，节点一般是处于"不说话"状态的，即节点间的通信频率相对来说是较低的。如野外温湿度信息采集，数据上报频率可能是每隔一小时。如在智能家居应用中，电视、电灯的控制可能是每天几次，甚至多天一次。因此，节点也没有必要长时间处于工作状态。传感器节点可周期性上报数据，也可通过编程唤醒节点。

**2. 低成本**

ZigBee能够得到大量普及应用的另一大优势是成本低。ZigBee射频核心芯片成本较低，如ZigBee CC2530最小模块目前售价大约为50元，随着ZigBee芯片的大规模生产和市场竞争，其成本还有一定的下降空间。ZigBee工作在工业科学医疗（ISM）频段，且2.4GHz是全球覆盖的，而且该频段也是免执照的。另外，ZigBee协议也无协议专利费。

ZigBee是一个全球性协议，很多大公司和组织依据ZigBee标准和规范实现了各自的协议栈，并提供了开发工具集。ZigBee应用技术成本的主要部分是软件开发，而利用部分公司提供的示例程序也可以节约开发成本。如TI公司的Z-Stack提供了许多官方例程，开发者可以根据应用需求修改这些例程，以提高项目开发进度。ZigBee联盟提供了应用开发规范（Profile），规范是对逻辑设备及其接口描述的集合，也是面向某个具体应用类别的公约、准则，如家庭照明控制灯的规范。

ZigBee联盟非常注意采取一些免专利费的技术，例如，ZigBee采用AES-128对数据进行加密，AES-128 是一种全球范围内免专利费的标准。ZigBee 联盟新成员在加入组织时需声明不会向规范中加入具有授权的专利技术。

### 3. 可靠

无线通信是不可靠的，这主要是因为无线电波易受到金属屏蔽、混凝土墙壁等干扰。无线通信状况也极易受到天线设计、功率大小等影响。而 ZigBee 有许多机制来保证可靠性。

首先，物理层采用 IEEE 802.15.4 规范的可靠、低覆盖范围的无线扩频技术——偏移正交相移键控（O-QPSK）和直接序列扩频（DSSS），它们能够在一定低信噪比环境中抵抗干扰。

其次，MAC 层采用 CSMA-CA 机制来增加可靠性。在无线通信中，信号传输介质是空气，且只有这一条通道。在发送数据之前，为避免设备与设备冲突，ZigBee 首先监听信道，如果信道空闲，ZigBee 才开始发送数据。这可以防止由于会话重叠导致的数据破坏。这种方式是"先听后说"，有点类似于几个人围在一起开会，等到他人把话讲完才可以发言。

再者，ZigBee 可以选择使用网状网络。从源节点到达目的节点可以有多条路径，路径的冗余加强了网络的健壮性，原先的路径出现了问题，比如受到干扰或者其中一个中间节点出现故障，ZigBee 可以进行路由修复，另选一条合适的路径来保持通信。网状网络具有的特点是通过多跳接力的方式来增加网络传播范围，以组成极为复杂的网络。

最后，ZigBee 数据包采用 16 位 CRC 的帧校验机制（FCS），其可以保证数据位的正确性。数据包采取应答重传机制，应答机制是指发送出去的数据包需要得到确认，如果当发送方在一定时间间隔内没有接收到数据包的确认，即数据发送超时，就重新发送数据包。ZigBee 默认最多会重传三次数据包，如果数据包在第三次没有成功，ZigBee 就会通知发送方采取相应措施。

### 4. 安全

ZigBee 协议是一种安全性协议，它主要采集以下机制来保证网络的安全性：

- **加密技术**：ZigBee 采用了 AES-128 高级加密算法来保护数据载荷和防止攻击者冒充合法设备。加密之后的数据不能被恶意侦听的邻居节点读懂，而阻止内外部的攻击。也就是说，ZigBee 节点很难向网络中插入恶意的数据包。
- **数据完整性和鉴权保护**：数据信息的完整性保护主要是保护所有数据均正确，并提供基于循环冗余校验（CRC）的数据包完整性检查功能。鉴权技术可以保护数据信息原始性，使得信息不被第三方攻击。
- **ZigBee 信任中心**：ZigBee 信任中心机制是指能够被网络中的所有设备识别和信任的设备。它允许设备加入网络，分配密钥，并建立两个 ZigBee 设备间端对端的安全性服务。在采用安全机制的 ZigBee 网络中，一般由协调器担任信任中心。
- **分级安全模式**：ZigBee 在数据包完整性校验、支持鉴权和认证方面提供了三级安全模式。这三级模式分别是无安全方式、控制列表方式和高级加密标准（AES-128）模式。用户可以根据应用场景的安全性要求、系统功耗、成本等因素，选取合适级别的安全模式。

### 5. 网络容量大

一个星状结构的 ZigBee 网络理论上最多可容纳 254 个从设备和一个主设备。而一个网状网络在理论上最多可以拥有 $2^{16}$ 个 ZigBee 网络节点。但是，由于设备软硬件资源、信道竞争、通信距离、干扰等限制，ZigBee网络大规模应用目前还是存在很多障碍。能够部署一个带动100个网络节点的ZigBee网络已相当可观。清华大学刘云浩老师领导的"绿野千传"（GreenOrbs）系统，即在一个野外真实环境中，成功部署了1 000个无线传感器节点，目的就是突破自组织传感网络大规模应用壁垒。

**6. 短时延**

ZigBee网络响应速度较快，设备搜索时延、通信时延和休眠状态激活时延都非常短，典型的休眠激活时间只需要15ms，搜索设备时延为30ms，活动设备信道接入的时延为15ms。相比较而言，蓝牙需要3～10s、WiFi则需要3s。

**7. 近距离**

ZigBee节点设备间直接通信距离通常为10～100m。在空旷的环境中，即使一些高功率射频模块，实际直接通信距离也小于1 000m。但是通过网络路由和节点多跳接力的方式，传输距离可以更远。

**8. 自组织、自配置和自愈能力强**

ZigBee网络节点能够感知其他节点的存在，并可确定其连接关系，以组成结构化的网络。协调器节点上电后会自动建立ZigBee网络。网络设备通过请求协调器加入网络，协调器查询节点入网申请并自动为设备分配网络地址。这种网络组织形成方式不要过多进行人工干预。

由于ZigBee网络节点可能具有移动性，且经常有节点加入或退出，因此，要求ZigBee网络能够动态调整网络拓扑结构。当节点发生故障时，网络能够自我修复，并无需人工干预，以保证网络依然可以工作。

### 1.2.4  ZigBee技术应用

ZigBee技术有效弥补了低成本、低功耗和低速率无线通信市场的空缺，而其能否取得广泛应用的关键不在于ZigBee技术本身，而在于丰富而便捷的应用。这就是无线传感器网络如何"落地"的问题。ZigBee技术目前还没有取得类似传统网络技术的核心应用（如TCP/IP网络之于互联网，WiFi之于无线接入互联网，蜂窝技术之于无线语音通信等），其在应用设计和实现、互联互通测试和市场推广等方面还需要投入更多的研发力量和关注度。

任何通信技术的解决方案都不是"放之四海而皆准"的，它有着特定的应用场景。在选择采用何种通信技术进行无线应用设计时，工程师必须考虑到综合成本、可行性、安全性、通信速率、覆盖范围、功耗、市场周期、产品易用性和软硬件开发平台等因素。相比于其他红外、蓝牙、WiFi、UWB等网络技术，在下面的实际应用条件下，使用ZigBee技术的无线网络解决方案更具优势：

① 较大范围的通信覆盖，尤其是野外空旷的环境；需要支持较大数量级的网络节点。另外，其特别适用于监测或控制。

② 应用项目的设备成本预算低。

③ 项目数据传输量小，对报文的传输速率和吞吐率要求不高。

④ 由于对体积有要求，设备里不能放置较大的充电电池，也无法做到或者很困难更换电池或电源，因此，只能使用一次性电池。

⑤ 需要较复杂的网络拓扑结构应用，这要求网络具有较高的自组织、自恢复能力，对

网络可靠性有一定要求。

⑥ 需要选择加密、发送确认和鉴定报文完整性的安全机制。

ZigBee 技术专注于低数据传输速率应用，适用于承载数据流量较小的业务，并能为低能耗设备提供数十米覆盖范围的低速连接。ZigBee 传输数据类型见表 1-4，ZigBee 典型的传输数据类型有周期性数据、间歇性数据和低反应时间数据。

如前所述，ZigBee 主要应用于低数据传输速率场景。就农田土壤水分信息采集而言，数据上报频率每天十次足矣，且其数据集也较小。ZigBee 技术非常适合这类特定的市场应用并具有重要的意义。当然，ZigBee 是可以传输语音和图像信息的，但是其传输速率实在不尽人意。编者曾经做过图片采集 Demo，采用 TI 公司的 CC2530 并利用串口采集、传输一张大小约为 40KB 的图像，花费时间为 4 ～ 5min，且编者还没有评估这耗费了多少珍贵的电池能量。

表 1-4 ZigBee 传输数据类型

| 数据类型 | 应用特点 | 代表图例 |
| --- | --- | --- |
| 周期性数据 | 如野外环境中温湿度传感器信息数据、水电气计量表数据、仪器仪表数据 | |
| 间歇性数据 | 如工业控制命令、远程网络控制、智能家居应用中遥控电器数据 | |
| 低反应时间数据 | 如鼠标键盘数据、游戏操作杆的数据 | |

ZigBee 网络具有体积小、低功耗、低成本、低速率、近距离、短时延、高容量、高安全及免执照频段的特点，能够用于蓝牙、WiFi、超宽带（UWB）、手机及其他无线技术不能覆盖的大部分应用领域。

然而，对于市场产业而言，关键是要找到大批量的核心应用领域。如果应用需要的 ZigBee 模块数量很大，通信模块成本就会大幅度下降，大规模普及也就会很快实现。另外，各大公司需要确保 ZigBee 产品的互操作性，而 ZigBee 技术应用本身也具有许多难点，如通信距离、电池能量供应、射频模块的高频设计、复杂的协议栈软件。通常的解决办法是使用外置天线、太阳能供应电池和使用协议栈提供的应用模板和接口。

ZigBee 应用领域范围如图 1-29 所示，正如 ZigBee 的口号 "ZigBee Let You Control Your World"，ZigBee 主要用于无线监控和控制。其主要应用领域是：

- **工业监测**，如对油气生产、运输和勘测进行管理，对油田设备巡检进行监控，工业设备之间的机器对机器通信（M2M）。
- **农业生产**，如对农业机械、过程控制、农田耕作、农田环境以及畜牧养殖等进行监控。
- **医疗**，对病患进行健康监控或者对医疗设备进行监视。
- **交通管理**，如通过嵌入到汽车中的传感器设备，报告汽车发动机、车轮等关键部位状态。
- **家庭自动化控制**（监控照明、水电气计量和报警），如自动抄表（AMR），这对物业公司减少人力成本、节约电气资源有重要意义。
- **消费类电子设备的遥控装置**，对电视、DVD 播放机、立体音响、游戏机、冰箱等其他家电设备进行遥控。

- **PC 外设的无线设备**，如鼠标、键盘、游戏外设和打印机。
- **物流管理**，通过 RFID 标签对产品运输、产品跟踪和大宗物品进行管理。
- **环境监测**，如监测碳排放 $CO_2$ 浓度指标、空气质量（如 PM 2.5）检测和有毒气体（如甲醛）检测。

下面列举几个 ZigBee 技术普及或潜在的具体应用：无线水、热、电、气抄表系统，无线仓储物流、激光枪、条形阅读器，无线 POS 终端，无线电子公交站牌，无线农田灌溉监测系统，无线门禁考勤系统，无线餐饮点菜系统，无线表决系统，无线测绘数据采集，无线医疗监控系统，无线智能交通、路灯控制系统。ZigBee 网络具有无线传感器网络特性，其应用特征非常类似。本部分就不再详细地介绍 ZigBee 应用领域，读者可以参考本章上一节无线传感器网络的应用部分进行了解。

图 1-29　ZigBee 应用领域 [131]

# 第 2 章 ZigBee 无线传感器网络通信标准

ZigBee 技术是一种近距离、低功耗、低速率、低成本的无线网络通信技术，其具有经济、可靠、便于快速部署等优势，在无线传感器网络应用中有着广泛的前景。ZigBee 协议栈是以 IEEE 802.15.4 无线通信标准为基础，由 ZigBee 联盟在 IEEE 802.15.4 定义的物理层（PHY）和介质访问控制层（MAC）之上，将网络层（NWK）和应用层（APL）进行标准化而形成的。

### 1. ZigBee 网络协议结构

在学习 ZigBee 无线传感器网络通信标准前，读者首先需要对 ZigBee 协议架构有宏观、整体上的认识。协议栈定义了通信硬件和软件该如何协调工作。在网络通信协议架构中，每层的协议实体通过信息封装与对等实体进行通信。发送方数据包从高层到低层依次穿过各个协议层，每层协议实体按照规定的消息格式向数据包中封装特定包头信息，如包的大小、源主机、目的主机地址等。数据信息最终抵达物理层，变成数据比特流，并在无线信道上传递到接收方。接收方接收到数据包后，依次向上穿过协议栈，每层实体根据规定的格式解析本层需要处理的数据信息，最终到达协议栈应用层程序，以得到发送方传来的有效数据。对于互联网络思想的精髓，封装是关键。

与互联网 OSI 参考模型类似，ZigBee 协议也是分层结构。许多读者在学习计算机网络 OSI 参考模型时，经常碰到的一个问题"计算机网络协议为什么要分层"。分层的目的是令协议栈当中的不同层根据各层次的功能成为独立的模块运行，以使得整个协议栈结构清晰简捷，也使得各层（模块）之间通过接口实现信息交互的目的得以实现。另外，层次分明的代码也容易维护。层的设计融合面向对象思想，使用模块化设计，即模块将内部数据细节封装起来，而将功能通过接口的方式暴露出来。

ZigBee 协议架构如图 2-1 所示，ZigBee 协议是各层协议的总和，主要由物理层（PHY）、介质访问控制层（MAC）、网络层（NWK）、应用层（APL）、安全服务提供层（SSP）五部分组成。其中，IEEE 802.15.4 标准制定 PHY 层和 MAC 层规范。ZigBee 联

盟制定网络层、应用层和安全服务提供层规范。应用层由应用支持子层（APS）、应用框架（AF）、ZigBee设备对象（ZDO）及ZDO管理平台组成。

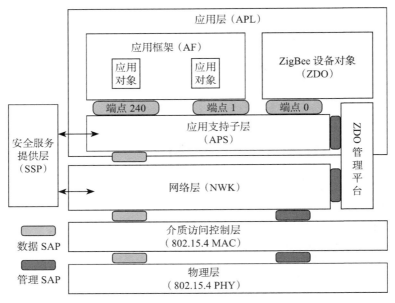

图2-1　ZigBee协议架构

每一层相当于一个模块，且为上层提供服务，ZigBee协议层与层之间通过服务接入点（SAP）接口进行信息交换。SAP是某一特定层为上层提供服务的接口，它相当于大楼中每一层的楼梯。大多数层有两种类型的SAP接口：数据实体接口（数据SAP）和管理实体接口（管理SAP）。这两种SAP接口相当于不同功能的楼梯，如货梯一般用来运送货物，客梯用来运送客人。数据SAP向上层提供所需的数据服务，管理SAP向上层提供访问内部层的参数、配置信息和数据管理服务。相邻层通过使用SAP暴露出来的若干功能原语（Primitive）交换信息。

（1）物理层服务规范

物理层是看得见、摸得着的一层，通过硬件和射频固件提供MAC层与物理无线信道之间的接口。物理层主要包括物理层管理实体（PLME）、物理层管理服务接口和物理层PAN信息库（PHY PIB）。物理层通过物理层数据服务接入点（PD-SAP）提供物理层数据服务，并通过物理层管理实体服务接入点（PLME-SAP）提供物理层管理服务并负责维护PHY PIB。

物理层主要实现了无线收发机的激活与关闭、检测接收包的链路质量LQI（Link Quality Indication）值、空闲信道评估CCA（Clear Channel Assessment）、信道能量检测ED（Energy Detect）、信道选择（信道频率设置）、基本物理层数据单元（PHY Protocol Data Unit，PPDU）收发和向上层（MAC层）提供管理服务接口等功能。

设备间物理层的连接属于直接连接，即通过物理链路相连。物理层上层的连接不具有物理上的直接连接，其属于逻辑连接，也称为对等连接。

（2）MAC层服务规范

MAC层提供网络层和物理层之间的接口。MAC层主要包括：MAC层管理实体

（MLME）、MAC 层管理服务接口和 MAC 层 PAN 信息库（MAC PIB）。MAC 层通过 MAC 公共部分子层（MCPS）的数据 SAP（MCPS-SAP）提供 MAC 数据服务，通过 MLME-SAP 提供 MAC 管理服务并负责维护 MAC PIB。

MAC 层主要实现对从 PPDU 中提取的 MPDU 数据包的进一步处理，并发送信标，利用信标与父节点同步，能量检测，主动、被动、孤立扫描机制，关联和退出关联，CSMA/CA 冲突避免信道访问控制机制，时隙划分，MAC 层数据传输及安全机制等功能。

（3）网络层规范

网络层是 ZigBee 协议结构的核心层，它能够利用 IEEE 802.15.4 标准使 MAC 子层正确工作，并为应用层（APL）提供服务接口。网络层包括网络层数据实体（NLDE）和网络层管理实体（NLME）。网络层管理服务接口负责维护网络层信息库（NIB）。网络层管理实体通过 NLME-SAP 为应用层提供管理服务，而 NLME 需要借助 NLDE 完成部分管理任务。

网络层主要负责网络层协议数据单元（NPDU）收发、网络管理和路由管理。网络管理主要包括网络启动、设备请求加入/离开网络、网络发现、网络地址分配等。路由管理包括邻居节点发现、路由发现、路由维护、消息单播、多播、广播实现等。

（4）应用层规范

应用层是 ZigBee 协议结构的最高层，其包括应用支持子层（APS）、应用框架（AF）、ZigBee 设备对象（ZDO）及 ZDO 管理平台。

- **应用支持子层（APS）**：它是应用层的一个组成部分，它提供了网络层（NWK）和应用层（APL）之间的接口。应用支持子层包括应用支持子层数据实体（APSDE）和应用支持子层管理实体（APSME）。APS 层管理服务接口负责维护 APS 信息库（AIB）。应用支持子层数据实体（APSDE）通过 APSDE-SAP 为 ZDO 和应用对象提供数据传输服务，应用支持子层管理实体（APSME）通过 APSME-SAP 提供管理服务，并允许应用与协议栈进行交互。

应用支持子层负责应用层协议数据单元（APDU）数据的传输、设备绑定表创建和维护、组表的管理和维护、数据可靠传输等。APS 绑定机制允许绑定在一起的设备利用绑定关系进行数据传递，而不必在通信帧中设置目的设备地址。

在 ZigBee 规范中，利用绑定关系的寻址方式被称为间接寻址。在通信帧中设置目的地址的方式被称为直接寻址。

- **应用框架（AF）**：它主要是为方便程序员进行开发而在 ZigBee 设备中为所要实现的应用对象提供的模板。应用对象就是使用 ZigBee 联盟制定的 Profile 进行开发的，并在协议栈上运行的应用程序。应用框架提供了键值对（KVP）和报文（MSG）两种类型数据服务供应用对象使用。一个设备最多允许 240 个自定义应用对象，并运行在端点 1 ～ 240 上。

- **ZigBee 设备对象（ZDO）**：它是为避免程序员直接操纵复杂的 ZigBee 协议栈而为应用对象提供的一个可供调用的功能程序接口。这些功能包括网络设备角色定义、绑定管理、网络设备间安全管理等。ZDO 管理平台使用 APS 层的 APSDE-SAP 以及网络层的 NLME-SAP 接口实现 APS 层和网络层的设备管理和配置。ZDO 为特殊的应用对象，在端点 0 上运行。

（5）安全服务提供层规范

安全服务提供层（SSP）向 NWK 层和 APS 层提供了安全服务，它主要完成一些加密工作，包括密钥建立、密钥传输、帧保护和设备管理。ZigBee 安全体系是对 802.15.4 规范的扩充，它在 MAC 层和 NWK 层都采取了安全策略。MAC 层提供保证设备单跳链路的安全机制。网络层提供设备间多跳报文可靠传输的安全机制。ZigBee 安全体系结构包括三层安全机制，MAC、NWK 和 APS 分别负责各自层的帧安全传输。另外，APS 子层提供建立和维护安全关系的服务，ZDO 管理一个设备的安全性策略和安全配置。

综上所述，ZigBee 协议的功能模块图可归结如图 2-2 所示。

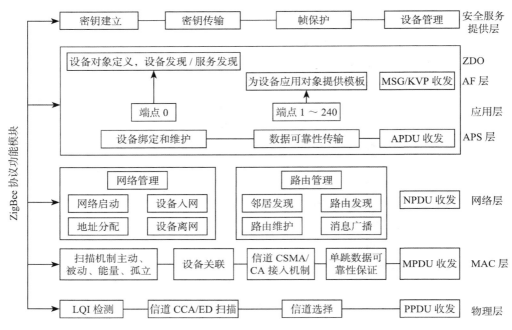

图 2-2　ZigBee 协议功能模块图

### 2. ZigBee 协议各层帧结构

ZigBee 协议各层帧结构如图 2-3 所示，在 ZigBee 协议中，每层通信数据都具有特定的帧结构，它主要由帧头和各层数据载荷（数据净载荷）构成。下层将上层传来的数据加入帧头，并打包成帧。上层对下层接收到的数据包进行提取。为什么要进行数据包的封装呢？这主要是为了更准确快捷地将数据包投递到接收者。举个例子来说，快递公司邮寄货物时，仅仅将货物投递出去显然是不行的。快递公司必须将货物（数据）封装到一个专用包裹里，包裹上写有收件人的邮编号码、地址和联系电话等信息。这些信息类似于 ZigBee 网络中的 MAC 地址、网络地址、PAN ID、端点（Endpoint）等信息。这样，依据包裹上的信息，经过货运中心配送、交通运输、各级物流中心分拣等环节，包裹最后就由快递员交由收货人了。收货人解封包裹就可以取出所需货物（数据）。

物理层协议数据单元（PHY Protocol Data Unit，PPDU）由物理层帧头和物理层服务数据单元（PHY Service Data Unit，PSDU）构成。PSDU 也称物理层有效载荷，它是 MAC 层发送的数据包，即 MPDU。MPDU 是 MAC 层协议数据单元（MAC Protocol Data Unit，MPDU），其通常包括三部分：MAC 帧头，MAC 有效载荷（MSDU）和 MAC 尾。MAC 尾是帧校验序列（FCS）。

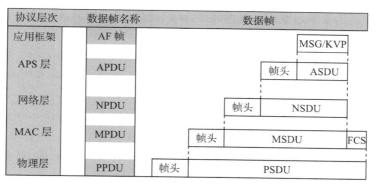

图 2-3    ZigBee 协议各层帧结构

网络层帧结构被称为网络层协议数据单元（NWK Protocol Data Unit, NPDU），其包括网络层帧头和网络层有效负荷（NSDU）两大部分。网络层有效负荷 NSDU 装载的 APS 层帧被称为应用支持子层协议数据单元（APS Protocol Data Unit，APDU），其包括帧头和应用支持子层有效负荷（ASDU）。用户定义的应用对象传输的数据帧被称为应用框架帧（AF帧），其分为两类：键值对（KVP）和消息（MSG）。KVP 消息用于传输简单属性的消息，MSG 消息用于传输数据量较大的复杂信息。AF 帧的发送和接收是通过应用支持子层有效负荷（ASDU）数据字段来完成的。

另外，上面介绍的帧结构是一般帧格式，其按照功能一般分为四类特定的帧格式：信标帧、数据帧、确认帧和命令帧。信标帧用于协调器发送信标，数据帧用于设备数据的传送，确认帧用于确认是否成功接收的帧，命令帧用于对设备的工作状态进行控制。

3. 原语概念

如前所述，ZigBee 协议栈是一个有机的整体。为了使协议栈各层能够互相协作，ZigBee 协议栈层与层之间需要通过服务接入点（SAP）进行信息交换。而各层的服务接入点是采用称为"原语"操作来表述的。ZigBee 服务原语如图 2-4 所示，它展示了协议栈中两个对等协议实体（服务使用者）与其相关 N 层或子层（服务提供者）之间的原语服务结构关系。

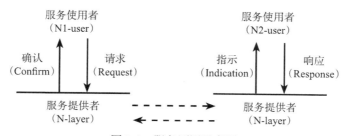

图 2-4    服务原语示意图

图 2-4 服务描述了 N-user 和 N-layer 之间的信息流，信息流由离散瞬时的事件驱动。服务可能由一个或多个服务原语组成，这些原语构成了相关的服务活动。服务原语仅仅指定协议所提供的服务，并不涉及由其提供的具体方法。服务原语可能会需要一个或多个参数传递信息。

服务原语根据功能可分为以下 4 种类型，它们都由原语类型和服务动作两部分组成：

● **请求（Request）**：请求原语从源 N1-user 传递到源 N-layer，并要求启动服务。服务请求可能是请求本地服务，也可能是请求远程服务。如果是远程服务请求，请求将会传递给远程对等的服务提供者。

- **指示（Indication）**：指示原语从目的 N-layer 传递给目的 N2-user，指示一个对 N2-user 有意义的 N-layer 内部事件。此事件可能与远程服务请求相关，也可能是由 N-layer 内部事件引起。
- **响应（Response）**：响应原语与指示原语对应，响应原语从 N2-user 传递到 N-layer，并响应一个之前由指示原语调用的过程。
- **确认（Confirm）**：确认原语与请求原语对应，从 N-layer 传递给 N1-user，返回一个或多个之前相关服务请求原语的执行结果。

例如，就节点 A 向节点 B 发送数据的服务活动，节点 A 首先在应用层调用 DataRequest 原语（Request）向下层请求发送数据。然后，数据向下依次经过 APS 层、网络层、MAC 层并在打包后到达节点 A 物理层。数据通过无线电波发送到节点 B 的物理层。数据依次经过 MAC 层、网络层、APS 层进行拆包，并向上层发送接收数据原语（Indication）指示数据到来，节点 B 应用层接收并处理数据。如果数据包需要确认，节点 B 向节点 A 发送数据确认原语（Confirm）来确认数据包发送状态。虽然服务使用者需要的服务可能涉及多个低层的协议，但在协议描述过程中，所有的低层都被作为服务提供者，服务原语描述也仅仅涉及服务使用者所在的对等层协议实体。另外，并不是所有的服务都具备上述 4 种服务原语，像上述数据服务就没有响应原语（Response）的相关描述。

IEEE 802.15.4 标准和 ZigBee 规范通过原语来描述各层数据和功能服务。原语描述了 ZigBee 协议栈相邻层之间的接口关系，它仅规定了必要的功能。在具体的协议栈软件实现中，协议栈开发人员需要根据原语规定的功能，编写这些功能的相关实现代码。

## 2.1 IEEE 802.15.4 标准

ZigBee 网络属于无线个域网（Wireless Personal Area Network，WPAN）。随着微电子技术、无线通信技术等的快速发展，WPAN 产品已为越来越多的人所熟知，如蓝牙、无线射频识别技术（Radio Frequency IDentification，RFID）和近距离无线通信技术（Near Field Communication，NFC）。无线个域网为近距离范围内的设备建立无线连接，把十几米范围内的多个设备通过无线方式连接在一起，使得它们可以相互通信甚至接入互联网。

在 1998 年 3 月，IEEE 802.15 工作组致力于 WPAN 网络的物理层（PHY）和介质访问层（MAC）的标准化工作，其目标是为在个人操作空间（Personal Operating Space, POS）内相互通信的无线通信设备提供通信标准。

IEEE 802.15 工作组中有四个任务组（Task Group，TG）如表 2-1 所示，根据传输速率、功耗和支持的服务等方面的需求差异，可分别制定适用不同应用的标准。

IEEE 802.15.4 标准把容易安装、低能量消耗、低速率传输、低成本作为重点目标，旨在为个人或者家庭范围内不同设备之间的低速互联提供统一标准。其定义的 LR-WPAN 网络的特征与无线传感器网络有很多相似之处，很多研究机构把 LR-WPAN 作为无线传感器网络的通信标准。在 2003 年，工作组正式发布了低功耗、低速率的无线网络通信协议 IEEE 802.15.4 标准，而在 2006 年，在 2003 版的基础上，进行了进一步的说明并增加了新技术，同时发布了 IEEE 802.15.4 修订版，后续又有很多补充，而且对各个国家的免费频段作了说明。但是，ZigBee 联盟发布的各种 ZigBee 规范版本都是基于 IEEE 802.15.4—2003 通信标准的。

表 2-1　IEEE 802.15 工作组中的任务组

| 工作组 | 针对标准 | 应用 |
| --- | --- | --- |
| 802.15.1 | 蓝牙无线个人区域网络标准 | 中等通信速率、近距离的 WPAN 网络标准，通常用于手机、PDA 等设备的短距离通信，适合短距离话音通话业务。蓝牙技术的出现在一定意义上促使了 WPAN 网络形成 |
| 802.15.2 | 与 WLAN 网络共存问题 | 研究 IEEE 802.15.1 标准与 IEEE 802.11（无线局域网，WLAN）的共存、共享的问题 |
| 802.15.3 | 高速无线个域网络标准——超宽带技术（UWB）。 | 主要针对高速数据通信应用。考虑无线个人区域网络在多媒体方面的应用，追求更高的传输速率与服务质量（QoS）保证 |
| 802.15.4 | 低速无线个人区域网络（LR-WPAN） | 主要目标是低速、低功耗、低成本，为个人或者家庭范围内的不同设备间的低速互联提供标准 |

IEEE 802.15.4 标准具有以下特点：

① 在不同的载波频率下，空中数据的传输速度分别为 250kbps、40kbps 和 20kbps。

② 支持避免冲突的载波多路侦听技术（Carrier Sense Multiple Access with Collision Avoidance, CSMA-CA）。为避免设备共享无线信道产生的冲突，IEEE 802.15.4 标准采取这种"先听后说"的信道接入机制。

③ 可靠的确认传输协议，即发送出去的包要收到确认消息。

④ 允许使用 16 位短地址和 64 位扩展地址，64 位 IEEE 地址可作为全球唯一地址。

⑤ 星型或对等（点对点）网络拓扑结构。IEEE 802.15.4 标准只涉及 MAC 层以下的协议，因此，不涉及网状网络的定义。

⑥ 低功耗及能量检测（ED）。

⑦ 链路质量指示（LQI）。

IEEE 802.15.4 是一种 LR-WPAN 网络标准，它参照了开放式系统互联（OSI）七层模型，并定义了其中的 PHY（物理层）和 MAC（介质访问控制层）。本节将主要介绍物理层和 MAC 层这两部分的相关内容。

### 2.1.1　物理层

物理层（PHY）通过硬件和射频固件提供 MAC 层与物理无线信道之间的接口。物理层包括物理层管理实体（PLME），物理层管理服务接口和物理层 PAN 信息库。物理层通过物理层数据服务接入点（PD-SAP）为提供数据服务，并通过物理层管理实体服务接入点（PLME-SAP）提供物理层管理服务并负责维护物理层信息库。

物理层主要实现了 ZigBee 无线设备激活和关闭，检测接收包的链路质量 LQI（Link Quality Indication）值、空闲信道判断 CCA（Clear Channel Assessment）、信道能量检测 ED（Energy Detect）、通信信道选择（信道频率设置）、基本物理层数据帧收发等功能，并能向上层（MAC 层）提供管理服务接口等功能。

#### 2.1.1.1　工作频率范围

频率是有限的珍贵资源，其由各个国家无线电管理部门进行分配管理。各种无线电都有特定的通信频率，因此应避免使用同一频率造成混乱，互相干扰。IEEE 802.15.4 标准物理层定义使用了 868MHz、915MHz 和 2.4GHz 三个频段，其属于工业、科学和医学应用免费 ISM 频段,用户使用这些频段时不需要申请执照。这些频段上的技术参数可归纳为表 2-2 所示。

表 2-2    IEEE 802.15.4 的扩频和调制参数

| 频率 /MHz | | 扩频参数 | | 调制参数 | | |
|---|---|---|---|---|---|---|
| | | 码片速率 / (kchip.s⁻¹) | 调制方式 | 比特速率 / (kbps) | 符号速率 / (ksymbol.s⁻¹) | 符号阶数 |
| 868/915 | 868～868.6 | 300 | BPSK | 20 | 20 | 二进制 |
| | 902～928 | 600 | BPSK | 40 | 40 | 二进制 |
| 2450 | 2 400～2 483.5 | 2 000 | O-QPSK | 250 | 62.5 | 十六进制正交 |

物理层采用直接序列扩频(Direct Sequence Spread Spectrum, DSSS)技术。这三个频段都采用相位调制技术,其中,2.4GHz 频段采用 O-QPSK 调制技术,它能够达到较高的 250kbps 的数据传输速率。915MHz 和 868MHz 频段,则采用 BPSK 调制技术。数据传输速率分别为 20kbps、40kbps。

三个频段总共提供了 27 个信道(Channel):868MHz 频段有 1 个信道,属于欧洲专属频段;915MHz 频段有 10 个信道,每 2MHz 划分一个信道,属于北美专属频段;2 450MHz 频段有 16 个信道,每 5MHz 划分一个信道,属于全球通用频段。三个频段的中心频率($F_c$)和对应的信道编号($k$)定义如下:

$$F_c = 868.3\text{MHz}, \qquad\qquad\qquad k = 0$$
$$F_c = [906 + 2\,(k-1)]\,\text{MHz}, \qquad k = 1,2,\cdots,\ 10$$
$$F_c = [2405 + 5\,(k-11)]\,\text{MHz}, \qquad k = 11,12,\cdots,\ 26$$

通用射频规范的介绍如下:

IEEE 802.15.4 物理层通用规范同时适用于 2.4GHz 和 868/915 MHz 物理层,其包括能量检测(Energy Detect),接收数据包链路质量指示(Link Quality Indication, LQI),空闲信道评估(Clear Channel Assessment, CCA)等。

- **能量检测(ED)** 是估计信道带宽内的接收信号功率,并为上层提供信道选择的依据。ED 的取值范围是 0x00~0xff,最小值 "0" 表示接收信号功率不超过其接收灵敏度(10dB)。

- **链路质量指示(LQI)** 用来指示接收数据包的强度和质量,一般是通过接收机 ED、信噪比估计或者这两种方法结合来测量的。物理层要对每个接收到的数据包执行 LQI,测量结果会提交给 MAC 层处理,以为网络层或应用层在接收数据帧时提供无线信号的强度和质量信息,并作为网络层进行路由选择的依据等。LQI 取值也是 0x00~0xff,其分别表示接收到的信号最差质量(0x00)到最好质量(0xff)。

- **空闲信道评估(CCA)** 是通过预定义评估模式来判断无线信道是否处于空闲状态。

IEEE 802.15.4 定义了三种空闲信道评估(CCA)模式:

空闲信道评估模式 1——能量门限检测:简单判断信道的信号能量。当信号能量低于预先设定信号能量门限值时,认为其为信道空闲。

空闲信道评估模式 2——无线信号特征判断:通过载波侦听检测信道上信号的无线特征来判断信道空闲状态,如果检测结果符合 IEEE 802.15.4 调制和扩频的信号特征,则表示信道处于忙碌状态。

空闲信道评估模式 3——带有能量门限检测的无线信号特征判断:即前两种模式的综

合，它同时检测信号强度和信号特征，以作出信道空闲判断。

一个设备所采用的 CCA 模式由物理层 PIB 属性 PHY CCA Mode 决定，IEEE 802.15.4 标准规定 CCA 门限值不得超过其接收灵敏度（10dB）。

### 2.1.1.2 物理层服务规范

IEEE 802.15.4 标准物理层通过 RF 固件和硬件提供了物理无线信道与 MAC 子层之间的接口，从概念上讲，物理层还包括物理层管理实体（PLME），PLME 提供调用物理层管理功能的服务接口和维护物理层 PAN 信息库（PIB）的服务接口，其参考模型如图 2-5 所示。

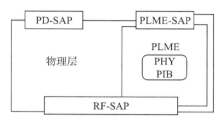

图 2-5　物理层参考模型

物理层提供物理层数据和物理层管理两种类型的服务，它们分别通过物理层数据服务接口（PD-SAP）和物理层管理实体服务接口（PLME-SAP）来提供服务。

#### 1. 物理层数据服务

如表 2-3 所示，物理层数据服务接口支持在对等 MAC 子层实体之间传输 MAC 协议的数据单元（MPDU）。物理层数据服务接口支持三种类型的原语：请求（Request）、确认（Confirm）和指示（Indication），但不支持响应（Response）原语。

表 2-3　物理层数据服务通信原语

| 原语 | 请求 | 确认 | 指示 | 响应 | 说明 |
|---|---|---|---|---|---|
| PD-DATA | ⊕ | ⊕ | ⊕ | × | 发送和接收物理层数据单元 |
| 原语形式 | PD-DATA.request | PD-DATA.confirm | PD-DATA.indication | — | |

（1）请求原语 PD-DATA.request

PD-DATA.request 由 MAC 层发送到本地物理层，以请求发送 MPDU（即物理层服务数据单元 PSDU）。PD-DATA.request 原语语法如下：

```
PD-DATA.request (
    psduLength,
    psdu
    )
```

psdu 是向物理层发送的实际数据，psduLength 表示 PSDU 的长度，单位为字节。

（2）确认原语 PD-DATA.confirm

PD-DATA.confirm 由物理层发送到 MAC 层，对 PD-DATA.request 原语做出响应。PD-DATA.confirm 原语语法如下：

```
PD-DATA.confirm (
    status
    )
```

status 表示 MAC 层请求发送数据包的返回结果。取值为 SUCCESS、RX_ON 和 TRX_OFF 枚举变量。

当物理层收到 PD-DATA.request 原语时，若设备处于发射使能状态（TX_ON），物理层把 MAC 层请求的 PSDU 封装成物理层协议数据单元（PPDU），接着发送 PPDU。数据成功发送后，物理层向 MAC 层发送状态为 SUCCESS 的确认原语 PD-DATA.confirm。若设备处于接收使能状态（RX_ON）或者关闭状态（TRX_OFF），数据发送请求失败，则物理层向 MAC 层发送状态为 RX_ON 或 TXF_OFF 的确认原语 PD-DATA.confirm。

（3）指示原语 PD-DATA.indication

PD-DATA.indication 指示一个 MPDU（即 PSDU）从物理层传送到本地 MAC 层实体。PD-DATA.confirm 原语语法如下：

```
PD-DATA.indication (
    psduLength,
    psdu,
    ppduLinkQuality
    )
```

ppduLinkQuality 表示在接收 PPDU 期间测得的链路质量（LQ）。PD-DATA. indication 原语由物理层实体产生，并发送给 MAC 子层实体，来传送接收到的 PSDU。如果 psduLength 长度为 0 或者大于物理层常量 MaxPHYPacketSize，该原语不会产生。

2. 物理层管理实体服务

PLME-SAP 允许 MAC 层管理实体（MLME）和物理层管理实体（PLME）之间传送管理命令。如表 2-4 所示，PLME-SAP 支持的原语有 PLME-CCA、PLME-ED、PLME-GET、PLME-SET 和 PLME-SET-TRX-STATE。物理层管理服务原语都是针对本地管理服务的，其不包含指示和响应原语。

表 2-4 物理层管理服务原语列表

| 原语 | 请求 | 确认 | 指示 | 响应 | 说明 |
|---|---|---|---|---|---|
| PLME-CCA | ⊕ | ⊕ | × | × | 请求物理层管理实体（PLME）执行空闲信道评估（CCA） |
| | PLME-CCA.request | PLME-CCA.confirm | — | — | |
| PLME-ED | ⊕ | ⊕ | × | × | 请求物理层管理实体（PLME）执行能量检测（ED） |
| | PLME-ED .request | PLME-ED .confirm | — | — | |
| | Z-Stack 协议栈实现：radioComputeED() MAC/LowLevel/mac_radio.c | | | | |
| PLME-GET | ⊕ | ⊕ | × | × | 向物理层管理实体（PLME）请求物理层 PIB 相关属性的值 |
| | PLME-GET.request | PLME-GET.confirm | — | — | |
| PLME-SET | ⊕ | ⊕ | × | × | 向物理层管理实体（PLME）请求设置物理层 PIB 相关属性的值 |
| | PLME-SET.request | PLME-SET.confirm | — | — | |
| PLME-SET-TRX-STATE | ⊕ | ⊕ | × | × | 向物理层管理实体（PLME）请求改变收发机内部的工作状态 |
| | PLME-SET-TRX-STATE. request | PLME-SET-TRX-STATE.confirm | — | — | |

（1）PLME-CCA

PLME-CCA.request 原语请求 PLME 执行空闲信道评估（CCA）。MAC 层 CSMA 算法

要求执行信道空闲评估时，MLME 就产生一个 PLME-CCA. request 原语并发送给 PLME。

待物理层收到请求后，如果设备处于接收使能状态，则 PLME 要求物理层进行信道评估。物理层完成 CCA 后，PLME 向 MLME 发送一个 PLME-CCA.confirm 原语，根据 CCA 结果向 MAC 层提供信道状态：信息繁忙（BUSY）或空闲（IDLE）。

如果设备处于关闭状态（TRX_OFF）或者发送使能状态（TX_ON），信道则无法进行评估。PLME 向 MLME 发送一个参数 status 以作为 TRX_OFF 或 TX_ON 的 PLME-CCA.confirm 原语。

PLME-CCA.confirm 原语语法如下：

```
PLME-CCA.confirm (
     status
     )
```

status 是向 MLME 报告请求 PLME 执行 CCA 的结果状态。其参数取值为 BUSY、IDLE、TRX_OFF 和 TX_ON。

（2）PLME-ED

PLME-ED.request 原语请求 PLME 执行能量检测（ED）。如果设备收到请求后正处于接收使能状态，PLME 则要求物理层执行能量检测。

物理层完成 ED 后，PLME 向 MLME 发送一个 PLME-ED.confirm 原语，报告能量检测成功（SUCCESS）和测得的信道能量等级。

如果设备处于关闭状态（TRX_OFF）或者发送使能状态（TX_ON），信道则无法执行能量检测。PLME 向 MLME 发送一个参数 status 以作为 TRX_OFF 或 TX_ON 的 PLME-ED 确认原语。

PLME-ED.confirm 原语语法如下：

```
PLME-ED.confirm (
     status,
     EnergyLevel
     )
```

EnergyLevel 表示测得的当前信道能量等级，status 是向 MLME 报告请求 PLME 执行 ED 的结果状态，其参数取值为 SUCCESS，TRX_OFF 和 TX_ON。

（3）PLME-GET

PLME-GET.request 原语向 PLME 请求物理层 PIB 相关属性的值。语法如下：

```
PLME-GET.request (
     PIBAttribute
     )
```

参数 PIBAttribute 是相关 PIB 属性标识，待收到请求后，PLME 到物理层数据库检索该属性。

如果在数据库中找不到请求的 PIB 属性标识，PLME 向 MLME 发送一个 PLME-GET.confirm 原语，此时参数 status 为"不支持的属性"（UNSUPPORTED_ATTRIBUTE）。

如果在数据库中找到了请求的 PIB 属性标识，PLME 向 MLME 发送为 SUCCESS 的参数 status 并返回 PIB 属性值。

PLME-GET.confirm 原语语法如下：

```
PLME-GET.confirm (
    status,
    PIBAttribute,
    PIBAttributeValue
    )
```

PIBAttributeValue 是返回的 PIB 属性值。

（4）PLME-SET

PLME-SET.request 原语向 PLME 请求设置物理层 PIB 相关属性的值。语法如下：

```
PLME-SET.request (
    PIBAttribute
    PIBAttributeValue
    )
```

参数 PIBAttribute 是相关 PIB 属性标识，PIBAttributeValue 是要设置的属性值。收到请求后，PLME 到物理层查找数据库（PIB）。

如果在数据库中找不到请求的 PIB 属性标识，PLME 向 MLME 发送一个 PLME-SET. confirm 原语，此时，参数 status 为"不支持的属性"（UNSUPPORTED_ATTRIBUTE）。

如果设置的 PIB 属性值超出了有效范围，PLME 向 MLME 发送参数 status 为 INVALID_PARAMETER。

如果成功设置了 PIB 属性值，确认原语 status 为 SUCCESS。

对应的确认原语 PLME-SET.confirm 原语语法如下：

```
PLME- SET.confirm (
    status,
    PIBAttribute,
    )
```

物理层的属性是存储在物理层 PIB 中的，以用于设备物理层的管理。表 2-5 所列是物理层 PIB 属性。

表 2-5　物理层 PIB 属性

| 属性 | 标识码 | 类型 | 取值范围 | 描述 |
|---|---|---|---|---|
| phyCurrentChannel | 0x00 | 整数 | 0 ～ 26 | 收发机使用的射频信道 |
| phyChannelsSupported | 0x01 | 位图 | 0x00000000 ～ 0x07ffffff | 32 位中的高 5 位有效位（$b_{27}$, ……$b_{31}$）预留并设置为 0，27 位低有效位（$b_0$, ……$b_{26}$）分别表示 27 个有效信道的状态（$b_k = 1$，信道 $k$ 可用；$b_k = 0$，信道 $k$ 不可用） |
| phyTransmitPower | 0x02 | 位图 | 0x00 ～ 0xbf | 高两位表示发送功率误差的容忍度：00 ＝ ＋ 1dB；01 ＝ ＋ 3dB；10 ＝ ＋ 6dB。低六位是带符号的整数，表示发射功率标称值（dBm） |
| phyCCAMode | 0x03 | 整数 | 1 ～ 3 | CCA 三种模式 |

（5）PLME-SET-TRX-STATE

PLME-SET-TRX-STATE.request 也是由 MLME 产生并向 PLME 请求改变收发机内部的工作状态。原语语法如下：

```
PLME-SET-TRX-STATE.request (
    status
    )
```

status 取值为 RX_ON（接收使能）、TRX_OFF（收发机关闭）、FORCE_TRX_OFF（强制关闭收发机）或 TX_ON（发送使能）。响应的原语 PLME-SET-TRX-STATE.confirm 向 MLME 报告 PLME-SET-TRX-STATE.request 的请求结果，语法如下：

```
PLME-SET-TRX-STATE.confirm (
        status
    )
```

status 状态取值为 SUCCESS、RX_ON、TRX_OFF、TX_ON、BUSY_RX 或 BUSY_TX。当收到请求原语后，PLME 指令物理层改变为请求的工作状态。

如果改变收发机工作状态被接收，则 PLME-SET-TRX-STATE.confirm 的状态为 SUCCESS。

如果设备当前的收发状态就是请求原语发送请求的工作状态，则确认原语的参数 status 为当前状态（RX_ON、TRX_OFF 和 TX_ON）。

如果请求原语改变为状态 RX_ON 或 TRX_OFF，而此时物理层正在发送一个 PPDU，则确认原语的 status 参数值为 BUSY_TX。

如果请求原语改变为状态 TX_ON 或 TRX_OFF，而此时设备正处于 RX_ON 状态并已经接收到有效帧定界符（FSD），则确认原语的 status 参数值为 BUSY_RX。

如果请求原语的状态为 FORCE_TRX_OFF，则不管物理层处于什么状态，收发机将强制改变为 TRX_OFF。

Z-Stack 基本上没有物理层的相关原语实现过程或者是在 Z-Stack 中它们大部分以库的形式进行封装，而不能看见具体的实现过程以及相关的 API 函数接口。

### 2.1.2　介质访问控制层

介质访问控制（MAC）层提供了特定服务汇聚子层（SSCS）和物理层之间的接口，通过 MAC 层管理实体（MLME）来提供调用 MAC 层管理服务的接口 MLME-SAP，同时通过 MAC 公共部分子层 SAP（MCPS-SAP）来提供 MAC 层的数据服务接口，以及维护 MAC 层 PAN 信息库（MAC PIB）。除此之外，MCPS 和 MLME 还隐含了一个内部接口，以用于 MLME 调用 MAC 数据服务。其参考模型如图 2-6 所示。

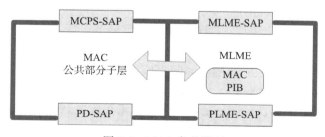

图 2-6　MAC 参考模型

MAC 层主要实现对从物理层数据单元 PPDU 中提取的 MAC 层数据单元 MPDU 数据包的进一步处理，信标发送、利用信标与父节点同步，能量检测、主动、被动、孤立扫描机制，关联和退出关联，CSMA/CA 冲突避免信道访问控制机制，时隙划分，MAC 层数据传输及安全机制等功能。

### 2.1.2.1　MAC 层功能描述

基于 IEEE802.15.4 标准的 MAC 层主要完成以下几项功能：

- 使用 CSMA-CA 的信道访问机制；
- PAN 网络的建立和运行；
- PAN 网络的关联（Association）和解关联（Disassociation）；
- PAN 网络同步机制；
- MAC 事务处理；
- 两个对等 MAC 实体间的可靠链路保证；
- 功耗考虑。

1. 使用 CSMA-CA 的信道访问机制

IEEE 802.15.4 标准根据网络配置提供了两种类型的信道接入机制：时隙型 CSMA-CA 信道访问机制和非时隙型信道访问机制。信标使能网络使用时隙型 CSMA-CA 的信道访问机制。非信标使能网络使用无时隙的 CSMA-CA 信道接入机制。

（1）信道接入方式

信道接入方式可分为固定接入和随机接入两大类型。固定接入方式是指通信终端始终独占着被分配的信道，如移动通信系统中的基站。固定接入方式能够保证通信的实时性，适合实时性要求很强的语音、视频通信业务。3G 通信系统采用的码分多址接入（Code Division Multiple Access，CDMA）方式就属于固定接入方式。而随机接入机制是允许多个通信终端共同利用同一个无线信道。当终端需要发送信息时，就去占用竞争信道。如果信道空闲，就接入信道进行通信，待通信完成后，就释放信道。随机接入方式适用于数据传输量不大、对实时性要求不高的通信业务。ZigBee 无线通信网络具有低速率，数据量小，实时性要求不高等特性，因此适合采用随机接入方式。在 IEEE 802.15.4 规范中，MAC 层采用载波侦听多址接入/冲突避免（Carrier Sense Multiple Access with Collision Avoidance，CSMA/CA）机制。CSMA 机制一般固化在支持 IEEE 802.15.4 标准的片上芯片中，如 CC2530 芯片就支持硬件 CSMA/CA。

CSMA 机制简单来说主要包括以下几点特性：

- **载波侦听**：终端节点在发送数据之前，首先监听所在的无线通信信道，以判断是否有其他终端正在使用该信道。
- **多址接入**：如果信道空闲，则可以与其他的终端节点竞争使用信道。
- **冲突避免**：为避免多个终端节点在同一时刻竞争同一个信道引起的冲突，节点在发送数据之前，随机退避一个随机时间再监测信道。如果信道空闲才可以发送数据。这个退避时间是指数增长的。也就是说，如果监听信道忙，则下一次退避时间要倍增。这是因为如果多次监听信道忙，则表明正在信道上传输的数据量很大，节点需要等待更长时间，之后才可以占用该信道。

信标使能网络使用时隙型 CSMA-CA 的信道访问机制。每次设备要发送数据帧时，在 CAP（竞争访问时段）期间，它就应当找出下一个退避时隙的边界，然后等待一个随机退避时隙的随机数时长。如果信道是忙的，则随机退避，在再次尝试访问信道之前，设备将等待另一个退避时隙的随机数时长。如果信道处于闲置状态，设备就可以开始传递下一个可用的退避时隙边界。在不使用 CSMA-CA 机制时，设备应发送确认和信标帧。

非信标使能网络使用无时隙的 CSMA-CA 信道接入机制。每次设备要传输数据帧或 MAC 命令时，它会等待一个随机的时间。如果发现通道是空闲的，设备发出数据。如果发现信道忙，则随机退避后，在再次试图访问信道之前，设备将等待另一个随机时间。当不使用 CSMA-CA 机制时，设备应发送确认帧。

值得注意的是，信道接入机制属于 MAC 层协议。无线传感器网络中常见的 S-MAC，L-MAC，B-MAC 等协议不存在 IEEE 802.15.4 标准中。如果读者想要深入研究 ZigBee 技术原理，可以在开源的协议栈中实现这些 MAC 层协议。

（2）超帧结构

在 IEEE 802.15.4 标准中，可以选用以超帧为周期来组织 LR-WPAN 网络内设备间的通信。每个超帧都以网络协调器发出的信标帧为始，这个信标帧包含了超帧将持续的时间以及对这段时间的分配等信息。网络中的普通设备接收到超帧开始时的信标帧后，就可以根据其中的内容安排自己的任务，例如，进入休眠状态直到这个超帧结束。

超帧结构格式由网络协调器定义。超帧将通信时间划分为活跃和不活跃两个部分。在不活跃期间，PAN 网络中的设备不会相互通信，从而可以进入休眠状态以节省能量。超帧活跃期间可划分为三个阶段：信标帧发送时段、竞争访问时段（Contention Access Period, CAP）和非竞争（无冲突）访问时段（Contention-free Period, CFP）。超帧的活跃部分被划分为 16 个等长的时隙，每个时隙的长度、竞争访问时段包含的时隙数等参数都由协调器设定，并通过超帧开始时发出的信标帧广播到整个网络。信标帧在超帧的第一个时隙被发送出。且信标具有标识 PAN，同步 PAN 中的设备连接和描述超帧结构的功能。

对于低延迟和特定数据带宽的应用，PAN 协调器可以为这些应用分配活动超帧区间。这些区间被称为保证时隙（GTS）。具有 GTS 的超帧结构如图 2-7 所示，由保证时隙（GTS）组成的非竞争访问时段（CFP）一般出现在活动超帧的末尾。只要超帧结构中有足够的时间资源，PAN 协调器则可为超帧分配最多 7 个 GTS，并且每个 GTS 至少占有一个时隙。但是，在超帧中应保留一个充足的竞争访问时段（CAP），以保证网络中其他设备和欲加入网络的新设备进行冲突型接入。所有冲突型事务处理应该在 CFP 开始之前完成。设备在 GTS 中的事务处理应该在下一个 GTS 时间或 CFP 结束之前完成。

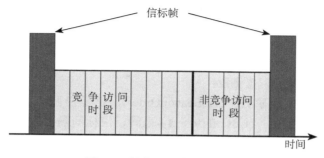

图 2-7　具有 GTS 的超帧结构

在超帧的竞争访问时段，IEEE 802.15.4 标准网络设备应使用时隙型 CSMA-CA 访问机制，并且任何通信都必须在竞争访问时段结束前完成，即在下个网络信标帧到来之前完成。在不使用 GTS 的超帧结构中（无 GTS 的超帧结构如图 2-8 所示），在除了确认帧和紧跟在数据请求命令帧后的数据帧之外，所有数据包的发送都采用无时隙的 CSMA-CA 机制来访问信道。

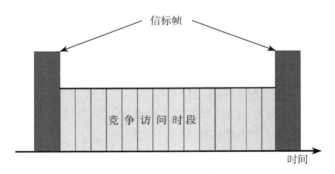

图 2-8　无 GTS 的超帧结构

在非竞争访问时段，协调器根据上一个超帧 PAN 网络中设备申请 GTS 的情况，将非竞争时段划分成若干个 GTS。每个 GTS 由若干个时隙组成，时隙数目在设备申请 GTS 时指定。如果申请成功，申请设备就拥有了它指定的时隙数目。在每个 GTS 中的时隙都被指定分配给了时隙申请设备，因而不需要竞争信道。IEEE 802.15.4 标准要求任何通信都必须在自己分配的 GTS 内完成。

在超帧中规定非竞争时段必须跟在竞争时段后面。竞争时段的功能包括：网络设备可以自由收发数据，域内设备向协调者申请 GTS 时段，新设备加入当前 PAN 网络等。非竞争阶段由协调者指定的设备发送或者接收数据包。如果某个设备在非竞争时段一直处在接收状态，那么拥有 GTS 使用权的设备就可以在 GTS 阶段直接向该设备发送信息。

保证时隙（GTS）和时分复用（Time Division Multiple Access, TDMA）机制相似，它可以动态地为收发请求的设备分配时隙。保证时隙机制需要设备间的时间同步，IEEE 802.15.4 的时间同步就是通过"超帧"机制实现的。

通过抓包得到的数据包如图 2-9 所示，上面是终端节点广播信标请求帧，下面的是协调器节点向网络中广播的超帧结构。

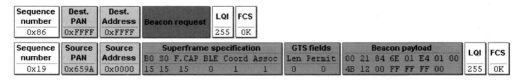

图 2-9　超帧结构数据包

下面主要介绍一下超帧配置字段：

- **BO** 即 **PIB 属性信标阶数**（macBeaconOrder），也是协调器发送信标的时间间隔。用 BI 描述信标间隔，当 BO 在 0 ～ 14 之间，信标间隔（BI）= aBaseSuperframeDuration*$2^{BO}$。其中，aBaseSuperframeDuration 是符号基数，其在 2.4G 通信频率下为 96 015.36ms。如果 BO = 15，则表示协调器只有在收到信标请求后才发送信标，其他时间不发送信标，即超帧结构不存在。读者可以看到，上述数据包 BO 字段为 15，即该 ZigBee 网络不存在超帧结构。
- **SO** 即 **PIB 属性超帧阶数**，它包括信标帧在内的超帧活动区间的长度，协调器只有在活动超帧时才和 PAN 交互信息。SO = 15 表示发送完信标之后，超帧一直处于非活动状态，即超帧的活动区间仅仅是信标帧部分。

上述数据包 BO 和 SO 均为 15，即该 PAN 不采用超帧结构，即无信标 PAN 网络。在协调器不发送信标的 PAN 网络中，除了确认帧和紧跟在数据请求命令帧后的数据帧之外，所有数据包发送都采用无时隙的 CSMA-CA 机制来访问信道，也不允许使用 GTS。Z-Stack 并没有实现对 GTS 管理的支持，因此，Z-Stack 使用的一般是是无信标网络。

- **CAP 即竞争访问时段**，它指定了超帧中竞争访问周期的最后一个超帧时隙，也是 CAP 周期的长度。
- **BLE，它是电池寿命延长**。
- **Coord 协调器字段**，如果发送帧的设备是协调器，字段设为 1，否则设为 0。可见，这个信标帧由 ZigBee 协调器发出。
- **Assoc 允许关联字段**，1 表示发送信标的协调器允许设备关联，0 表示协调器当前不能接受关联请求。

2. PAN 网络的建立和运行

PAN 网络的一般建立过程为：协调器节点进行能量和物理信道扫描，从信道列表中选择一个较好的信道，并为这个新网络选择一个唯一的 PAN 标识符（PAN ID），并进行 PAN ID 冲突检测机制。一旦 PAN 网络建立成功，协调器就可以等待路由器与终端设备加入到网络中。

终端设备会重复发送信标请求，要求加入到 ZigBee 网络中。协调器发现设备发出的信标请求后，则响应一个信标帧来实现与请求设备的同步，一旦同步成功，则允许设备与协调器进行关联，从而使终端加入到网络中。

（1）信道扫描

在 IEEE 802.15.4 标准中，各种类型设备都可以对指定的信道列表进行被动扫描和孤立扫描，FFD 设备则还支持能量检测（ED）扫描和主动扫描。

设备通过上层发送的 MLME-SCAN.request 原语开始信道扫描。如果扫描设备在发送信标，则停止信标传输。当扫描结束时，设备重新开始信标的传输。扫描的结果通过 MLME-SCAN.confirm 确认原语返回。

1）ED 扫描。

ED 扫描使得 FFD 设备能够获得请求扫描信道上的峰值能量，在 PAN 网络建立之前，选择一个合适的通信信道。在 ED 扫描期间，MAC 层将丢弃物理层数据服务传来的所有信息帧。

上层使用 MLME-SCAN.request 原语，并向 MAC 层发出对一组逻辑信道进行能量检测扫描的请求。对于每一个逻辑信道而言，MAC 层管理实体通过设置相应的 phyCurrentChannel 值便可切换到此信道，然后在 [aBaseSuperframeDuration*$2^n$ + 1] 个符号周期内，重复对信道进行 ED。为确保返回一个能量检测结果，MAC 层管理实体向物理层发出 PLME_ED.request 对信道进行检测：扫描一个信道就记下它的峰值能量，然后，开始下一个信道的扫描。当扫描信道数达到设备所能存储的最大数或者每个逻辑信道的能量都被测量后，ED 扫描过程结束。

2）主动扫描。

FFD 设备使用主动扫描能够查找其个人操作空间（POS）范围内的所有协调器。在 FFD 执行主动扫描时，MAC 层丢弃信标以外的所有帧，通过对信标帧中 PAN 描述符的处理，FFD 获得其 POS 范围内的协调器。PAN 协调器建立新的 PAN 网络之前可据此选择合适的 PAN ID。

3）被动扫描。

被动扫描使得设备能够查找其 POS 范围内发送信标的协调器。与主动扫描不同，被动扫描不发送信标请求命令，而是监听信标，以查找其 POS 范围内发送信标的协调器。设备在关联 PAN 网络之前，使用被动扫描来查找周围的协调器。

4）孤立扫描。

设备孤立扫描是当设备与 PAN 协调器失去同步之后，用来重新查找与之关联的协调器的扫描方式。在孤立扫描期间，设备 MAC 层仅接收协调器重排列命令帧，丢弃物理层数据服务收到的所有其他帧，以实现关联协调器的重新查找。

（2）PAN 标识符冲突检测

某些情况下，在同一个 POS 范围内的两个 PAN 可能会具有相同的 PAN 标识符。如果发生这种冲突，协调器和它的设备将启动 PAN 标识符冲突处理过程。对于简化功能设备（RFD 设备）而言，该过程为可选的。

1）冲突检测。

如果下列任一情形发生，PAN 协调器将认为 PAN 标识符发生冲突：

①协调器接收到 PAN 协调器字段设置为 1 的信标帧，并且 PAN 标识符等于 macPANId。

②协调器收到从其他 PAN 网内的设备发送来的 PAN ID 冲突通知命令。

设备将认为 PAN 标识符发生冲突的条件是：设备接收到 PAN 协调器字段设置为 1 的信标帧，并且 PAN 标识符等于 macPANId，但地址既不等于 macCoordShortAddress 也不等于 macCoordExtendedAddress。

2）冲突解决。

协调器一旦检测到 PAN 标识符冲突后，首先执行主动扫描，然后根据扫描所得到的结果，选择新的 PAN 标识符。然后，协调器广播包含新 PAN 标识符的重排列命令，此标识符中的源 PAN 标识符域等于 macPANId 中的属性值。一旦协调器重排列命令发送完成，协调器将把 macPANId 设置为新的 PAN 标识。

设备一旦检测到 PAN 标识符冲突后，会产生一个 PAN 标识冲突通知命令，并将其发送给 PAN 协调器。如果 PAN 协调器正确接收 PAN 标识冲突通告命令，并向设备发送确认帧，可采取上述过程来解决冲突问题。

（3）PAN 建立

在建立新的 PAN 网络之前，一个全功能设备（FFD）通过主动扫描信道来选择一个合适的 PAN 标识。在请求原语 MLME-START.request 的指示下，FFD 开始建立一个 PAN。FFD 的 MAC 层收到请求原语后，把 phyCurrentChannel 属性值设置为原语中的逻辑信道，把 macPANId 属性值设置为原语中的 PAN 标识。接着，MAC 层通过确认原语 MLME-START.confirm 向上层报告建立 PAN 的结果，此时，FFD 就以一个协调器的身份开始工作。

（4）信标产生

只有当 macShortAddress 不等于 0xffff 时，设备才被允许发送信标帧。FFD 设备使用 MLME-START 原语请求开始发送信标帧。FFD 设备既可以作为新建 PAN 协调器，也可作为已建 PAN 的设备来发送信标帧，具体以什么样的身份发送信标帧取决于 PANCoordinator 参数的设置。接收到此请求原语后，MAC 层将 macPANId 值设置为信标帧的源 PAN 标识符字段。如果 macShortAddress 等于 0xFFFE，则信标帧的源地址字段为 aExtendedAddress 的值。否则，源地址字段为 macShortAddress 的值。

信标的发送优先级应该高于其他所有的发送和操作。

（5）设备发现

FFD 设备通过向 PAN 网络的其他设备发送信标帧，以声明它存在于网络中，并使得其他设备能够发现这个设备。

非 PAN 协调器的 FFD 设备通过发送信标来向 PAN 中的其他设备表明其存在，而 RFD 设备可以通过被动扫描，查找其个人操作空间（POS）范围内发送信标的协调器或其他 FFD 设备。非 PAN 协调器的 FFD 设备只有当它成功地关联到 PAN 之后，才可以开始发送信标帧。信标帧发送是通过使用 MLME-START.request 原语实现的，其中，该原语的 PANCoordinator 参数要设置为 FALSE。MAC 层管理实体接收到此原语后，将使用设备所关联的 PAN 的标识符 macPANId 及其短地址 macShortAddress 开始发送信标。

3. PAN 网络的关联和解关联

关联操作是指一个设备在加入一个特定网络时，向协调器注册以及身份认证的过程。当设备 MAC 层复位后，利用信道被动扫描或主动扫描的结果，在已存在的网络中选择一个合适的 PAN，设备则可与父设备进行关联操作。当协调器的上层收到希望同当前设备相关联的指示后，网络层将做出判断来决定是否允许设备关联，并通过发起关联的设备做出响应。当关联设备需要或协调器要求其离开 PAN 时，协调器或者关联设备可以通过解关联通知命令实现。

（1）关联

只有当 macAssociationPermit 设置为 TRUE 时，协调器才会允许关联。如果协调器接收到从设备请求关联的命令，但其命令的参数 macAssociationPermit 设置为 FALSE 时，则将忽略此请求命令。

在选择了所关联的 PAN 之后，上层将请求 MAC 层管理实体对有关物理层和 MAC 层的 PIB 属性进行如下配置：

- 将 phyCurrentChannel 设置为所要关联的逻辑信道。
- 将 macPANId 设置为所要关联的 PAN 的标识符。
- 根据要关联的协调器信标帧，将 macCoordExtendedAddress 或 macCoordShort-Address 设置为合适的值。

为了优化启用信标的 PAN 的关联过程，设备可以提前开始跟踪所要关联的协调器的信标。信标跟踪是通过发送 MLME-SYNC.request 原语来实现的，其中 TrackBeacon 参数值应设为 TRUE。

设备通过 MLMF-ASSOCIATE.request 原语，请求同一个已建的 PAN 进行关联，而不会试图建立自己的 PAN。

尚未关联设备通过向已建立的 PAN 协调器发送关联请求命令来初始化关联过程。如果协调器正确接收该关联请求命令，则将发送一个确认帧来确认接收。关联请求命令的确认并不表示设备已经关联成功。协调器需要时间来决定 PAN 当前资源是否足够允许另一个设备的接入，而其也将在 aResponseWaitTime 符号时间内作出相应决定。如果协调器发现此设备之前已经关联在本地的 PAN，则将删除所有之前所获得的设备信息。如果有足够的系统资源，协调器将给设备分配短地址，并产生关联响应命令，命令中包含新的地址和表示成功关联的状态。如果没有足够的系统资源，协调器将产生一个包含表示失败状态的关联响应命令。关联响应命令以间接发送的方式传送到请求关联的设备，即将关联响应命令帧增加到协调器的待处理事务列表中，并由设备探测和获取。

如果设关联请求命令功能信息字段的分配地址位为 1，协调器将根据表 2-6 所示的取值范围分配一个 16 位地址。如果关联请求命令的分配地址位为 0，则协调器分配的地址都等于 0xFFFE。短地址 0xFFFE 为特殊情况，它表示设备已经关联，但还没有分配短地址。在这种情况下，设备只能用其 64 位扩展地址在网络内通信。

表 2-6　短地址的使用

| 短地址的值 | 描述 |
| --- | --- |
| 0x0000 ～ 0xFFFD | 设备可以使用的短地址模式 |
| 0xFFFE | 设备关联成功但是没有分配有效的短地址，在网络通信中只能使用 64 位的扩展地址 |
| 0xFFFF | 设备尚未关联 |

收到关联请求命令的确认之后，设备最多等待 aResponseWaitTime 个符号时间，以便让协调器作出关联决定。如果设备跟踪信标，它将试图从协调器的信标帧中连续提取关联响应命令。如果设备没有跟踪信标，它将在 aResponseWaitTime 符号时间之后，试图从协调器中提取关联响应命令。如果设备不能从协调器提取到关联响应帧，它将发出状态为 NO_DATA 的 MLME-ASSOCIATE.confirm 原语，表明关联尝试失败。在这种情况下，上层将通过发出将 TrackBeacon 参数设置为 FALSE 的 MLME-SYNC.request 原语来终止跟踪信标。

在接收关联响应命令后，请求关联的设备将会发送一个确认帧，以此确认接收。如果关联响应命令的关联状态字段指示关联成功，设备将存储与之关联的协调器地址信息。并通过关联前的信道扫描，用户关联原始信标中的协调器短地址将被保存在 macCoordShortAddress 中，在关联响应命令帧的 MHR 中得到的协调器扩展地址也将被保存在 macCoordExtendedAddress 中。设备还将把关联响应命令帧中的短地址字段的内容保存在 macShortAddress 中。如果关联字段指示关联不成功，则设备将 macPANId 属性设为 0xffff。

（2）解关联

上层通过向 MAC 层管理实体发出解关联请求原语 MLME-DISASSOCIATE.request，以启动解关联 PAN 的过程。

当协调器要使它的一个关联设备离开 PAN 时，它将以间接发送的方式给设备发出断开连接通知命令，即将断开关联通知命令帧增加到协调器的待处理事务列表中，等待设备提取。如果设备向协调器请求并正确地接收到了解关联通知命令，将发送一个确认帧以确认接收。即使协调器没有收到解关联通知命令的确认，也认为设备已经解关联。

如果关联的设备要离开 PAN，其将给它的协调器发送解关联通知命令。如果解关联通知命令被协调器正确接收，协调器将发送一个确认帧来确认接收。同样，即使设备没有收到确认，也认为自己已与 PAN 解关联。

如果解关联通知命令中所包含的源地址等于 macCoordExtendedAddress 属性值，接收方将认为自己已解关联。如果协调器接收到命令，但其源地址不等于 macCoord-ExtendedAddress。它将验证源地址是否为一个关联设备的地址，如果是一个关联设备的地址，协调器将认为设备已经解关联。如果不能满足上述条件，该命令将被忽略。

关联的设备可通过删除所有有关 PAN 的信息来断开与 PAN 的关联。同样，协调器也可通过删除所有有关设备的信息使设备断开 PAN。

设备通过 MLME-DISASSOCIATE.confirm 原语通知发出请求的设备上层，告知其解关联操作的结果。

**4. PAN 网络同步机制**

同步问题主要涉及设备与协调器保持同步的过程。在支持信标的 PAN 中，同步是通过接收和解析信标帧实现的。在不支持信标的 PAN 中，同步是通过向协调器轮询数据实现。

（1）支持信标的同步

所有工作在支持信标的 PAN（即 macBeaconOrder<15）中的设备，为了检测任何待处理的消息或跟踪信标，应能够获得信标同步。设备只允许与包含有 PAN 标识符的信标进行信标同步，且 PAN 标识符存在 macPANId 中。如果 macPANId 是广播 PAN 标识符（0xFFFF），设备就不会试图获得同步。

设备通过 MLME-SYNC.request 原语命令来获取信标。如果该原语设定为信标跟踪，设备将试图获得信标并通过有规律且及时的启动接收机来跟踪信标。如果原语参数不设定跟踪，设备将试图只获取一次信标或者如果前一次进行了信标追踪，则在下一个信标之后结束跟踪。

如果收到一个信标帧，设备将验证信标帧是否来自和它所关联的协调器。如果信标帧中 MAR 源地址字段和 PAN 标识符字段信息与协调器源地址（macCoordShortAddress 或 macCoordExtendedAddress，取决于寻址模式）和设备 PAN 标识符（macPANId）不匹配，MLME 将丢弃此信标帧。

如果收到有效信标帧，并且 macAutoRequest 设置为 FALSE，则 MLME 通过发出 MLME-BEACON-NOTIFY.indication 原语把信标参数传递给上层。当收到有效的信标帧，且 macAutoRequest 设置为 TRUE，同时信标帧中包含载荷信息，MLME 将首先发出 MLME-BEACON-NOTIFY.indication 原语，然后，将其地址与信标帧地址列表中的地址进行比较。如果信标帧地址列表包含设备的短地址或扩展地址，并且源 PAN 标识符与 macPANID 匹配，则 MLME 将启动从协调器提取待处理数据的程序。

如果启用了信标跟踪，MLME 将在下一个的信标帧传送，即在下一个已知的超帧开始之前，使能接收机。如果 MLME 丢失的连续信标数达到 aMaxLostBeacons，MLME 将发送 MLME-SYNC-LOSS.indication 失步原语作出响应，失步原因为信标丢失（即 BEACON-LOST）。

（2）无信标同步

不支持信标的 PAN（macBeaconOrder = 15）的所有设备根据上层的判断，轮询协调器的数据。

MLME 接收到 MLME-POLL.request 原语后，就命令设备轮询协调器。MLME 会从协调器提取待处理数据。

（3）孤立设备重排列

如果 MAC 层上层在请求发送数据之后，连续多次接收到通信失败的指示，它可能得出设备已经被孤立的结论。当设备处理数据未能到达协调器时，即设备试图发送数据 aMaxFrameRetries 次后，仍没有收到确认信息，则称为通信失败。如果 MAC 层上层得出自己已经成为孤立设备时，将使用命令 MLME 执行孤立设备重排列或者复位 MAC 层执行关联过程。

如果 MAC 层上层决定执行孤立设备重排列程序，就发出 MLME-SCAN.request 请求原语，将 ScanType 参数设置为孤立扫描，并且使 scanChannel 参数包含扫描信道列表。收到此原语后，MAC 层开始孤立扫描。如果孤立扫描成功，即找到了 PAN，设备将根据协调器重排列命令携带的 PAN 信息来更新其 MAC PIB 属性。如果孤立扫描失败，MAC 层上层将确定进一步要采取的措施，如重新孤立扫描或者试图再次关联等。

5. MAC 事务处理

由于 IEEE 802.15.4 标准采用低成本设备，其通常由电池供电。因此，事务处理通常由设备本身发起，而不是由协调器发起。也就是说，协调器要在信标帧中指示有数据要发给设备或者设备必须自身轮询协调器以确定是否有它们的数据信息，这样的传输方式被称为"间接传输"。这里的"间接传输"和绑定方式的"间接传输"不一样，绑定方式的"间接传输"是发送信息时，不直接使用目标地址，而是通过查询绑定表找到发送的目标地址。

协调器在接收到间接传输请求后，开始对任务进行处理，间接传输请求为上层发来的 MCPS_DATA.request 原语或者来自 MLME 发送的 MAC 命令请求，如 MLME-ASSOCIATE.response 原语。在事务处理完成后，MAC 层将向上层表明其状态信息。如果请求原语开始间接传输，相应的确认原语将用来传递适当的状态值。相反地，如果响应原语开始间接传输，MLME-COMM-STATUS.indication 原语将用来传递相应的状态值。

包含在间接传输请求中的信息构成一个事务，协调器应至少能够存储一个事务。设备收到间接传输请求，如果没有容量存储另一个事务，MAC 层将向其上层发送一个状态参数为 TRANSACTION_OVERFLOW（事务溢出）的 MLME-COMM-STATUS.indication 原语。

如果协调器能够存储多个事务，则它将确保同一设备的所有事务按照它们到达 MAC 层的顺序发出。在发出事务期间，如果有该设备另一个事务存在，MAC 层将把帧未待处理子域设置为 1，这表示还有另外的待处理数据。

每一个事务最多在协调器中驻留 macTransactionPersistenceTime 时间。如果在这段时间内，事务没有被所对应的设备提取，协调器则将丢弃事务信息，同时 MAC 层也将向上层发送一个参数状态为 TRANSACTION_EXPIRED 的 MLME-COMM-STATUS.indication 原语。

如果协调器发送信标，它将在地址列表字段中列出每一个事务相关设备的地址，并在信标帧的待处理地址配置中给出其地址的数量。如果协调器能够存储 7 个以上的待处理事务，它将在其信标帧中以"先进先服务"的原则进行表明，以确保信标帧地址列表最多包含 7 个地址。对于需要 GTS 传送的事务来说，PAN 协调器将不在其信标帧的待处理列表中增加接收者的地址，而是在分配给对应设备的 GTS 上发送该事务。

在支持信标的 PAN 中，当待处理地址列表中含有其地址的设备接收到信标帧后，将试图从协调器索取数据。在不支持信标的 PAN 中，设备收到 MLME-POLL.request 原语后，将试图从协调器索取数据。

事务处理完成后，数据信息将会被丢弃，数据传输的结果将会被报告到上层。如果事务需要确认但是没有收到确认，MAC 层指示状态为 NO_ACK。如果事务处理成功，MAC 层指示状态为 SUCCESS。

### 6. 两个对等 MAC 实体间的可靠链路保证

LR-WPAN 采用多种机制以确保数据传输的可靠性。下面介绍的机制有 CSMA-CA 机制，帧确认和数据验证。CSMA 机制已在上文阐述，不再赘述。

（1）帧确认

数据或 MAC 命令帧的成功接收和验证可以通过发送确认帧而被选择性地被确认。如果接收设备出于任何原因不能处理收到的数据帧，消息则不会被确认。

如果发送端在一段时间之后没有收到确认，它会认为传送是不成功的，此时则会重新发送帧。如果多次重试后仍然没有收到确认，发送端可以选择终止或再次尝试发送。当确认其不是必需的，发送端则认为传送是成功的。

（2）数据验证

为了发现位错误，FCS 机制采用了 16 位循环冗余校验（CRC），用以保护每一帧。

### 7. 功耗考虑

在使用 IEEE 802.15.4 标准的许多应用中，设备是由电池供电的。在相当短的时间内，更换电池或充电是不切实际的。因此，能量是稀缺资源，功耗是需要重点考虑的方面。IEEE 802.15.4 标准与有限的电力供应情况密切相关，这点需要切记。然而，IEEE 802.15.4 标准物理层的实现将需要额外的电源管理考量，而这不属于 IEEE 802.15.4 标准的范畴。

已经制定的协议有利于电池供电设备。电池供电设备将被要求针对忙闲度来降低功耗。这些设备会花费大部分工作寿命在睡眠状态上；每个设备应周期性地侦听 RF 信道，以确定信道上是否有正在等待的消息。这种机制允许应用程序设计者在电池消耗量和消息延迟之间作出权衡。然而，在某些应用场合中，这些设备可能是由电源供电的。电源供电设备可以选择持续地侦听 RF 信道。

#### 2.1.2.2 MAC 层数据服务

IEEE 802.15.4 标准定义了三种事务处理模型：数据传送到协调器，协调器传送到网络设备和对等设备间的数据传输。MAC 层根据数据传输模型定义了两种数据服务原语：MCPS-DATA 和 MCPS-PURGE 原语。

### 1. 数据传送模型

在 PAN 网络中存在三种数据传送事务处理类型：第一种类型是一个设备传送数据到一个协调器；第二种类型是数据从一个协调器传送到网络设备。第三种类型是两个对等设备之间传送数据。在星形网络中，上述事务处理类型，只有前两种方式被使用，这是因为数据只能在协调器和设备之间进行传送。而在一个对等的网络拓扑中，数据可以在网络中的任意两个设备间交换。因此，上述三种事务处理类型可以在这种拓扑中使用。

IEEE 802.15.4 标准网络可以工作于信标使能方式或非信标使能方式。在信标使能方式中，网络协调器定时广播信标，信标帧表示超帧的开始，以此来实现网络相关设备同步及其他功能。在非信标使能方式中，协调器不会定期地广播信标，而是在设备请求信标时向它单播信标。

传送类型取决于网络是否支持信标的传输。信标使能网络用来支持像 PC 外设之类的低延迟设备。如果网络没有必要支持这样的设备，它可以选择不使用信标而进行正常的数据传送。但是，信标需要用来进行网络关联。

（1）数据传送给协调器

这种事务处理类型是一个设备传送数据到一个协调器。在 IEEE 802.15.4 中，根据可否采用信标将网络分为使用信标和不使用信标两种情况。

当一设备在信标使能网络中欲传送数据到一个协调器时，它首先侦听网络信标。当信标被发现时，设备同步到超帧结构。在合适的时间点，设备用时隙型 CSMA-CA 机制检测信道冲突，并传送数据帧到协调器。协调器通过发送一个可选择的确认帧来确认成功接收到的数据，该事务处理至此完成。该事务处理的序列图如图 2-10 所示。

在一个无信标使能的网络中，设备欲传送数据仅仅需要用非时隙型 CSMA-CA 机制检测信道冲突，并传送数据帧到协调器。与信标使能网络一样，协调器通过发送一个可选择的确认帧来确认成功接收到的数据，至此，该事务处理完成。该事务处理的序列图如图 2-11 所示。

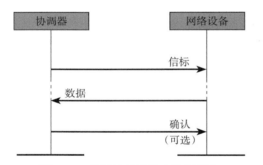

图 2-10　信标使能网络中协调器和
网络设备的通信序列图

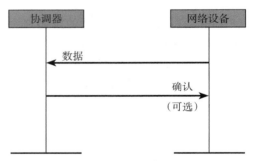

图 2-11　信标使能网络中网络设备和
协调器的通信序列图

（2）协调器传送数据

这种数据传送事务处理类型是协调器传送数据到网络设备中。

在信标使能网络中，协调器欲传送数据到设备，这说明信标网络中有等待的数据信息。网络设备周期性地侦听网络信标。如果有等待的信息，网络设备就采用时隙型 CSMA-CA 机制发送一个 MAC 命令请求该数据。协调器通过发送一个可选择的确认帧来确认成功接收到的请求数据，等待的数据帧接着被采用时隙型发送。设备通过发送一个确认帧来确认成功收到的数据。该事务处理至此完成。直到协调器接收到了确认帧，信息才能从等待信息列表中被移除。该事务处理类型的序列图如图 2-12 所示。

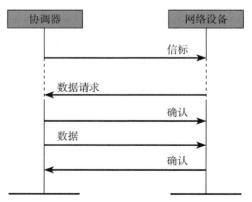

图 2-12　信标使能网络中从协调器发送
数据到设备的序列图

非信标网络从协调器发送数据到设备如图 2-13 所示。在非信标使能网络中，协调器欲传送数据到设备时，它首先把数据存储到合适的设备（如该设备的父设备）中，并保持联系。一个设备通过发送 MAC 命令请求该数据。该命令采用非时隙型 CSMA-CA 机制，以一个应用层定义的速率发送到协调器中。协调器通过发送一个确认帧来确认成功接收到的数据请求。若有等待数据，协调器采用非时隙型 CSMA-CA 机制，发送数据到设备。如果没有等待数据，协调器则发送一个零长度负载的数据帧以表示没有等待数据。设备成功接收到的数据后，发送一个确认帧来完成确认。

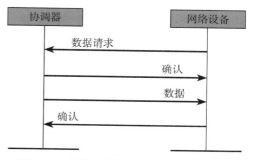

图 2-13　非信标使能网络中从协调器发送
数据到设备的序列图

（3）对等式数据传送

在一个对等式 PAN 中，每个设备都可以和它无线辐射区域的其他设备通信。为了更有效地通信，设备需要不停地接收数据或者与其他设备互相同步。在前一种情况下，设备仅仅需要用无时隙的 CSMA-CA 机制发送数据。在后一种情况下，其需要采取额外的一些措施来进行设备间的同步。但是，在 IEEE 802.15.4 标准中不涉及这些措施。

2. MAC 层数据服务原语

MCPS-SAP 支持两个对等的 SSCS 实体之间的 SSCS 协议数据单元（SPDU）的传输。如本书附录部分表 C-1 所示，MAC 数据服务是通过 MCPS-DATA 和 MCPS-PURGE 两类服务原语来实现的。本书还给出了原语对应的 Z-Stack 实现形式。其中，MCPS-PURGE 服务原语在简化功能设备（RFD）中是可选的，不必强制支持。两个设备之间传递 MAC 数据帧的流程如图 2-14 所示。

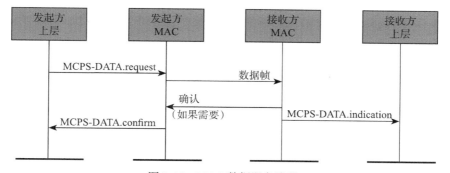

图 2-14　MAC 数据服务流程

（1）MCPS-DATA

MCPS-DATA.request 原语请求是从本地 SSCS 实体向一个对等的 SSCS 实体发送 SPDU（即 MAC 服务数据单元 MSDU）。当 SSCS 层有数据需要发送时，就产生该原语并传递至 MAC 层。MCPS-DATA.confirm 原语是对 MCPS-DATA.request 的响应，由 MAC 层产生并向 SSCS 报告请求发送 MSDU 的结果。

MCPS-DATA.request 和 MCPS-DATA.confirm 原语语法如下：

```
MCPS-DATA.request (
  SrcAddrMode,
  SrcPANId,
  SrcAddr,
  DstAddrMode,
  DstPANId,
  DstAddr,
  msduLength,
  msdu,
  msduHandle,
  TxOptions
  )
MCPS-DATA.confirm (
  msduHandle,
  status
  )
```

其中，SrcAddrMode 是 MPDU 的源地址模式。0x00 表示无地址，地址字段省略；0x01 表示预留，0x02 表示 16 位短地址；0x03 表示 64 位扩展地址。

SrcPANId：发送 MSDU 的源设备 PAN 标识码。

SrcAddr：源地址。

DstAddrMode：原语及其后继 MPDU 的目的地址模式。

DstPANId：接收 MSDU 的目的设备 PAN 标识码。

msduHandle：MSDU 句柄。

TXOptions：MSDU 的发送选项，它是下面四项中若干项的位相"或"：

0x01 要求确认的发送；

0x02 GTS 发送；

0x03 间接发送；

0x04 使用安全机制发送。

MCPS-DATA.indication 原语由对等的 MAC 层产生，并发给本地 SSCS，用以指示接收到一个 MSDU。该原语语法如下：

```
MCPS-DATA.indication (
SrcAddrMode,
SrcPANId,
SrcAddr,
DstAddrMode,
DstPANId
DstAddr,
msduLength,
msdu,
mpduLinkQuality,
SecurityUse,
ACLEntry
)
```

其中，参数 mpduLinkQuality 表示接收 MPDU 时的链路质量；参数 SecurityUse 是一个布尔量，表示是否对数据帧采用了安全处理；ACLEntry 表示数据帧发送设备 ACL 记录 macSecurityMode 的属性值，取值范围是 0x00 ～ 0x08，如果在 ACL 中找不到发送设备，则该参数置为 0x08。

（2）MCPS-PURGE

MCPS-PURGE.request 原语允许更高层向 MAC 层请求撤销事务队列中的数据发送事物。其语法如下：

```
MCPS-PURGE.request (
    msduHandle
    )
```

接收到 MCPS-PURGE.request 原语后，MAC 层在事务队列中如果找到和句柄匹配的 MSDU，则把 MSDU 从队列删除并向 SSCS 返回一个状态为 SUCCESS 的 MCPS-PURGE.confirm 确认原语。如果在事务队列中找不到和句柄匹配的 MSDU，则 MAC 层向 SSCS 返回一个状态为 INVALID_HANDLE 的 MCPS-PURGE.confirm 确认原语。

### 2.1.2.3  MAC 管理服务

MAC 层管理服务是通过 MAC 层和其上层之间交互管理命令，并调用管理服务原语来实现的。如本书附录表 C-2 所示，MAC 层共有 15 类管理服务原语。同时，这些原语中的大部分可以在 Z-Stack 协议栈目录 mac_api.h 中找到相应的数据结构定义形式。编者再次向读者建议：结合 Z-Stack 中的代码学习 ZigBee 协议规范是一种有效学习 ZigBee 技术原理的方式。

#### 1. PAN 网络启动原语 MLME-START

MLME-START 原语定义了一个 FFD 设备如何使用一个新的超帧配置结构来初始化一个 PAN 网络，启动信标发送，发现设备以及停止发送信标。这些原语对于 RFD 设备来说是可选的。图 2-15 所示是信标发送初始化的流程。

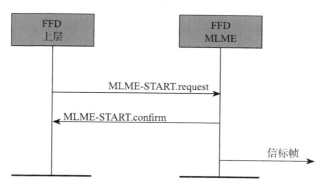

图 2-15　信标发送流程

MLME-START.request 原语由上层发送到 MLME 层，请求设备开始新的超帧配置。语法如下：

```
MLME-START.request (
    PANId,
    LogicalChannel,
    BeaconOrder,
    SuperframeOrder,
    PANCoordinator,
    BatteryLifeExtension,
    CoordRealignment,
    SecurityEnable
    )
```

其中，参数 BeaconOrder（BO）与信标发送的频率有关，取值范围为 0 ～ 14；参数 SuperframeOrder（SO）定义了包括信标帧在内的超帧活动部分长度（SD）；布尔型参数 PANCoordinator 取值为 TRUE 表示该设备将成为一个新的 PAN 网络协调器，取值 FALSE 表示设备将发送关联 PAN 的信标；BatteryLifeExtension 是一个定义节能模式的布尔量；CoordRealignment 表示是否要在改变超帧配置之前先发送一个协调器重排列命令。

一个完整的超帧配置更新过程应包括 MLME 通过确认原语 MLME-START.confirm 对请求原语的响应。如果超帧配置成功，MLME 向其上层反馈一个状态为 SUCCESS 的确认原语；如果更新超帧配置请求原语中出现不支持的参数或任何参数超出了有效取值范围，则 MLME 向其上层发出状态为 INVALID_PARAMETER 的确认原语。

### 2. 信标通知原语 MLME-BEACON-NOTIFY

信标通知原语 MLME-BEACON-NOTIFY 定义了一个设备在正常的操作工作状态下接收到一个信标后，向上层通知的过程。各种类型的设备都应当支持信标通知原语。

信标通知原语 MLME-BEACON-NOTIFY.indication 把 MAC 层接收到的信标帧的信息参数传递给上层，同时发送了数据包链路质量（LQ）的测量和信标帧接收时间。原语语法如下：

```
MLME-BEACON-NOTIFY.indication (
    BSN,
    PANDescriptor,
    PendAddrSpec,
    AddrList,
    sduLength,
    sdu
    )
```

其中，参数 BSN 是信标序号，取值为 0x00 ～ 0xff；PANDescriptor 是接收到的信标 PAN 描述符；PendAddrSpec 定义了信标地址列表中短地址和长地址的个数；AddrList 表示信标中待处理事务所属设备的地址列表；sdu 是信标中携带的有效数据；sdulength 是以字节表示的有效数据的长度。

信标通知原语的 Z-Stack 实现形式可以参见本书附录表 B-14。

接收到 MLME-BEACON-NOTIFY.indication 原语后，高层将被通知在 MAC 子层信标帧已到达。

### 3. 信道扫描原语 MLME-SCAN

信道扫描原语 MLME-SCAN 定义了一个设备如何判断通信信道内是否有信号传输或者是否存在 PAN。所有类型的设备都支持信道扫描原语。

信道扫描请求原语 MLME-SCAN.request 按照指定的信道列表启动信道扫描。设备可以通过信道扫描判断信道能量情况、搜索关联的协调器或者在扫描设备的个人工作空间（POS）范围内搜索所有发送信标帧的协调器。MLME-SCAN.request 原语语法如下：

```
MLME-SCAN.request (
    ScanType,
    ScanChannels,
    ScanDuration
    )
```

其中，参数 ScanType 表示扫描类型，0x00 表示 ED 扫描（仅 FFD 支持），0x01 表示主动扫描（仅 FFD 支持），0x02 表示被动扫描，0x03 表示孤立设备扫描；ScanChannels 是一个 32 位字段的位图，低 27 位（0,1,…, 26）表示要扫描 27 个有效信道（对应为 1 表示扫描该信道，0 表示不扫描）；ScanDuration 表示信道扫描持续时间，取 0~14 其中的整数。

ED 扫描用来判断信道的使用情况；主动扫描和被动扫描用来定位带有 PAN 标识符的信标；孤立设备扫描用来定位孤立设备所关联的 PAN。所有的设备都应该支持被动扫描和孤立扫描。ED 扫描和主动扫描对 RFD 设备来说是可选的。

接收到 MLME 信道扫描请求原语后，设备 MLME 启动按 ScanChannels 参数中规定的信道列表扫描信道。在信道扫描期间，扫描设备停止传输信标帧，MAC 层只接受物理层数据服务中和信道扫描有关的数据帧。

通过 ED 扫描，设备能够测得每个请求扫描信道上的峰值能量。ED 扫描由设备 MLME 经每个扫描信道向物理层重复发送 PLME-ED.request 原语以执行能量检测，每完成一个信道的扫描，MLME 记下该信道的最大能量，继而转移到请求信道列表中的下一个扫描信道以执行能量检测。当扫描的信道数达到实现要求的信道数或者完成了请求信道列表中所有信道的扫描，ED 扫描过程结束。ED 扫描的结果记录在一个 ED 值列表中，同时 MLME 向上层发出状态为 SUCCESS 的扫描确认原语。

主动扫描由 FFD 设备用来搜索 POS 范围内正在发送信标帧的协调器。在主动扫描时，首先由设备 MLME 向每个信道发送一个信标请求命令，然后 MLME 使能接收机，并记录每个信标中的 PAN 描述符。当扫描当前信道的时间达到 ScanDuration 参数规定的时间时，MLME 结束当前信道的扫描转移到下一个信道扫描。当记录的 PAN 描述符数目达到实现要求的最大数目或者对所有信道列表中的信道都已完成扫描时，主动扫描过程结束。

被动扫描和主动扫描基本一致，不同的是被动扫描只接受操作而不会发送信标请求命令。在一个信道扫描时，MLME 使能接收机，并记录信标中的 PAN 描述符。主动扫描和被动扫描的结果是记录一组 PAN 描述符的值，并由 MLME 通过 MLME-SCAN.confirm 原语向上层报告。

孤立设备扫描用来定位扫描设备孤立之前曾关联的协调器设备。当孤立设备对每个信道进行扫描时，设备 MLME 首先发送一个孤立通知命令，然后使能接收机状态为等待接收。在 aResponseWaitTime 个符号时间内，如果孤立设备收到一个协调器的重排列命令，扫描设备则关闭接收，孤立设备和它关联的协调器又重新取得通信联系。如果在此期间没有收到重排列命令，MLME 则转移到信道列表中的下一信道执行扫描。当收到重排列命令或者完成信道列表中所有信道的扫描，孤立设备扫描过程结束。如果孤立设备扫描期间收到了协调器的重排列命令，设备 MLME 则向其上层发送状态为 SUCCESS 的 MLME-SCAN.confirm 原语。

**4. 保证时隙 GTS 管理原语 MLME-GTS**

GTS 管理原语 MLME-GTS 定义了 GTS 的请求和维护过程。使用这些原语和 GTS 的设备通常已经跟踪了 PAN 协调器的信标。GTS 管理原语对 RFD 设备来说是可选的。图 2-16 所示是设备请求分配 GTS 的流程图，图 2-17 中的 a 表示由设备启动的撤销 GTS 过程；b 表示由 PAN 协调器启动的撤销 GTS 过程。

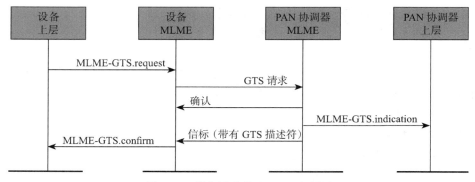

图 2-16    设备请求分配 GTS 流程图

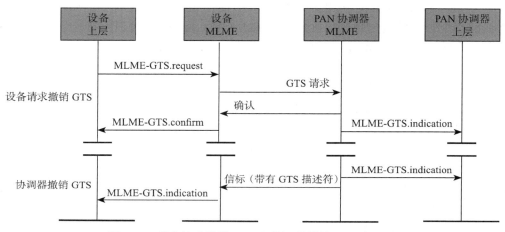

图 2-17    设备请求撤销 GTS 和协调器撤销 GTS 流程图

GTS 请求原语 MLME-GTS.request 由设备用以向 PAN 协调器请求分配一个 GTS 或撤销已分配的 GTS。GTS 请求原语的语法为:

```
MLME-GTS.request (
     GTSCharacteristics,
     SecurityEnable
     )
```

GTSCharacteristics 表示 GTS 请求的特征。如果 GTSCharacteristics 字段为 1, 则表示设备请求分配一个 GTS, GTSCharacteristics 随后的字段就表示新 GTS 的特征; 如果 GTSCharacteristics 字段为 0, 则表示设备请求撤销已存在的 GTS, GTSCharacteristics 随后的字段就表示该现存 GTS 的特征。

收到 GTS 请求原语后, 设备 MLME 就根据原语中携带的信息产生一个 GTS 请求命令并发送给协调器。如果 MLME 成功地发送一个 GTS 请求命令, MLME 将会期待一个返回确认 (Acknowledgement)。如果 GTS 请求命令失败, 则 MLME 向其上层发出相应状态表示失败原因的确认原语。

GTS 请求得到批准和确认后, 请求设备等待来自 PAN 协调器的、包含 GTS 描述符的确认信标。如果 PAN 协调器能够分配所请求的 GTS, 它将向其上层发送带有已分配 GTSCharacteristic参数的 MLME-GTS.indication 原语, 该描述符具有已分配的 GTS 特征和请求设备的短地址码。如果 PAN 协调器不能分配所请求的 GTS，它将产生一个开始时隙为 0 的带有请求设备短地址码的 GTS 描述符。不论是上述的哪一种情况，该描述符在信标中的存在时间都为 aGTSDescPersistenceTime 个超帧周期。

如果设备在 aGTSDescPersistenceTime 个周期之前，从 PAN 协调器接收到信标帧 GTS 描述符，并且该描述符短地址匹配 macShortAddress，则请求设备处理该信标帧的 GTS 描述符。如果设备在 aGTSDescPersistenceTime 个周期之前，没有接收到上述描述符或者接收到参数为 BEACON_LOST 的 MLME-SYNC-LOSS.indication 原语，设备 MLME 将向其上层发送状态为 NO_DATA 的 MLME-GTS.confirm 原语。

如果描述符与请求命令帧的参数相匹配，设备即确认 GTS 分配成功。请求 GTS 设备的 MLME 将发送状态为 SUCCESS 和 GTS 特征参数为 1 的 MLME-GTS.confirm 原语，则该设备即可开始使用 GTS 方式工作。

5. 关联原语 MLME-ASSOCIATE

关联原语 MLME-ASSOCIATE 定义了一个设备如何与一个 PAN 网络取得关联。所有设备必须支持关联请求和确认原语，RFD 设备可选择支持关联指示和响应原语。图 2-18 所示是关联的服务流程。

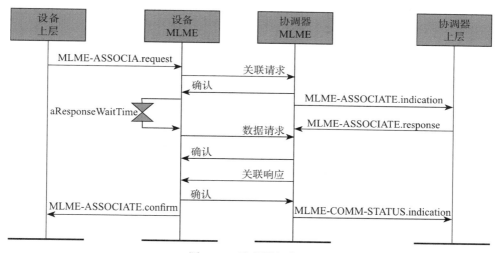

图 2-18  关联服务流程

MLME-ASSOCIATE.request 原语允许设备请求关联到一个协调器。请求关联原语的语法如下：

```
MLME-ASSOCIATE.request (
  LogicalChannel,
  CoordAddrMode,
  CoordPANId,
  CoordAddress,
  CapabilityInformation,
  SecurityEnable
  )
```

其中，LogicalChannel 表示试图关联的信道；CoordAddrMode 表示协调器的地址模式，0x02 代表 16 位短地址，0x03 代表 64 位扩展地址；CoordPANId 表示欲关联 PAN 网络的标识符；CoordAddress 表示欲关联 PAN 网络的协调器地址；CapabilityInformation 表示关联设备的工作能力；SecurityEnable 表示此次传送是否采用安全机制。

MLME-ASSOCIATE.request 请求原语由尚未关联设备的上层产生，并发送到 MLME 以请求其与一个协调器关联。如果设备要关联到信标使能 PAN 的协调器，MLME 可以在发送关联请求原语前，选择追踪协调器的信标。在接收到关联请求原语后，未关联设备的 MLME 层首先通过调用 PLME-SET.request 原语将 PIB 属性 phyCurrentChannel 更新为请求原语参数的 LogicalChannel 值，并将 macPANid 更新为 CoordPANId 参数值。同时 MLME 产生一个关联请求命令，根据请求原语中的 PAN 标识码和地址发送到指定的 PAN 协调器。

为了发送关联请求命令帧，MLME 首先通过调用物理层管理服务原语把设备置为发送使能状态（TX_ON），如果相应的确认原语的状态为 SUCCESS 或 TX_ON，则调用物理层数据服务原语 PD-DATA.request 发送关联请求命令给协调器。MLME 接收到 PD-DATA.confirm 确认原语后，将设备置为接收使能状态（RX_ON），并等待接收关联请求命令的确认帧。如果重发 aMaxFrameRetries 次关联请求命令仍没有收到确认帧，MLME 则向上层发出状态为 NO_ACK 的关联确认原语。

待接收到关联请求命令后，协调器 MLME 就向上层发出 MLME_ASSOCIATE.indication 关联指示原语。语法如下：

```
MLME-ASSOCIATE.indication (
  DeviceAddress,
  CapabilityInformation,
  SecurityUse,
  ACLEntry
)
```

在收到关联指示原语后，协调器上层将通过算法来决定接收或拒绝设备的关联请求，接着向协调器 MLME 发出关联响应原语 MLME-ASSOCIATE.response。同时协调器应该在 aResponseWaitTime 内作出关联决策和响应。请求关联的设备将通过来自协调器的关联响应原语来确定是否关联成功。

关联响应原语（MLME-ASSOCIATE.response）语法如下：

```
MLME-ASSOCIATE.response (
  DeviceAddress,
  AssocShortAddress,
  status,
  SecurityEnable
)
```

其中，DeviceAddress 是请求关联设备的地址；AssocShortAddress 是协调器分配给请求关联设备的 16 位短地址；参数 status 表示关联的状态，0x00 表示关联成功，0x01 表示 PAN 容量饱和，0x02 表示 PAN 拒绝访问，其他值预留。

协调器的 MLME 收到关联响应原语后，生成关联响应命令帧，以间接发送方式发送给请求关联的设备，即把响应命令帧添加到待处理事务列表（存储在协调器）中，并由相关设备索取。

请求关联设备的 MLME 接收到关联请求命令的确认帧后，会继续等待关联响应命令。

如果在 aResponseWaitTime 个符号周期内没有收到来自协调器的关联响应命令帧，MLME 将向其上层发出 NO_DATA 的关联确认原语。如果请求关联设备的 MLME 收到来自协调器的关联响应命令帧，则向其上层发送关联确认原语 MLME_ASSOCIATE.confirm。确认原语的状态是否等于关联响应命令帧中的关联状态字段的内容。

### 6. 解关联原语 MLME-DISASSOCIATE

解关联原语 MLME-DISASSOCIATE 定义了一个设备如何从 PAN 网络中解除关联的过程。各种类型的设备都应该提供解关联原语的接口。图 2-19 所示是解关联服务的流程。

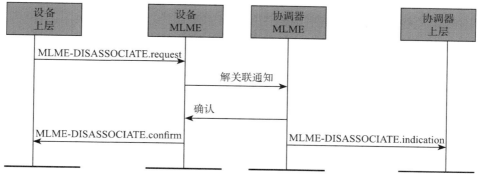

图 2-19  解关联流程

一个关联设备欲离开 PAN 网络，可以通过发送 MLME-DISASSOCIATE.request 原语告知协调器。另外，协调器也可以通过解关联原语强制一个关联设备离开 PAN 网络。

MLME-DISASSOCIATE.request 的语法为：

```
MLME-DISASSOCIATE.request (
    DeviceAddress,
    DisassociateReason,
    SecurityEnable
)
```

其中，DeviceAddress 是接收解关联通知设备的 64 位 IEEE 地址。DisassociateReason 是解关联的原因。

当设备接收到来自上层的 MLME-DISASSOCIATE.request 原语后，MLME 产生一个解关联通知命令。收到解关联通知命令后，MLME 就向上层发出解关联指示原语 MLME-DISASSOCI-ATE.indication，并通告解关联的原因。在设备收到解关联通知命令的确认后，由 MLME 向其上层报告解关联请求的结果。

### 7. 同步原语 MLME-SYNC

同步原语 MLME-SYNC 定义了设备和协调器获得同步的过程以及如何向上层报告失步信息的方式。各种类型的设备都应该支持 MLME-SYNC 原语。图 2-20 所示是设备和协调器同步的流程。a 是同步单个信标的情况，设备找到信标后判断协调器中是否有需要传送给自己的待处理数据，如果有，就请求获得数据；b 是跟踪信标情况，设备在找到一个信标后，设置定时器刚好在计数到下一个信标预期出现的时间之前试图跟踪信标，在收到信标帧时，同 a 一样，检查设备协调器中是否有传送给自己的待处理数据。

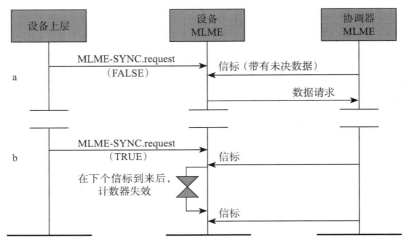

图 2-20　在信标使能网络中，设备与协调器同步流程图

MLME-SYNC.request 原语通过获得或者追踪（如果指定的话）信标帧来请求与协调器取得同步。语法如下：

```
MLME-SYNC.request (
  LogicalChannel,
  TrackBeacon
)
```

其中，当 TrackBeacon 为 TRUE 时，其表示 MLME 将同步到下一个信标并跟踪所有的后续信标；当其值为 FALSE 时，则表示只同步到下一个信标。

信标同步请求原语由信标使能 PAN 中设备的高层产生，并发送到 MLME 以与协调器取得同步。设备收到 MLME-SYNC.request 后，MLME 首先将物理层属性phyCurrentChannel 设置为 LogicalChannel 值，然后使能接收机并搜索当前网络中的信标。如果 TrackBeacon 参数为 TRUE，MLME 将跟踪信标，即在每个信标出现之前置接收机的状态为使能状态，以便对信标进行处理；如果 TrackBeacon 参数为 FALSE，MLME 则只定位信标，而不进行后续追踪。

如果接收到同步请求原语时，MLME 正在跟踪信标帧，则不丢弃该原语，而是将其当作一个新的同步请求。如果在初始搜索和跟踪过程中不能定位信标，MLME 将会以BEACON_LOST 作为丢失原因向上层发送 MLME-SYNC-LOSS 的指示原语。

8. 失步原语 MLME-SYNC-LOSS

如前所述，MLME-SYNC-LOSS 指示原语表明了设备与协调器失去同步。语法如下：

```
MLME-SYNC-LOSS.indication (
  LossReason
)
```

它可以在设备与协调器失步时，由设备的 MLME 产生，也可以在 PAN ID 冲突时，由PAN 协调器的 MLME 层产生。

如果设备检测到 PAN 标识码冲突并告知协调器，设备 MLME 将会以 PAN_ID_CONF-LICT 为原因向上层发送此失步原语。同样的，如果 PAN 协调器在收到 PAN ID 冲突通知命令后，其 MLME 也向其上层发出失步原因为 PAN_ID_CONF-LICT 的失步原语。

9. 孤立通知原语 MLME-ORPHAN-NOTIFY

MLME-SAP 孤立通知原语定义了一个孤立设备向协调器发送通知的过程。孤立设备可以理解为由于障碍物阻挡或者信号干扰等原因失去父设备信息的设备。孤立通知原语对 RFD 设备来说是可选的。图 2-21 所示是协调器和孤立设备的通信流程。

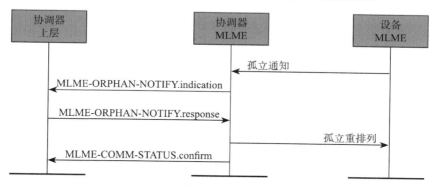

图 2-21 协调器和孤立设备的通信流程

MLME-ORPHAN-NOTIFY.indication 指示原语由协调器的 MLME 层产生，在协调器收到孤立设备发出的孤立通知命令后，该原语会被发送到上层以指示一个孤立设备的存在。原语如下：

```
MLME-ORPHAN-NOTIFY.indication (
    OrphanAddress,
    SecurityUse,
    ACLEntry
    )
```

其中，OrphanAddress 是孤立设备的 64 位扩展地址。

协调器 MLME 接收到孤立指示原语后，上层判断该孤立设备之前是否曾与协调器关联，并向 MLME 发送带有判断结果的孤立响应原语 MLME-ORPHAN-NOTIFY.response。
MLME-ORPHAN-NOTIFY.response 原语如下：

```
MLME-ORPHAN-NOTIFY.response (
    OrphanAddress,
    ShortAddress,
    AssociatedMember,
    SecurityEnable
    )
```

其中，ShortAddress 表示协调器分配给孤立设备的短地址；AssociatedMember 表示孤立设备是否为协调器此前关联的设备。

如果孤立设备曾与协调器关联，在这种情况下，响应原语参数 AssociatedMember 为 TRUE，协调器 MLME 产生并向孤立设备发送一个包含 shortaddress 字段的重排列命令，如果是信标使能 PAN，则重排列命令在 CAP 期间发送，如果不是信标使能 PAN，则立即发送。如果孤立设备不是协调器的关联设备，则向 MLME 发出 AssociatedMember 参数为 FALSE 的响应原语，同时此原语会被忽略。如果孤立设备在发出孤立通知命令后的

aResponseWaitTime 个符号周期内没有收到任何协调器重排列命令，则认为它没有关联的协调器。如果重排列命令发送成功并且在要求确认时得到了确认，协调器 MLME 将会向上层发送状态为 SUCCESS 的 MLME-COMM-STATUS.indication 指示原语。

#### 10. 数据请求原语（轮询原语）MLME-POLL

轮询原语 MLME-POLL 定义了终端设备如何从一个协调器请求数据的过程。由于设备周期性地处于睡眠状态，则发送到设备的数据不能立即被接收，从而暂存在其父设备节点中，终端设备会定时向其父设备轮询数据。各种设备都应该支持轮询原语的接口。图 2-22 所示是设备向协调器请求数据的流程。a 是协调器中没有待传数据的情况，此时设备 MLME 立即向上层发送 MLME-POLL.confirm 原语；b 是协调器中有待传数据的情况。

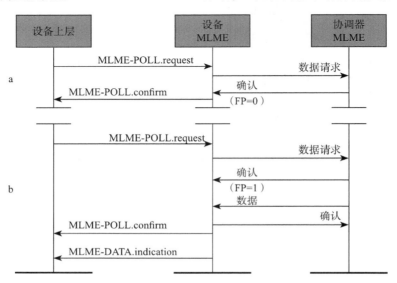

图 2-22　数据向协调器请求数据序列图

MLME-POLL.request 原语由设备高层产生，其要求从协调器中请求数据，语法如下：

```
MLME-POLL.request (
    CoordAddrMode,
    CoordPANId,
    CoordAddress,
    SecurityEnable
    )
```

在接收到 MLME-POLL 请求原语之后，MLME 则产生并发送一个数据请求命令。如果向 PAN 协调器请求数据，则在数据请求命令中不含有任何目的地址信息；否则，数据请求命令会携带参数 CoordPANId 和 CoordAddress 中的目的地址信息。

如果设备收到数据请求命令的确认帧，并且指示有数据需要发送，MLME 则请求物理层设置接收机为使能状态；如果确认帧指示没有待处理的数据，MLME 则向上层发出状态为 NO_DATA 的轮询确认原语。

如果设备收到协调器发送的有效数据长度不为 0 的数据帧，MLME 则向上层发送状态为 SUCCESS 的轮询确认原语，并通过 MAC 层数据服务原语 MCPS-DATA.indication 向上层报告收到的 MSDU。

**11. 接收机状态使能原语 MLME-RX-ENABLE**

接收机状态使能原语 MLME-RX-ENABLE 能在指定的时间内开启和关闭接收机, 且所有类型的设备均具有该原语的接口。图 2-23 所示是改变接收机状态的流程, a 是在有信标的 PAN 中 MLME 没有足够的时间在当前超帧执行接收机使能而推迟到下一个超帧的情况。b 是在不使用信标的 PAN 中改变接收机状态的情况。

MLME-RX-ENABLE.request 原语允许 MAC 层向上层请求在一定的时间内使能接收机。原语语法如下:

```
MLME-RX-ENABLE.request (
     DeferPermit,
     RxOnTime,
     RxOnDuration
  )
```

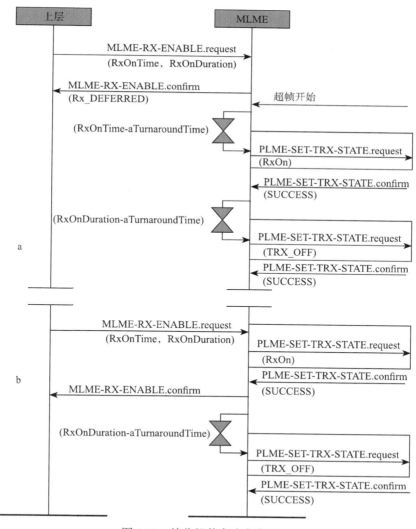

图 2-23　接收机状态改变流程

其中，如果 DeferPermit 为 TRUE，则表示在请求时间超时情况下，可延迟到下一个超帧开启接收机；若其为 FALSE，则表示只允许在当前的超帧中开启接收机。在不支持信标的 PAN 中，此参数被忽略。RxOnTime 表示接收机使能时间点距超帧开始位置的字符数。RxOnDuration 表示接收机开启的持续时间（以符号数表示）。

在不支持信标的 PAN 中，MLME 将忽略 DeferPermit 和 RxOnTime 参数，而请求物理层立即开启接收机，以使其处于接收状态，并在经过 RxOnDuration 符号数后，关闭其接收机。

MLME 将决定接收机能否在当前的超帧内开启接收机，以使其处于接收状态。如果从超帧开始，所测得的当前符号数小于 RxOnTime–aTurnaroundTime，则 MAC 层管理实体就试图在当前的超帧内打开接收机。如果从超帧开始，所测得的当前符号数大于或等于 RxOnTime–aTurnaroundTime，并且 DeferPermit 值为 TRUE，MLME 将会推迟在下一个超帧周期内，再试图开启接收机。否则，MLME 将向上层发送状态为 OUT_OF_CAP 的 MLME-RX-ENABLE.confirm 原语。

在支持信标的 PAN 中，MLME 首先确定 RxOnTime + RxOnDuration 是否小于信标间隙，该信标间隙由 macBeaconOrder 所定义。如果不小于，MLME 将向上层发送状态为 INVALID_PARAMETER 的 MLME-RX-ENABLE.confirm 原语，表示请求原语的参数错误，设备接收机不能执行该原语。

MLME 通过向物理层发送状态为 RX_ON 的 PLME-SET-TRX-STATE.request 原语，请求物理层开启接收机。如果物理层返回一个状态为 TX_ON 的 PLME-SET-STATE.confirm 原语，MLME 将向上层发送状态为 TX_ACTIVE 的 MLME-RX-ENABLE.confirm 原语；否则，MLME 将向上层发送状态为 SUCCESS 的 MLME-RX-ENABLE.confirm 原语。

12. 通信状态原语 MLME-COMM-STATUS

通信状态原语 MLME-COMM-STATUS 定义了当传输不是由请求原语发动或者到达的分组出现安全处理错误时，MLME 和上层交互传输状态信息的过程。各种类型的设备都应支持通信状态原语的接口。通信状态原语 MLME-COMM-STATUS.indication 由 MLME 产生，并发送到上层。其原语语法如下：

```
MLME-COMM-STATUS.indication (
   PANId,
   SrcAddrMode,
   SrcAddr,
   DstAddrMode,
   DstAddr,
   status
)
```

其中，status 为通信的状态，其主要有 SUCCESS（成功）、TRANSACTION_OVERFLOW、TRANSACTION_EXPIRED、CHANNEL_ACCESS_FAILURE、NO_ACK、UNAVAILABLE_KEY、FRAME_TOO_LONG、FAILED_SECURITY_CHECK 和 INVALID_PARAMETER。

在接收到 MLME-COMM-STATUS 指示原语后，上层被告知传输的通信状态或者到达的分组出现安全处理的错误。

### 13. PIB 属性读取原语 MLME-GET

PIB 属性读取原语 MLME-GET 定义从 MAC PIB 中读取属性值的过程。所有设备都应提供读取属性值的原语接口。MLME-GET.request 原语用来获取指定 PIB 属性的值，其语法为：

```
MLME-GET.request (
   PIBAttribute
   )
```

参数 PIBAttribute 是 PIB 属性的标识码。请求原语由高层产生，并发送到 MLME 以请求从 MAC-PIB 获取信息。如果 PIB 属性标识没有在数据库中找到，MLME 则会向上层发送一个为 UNSUPPORTED_ATTRIBUTE 状态的确认原语。如果找到了相关属性的标识码，返回的确认原语状态是 SUCCESS。

### 14. PIB 属性设置原语 MLME-SET

MLME-SET 设置原语定义了对 PIB 属性进行写操作的过程。所有设备都应支持这些设置原语的接口。

MLME-SET.request 请求原语由高层产生，并发送到 MLME 层，以请求设置指定的 MAC PIB 属性。其语法如下：

```
MLME-SET.request (
   PIBAttribute,
   PIBAttributeValue
   )
```

当设备接收到 MLME-SET.request 原语后，MLME 试图在数据库中设置指定的 PIB 属性。如果 PIBAttribute 参数指代的属性在数据库中没有找到，MLME 发送一个状态为 UNSUPPORTED_ATTRIBUTE 的确认原语。如果 PIBAttribute 参数指代的属性超出了有效范围，则 MLME 发送一个状态为 INVALID_ATTRIBUTE 的确认原语。如果属性设置成功，MLME 则发送一个状态为 SUCCESS 的 MLME-SET 的确认原语。

### 15. MAC 子层复位原语 MLME-RESET

复位原语 MLME-RESET 定义了如何把 MAC 层的 PIB 属性值恢复为缺省值的过程。各种类型的设备都支持复位原语接口。

复位请求原语 MLME-RESET.request 由上层产生，并发送到 MLME 以请求 MAC 子层重新设置到其初始状态。MLME-RESET.request 请求原语通常在 MLME-START.request 和 MLME-ASSOCIATE.request 之前发送。原语语法如下：

```
MLME-RESET.request(
   SetDefaultPIB
   )
```

其中，参数 SetDefaultPIB 是布尔量，如果其等于 TRUE，则复位 MAC 层，并把 MAC 层中所有的 PIB 属性设置为默认值。如果其等于 FALSE，则复位 MAC 层，但其层中的 PIB 属性保持不变。

当设备收到复位请求原语后，MLME 调用物理层服务原语 PLME-SET-TRX-STATE. request 把收发机置为 TRX_OFF 状态。如果设备接收到 PLME-SET-TRX-STATE.confirm

原语后，MAC 层将被设置为初始状态，其所有的内部变量设置为它们的初始值。如果 SetDefaultPIB 参数为 TRUE，则 MAC PIB 属性值被置为它们的缺省值。

### 2.1.2.4 MAC 层帧格式

帧结构的设计遵循最低复杂度的原则，同时在噪声信道中传输要保证足够的健壮性。每个连续的协议层之间用特定的头部和尾部来扩充帧的结构。LR-WPAN 定义了四种帧结构，具体如下：

- **信标帧**：用于协调器发送信标。
- **数据帧**：用于设备数据的传送。
- **确认帧**：用于确认成功接收到的帧。
- **命令帧**：用于处理所有 MAC 对等实体的控制传输。

MAC 层帧，即 MAC 协议数据单元（MPDU），它一般包括 MAC 帧头（MHR），MAC 有载荷和 MAC 帧尾（MFR），具体见表 2-7。

表 2-7　MAC 一般帧格式

| 字节数：2 | 1 | 0/2 | 0/2/8 | 0/2 | 0/2/8 | 可变 | 2 |
|---|---|---|---|---|---|---|---|
| 帧控制 | 序列号 | 目的 PAN ID | 目的地址 | 源 PAN ID | 源地址 | 帧负载 | FCS |
| | | 地址信息 | | | | | |
| MHR（MAC 头） | | | | | | MAC 负载 | MFR(MAC 尾) |

其中，MAC 帧头由帧控制字段、帧序号字段和地址字段构成，见表 2-8。

表 2-8　帧控制字段格式

| 比特数：0～2 | 3 | 4 | 5 | 6 | 7～9 | 10～11 | 12～13 | 14～15 |
|---|---|---|---|---|---|---|---|---|
| 帧类型 | 安全使能 | 未决数据 | 确认请求 | 网内/网际 | 保留 | 目的地址模式 | 保留 | 源地址模式 |

有效载荷则是由帧类型决定的可变长度字段；帧尾是帧头和有效载荷的 16 位循环冗余校验（CRC）序列。

可以看出，在 MAC 帧中没有 MAC 帧长度字段，这是因为在物理层数据帧中含有表示 MAC 帧长度的字段，所以可以通过这一字段和 MAC 帧头的长度来得到 MAC 帧有效载荷的长度。IEEE802.15.4 标准定义了 4 种 MAC 帧，其分别是：信标帧、数据帧、确认帧和命令帧。

1. 信标帧

图 2-24 所示为信标帧的结构，它来自于 MAC 子层。协调器可以在信标使能的网络中传输网络信标。MAC 服务数据单元（MSDU）包含超帧配置（Superframe Specification）字段、GTS 配置字段、待处理地址字段和信标有效载荷字段。MSDU 前面是 MAC 报头（MHR），其后是 MAC 报尾（MFR）。MHR 包含 MAC 帧控制字段，信标序列号（BSN）和寻址信息字段。MFR 包含一个 16 位的帧校验序列（FCS），FCS 用于检验帧数据的正确性。MHR、MSDU 和 MFR 一起构成了 MAC 信标帧（即 MPDU）。

MPDU 接着被作为物理层信标数据包有效负载（物理层服务数据单元，PSDU）传递到物理层。PSDU 前面是同步头（SHR）以及物理层报头（PHR）。同步头（SHR）包含前导码序列和帧起始定界符（SFD）字段。物理层报头（PHR）包含 PSDU 长度（以字节形式表示)。前导码序列可以让接收者来实现码元同步。SHR、PHR 和 PSDU 共同构成物理层信标数据包(即 PPDU)。

字节数: 2 1 4 或 10 2 k m n 2
MAC 子层
帧控制
序列号
寻址字段
超帧配置
GTS 字段
未决地址字段
信标负载
FCS
MHR
MSDU
MFR
字节数: 4 1 1
7 + (4 或 10) + k + m + n
物理层
前导序列
起始定界符
帧长度
MPDU
SHR
PHR
PSDU
13 + (4 或 10) + k + m + n
PPDU

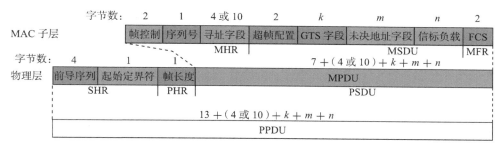

图 2-24 信标帧的示意图

图 2-25 所示是通过抓包工具抓取的 MAC 层信标帧。

Length
28
Frame control field
Type Sec Pnd Ack.req PAN_compr
BCN 0 0 0 0
Sequence number
0x11
Source PAN
0x659A
Superframe specification
BO SO F.CAP BLE Coord Assoc
15 15 15 0 1 1
GTS fields
Len Permit
0 0
Beacon payload
00 21 84 6E 01 E4 01 00
4B 12 00 FF FF FF 00
FCS
OK

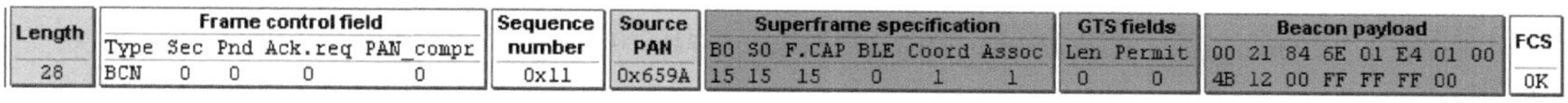

图 2-25 通过抓包工具抓取的 MAC 层信标帧

这个消息包的长度为 28(字节),帧控制字段包括 5 个,其中,帧类型 BCN 为信标帧(序列号为 0x11,源地址信息 PAN 为 0x659A),另外,还有超帧配置字段,GTS 配置字段,信标帧负载和 MAC FCS 尾校验。

2. 数据帧

图 2-26 所示为数据帧的结构,它来自于 LR-WPAN 体系结构的上层(Upper Layer)。

有效数据负载被传递给 MAC 子层并被称为 MSDU。MSDU 前面是 MHR,紧跟其后的是 MFR 。MHR 包含帧控制,序列号和寻址信息字段。MFR 由一个 16 位 FCS 组成。MHR、MSDU 和 MFR 一起构成了 MAC 数据帧(即 MPDU)。

MPDU 接着被作为物理层数据包有效负载(即 PSDU)传递到物理层。PSDU 前面是同步头(SHR)以及物理层报头(PHR)。同步头(SHR)、物理层报头(PHR)、前导码序列和信标帧格式、功能一致,此处不再赘述。SHR、PHR 和 PSDU 共同构成物理层数据包(即 PPDU)。

字节数: 2 1 4 ~ 20 n 2
MAC 子层
帧控制
序列号
寻址字段
数据负载
FCS
MHR
MSDU
MFR
字节数: 4 1 1
5 + (4 ~ 20) + n
物理层
前导序列
起始定界符
帧长度
MPDU
SHR
PHR
PSDU
11 + (4 ~ 20) + n
PPDU

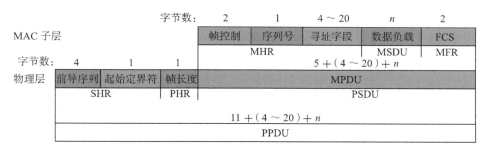

图 2-26 数据帧示意图

数据帧是将上层传递下来的信息作为有效载荷,并添加帧头、帧尾,组合成 MAC 层数据服务单元再往下传递。

图 2-27 所示是通过抓包工具抓取的 MAC 层数据帧。

| Length | Frame control field | | | | | | Sequence number | Dest. PAN | Dest. Address | Source Address | MAC payload | FCS |
|---|---|---|---|---|---|---|---|---|---|---|---|---|
| | Type | Sec | Pnd | Ack.req | PAN_compr | | | | | | ************  ****** ***** | |
| 36 | DATA | 0 | 0 | 0 | 1 | | 0xCE | 0x0012 | 0xFFFF | 0x0000 | | OK |

图 2-27　通过抓包工具抓取的 MAC 层数据帧

此数据帧和上面的 MAC 帧一般格式定义基本类似，其具有帧控制、序列号、目的网络、源地址、目的地址、MAC 层负载、FCS 校验等字段。

3. 确认帧

图 2-28 所示为确认帧的结构，它来自于 MAC 子层。MAC 确认帧是由 MHR 和 MFR 构成的。MHR 包含 MAC 帧控制和数据序列号字段。MFR 由 16 位的 FCS 组成。且 MHR 和 MFR 共同构成了 MAC 确认帧（即 MPDU）。

MPDU 接着被作为物理层确认帧有效负载（即 PSDU）传递到物理层。PSDU 前面是同步头（SHR）以及物理层报头（PHR）。同步头（SHR）、物理层报头（PHR）、前导码序列和信标帧格式、功能一致，此处不再赘述。SHR、PHR 和 PSDU 共同构成物理层确认数据包（即 PPDU）。

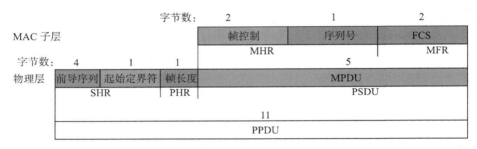

图 2-28　确认帧示意图

确认帧在网络设备间频繁发送，其构成非常简单，仅有帧头和帧尾，而且在帧头中也只有帧控制字段和序号字段。

图 2-29 所示是通过抓包工具抓取的 MAC 层确认帧。

| Length | Frame control field | | | | | Sequence number | FCS |
|---|---|---|---|---|---|---|---|
| | Type | Sec | Pnd | Ack.req | PAN_compr | | |
| 5 | ACK | 0 | 0 | 0 | 0 | 0xCF | OK |

图 2-29　通过抓包工具抓取的 MAC 层确认帧

由图 2-29 可见，确认帧格式非常简单，只包括帧控制，序列号和 FCS 三部分。

4. MAC 命令帧

图 2-30 所示为 MAC 命令帧的结构，它来自于 MAC 子层。MSDU 前面是 MHR，紧跟其后的是 MFR。MHR 包含帧控制，序列号和寻址信息字段。MFR 是由一个 16 位的 FCS 组成。MHR、MSDU 和 MFR 一起构成了 MAC 数据帧（即 MPDU）。

MPDU 接着被作为物理层 MAC 命令帧有效负载（即 PSDU）传递到物理层。PSDU 前面是同步头（SHR）以及物理层报头（PHR）。同步头（SHR）、物理层报头（PHR）、前导码序列和信标帧格式、功能一致，此处不再赘述。SHR、PHR 和 PSDU 共同构成了物理层 MAC 命令数据包（即 PPDU）。

字节数：
2
1
4 ～ 20
1
n
2
MAC 子层
帧控制
序列号
寻址字段
命令类型
命令负载
FCS
MHR
MSDU
MFR
字节数：
4
1
1
6 +（4 ～ 20）+ n
物理层
前导序列
起始定界符
帧长度
MPDU
SHR
PHR
PSDU
12 +（4 ～ 20）+ n
PPDU

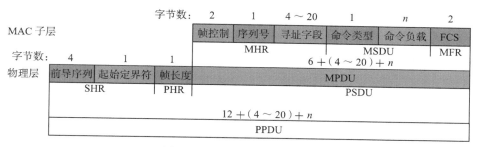

图 2-30 MAC 命令帧示意图

MAC 层现有的命令帧有 9 种，其主要涉及设备关联 PAN 网络、与协调器交互和 GTS 管理三方面。

网络关联命令是在设备加入或离开 PAN 网络时与协调器交互的一组命令，它包括关联请求、关联响应和解关联通知 3 种。在与协调器交互方面，则主要是具体的数据请求、PAN ID 通知、孤立通知、信标请求和协调器重排列命令。GTS 管理命令是向协调器请求重新分配一个 GTS 或者撤销一个现存的 GTS 的命令。

图 2-31 所示是通过抓包工具抓取的孤立通知命令帧格式。

Length
18
Frame control field
Type Sec Pnd Ack.req PAN_compr
CMD 0 0 0 1
Sequence number
0x5C
Dest. PAN
0xFFFF
Dest. Address
0xFFFF
Source Address
0x00124B0001658C6D
Orphan notification
FCS
OK

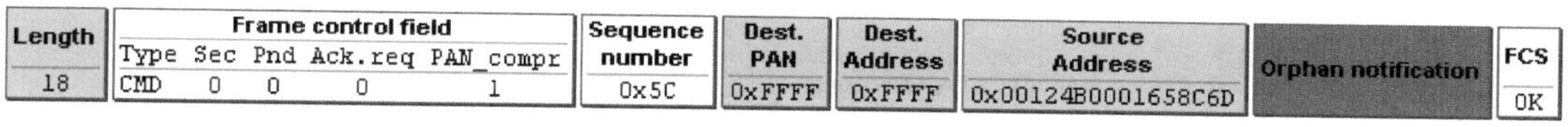

图 2-31 通过抓包工具抓取的孤立通知命令帧格式

孤立通知命令帧的格式和数据帧非常相似。两者具有帧控制、序列号、目的网络、源地址、目的地址、FCS 校验等字段。其不同之处在于信息负载字段，即命令帧负载和数据帧负载。

读者可以在 MAC/mac_api.h 文件中看到关于 MAC 层各种命令帧、数据帧、指示帧和响应帧的负载数据结构定义。如信标通知命令帧格式的定义如下：

```
/* MAC_MLME_ORPHAN_IND type */
typedef struct{
  macEventHdr_t   hdr;            /* The event header */
  sAddrExt_t     orphanAddress;  /* The address of the orphaned device */
  macSec_t        sec;           /* The security parameters for this message */
} macMlmeOrphanInd_t;

/* MAC event header type */
   typedef struct
   {
        uint8   event;             /* MAC event */
        uint8   status;            /* MAC status */

} macEventHdr_t;
```

### 2.1.2.5 MAC-PHY 信息交互流程

本节通过序列交互流程图说明了 IEEE Std 802.15.4 指定的主要任务过程，其包括 PAN 创建、信道扫描、关联、数据传输等。读者可以在 TI 提供的 802.15.4 MAC API 手册（在 Z-Stack 安装目录下的 Documents 文件夹中）中的 Scenarios 部分找到列出的在非信标模式下的网络启动，在非信标模式下的网络扫描和关联，在信标模式下的扫描和同步，孤立过程，直接数据处理过程，直接数据处理、轮询、取消等过程。

### 1. PAN 创建

图 2-32 描述了一个 PAN 协调器设备创建一个 PAN 的流程。设备上层第一步是：在 MAC 层复位之后，对本区域内其他 PAN 启动扫描搜索。

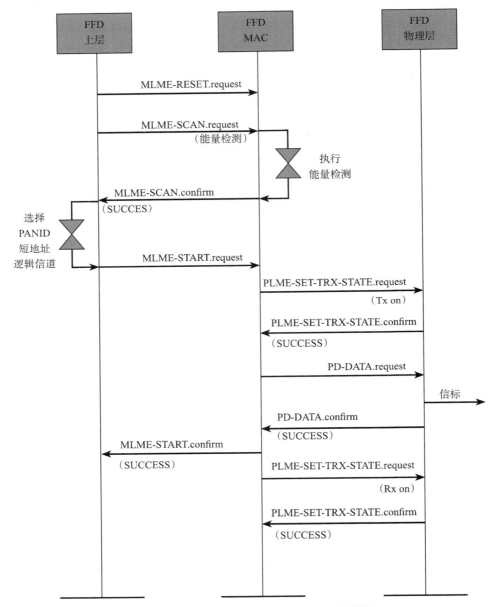

图 2-32　PAN 协调器设备创建一个 PAN 的流程

### 2. ED 扫描

图 2-33 描述了能量扫描搜索流程，也给出了执行能量检测（ED）的流程图。在这里，IEEE 802.15.4 没有给出主动扫描搜索、邻近 PAN 的流程。

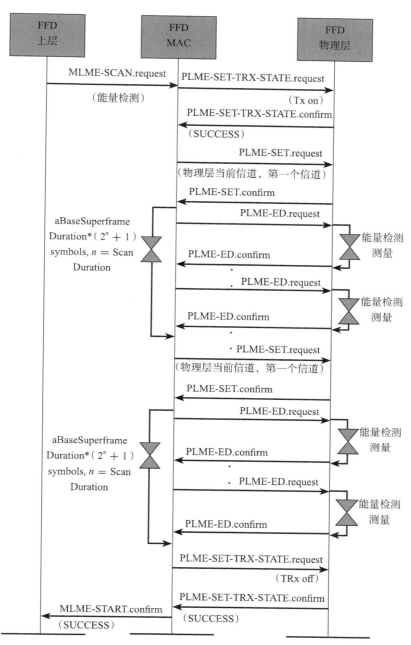

图 2-33    ED 扫描信息流程

## 3. 关联

一个新的 PAN 建立起来后，PAN 协调器就做好了接收其他设备请求以加入此 PAN 的准备。图 2-34 描述了设备请求关联原语的流程，而图 2-35 描述了 PAN 协调器允许设备进行关联的原语流程。在请求加入 PAN 的过程中，请求关联设备可采用主动扫描，也可采用被动扫描来决定本区域内的 PAN 协调器设备是否允许关联。上述流程同样适用于设备通过非中心协调器关联到 PAN 的情况。

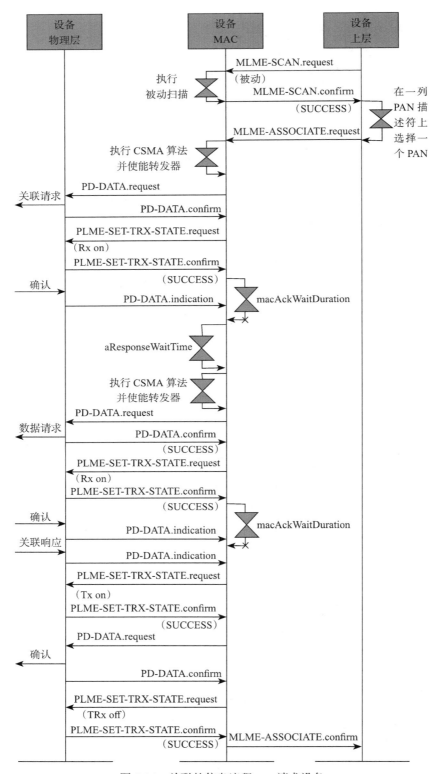

图 2-34　关联的信息流程——请求设备

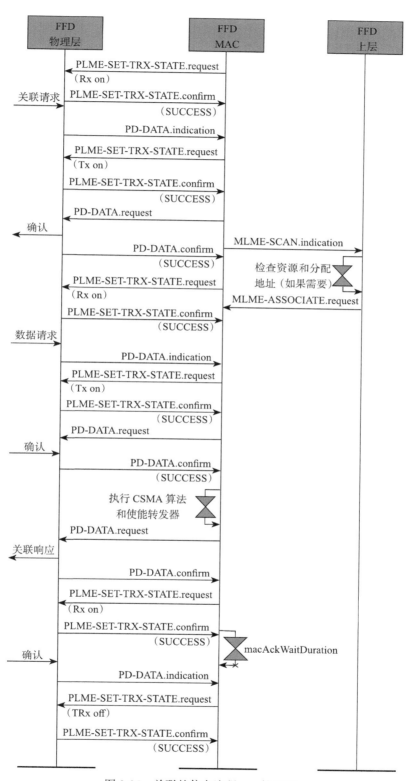

图 2-35 关联的信息流程——协调器

**4. 被动扫描**

被动扫描的信息流程如图 2-36 所示。

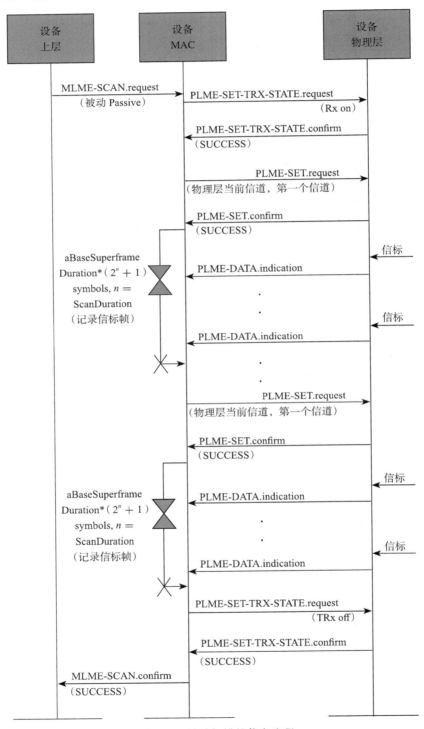

图 2-36  被动扫描的信息流程

5. 数据传输

图 2-37 是发送设备数据传输的流程，图 2-38 是接收设备数据传输的流程。

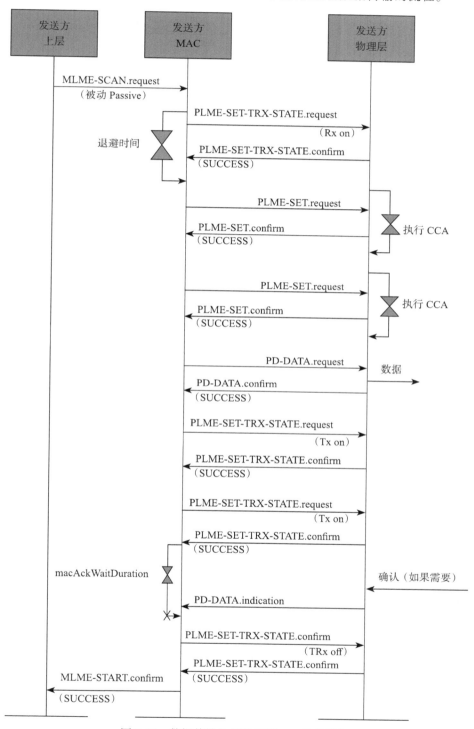

图 2-37　数据传输的信息流程——发送设备

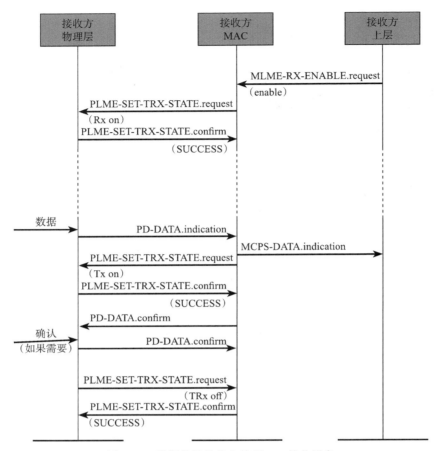

图 2-38　数据传输的信息流程——接收设备

## 2.2　ZigBee 规范

ZigBee 联盟成立于 2001 年 8 月，它是一个针对 LR-WPAN 网络而成立的非盈利业界组织，致力于研发低成本、低功耗、双向无线通信标准，其目标是通过引入无线网络功能，为消费者提供更富有弹性、更容易使用的电子产品。ZigBee 联盟成员包括国际著名半导体生产商、技术提供者、技术集成商以及最终使用者。ZigBee 联盟的焦点关注为制定网络、安全和应用软件层的规范等方面，其旨在提供不同兼容性的产品及互通性测试规格，并在世界各地推广 ZigBee 品牌以争取市场关注。

ZigBee 联盟在 IEEE 802.15.4 标准的基础上开发制定的技术规范被称为 ZigBee 技术规范，它主要包括网络层规范和应用层规范。该联盟也希望将 ZigBee 技术应用到消费电子、家庭和楼宇自动化、工业控制、PC 外设、医疗传感设备、游戏等方面。ZigBee 联盟目前提供三种规范，即 ZigBee 规范、ZigBee RF4CE 规范和 ZigBee IP 规范。

1. ZigBee 规范

ZigBee 联盟在 IEEE 802.15.4—2003 标准定义的物理层（PHY）和媒体访问控制层（MAC）的基础上建立了网络层（NWK）和应用层构架。

ZigBee 联盟在 2004 年 12 月公布了第一份 ZigBee 规范：ZigBee Specification V 1.0。

但是由于推出仓促，其存在一些错误。第二份 ZigBee 协议栈规范于 2006 年 12 月，并在同时期发布，被称为 ZigBee 2006 规范，此时，它已经比较完善。最为重要的是：ZigBee 2006 协议栈虽不兼容原来的 ZigBee 2004 技术规范，但由于其将实现完全向后的兼容性而成为 ZigBee 兼容的一个战略分水岭。

在 2007 年 10 月，ZigBee 联盟发布了 ZigBee 2007 规范。ZigBee 2007 规范包括两套高级的功能特性集（Feature Set）：ZigBee 功能命令集（ZigBee 2007）和 ZigBee Pro 功能命令集（ZigBee PRO）。ZigBee 2007 规范协议栈模板（Stack Profile），即 ZigBee 协议栈模板（Stack Profile 1）在 2006 年发布，其目标应用场景是消费电子产品和灯光商业环境，设计简单，并期望在少于 300 个节点的网络中使用。ZigBee Pro 协议栈模板（Stack Profile 2）于 2007 年发布，目标是商业和工业环境，支持大型网络，期望在 1000 个节点以上的网络中使用，并具有更好的安全性保障。ZigBee Pro 还提供了更多的特性，如：多播、多对一路由，源路由等机制。ZigBee 各协议版本的对比如表 2-9 所示。

表 2-9　ZigBee 协议版本对比

| 版本 | ZigBee 2004 | ZigBee 2006 | ZigBee 2007 | |
|---|---|---|---|---|
| 发布时间 | 2004 年 12 月 | 2006 年 12 月 | 2007 年 10 月 | |
| 指令集 | 无 | 无 | ZigBee | ZigBee PRO |
| 无线射频标准 | 802.15.4 | 802.15.4 | 802.15.4 | 802.15.4 |
| 地址分配 | | CSKIP | CSKIP | 随机 |
| 拓扑 | 星状 | 树状、网状 | 树状、网状 | 网状 |
| 较大网络 | 不支持 | 不支持 | 不支持 | 支持 |
| 自动跳频 | 支持 3 个信道 | 否 | 否 | 是 |
| PAN ID 冲突解决 | 支持 | 否 | 可选 | 支持 |
| 数据分割重组传输 | 支持 | 否 | 可选 | 可选 |
| 集中式数据搜集（多对一路由，源路由） | 否 | 否 | 否 | 支持 |
| 高安全 | 支持 | 支持，1 密钥 | 支持，1 密钥 | 支持，多密钥 |
| 组寻址 | 否 | 支持 | 支持 | 支持 |
| 簇库 | 否 | 支持 | 支持 | 支持 |
| 信任中心能否存在于网络任何设备 | 否 | 否 | 否 | 支持 |
| 应用领域 | 消费电子（少量节点） | 住宅（300 个节点以下） | 住宅（300 个节点以下） | 商业（1 000 个节点以上） |

注：数据分割传输（Fragmented Transmission）功能是指当数据包超过有效载荷资料（Payload）限制的长度时，可使用类似传输控制协议（TCP）数据切片的分割组装（Fragment & Assemble）功能传送数据。

### 2. ZigBee RF4CE 规范

在 2009 年 3 月，RF4CE 联盟与 ZigBee 联盟合作，共同开发了基于 ZigBee / IEEE 802.15.4 的用于家电遥控的射频新标准，即 Zigbee RF4CE 规范。RF4CE 是新一代家电遥控的标准和协议，其中 RF 代表射频（Radio Frequency），4 指" For"，CE 指消费电子（Consumer Electronics）。ZigBee RF4CE 致力于解决遥控信号传递不受障碍物影响，遥控设备和电器双向通信，不同电器的互操作等问题。消费者不必将遥控器的发射端准确指向电器的接收端，也不必需要多个遥控器来操控家中的多种电子设备。因此，符合 ZigBee RF4CE 的设备较传统红外等遥控设备具备更强的灵活性和远程控制能力。

**3. ZigBee IP 规范**

在 2009 年开始，ZigBee 采用了 IETF 的 IPv6/6Lowpan 标准作为新一代智能电网 Smart Energy（SEP 2.0）的标准，并致力于形成全球统一的易于与互联网集成的网络，实现端到端的网络通信。IPv6/6Lowpan 协议随着无线传感器网络以及物联网的广泛应用，很可能成为领域的实施标准。

在 2013 年 2 月，ZigBee 向成员和公众正式发布 ZigBee IP 规范，其符合即将推出的 SEP2 协议栈规范（Smart Energy Profile 2）要求。ZigBee IP 规范是第一种基于 IPv6 的无线筛状网络解决方案的开放标准，并为控制低功耗、低成本的装置提供无缝衔接的互联网连接。ZigBee IP 规范加入了网络层和安全层及应用框架，使得 IEEE 802.15.4 标准更加完善，同时也提供了一个具有端到端 IPv6 联网能力的可扩展架构，无须使用中间网关即可接入互联网，从而为物联网的发展奠定了基础。该规范依据 6LoWPAN、IPv6、PANA、RPL、TCP、TLS 和 UDP 等标准互联网协议并能提供低成本、高效节能的无线筛状网络。

ZigBee IP 网络拓扑结构（见图 2-39）包括一个协调器（ZigBee IP Coordinator），一个用于访问互联网的边界路由器（ZigBee IP Border Router），4 个普通 IP 路由设备（ZigBee IP Hosts）和两个终端设备（ZigBee IP Hosts）。与传统 ZigBee 网络类似，在智能家居的例子中，协调器可能是一个具有显示功能的通信温控器。而智能插头、恒温器、智能家电等设备可能配置为路由设备。智能家电和传感器等简单设备可能配置为终端设备。ZigBee IP 网络与传统 ZigBee 网络不同之处在于每个节点具有一个 IPv6 地址，并且可以通过 ZigBee 边界路由器而不需要传统的网关设备，直接接入互联网。

本书只简单介绍 ZigBee 规范，且主要是介绍网络层和应用层规范。关于 ZigBee RF4CE 规范和 ZigBee IP 规范，有兴趣的读者可以到 ZigBee 联盟官方网站下载相应资料，并选择兼容的硬件产品和协议栈学习。

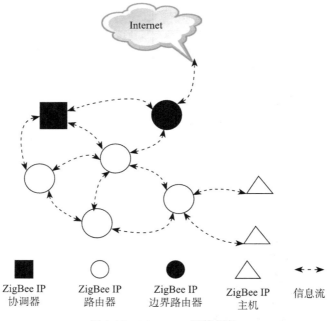

图 2-39　ZigBee IP 网络拓扑

### 2.2.1 网络层规范

网络层（NWK）负责网络的建立，设备加入、离开网络以及路由功能的实现，同时也能够保证基于 IEEE 802.15.4 标准的 MAC 子层的正确工作，并为应用层提供服务接口。另外，它还对管理对象的数据库——网络层信息库（NIB）起维护作用。网络层在概念上包括网络层数据实体（NLDE）和网络层管理实体（NLME）。

NWK 层通过两个服务访问点（SAP）：MCPS-SAP 和 MLME-SAP 接口提供服务。网络层数据实体（NLDE）通过 NLDE-SAP 为应用层提供数据传输服务，而网络层管理实体（NLME）通过 NLME-SAP 为应用层提供管理服务。NLME 使用 NLDE 来完成一些管理任务，而且维护着网络信息库（NIB）。除了这些外部接口，在 NLME 和 NLDE 之间还有一个隐藏的接口，其允许 NLME 使用 NWK 数据服务。其参考模型如图 2-40 所示。

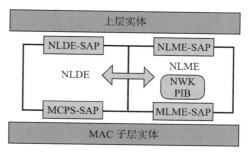

图 2-40　网络层参考模型

网络层主要负责网络层协议数据单元（NPDU）收发，网络管理和路由管理。网络管理主要包括网络启动，设备请求加入、离开网络，网络发现，网络地址分配，设备复位，PAN ID 冲突解决等功能。路由管理包括邻居节点发现、路由发现、路由维护、消息单播、多播、广播实现等。

1. 网络层数据实体

网络层数据实体（NLDE）提供的数据服务允许应用程序在同一网络的两个或多个设备之间传输应用协议数据单元（APDU）。具体的服务如下：

- 生成网络协议数据单元（NPDU）：NLDE 在应用支持子层的 PDU 增加适当的协议头，以构成网络协议数据单元（NPDU）。
- 根据拓扑指定路由：NLDE 根据现有拓扑把 NPDU 传输到目的地址设备或通信链路中的下一跳。
- 安全：保证传输的真实性和保密性。

2. 网络层管理实体（NLME）

网络层管理实体（NLME）为上层提供一个管理服务，使得上层能够通过 NLME-SAP 与 NLME 之间进行命令交互，并使用其管理服务。NLME 可提供以下服务：

- **配置新设备**：配置协议栈的功能。配置选项包括：将设备作为一个 ZigBee 协调器建立新的网络或者加入一个已存在的网络。
- **网络建立**：建立一个新网络的功能。
- **设备加入、重新加入或离开网络**：加入、重新加入或离开某个网络，以及一个 ZigBee 协调器或 ZigBee 路由器请求某个设备离开网络的功能。
- **分配地址**：ZigBee 协调器和路由器为新加入的网络设备分配地址的功能。
- **邻居发现**：发现、记录和报告关于设备单跳邻居节点信息的功能。
- **路由发现**：发现并记录网络路由路径信息的功能。
- **接收控制**：设备控制接收者何时激活，以及激活时间长短，从而保证 MAC 子层实现同步或直接接收的功能。

- **路由**：使用不同路由机制的能力，如单播、广播、多播或者多对一机制，并能够在网络中高效地交换数据。

### 2.2.1.1 网络层网络管理功能描述

网络管理主要包括网络启动，设备请求加入、离开网络，网络发现，网络地址分配，设备复位，PAN ID 冲突解决等功能。所有的 ZigBee 设备必须提供以下功能：

- 加入网络。
- 离开网络。
- 重新加入网络。

而 ZigBee 协调器和路由器还须提供以下的功能：

- 允许设备加入网络，可使用以下方法：
  - 来自于 MAC 的关联指示。
  - 来自于应用层直接的加入请求。
  - 重新加入请求。
- 允许设备离开网络，可使用以下方法：
  - 来自于 MAC 的解关联指示。
  - 来自于应用层直接的离开请求。
- 参与分配逻辑网络地址。
- 维护邻居设备的列表。

另外，ZigBee 协调器具备创建一个新网络的功能。

#### 1. 创建一个新网络

图 2-41 所示是 ZigBee 协调器成功创建新网络的信息流程。

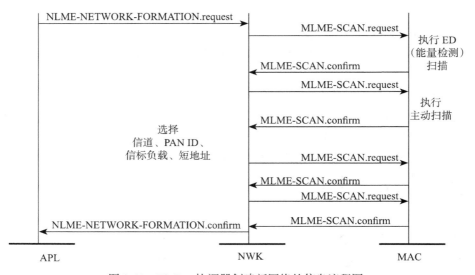

图 2-41　ZigBee 协调器创建网络的信息流程图

只有具有 ZigBee 协调器功能，并且在当前尚未加入网络的设备才能够建立一个新网络。建立一个新网络是上层通过使用 NLME-NETWORK-FORMATION.request 原语发起的。如果这个创建过程由任何其他设备发起，NLME 则终止该过程，并通知上层这为非法请求。

在发起该过程时，NLME 首先请求 MAC 子层在一组指定的信道或默认的全部可用信道上执行能量检测（ED）扫描，以搜索可能存在的干扰。如果仅指明了一个信道，NLME 就不需要发起信道扫描。

当成功接收到 ED 扫描结果时，NLME 根据测量能量递增的顺序将信道排序，并丢弃能量强度不符合要求的信道。然后，NLME 执行主动扫描，在剩下的信道上搜索其他的 ZigBee 设备。NLME 检索主动扫描返回的 PAN 描述符列表，并找到现存网络最少的第一个信道，优先选择一个没有网络存在的信道。

找到一个合适的信道后，NLME 必须为新网络选择一个 PAN 标识符（PAN ID）。NLME 选择 PAN 标识符后，设置 MAC 子层 macPANID 属性为选定的 PAN 标识值。然后，选择 16 位网络地址 0x0000 作为协调器的地址，并通过 MLME-SET.Request 设置 MAC 子层的 macShortAddressNIB 属性等于选定的网络地址。在选定了网络地址后，NLME 检查 NIB 的 nwkExtendedPANId 属性的值。若检查的 nwkExtendedPANId 值满足要求，NLME 通过向 MAC 子层发出 MLME-START.request 原语的方式开始启动新的 PAN 网络。

当收到 PAN 启动状态时，NLME 通过发出 NLME-NETWORK-FORMATION.confirm 原语通知上层请求初始化 ZigBee 协调器的状态，并由 NLME 来实现的，初始化之后的状态为从 MAC 子层返回的 MLME-START.confirm 原语的状态值。

2. 允许设备加入网络

图 2-42 所示为允许设备加入一个网络的流程图。

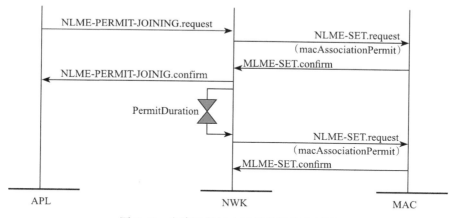

图 2-42　允许设备加入网络的信息流程图

只有 ZigBee 协调器或 ZigBee 路由器设备才能够允许设备加入网络。允许设备加入一个网络的过程是由设备上层通过发送 NLME-PERMIT-JOINING.request 请求原语发起的。如果是由 ZigBee 终端设备发送该原语，NLME 则终止该过程。

当发起这个过程时，PermitDuration（允许连接的时间）参数设置为 0x00，NLME 需通过发出 MLME-SET.request 原语将 MAC 子层的 macAssociationPermitPIB 的属性设置为 FALSE。若 PermitDuration 参数设置为 0x01 和 0xfe 之间的一个值，NLME 需设置 MAC 子层的 macAssociationPermitPIB 属性为 TRUE，然后，NLME 启动一个指定持续时

间的定时器，待定时器到期后，NLME 须设置 MAC 子层的 macAssociationPermitPIB 属性为 FALSE。若 PermitDuration 参数设置为 0xff，NLME 需设置 MAC 子层的 macAssociationPermitPIB 属性为 TRUE，其表示无限期的时间，除非 NLME 发出另一个 NLME-PERMIT-JOINING.request 原语才能将该属性改变。

3. 连接网络

在网络中，设备具有父设备和子设备的从属关系。设备允许新设备连接时，它就与新连接的设备构成父子关系。具体是：新加入的设备成为子设备，而原来允许加入的设备是父设备。子设备通过两种方法加入到网络中：

● 子设备通过 MAC 连接程序加入网络。

● 子设备直接同一个预先所指定的父设备连接加入网络。

（1）通过连接方式加入网络

下面介绍一个子设备同一个网络连接的过程，然后介绍 ZigBee 协调器或路由器（父设备）在接收到连接请求命令后所采取的措施。

1）子设备流程。

图 2-43 所示为子设备通过关联方式同网络连接的流程。

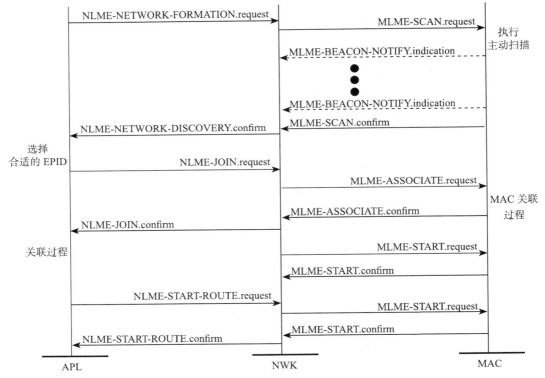

图 2-43　子设备通过关联方式同网络连接的流程

首先，应用层向网络层发送 NLME-NETWORK-DISCOVERY.request 原语进行初始化，其中，将扫描参数（ScanChannels）设置为网络将要扫描的信道，扫描持续时间参数（ScanDuration）设置为扫描每个信道所需要的时间。网络层接收到该原语后，将发送 MLME-SCAN.request 原语请求 MAC 层执行主动扫描。

　　扫描设备 MAC 层在扫描过程中一旦接收到有效负载长度不为 0 的信标帧，将向其网络层发送包含信标设备地址、是否允许连接和信标载荷信息的 MLME-BEACON-NOTIFY. indication 原语。扫描设备网络层将检查信标有效载荷中的协议 ID 域的值，并验证它是否与 ZigBee 协议识别符匹配。如果不匹配，则忽略该信标。如果匹配，扫描设备将从接收到的信标中将相关的信息复制到邻居表中。

　　MAC 层完成信道扫描后，会向网络层管理实体发送 MLME-SCAN.confirm 原语，且网络层也将发送包含扫描得到的网络描述信息的 NLME-NETWORK-DISCOVERY.confirm 原语，而网络描述信息包括 ZigBee 版本号、协议栈结构、个域网网标识符（PAN ID）、逻辑信道和是否允许设备连接等。上层收到 NLME-NETWORK-DISCOVERY.confirm 原语后，就能够获得当前设备邻近区域内存在的网络信息。

　　上层可以选择重新执行网络发现，以便发现更多的网络或者设备。接着，设备将从所发现的网络中选择一个网络加入，这一连接是通过发送 NLME-JOIN.request 原语来实现的。只有尚未连接到网络中的设备才能执行该连接网络流程。如果是其他类型的设备执行这个流程，NLME 则将终止这个流程。而尚未连接到网络中的设备将在邻居表中搜索一个合适的父设备。这个合适的父设备必须具备的条件是：具有期望的 PAN ID，允许连接，链路成本最大为 3。

　　选择了合适的父设备后，NLME 将向 MAC 层发送 MLME-ASSOCIATE.Request 原语，其原语的地址参数为在邻居表中所选择的设备地址，并通过 MLME-ASSOCIATE.confirm 原语将连接的状态返回到 NLME 中。

　　如果试图连接网络失败，网络层将收到来自 MAC 层状态参数为错误代码的 MLME-ASSOCIATE.confirm 原语。状态参数可能会表明邻居设备拒绝新设备连接（即 PAN 容量受限或 PAN 拒绝接入）或潜在的父设备不允许新的路由器加入（即已经连接设备的路由器已达到最大数目 nwkMaxRouters）。

　　如果尝试连接网络失败，NLME 将试图从邻居表中找寻一个合适的父设备。如果邻居表中存在作为合适父设备的设备，网络层则启动针对第二个父设备的 MAC 层连接程序。同时，网络层会不断重复这个过程，直到成功地加入网络或者已尝试所有可能连接的父设备。如果网络中不存在这样的设备，NLME 将发出 NLME-JOIN.confirm 原语，且状态参数 status 的值为 MLME-ASSOCIATE.confirm 原语所返回的值。

　　如果设备不能成功地与由上层所指定的网络连接，NLME 将通过发送 NLME-JOIN. confirm 原语来中止该过程，其原语状态参数为最后接收到的 MLME-ASSOCIATE.confirm 原语所返回的值。在这种情况下，设备将不接收有效的逻辑地址，也不允许在网络中发送数据。

　　如果尝试连接网络成功，网络层会收到包含一个 16 位逻辑地址的 MLME-ASSOCIATE.confirm 原语。该逻辑地址在 PAN 网络中是唯一的，并且子设备在将来的通信中也会使用此逻辑地址。然后，网络层将设置相对应的邻居表 Relationship 字段，以表示邻居设备为它的父设备。

　　如果设备试图以路由器的身份同一个安全网络连接，则在发送信标前必须等待父设备对它的认证，认证之后才可以进行连接，即该设备需等待上层发送来的 NLME-START-ROUTER.request 原语。待它的网络层管理实体接收到该原语后，就向 MAC 层发送 MLME-START.request 原语。如果 NLME-START-ROUTER.request 原语是由一个终端设备发出的，网络层将发出状态参数为 INVALID_REQUEST 的 NLME-START-ROUTER.confirm 原语。

设备成功地同网络连接后，如果设备是路由器，上层则发出 NLME-START-ROUTE.request 原语，同时网络层将向 MAC 层发送 MLME-START.request 原语。其中，PANId、LogicalChannel、BeaconOrder 和 SuperframeOrder 参数将被设置为它所对应的父设备在邻居表中的参数值。网络层接收到 MLME-START.confirm 原语后，将向 MAC 层发送具有相同状态的 NLME-START-ROUTER.confirm 原语。

2）父设备流程。

将设备同网络成功连接的流程如图 2-44 所示。

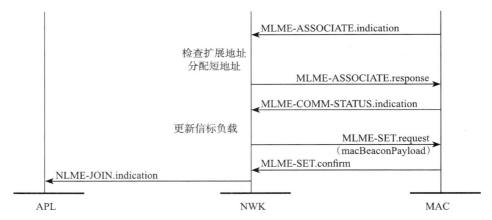

图 2-44　将设备同网络连接的流程

ZigBee 协调器或者路由器使用 MAC 层 MLME-ASSOCIATE.indication 原语初始化设备同它所在的网络进行连接的过程。在流程开始后，具有潜在父设备的网络层管理实体首先确定设备是否已经存在网络中，这是通过搜索邻居表能否找到一个匹配的 64 位扩展地址来实现的。如果搜索到相应的匹配地址，网络层管理实体将检查在邻居表中给定的设备能力是否匹配设备类型。如果设备类型也匹配，网络层管理实体将得到与 64 位扩展地址相应的 16 位网络地址，并且向 MAC 层发送连接响应。如果设备类型不匹配，网络管理实体将移除邻居表中设备的所有记录且重新启动 MLME-ASSOCIATION.indication。如果搜索不到相匹配的地址，在可能的情况下，网络管理实体将分配一个 16 位的网络地址给这个新设备。

如果潜在的父设备没有能力接受更多的子设备（如使用完它的分配地址空间），则网络管理实体将终止该流程，然后向 MAC 层发出 MLME-ASSOCIATE.response 响应原语对其响应。该原语的状态参数表明 PAN 的能力。

如果同意连接请求，则父设备的网络管理实体将使用设备所提供的信息在它的邻居表中为子设备创建一个新的记录。并且随后向 MAC 层发送表明连接成功的 MLME-ASSOCIATE.response 原语。同时，MLME-COMM-STATUS.indication 原语会将传送给子设备的响应状态传送到网络层中。

如果传送成功，网络层管理实体将通过向上层发送 NLME-JOIN.indication 原语表明子设备已经成功地同网络连接。如果传送不成功，则网络层管理实体终止该程序。

（2）直接方式连接网络

父设备令子设备直接加入它的网络的连接流程如图 2-45 所示。

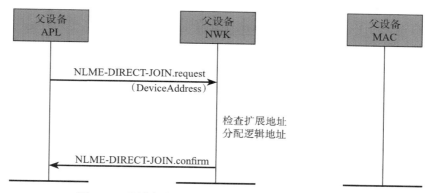

图 2-45   父设备成功地将子设备直接同它的网络连接

这种方式是子设备通过预先分配的父设备（ZigBee 协调器或路由器）直接同网络连接。在这种情况下，父设备将为子设备预先分配一个 64 位的扩展地址。

下面是使用这种方式来建立父子网络关系的具体过程：

首先，流程是从父设备上层向网络层发送 NLME-DIRECT-JOIN.request 原语来初始化的，其原语中的 DeviceAddress 参数被设置为欲加入网络的子设备地址。

在流程开始后，父设备 NLME 将确定所指定的设备是否存在于网络中。为完成这个过程，NLME 将搜索它的邻居表，以确定其中是否有一个相匹配的 64 位扩展地址。如果存在相匹配的 64 位地址，NLME 则终止该流程，并发送参数状态为 ALREADY_PRESENT 的 NLME-DIRECT-JOIN.confirm 原语向其上层通告该设备已经存在网络设备列表中。

如果不存在相匹配的 64 位地址，NLME 可能将为这个新设备分配一个 16 位网络地址并令其加入邻居表中。如果父设备在邻居表中没有足够空间，那么 NLME 将终止该流程，并且向上层发送 NLME-DIRECT-JOIN.confirm 原语通知空间不足，且原语状态参数为 NEIGHBOR_TABLE_FULL。如果存在足够的空间，网络层管理实体则将向其上层发送 NLME-DIRECT-JOIN.confirm 原语以通告设备已经同网络连接，并将原语状态参数设置为 SUCCESS。

一旦父设备将子设备加入网络，子设备为了建立父子网络关系，则必须与父设备取得通信。这时，子设备将启动孤点连接过程来完成与父设备的真正连接。

（3）通过孤点方式连接或重新连接网络

下面介绍已经与网络连接的设备或以前同网络连接的设备在与它的父设备失去联系后，如何通过孤点连接方式同网络再次连接的过程。前者是通过孤点方式实现的，后者是通过孤点方式重新连接实现的。

1）子设备流程。

子设备通过孤点方式连接网络或者重新连接网络的流程如图 2-46 所示。

子设备应用层通过向网络层发送 NLME-JOIN.request 原语来初始化通过孤点方式同网络连接的过程。

首先，NLME 请求 MAC 层对 ScanChannels 参数指定的信道进行孤点扫描，并通过向 MAC 层发送 MLME-SCAN.request 原语启动孤点扫描，同时，扫描的结果通过 MLME-SCAN.confirm 原语返回到 NLME。

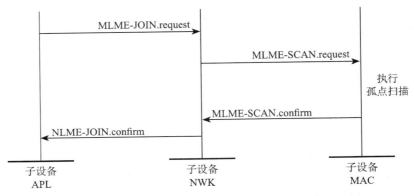

图 2-46　通过孤点方式连接网络或者重新连接网络流程图

如果孤点扫描成功（即子设备发现父设备），NLME 将通过发送 NLME-JOIN.confirm 原语向其上层通告请求连接或者重新连接网络已成功执行的结果，其原语状态参数设置为 SUCCESS。

如果孤点扫描不成功（即未发现父设备），NLME 将终止该流程，并通过发送 NLME-JOIN.confirm 原语向其上层通告扫描未成功的结果，其原语的状态参数设为 NO_NETWORKS。

2）父设备流程。

父设备连接或者重新连接孤点设备的流程如图 2-47 所示。

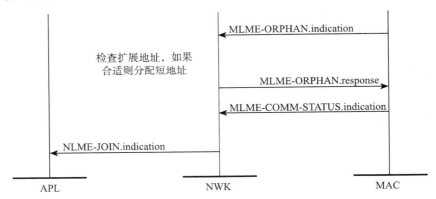

图 2-47　父设备连接或者重新连接孤点设备的流程图

父设备收到来自 MAC 层发送来的 MLME-ORPHAN.indication 原语时，就知道存在一个孤点设备。而仅在设备为 Zigee 协调器或路由器时，才能执行该流程；若是其他设备执行该流程时，NLME 将终止该流程。

在该流程开始执行时，NLME 首先判断该孤点是否是它的子设备。判断的方法是：将孤点设备的扩展地址和邻居表中所记录的子设备地址相比较，如果存在匹配的 64 位地址，NLME 则将获得其相对应的 16 位网络地址，随后向 MAC 层发送 MLME-ORPHAN.response 原语对其孤点进行响应，并且通过 MLME-COMM-STATUS.indication 原语返回其传输状态。

如果不存在相匹配的地址，则表明孤点设备不是它的子设备，同时终止流程且不通知上层。

4. 地址分配机制

ZigBee 主要具有两种地址分配方案，即分布式地址分配方案和随机地址分配方案。ZigBee 2006 和 ZigBee 2007 采用分布式地址分配方案，并通过与父设备进行通信而获得网络地址。ZigBee 2007 Pro 采用随机地址分配方案，对新加入的设备随机分配地址。

（1）分布式地址分配机制

在树状网络中，当 NIB 属性 nwkAddrAlloc 缺省值是 0x00 时，将采用分布式地址分配方案来分配网络地址，该方案为每一个潜在的父设备分配一个有效的网络地址段。这些地址在一个特定网络中是唯一的，同时由父设备分配子设备地址。

ZigBee 协调器规定了在其网络中允许连接的子设备的最大数目。在这些子设备中，参数 nwkMaxRouters 为路由器最大个数，而剩下的设备数则为终端设备数。每一个设备具有一个连接深度，其表示在仅采用父子关系的网络中，设备传送数据帧到 ZigBee 协调器所需的最小跳数。ZigBee 协调器自身深度为 0，而其子设备深度为 1。协调器决定网络的最大深度。

假定父设备能够拥有子设备数量的最大值为 nwkMaxChildren（$C_m$），网络的最大深度为 nwkMaxDepth（$L_m$），父设备将路由器作为它的子设备的最大数为 nwkMaxRouters（$R_m$），则在给定网络深度 $d$ 条件下，父设备所能分配给路由器子设备的地址段地址数 $C_{skip}(d)$ 为：

$$C_{skip}(d) = \begin{cases} 1 + C_m(L_m - d - 1), & \text{如果 } R_m = 1 \\ \dfrac{1 + C_m - R_m - C_m \cdot R_m^{L_m - d - 1}}{1 - R_m}, & \text{其他} \end{cases} \quad (2\text{-}1)$$

这里的 nwkMaxChildren（$C_m$）为具有父子关系的子设备最大值，而并不包括孙子节点。$R_m$ 表示子设备中具有路由功能的最大数目，而且 $R_m \leqslant C_m$。$C_{skip}(d)$ 表示网络深度为 $d$ 的设备分配给具有路由能力的子设备的地址数。

如果一个设备的 $C_{skip}(d)$ 值为 0，则表示它没有接收子设备的能力，因此它只能为 ZigBee 网络的终端设备。如果父设备的 $C_{skip}(d)$ 的值大于 0，则表示其可以接受子设备，并且可以根据子设备是否具有路由能力而分配不同的地址。父设备利用 $C_{skip}(d)$ 作为偏移。向具有路由能力的子设备分配网络地址。父设备分配给第一个路由子设备的地址比自己大 1，随后分配给路由子设备的地址将以 $C_{skip}(d)$ 为间隔，以此类推，直到为所有的路由器都分配了地址。父设备最多能为 nwkMaxRouters 个这样的子设备分配地址。对于第 $d$ 层的剩下的终端节点而言，第 $n$ 个终端设备的网络地址将按照式（2-2）进行分配：

$$A_n = A_{parent} + C_{skip}(d) \cdot R_m + n \quad (2\text{-}2)$$

其中，$1 \leqslant n \leqslant (C_m - R_m)$，$A_{parent}$ 为父设备地址。

图 2-48 给出了一个具有最大子设备数 $C_m$（nwkMaxChildren）为 8，最大路由数 $R_m$（nwkMaxRouters）为 4，网络最大深度 $L_m$（nwkMaxDepth）为 3 的 ZigBee 树状网络，利用式（2-1）计算出的 $C_{skip}(d)$ 值，如表 2-10 所示。

表 2-10　深度与偏差

| 网络深度 $d$ | 偏移 $C_{skip}(d)$ | 网络深度 $d$ | 偏移 $C_{skip}(d)$ |
|---|---|---|---|
| 0 | 41 | 2 | 1 |
| 1 | 9 | 3 | 0 |

例如，当网络深度 $d$ 为 0、1 时，$R_m = 4$，此时 $R_m$ 不为 1，则：

$$C_{\text{skip}}(0) = \frac{1 + C_m - R_m - C_m \cdot R_m^{L_m - d - 1}}{1 - R_m} = \frac{1 + 8 - 4 - 8 \cdot 4^{3-0-1}}{1 - 4} = 41$$

$$C_{\text{skip}}(1) = \frac{1 + C_m - R_m - C_m \cdot R_m^{L_m - d - 1}}{1 - R_m} = \frac{1 + 8 - 4 - 8 \cdot 4^{3-1-1}}{1 - 4} = 9$$

$$C_{\text{skip}}(2) = \frac{1 + C_m - R_m - C_m \cdot R_m^{L_m - d - 1}}{1 - R_m} = \frac{1 + 8 - 4 - 8 \cdot 4^{3-2-1}}{1 - 4} = 1$$

$$C_{\text{skip}}(3) = \frac{1 + C_m - R_m - C_m \cdot R_m^{L_m - d - 1}}{1 - R_m} = \frac{1 + 8 - 4 - 8 \cdot 4^{3-3-1}}{1 - 4} = -1$$

当 $d = 3$ 时，设备在该网络中处于最大深度，此时，不能够再分配设备地址，故 $C_{\text{skip}}(3) = 0$。

利用式（2-2）可以验证协调器孩子节点地址。协调器节点，地址 $A_{0-1} = 0$，$C_{\text{skip}}(0) = 41$，则：

协调器的第一个路由节点地址：$A_{0-1} = A_0 + (1-1)*C_{\text{skip}}(0) + 1 = 0 + 0*41 + 1 = 1$

协调器的第二个路由节点的地址：$A_{0-2} = A_0 + (2-1)*C_{\text{skip}}(0) + 1 = 0 + 1*41 + 1 = 42$

协调器的第四个路由节点地址：$A_{0-4} = A_0 + (4-1)*C_{\text{skip}}(0) + 1 = 0 + 3*41 + 1 = 124$

协调器的第一个终端节点地址：$A_{0-E1} = A_0 + R_m*C_{\text{skip}}(0) + 1 = 0 + 4*41 + 1 = 165$

协调器的第四个路由节点的第一个终端设备地址：$A_{0-4-E1} = A_{0-4} + R_m*C_{\text{skip}}(1) + 1 = 124 + 4*9 + 1 = 161$

其余的节点地址，读者可以按照上述公式进行验证。

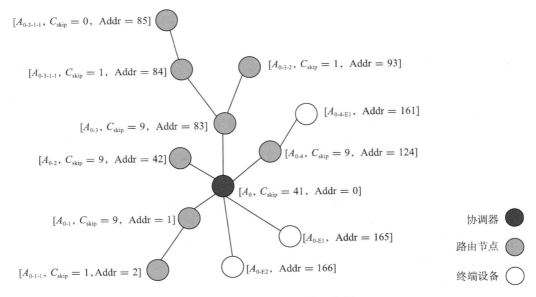

图 2-48　网络中的地址分配实例

在这种分配方案中，由于各路由器之间不能共享一个地址段，因此可能出现这种情况：一个父设备的地址已经用完，而另一个的父设备尚有地址未使用。一个没有地址可以分配的父设备将不允许新设备加入该网络。在这种情况下，新设备将寻找另一个父设备，但如果在其无线传输范围内设备找不到有效的父设备，则该设备不能加入到网络，除非设备物理位置移动或者网络结构发生了其他的变化。

（2）随机地址分配机制

当 NIB 属性的 nwkAddrAlloc 是 0x02 时，ZigBee 网络地址就选择随机地址分配机制。当设备加入到网络，其父设备选择一个尚未出现在父设备 NIB 条目的随机地址。在随机寻址下，一旦设备已经被分配地址，就不会放弃该地址。除非它收到一个与其所在网络中其他设备地址冲突的指令。没有父设备的 ZigBee 协调器的地址为 0x0000。

在树状网络中，网络层属性 nwkMaxDepth 大致决定了从网络树根节点到最远的终端设备之间的距离。从理论上来说，nwkMaxDepth 也决定了整个网络的直径。在特殊情况下，对于一个以 ZigBee 协调器为网络中心的理想网络结构来说，正如图 2-49 所示，其网络直径为 2 *nwkMaxDepth。但在实际应用中，网络直径要小一些。在这种情况下，nwkMaxDepth 为网络直径的下界，而 2* nwkMaxDepth 为网络直径的上界。

在一个网络中，两个设备的网络地址相同，即发生地址冲突。ZigBee 网络需要检测该地址冲突并解决地址冲突。

5. 断开网络

下面介绍两种断开网络的方法，即子设备主动请求从网络中离开和父设备命令子设备离开网络。

（1）子设备主动请求从网络中离开

图 2-49 所示为子设备主动请求从网络中离开的流程。

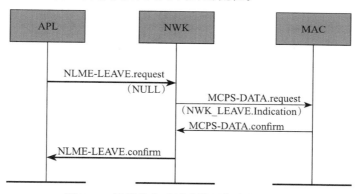

图 2-49  子设备主动请求从网络中离开流程

ZigBee 协调器或者路由器网络层接收到 NLME-LEAVE.request 原语之后，其 DeviceAddress 参数等于 NULL（表明设备主动请求断开网络），设备网络层将使用 MCPS-DATA.request 原语以广播方式发送断开命令帧。断开命令帧传送完之后，网络层将发送一个 NLME-LEAVE.confirm 原语给上层，以将 MAC 层操作状态报告给上层。

如果 ZigBee 终端设备接收到 NLME-LEAVE.request 原语，那么设备将使用 MCPS-DATA.request 原语以单播方式发送一个断开命令帧。断开命令帧传送完之后，它将发送 NWK-LEAVE.confirm 原语给高层，以将 MAC 层操作状态报告给上层。

（2）父设备命令子设备离开网络

图 2-50 所示为父设备命令子设备离开网络的流程。

ZigBee 协调器或者路由器网络层在接收到 NLME-LEAVE.request 原语之后，其原语参数设置为子设备的 64 位 IEEE 地址，设备将使用 MCPS-DATA.request 原语发送一个目的地址为子设备 16 位网络地址的网络断开命令帧。断开命令帧传送之后，若断开命令帧传送成功，网络层将发送 NLME-LEAVE.confirm 原语，以将 MAC 层操作状态报告给上层。

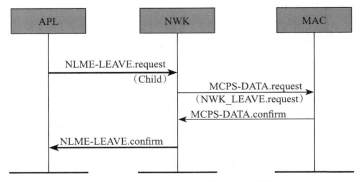

图 2-50　为父设备命令子设备离开网络的流程

子设备在断开网络之后，父设备网络层将修改它的邻居表来表明设备已不再网络中。子设备被移除之后，与之相关的上层寻址和传送帧则是错误行为。

6. 设备复位

设备的网络层将在以下 3 种情况下对设备进行复位：

● 在上电后。

● 在试图加入网络前。

● 在同网络断开连接后。

设备是通过上层向网络管理实体发送 NLME-RESET.request 原语来执行设备复位的，并且通过 NLME-RESET.confirm 原语来返回执行复位的结果信息。复位流程将清除设备的路由表。一些设备在 ROM 存储单元中可能存储了网络层信息，这些存储信息在设备复位后将被恢复。但同时，设备也将丢弃它的网络地址。因此，在此时这些设备需要重新搜索网络并从它的父设备获取新的网络地址。新网络地址与旧的网络地址可能不同。在这种情况下，任何设备要与复位后的设备进行通信都必须使用上层协议来重新发现该设备。

7. 管理 PAN ID 冲突

由于 16 位的 PAN ID 不是唯一的，因此，PAN ID 有可能发生冲突。下面介绍如何通过网络层 Report 和 Update 命令帧来更新一个网络 PAN ID。

（1）检测 PAN ID 冲突

网络中任何一个正常工作的设备接收到 MLME-BEACONNOTIFY.indication 原语后，如果信标帧的 PAN ID 匹配自己的 PAN ID，但是包含在信标负载的 PAN ID 属性值没有出现或者不等于 nwkExtendedPANID，则被视为 PAN ID 冲突发生。

检测到 PAN ID 冲突的节点应构造一个 PAN ID 冲突的网络 Report 命令帧。Report 信息域将包含一个在本地邻居表中使用的所有 16 位 PAN ID 的列表。

（2）接收到网络 Report 命令帧

NIB 属性 nwkManagerAddr 参数所含的 16 位网络地址确定的设备是 PAN ID 冲突的网络 Report 命令帧的接收者。

在接收网络报告命令帧时，指定的网络功能管理器为这个网络随机选择一个新的 PAN ID。但是需要确认选择的 PAN ID 在本地邻居表中未被使用，且不包含在网络 Report 命令帧的 Report 信息域中。

一旦选择了新的 PAN ID，指定的网络功能管理器将构造一个用于 PAN ID 更新的网络 Update 命令帧。Update 信息域应设置为新的 PAN ID 的值。

发送完这个命令帧之后，指定的网络功能管理器将启动一个定时器，定时器的值等于 nwkNetworkBroadcastDeliveryTime。当定时器终止，即 nwkNetworkBroadcastDeliveryTime 定时器到期，ZigBee 协调器通过重发带有新的 PAN ID 的 MLME-START.request 原语把它当前的 PAN ID 修改为新选择的 PAN ID。

### 2.2.1.2　网络层路由管理功能描述

路由是 ZigBee 协议最为核心的机制。ZigBee 路由管理机制主要包括邻居发现，路由发现，路径保护和维护，消息单播，多播、广播。

路由发现和邻居发现需要相应的表存储结构，即路由表、路由发现表和邻居表。路由发现寻找源地址和目标地址之间的所有路径，并且试图选择可能的最好的路径。选择最好路径的依据就是找到拥有最小路径成本的路径。每一个节点和它的所有邻接点具有一个"连接成本（Link Costs）"，即路由成本。当某条路径断开时，ZigBee 需要进行路由修复，即路由维护。

网络中的消息具有三种传输方式，即单播，多播和广播。单点传送模式只发送给一个特定设备。多播传送数据包则要传送给一组设备，当应用程序将数据包发送给网络上的一组设备时，需要建立一个组，并使用组 ID 进行组寻址。广播数据包则要发送给网络中的所有节点设备。

#### 1. 路径成本和路由表结构

在路由发现期间，ZigBee 路由算法使用了路径成本度量来进行路由比较。为了计算这个度量，ZigBee 协议定义每个路径的链路度量——链路成本，以及此条路径上所有链路成本之和——路径成本。

ZigBee 路由器或协调器中的路由表（Routing Table，RT）存储网络中的路由信息，且始终将其存储在内存或 EEPROM 中，这也包含此条路由下一跳节点地址，路由状态和目的地址。

（1）路径成本

如果读者定义了一个长度为 $L$ 的路径 $P$，则组成该路径设备组的顺序为 $[D_1，D_2，……D_L]$，其中链路 $[D_i，D_{i+1}]$ 定义一个长度为 2 的子路径，那么路径成本为：

$$C\{P\} = \sum_{i=1}^{L-1} C\{D_i, D_i+1\}$$　　　　　　（2-3）

其中，$C\{[D_i, D_i+1]\}$ 指的是链路成本。链路 1 的链路成本 $C\{1\}$ 是在 $[0，\cdots，7]$ 取值的函数，定义如下：

$$C\{l\} = \begin{cases} 7 \\ \min\left(7, \ \text{round}\left(\dfrac{1}{p_1^4}\right)\right) \end{cases}$$　　　　（2-4）

其中，$P_1$ 是数据包在链路 1 上被传递的概率，round $(x)$ 是返回 $x$ 的四舍五入整数值。

$P_1$ 在具体实际中可以选择常量 7 作为链路成本，也可以选择反映概率 $P_1$ 的函数作为链路成本。提供这两种选择的设备可通过设置 NIB 属性 nwkReportConstantCost 的值为

TRUE 来强制它报告一个常量链路成本。

接下来的问题是如何估计或测量 $P_1$。$P_1$ 的实现没有明确规定，协议实现者可以依照自己的估计方法来进行。其可以通过统计一段时间内接收信标和数据帧的实际次数来评估，这通常也被看作为最精确的测量方法。另一种测量方式是根据 MAC 和 PHY 提供的每帧 LQI 平均值来进行估计，且表驱动函数可用于映射平均 LQI 值到 $C\{1\}$ 的值。另外，协议实现者还需要检查表中硬件测试所获得的数据，这是因为不准确的路由成本度量将影响 ZigBee 路由算法的执行。

（2）路由表和路由发现表

由 ZigBee 路由器和协调器来维护路由表。在路由表中存储的信息如表 2-11 所示。

表 2-11　路由表条目

| 域名 | 大小 | 描述 |
|---|---|---|
| Destination address | 2 字节 | 16 位网络地址或者该设备的组 ID<br>如果目的设备是一个 ZigBee 路由器或者 ZigBee 协调器，该域应该包含目的设备实际的 16 位地址；如果目的设备是一个终端设备，该域应该包含设备父节点的 16 位网络地址 |
| Status | 3 位 | 路由的状态，具体见表 2-12 |
| No route cache | 1 位 | 标识位，这表示这个地址指示的目标没有存储源路由 |
| Many to one | 1 位 | 标识位，这表示目的地是一个发出多对一路由请求的集中者 |
| Route record Required | 1 位 | 标识位，这表示路由记录命令帧应该在下一个数据库包之前发送到目的地 |
| GroupID flag | 1 位 | 标识位，这代表目的地址是一个组 ID |
| Next hop address | 2 字节 | 到目的地的下一跳的 16 位网络地址 |

表 2-12 枚举了路由状态所对应的值。

"路由表能力"是指一个设备借助于自身路由表来建立到达目的地址设备路由的能力。如果一个设备满足以下条件，则它具有路由表能力：

①可作为 ZigBee 路由器或协调器。

②具有路由表维护能力。

③具有一个空闲的路由表记录或者已经拥有一个到目的地的路由表记录。

表 2-12　路由状态值

| 数值 | 状态 |
|---|---|
| 0x0 | ACTIVE |
| 0x1 | DISCOVERY_UNDERWAY |
| 0x2 | DISCOVERY_FAILED |
| 0x3 | INACTIVE |
| 0x4 | VALIDATION_UNDERWAY |
| 0x5 ～ 0x7 | 保留 |

如果 ZigBee 路由器或协调器维护一个路由表，则它还应维护一个路由发现表，该表所包含的信息如表 2-13 所示。路由表记录是长期存在的，而路由发现表记录仅仅在一次路由发现过程中存在，并可重复使用。

表 2-13　路由发现表条目

| 字段名 | 大小 | 描述 |
|---|---|---|
| Route request ID | 1 字节 | 路由请求命令帧的序列号，它在每次设备发起请求时自动增加 |
| Source address | 2 字节 | 路由请求发起设备的 16 位网络地址 |
| Sender address | 2 字节 | 发送最近、最低成本路由请求命令帧设备的 16 位网络地址，命令帧对应于发送设备记录的路由请求标识符以及源地址，该域用来确认最终路由应答命令帧应该遵循的路径 |
| Forward Cost | 1 字节 | 来自源路由请求设备到当前设备的累计路径成本 |
| Residual cost | 1 字节 | 来自当前设备到目的设备的累计路径成本 |
| Expiration time | 2 字节 | 用于设定路由发现到期时间的递减定时器时间（单位为 ms），初始化值是 nwkcRouteDiscoveryTime |

满足以下两个条件的设备被称为具有路由发现表能力的设备：

① 具有维护路由发现表能力。

② 在它的路由发现表中，具有一个空闲的记录。

如果一个设备既具有路由表能力又具有路由发现表能力，则称该设备具有"路由能力"。如果一个设备有发起多对一路由请求的能力，那么它还应该拥有一个源路由表。

（3）邻居表

每个节点保存一张邻居节点列表，它包含了其传输范围内每个相邻设备的信息。

邻居表中存储的信息主要有以下用途：

首先，它在网络发现或者重新连接网络期间，存储 RF 接收范围内的相关路由信息，这些路由器能成为候选父设备。

其次，在设备连接到网络之后，它存储网络中有关邻居设备的关系和链路状态信息。一个设备从相应的邻居表中接收到任何帧时，邻居表条目都要更新。

在正常网络操作中，必选和可选数据如表 2-14 所示。

表 2-14　邻居表记录格式

| 域名 | 域的类型 | 有效值范围 | 描述 |
|---|---|---|---|
| Extended address | 整型 | 64 位扩展 IEEE 地址 | 设备唯一的 64 位 IEEE 地址。如果邻居设备是父设备或子设备，则存在该子域 |
| Network address | 网络地址 | 0x0000 ～ 0xffff | 邻居设备的 16 位网络地址，每一个邻居表中都存在该子域 |
| Device type | 整型 | 0x00 ～ 0x02 | 邻居设备的类型：<br>0x00：ZigBee 协调器<br>0x01：ZigBee 路由器<br>0x02：ZigBee 终端设备<br>每一个邻居表中都存在该子域 |
| RxOnWhenIdle | 布尔型 | TRUE 或 FALSE | 表示邻居设备接收机在超帧活动期的空闲期是否工作：<br>TRUE 为接收机关<br>FALSE 为接收机开 |
| Relationship | 整型 | 0x00 ～ 0x04 | 邻居设备和当前设备的关系：<br>0x00：邻居设备为父设备<br>0x01：邻居设备为子设备<br>0x02：邻居设备为同属设备<br>0x03：不为上述设备<br>0x04：前一个子设备<br>在每个邻居表中都存在该子域 |
| Transmit Failure | 整型 | 0x00 ～ 0xff | 表明以前设备的传送是否成功，值越大则表明越失败。<br>每个邻居表中都存在该子域 |
| LQI | 整型 | 0x00 ～ 0xff | 估计 RF 传输链路质量。<br>每个邻居表中都存在该子域 |
| Outgoing Cost | 整型 | 0x00 ～ 0xff | 邻居设备计算的输出链路成本，值为 0 表示输出成本有效。<br>该项为选择项 |
| Age | 整型 | 0x00 ～ 0xff | 接收到链路状态命令后的 nwkLinkStatusPeriod 间隔的值。<br>该项为选择项 |
| Incoming beacon timestamp | 整型 | 0x000000 ～ 0xffffff | 从邻居表中接收到的最后一个信标帧的时间标记，这个值等于当收到信标帧时采用的 timestamp 值。<br>该项为选择项 |
| Beacon transmission time offset | 整型 | 0x000000 ～ 0xffffff | 邻居设备信标与其父设备信标之间的传输时间差。从响应的输入信标时标减去该偏差就可计算出邻居父设备传送信标的时间。<br>该项为选择项 |

在网络发现和重新连接时，用到的信息如表2-15所示。所有域都是可选的，且在网络层管理实体选定网络之后就不再保持。邻居表的Z-Stack实现形式可参见本书的附录B部分。

表2-15  附加邻居表域

| 域名 | 域类型 | 有效值范围 | 描述 |
| --- | --- | --- | --- |
| Extended PAN ID | 整型 | 0x0000000000000001 ~ 0xfffffffffffffffe | 设备所属的网络的64位唯一的标识符 |
| Logical channel | 整型 | PHY支持的可用逻辑信道 | 网络工作的逻辑信道 |
| Depth | 整型 | 0x00 ~ nwkcMaxDepth | 邻居设备的树状深度 |
| Beacon order | 整型 | 0x00 ~ 0x0ff | 设备IEEE802.15.4的信标顺序 |
| Permit joining | 布尔型 | TRUE 或 FALSE | 表示设备是否接受连接请求：<br>TRUE：设备接受连接请求<br>FALSE：设备没有接受连接请求 |
| Potential parent | 整型 | 0x00 ~ 0x01 | 表示设备是否为潜在的父设备：<br>0x00：表示设备不是潜在的父设备<br>0x01：表示设备是潜在的父设备 |

**2. 路由发现及维护**

ZigBee协调器和路由器必须提供以下路由功能：

- 为上层中继数据帧。
- 为其他ZigBee路由器中继数据帧。
- 参与路由发现，为后继的数据帧建立路由。
- 为终端设备实现路由发现。
- 参与端到端路由修复。
- 在路由发现和路由修复中，使用指定的ZigBee路径成本度量。

此外，ZigBee协调器或路由器还可以提供以下功能：

- 维护路由表，以记录可用的最佳路由。
- 为上层启动路由发现。
- 为其他ZigBee路由器启动路由发现。
- 启动端到端路由修复。
- 为其他路由器启动本地路由修复。

（1）路由发现

路由发现是网络设备互相配合，发现并建立路由的一个过程，该过程通常与特定的源设备和目的设备有关。

多对一路由发现是一个源设备与所有的ZigBee路由器和协调器在传输半径范围内建立到它自身路由的过程。目的地址可以是一个16位的广播地址，或一个设备的16位网络地址，或16位的组ID多播地址。如果某一路由请求命令的目的地址是某个设备的路由地址，它的路由请求选项字段没有设置为多播传送字段，则该请求是一个单播路由请求。对于一个路由请求命令而言，它的路由请求选项字段有多播传送字段，则设置为多播传送路由请求，多点传送路由请求的目的地址字段应设置为多播传送组的ID。一个目的地址字段为广播地址的路由请求命令是多对一的路由请求。

1）初始化路由发现。

网络层将在下面三种情况下启动路由发现过程：

- 网络层收到其上层发送来的NLDE-ROUTE-DISCOVERY.request原语，其中

DiscoverRoute 参数为 0x02。

- 网络层接收到 NLDE-ROUTE-DISCOVERY.request 原语且 DiscoverRoute 参数为 0x01，同时路由表中没有 DstAddr 参数相对应的路由项。
- 网络层收到的来自 MAC 层帧控制域中的路由发现子字段值为 0x01 或 0x02，网络层帧首部的目的地址不是当前设备地址也不是广播地址，路由表中没有与网络层帧首部目的地址相对应的路由选择表项。

在上述情况下，如果设备没有路由选择能力，且 NIB 属性中 nwkUseTreeRouting 的值为 TRUE，则使用分级路由沿树形结构发送数据帧。如果 NIB 属性中 nwkUseTreeRouting 的值为 FALSE，那么该帧将被丢弃。

如果设备具有路由选择能力，并且路由表中没有帧目的地址对应的记录，则建立一个路由选择表项，并且将该项的状态设置为 DISCOVERY_UNDERWAY。如果已经存在一个与目的地址相对应的路由选择表项，并且状态值为 ACTIVE 或 VALIDATION_UNDERWAY，则可以使用该路由表项转发数据，并且保持其状态域值不变。如果存在帧目的地址对应的路由表项，但状态值不是 ACTIVE，那么设备将使用该路由项，并且将其状态值设置为 DISCOVERY_UNDERWAY，同时建立一个相对应的路由发现表项。

每一个发送路由请求命令帧的设备都会维护一个路由请求标识符的计数器。每当设备生成一个新的路由请求命令帧时，路由请求计数器加 1，并且将该值保存在设备路由发现表的路由请求标识符域中。网络层缓存所接收到的待处理路由发现帧，如果该发现帧为单播帧并且 NIB 属性 nwkUseTreeRouting 的值为 TRUE，则将网络层帧报头中的路由选择子域设置为 0，然后沿树传送数据帧。

设备一旦创建路由发现表和路由选择表项后，则创建一个包含有效载荷的路由请求命令帧，帧中各子域设置如下所述：

- 命令帧标识符字段设置为路由请求帧。
- 路由请求标识符字段设置为存储在路由发现表中的路由选择表项存放的值。
- 多播传送标志位和目的地址字段应该与路由发现过程中所指向的目的设备的 16 位网络地址一致。
- 路由成本字段设为 0。

在构造完成路由发现命令广播帧后，网络层调用 MCPS-DATA.request 原语将其传送到 MAC 层中。在路由发现的开始阶段，网络层初次广播一个路由命令请求帧后，将重复广播 nwkclnitialRREQRetries 次，因此，最大的广播次数为 nwkclnitialRREQRetries + 1 次，每次广播的时间间隔为 nwkcRREQRetryInterval 毫秒。

ZigBee 路由器或协调器的 NLME 在接收到上层发送的 NLME-ROUTE-DISCOVERY. request 原语后，初始化多对一路由发现。

2）接收到路由请求命令帧。

在接收到路由请求命令帧后，判断设备是否有路由能力。如果设备没有路由能力，且请求是多点传送或多对一路由请求，那么该路由请求命令帧将被丢弃，且路由请求处理过程也被终止。如果设备没有路由选择能力，并且路由请求是单播路由请求，则将判断所接收的帧是否来自有效路径。所谓有效路径是指所接收的帧来自设备的子设备，并且源设备为孩子设备的后代设备或者来自设备的父设备且源设备不是设备的子设备。如果路由请求命令帧不是来自有效路由，则将丢弃该帧。否则，将检查设备是否为预期的目的设备。同时，通过路由请求命令帧有效载荷中的目的地址与它的每一个终端子设备地址比较，检查命令帧的目的地址是否都为设备的某个终端子设备。如果路由请求命令帧的目的地址为设备本身或者设备的某个子设备，它则发送路由请求应答命令帧进行应答。路由请求应答命令帧将构造一个类型字段为 0x01 的帧。路由请求应答的源地址应设置为请求应答设备的16 位网络地址，并考虑到路由请求的发起者为最终目的地址的情况，从而将帧的目的地址字段设置为所计算出来的下一跳的地址。计算下一跳设备到下一跳设备的链路成本，并将该成本插入到路由应答帧的路由成本字段中，同时通过发送 MCPS-DATA.request 原语，将路由应答命令帧以单播方式发送到下一跳设备。

如果设备不是路由请求命令帧的目的地址，则计算从前一个设备到本设备传送该帧的链路成本。其成本值将加到路由请求命令帧路由成本值中。然后，以单播方式使用 MCPS-DATA.request 服务原语将其发送到下一跳设备。同数据帧一样，可通过有效载荷中的目的地址字段标识来判断设备地址。

对于多对一路由请求和常规的路由请求，如果参数 nwkSymLink 的值为 TRUE，在接收到一个路由请求命令帧后，设备将在邻居表中寻找对应于传输设备的项。

如果属性 nwkSymLink 的值为 TRUE，设备将建立一个路由表项，其目的地址字段为路由请求命令帧的源地址，且下一跳设置为传输命令帧的前一个设备地址，状态字段置为ACTIVE。然后设备向路由请求命令帧的源地址发送路由应答命令帧。如果设备存在一个对应于源地址和路由请求标识符的路由发现表记录，设备将判断在路由请求命令帧中的路径成本是否小于存储在路由发现表中的前期成本字段值。如果路由发现得到的路径成本值比路由发现表的值大，将丢弃该帧，不作进一步处理。否则，路由发现表中的前期成本和发送地址字段将被更新为当前路由发现得到的路径成本值和路由请求命令帧的前一个发送设备地址。

当一个具有路由选择能力的设备不是接收到的路由请求命令帧的目的设备时，则判断在路由发现表中是否存在一个与路由请求标识符和源地址字段相同的项。如果这样的项不存在，则创建一个新的路由发现表项。路由请求定时器超时时间设置为nwkcRouteDiscoveryTime。如果相对应的路由表项存在，并且其状态值不是 ACTIVE，那么将其设置为 DISCOVERY_UNDERWAY。如果 nwkSymLink 属性为 TRUE 或者是多对一路由请求帧，则设备将建立一个路由表项，并且它的目的地址设置为路由请求命令帧的源地址，下一跳的地址设置为上一个传送该命令帧设备的网络地址。如果是多对一的路由请求帧，则多对一字段和路由表记录应设置为 TRUE，当路由请求定时器终止时，设备将从路由选择表中删除该路由请求项。

当重新广播路由请求命令帧时，网络层将使用下面的公式来计算出两次广播之间的随机时延：

$$2 \cdot R \, [\text{nwkcMinRREQJitter}, \ \text{nwkcMaxRREQJitter}]$$

其中，$R[a，b]$ 表示在 $[a，b]$ 参数区间的随机函数，单位为 ms。这个随机值是可以调整的，它使得在转播时路由成本大的路由请求命令帧比路由成本小的路由请求命令帧的时延更大。网络层将在第一次转发后重试广播 nwkcRREQRetries 次，即每次最多的转发次数为 nwkcRREQRetries ＋ 1 次。如果接收到的路由请求命令帧的源地址和路由请求标识符相同，且比重传帧所花费的路由成本更低时，设备应丢弃正在等待重发的路由请求命令帧。设备根据有效载荷中的目的地址将相对应的路由表项的状态字段设为 DISCOVERY_

UNDERWAY。如果不存在这样的项，则重新建立一个路由表项。

当对一个路由请求帧进行应答时，若设备具有与路由请求的源地址、路由请求标识符相对应的路由选择表的项，则设备将构建一个帧类型字段为 0x01 的命令帧。帧头部的源地址字段设置为当前设备的 16 位网络地址，目的地址字段设置为对应路由发现表项中的发送者地址字段。构造路由应答的设备将按照下述方法组成载荷字段：

将网络命令标识符设置为路由应答，路由请求标识符字段的值设置为与路由请求命令帧的路由请求标识符字段中的值相同，发起者字段设置为路由请求命令帧中的网络头中的源地址。利用路由请求命令帧网络帧报头源地址与它相对应的路由发现表项的发起者地址，来计算链路成本。该链路成本设置在路由成本字段中。然后，设备调用 MCPS-DATA. request 原语，将从路由发现表中所得到的发送地址作为下一跳地址，从而将路由请求应答帧单播发送到目的地址设备中。设备接收到路由请求命令帧的处理流程如图 2-51 所示。

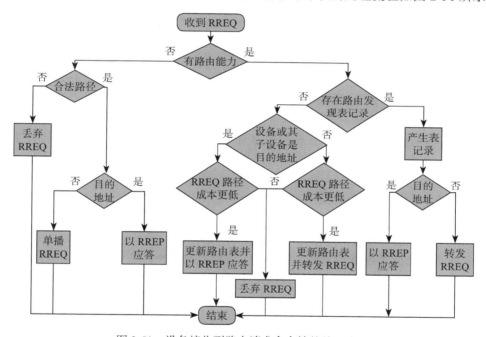

图 2-51　设备接收到路由请求命令帧的处理流程

3）接收到路由应答命令帧。

设备接收到路由应答命令帧后，将按照以下所描述的流程对应答帧进行处理：

如果接收设备不具有路由能力，但 NIB 属性 nwkUseTreeRouting 的值为 TRUE，则利用树形路由转发路由应答。如果接收设备不具有路由选择能力，并且它的 NIB 属性 nwkUseTreeRouting 的值为 FALSE，则丢弃该路由应答命令帧。在转发路由应答命令帧之前，设备将计算从下一跳设备到它本身的链路成本，将该链路成本与载荷中的路由成本字段中的值相加，并将结果更新到有效载荷中的路由成本字段中，以得到新的路由成本。

如果接收设备具有路由能力，则将设备地址与路由应答命令帧载荷的发起者地址字段的内容进行比较，判断设备是否为路由应答命令帧的目的设备。

如果接收设备是该应答命令帧的目的设备，则在路由发现表中搜索与路由应答命令帧载荷中的路由请求标识符相对应的项。如果不存在这样的项，将丢弃路由应答命令帧，并终止对路由应答帧的处理过程。如果存在这样的路由记录表项，则设备将在路由发现表中搜索一个与路由应答命令帧相应地址相对应的项。如果不存在这样的路由发现表项，则丢弃路由应答命令帧，且即使对应于路由应答命令帧中的路由请求标识符的路由搜索表项存在，也要删除该应答帧，并且终止对路由应答帧的处理过程。如果路由选择表和路由搜索表项都存在，且路由选择表项的状态字段为 DISCOVERY-UNDEERWAY，同时路由表项的 Group Id 标志位为 TRUE，则需要将路由表记录中的状态改为 ACTIVE，并且将路由表中的下一跳字段设置为前一个路由应答命令帧的设备地址。另外，将路由发现表项中成本字段值设置为路由应答载荷的路由成本字段值。如果路由表记录中的状态字段已经设置为 ACTIVE，则设备将对路由应答命令帧中的路由成本字段与路由发现表项中的路由成本进行比较，并且如果路由应答命令帧中的成本更低，则将其更新到路由发现表中的路由成本字段和下一跳地址字段值。如果路由应答命令帧中的路由成本不小于剩余成本，则丢弃该路由应答帧，不对该帧做进一步处理。

如果接收到路由应答的设备不是目的地址设备，则设备搜索与路由应答命令帧载荷中发起者的地址和路由请求标识符相对应的路由发现表项。如果不存在这样的路由发现表项，设备将丢弃该路由应答命令帧。如果存在这样的路由发现表项，则设备将对路由应答命令帧中的路由成本与路由发现表项中的路由成本进行比较。如果路由发现表中的记录值更小，设备则丢弃路由应答命令帧。否则，设备将搜索与路由应答命令帧中的发送者地址相对应的路由表项。如果路由发现表项存在，但没有相对应的路由表项，此时就视为一个错误，设备则应丢弃该路由应答命令帧。如果找到相对应的路由表项，设备将发送该路由应答帧的设备地址以替代下一跳地址，并对路由表进行更新。同时，令路由应答命令帧中的成本替代原来的成本值，并更新路由发现表记录。

在更新路由项后，设备将继续向目的地址转发路由应答。在转发路由应答帧前，需要更新路由成本。发送者通过在路由发现表中搜索与路由请求标识符、源地址相对应的地址，找到下一跳到路由应答的目的地址。并利用下一跳地址计算链路成本，且将该成本累加到路由应答的路由成本字段中。在命令帧网络头中的目的地址应设置为下一跳地址，并且通过 MCPS-DATA.request 原语向下一跳设备单播发送。设备接收到路由应答命令帧的处理流程如图 2-52 所示。

### 3. 链路状态信息

无线链路可以是不对称的，也就是说，它们在一个方向可能工作正常，但在另一个方向通信状况可能会很糟糕。因此，路由请求中的链路发现返回应答时，会发生错误。

对于多对一路由和双向的路由发现（nwkSymLink 为 TRUE），要求双向的路由发现都是可靠的。为达到这个目的，路由器周期性地以单播方式发送链路状态帧来交换链路状态信息。然后，在路由发现中，用得到的链路成本来确保在双向路由发现中都能使用高质量的链路。

### （1）初始化链路状态命令帧

ZigBee 路由器或协调器加入到网络后，它将周期性地每隔 wkLinkStatusPeriod 秒发送一个单跳的广播帧，用来报告链路状态。如果需要的话，发送次数可以更频繁一些。ZigBee 路由器或协调器也可通过加入随机抖动值来避免与其他节点同步。终端设备不发送链路状态命令帧。

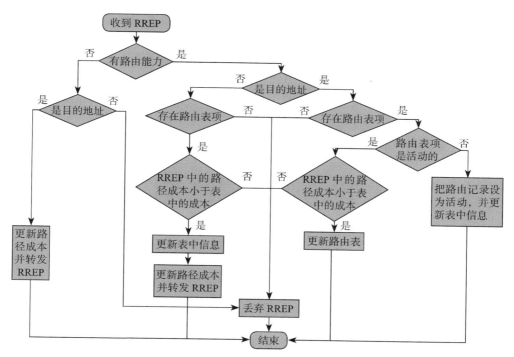

图 2-52  设备接收到路由应答命令帧的处理流程

（2）接收到链路状态命令帧

ZigBee 路由器或协调器接收到链路状态命令帧后，对应传输设备的邻居表的 age 字段将被置 0。帧所覆盖的地址范围由链路状态列表中的首地址、末地址和命令选项字段的首帧和末帧比特决定。如果接收设备网络地址超出了帧覆盖的范围，该帧将被丢弃，该过程也终止。如果网络地址在帧覆盖的范围内，那么接收设备就会查询链路状态表。如果找到了接收设备的地址，在邻居表中对应的发送设备输出成本字段将被设置为链路状态记录的输入成本值。如果没有找到接收设备的地址，输出成本字段被设置为 0。终端设备不处理链路状态命令帧。

（3）完善邻居表

邻居表中的 age 字段每隔 nwkLinkStatusPeriod 时间就会增加。如果该值超出了参数值 nwkRouterAgeLimit，邻居表记录的输出成本字段就设置为 0。换句话说，如果在 nwkRouterAgeLimit 内，设备从邻居路由器连续接收链路状态消息失败，旧的输出链路成本将被丢弃。在这种情况下，邻居表记录将被认为是陈旧的。如果出现新的邻居，该记录将被重新使用。

4. 路由维护

设备网络层为每一个邻居设备维护一个失效计数器。如果输出链路失效计数器的值超过 nwkcRepaitThreshold 时，设备则根据如下所述方法开始路由维护过程。协议实现者可选择使用简单的失效计数方案或者一个更加准确的时间窗口方案。需要注意的是：由于修复操作涉及整个网络，这可能导致网络通信中断。因此，网络不能过于频繁地启动路由修复。

（1）Mesh 网络路由恢复

当 Mesh 网络中的一条链路或一个设备失败时，上行设备将启动路由修复程序。如果上行设备缺乏路由能力或受其他的限制不能进行路由修复，设备则向源设备发送路由错误命令，并指明链路失败的原因。

如果上行设备能够启动路由修复，则它将广播一个路由请求命令帧，其中源地址设置为失效链路的上行设备地址，目的地址设置为传输失败的帧的目的地址。该路由请求命令帧的有效负载中命令选项字段的路由修复字段应设为1，这表示这是路由修复的路由请求命令。

当一个设备正在修复一个特定目的设备的路由时，它不应该向该目的设备发送帧。对路由修复启动时要传送到目的设备的帧和在路由修复完成前又到达的帧，修复设备要么把它们缓存起来，要么丢弃这些帧。具体采取的措施应根据设备的能力来决定。

当路由节点接收到路由请求命令后，如果该路由节点为路由请求命令帧的目的地址，则该设备发送路由请求应答帧进行应答。路由应答命令帧有效负载中路由修复子字段的值被设置为1，则表示路由修复应答。

如果在nwkcRouteDiscouveryTime毫秒内失败链路的上行设备没有收到路由应答命令帧，它将向失败帧的源设备发送一个路由错误命令帧。如果上行设备在规定的时间内收到了路由修复应答命令帧，它将按照新的路由转发那些缓存的数据。

如果接收到路由错误命令帧的源设备没有路由发现能力，它将采用分级路由算法沿着树向目的设备单播发送路由请求命令帧；如果源设备具有路由选择能力，则将启动正常的路由发现过程。

如果一个RFD类型的终端设备不能向其父设备发送信息，它将启动孤立扫描过程。如果终端设备孤立扫描成功并与父设备重新建立通信，那么该终端设备将恢复此前在网络中的操作。如果终端设备的孤立扫描失败，它将尝试通过新的父设备重新加入网络，此时新的父设备要为该终端设备分配一个新的16位网络地址。如果设备附近区域内没有能够继续接受子设备的设备，从而使得终端设备找不到父设备，那么该终端设备将不能够重新加入到网络。此时，用户需要对其干预，使它重新加入网络。

（2）树状网络路由恢复

树状网络中的一个设备与父设备的信标失去同步或不能向父设备发送消息时，它可能启动孤立扫描过程搜索其关联的父设备或启动关联过程搜索一个新的父设备。如果孤立扫描失败或设备重新与一个新的父设备关联，它将从新的父设备收到一个新的16位网络地址并恢复此前在网络中的操作。这样，网络还是以树状拓扑运行。

在设备尝试重新接入网络并获得新的16位地址之前，设备将会使用MAC层的解关联程序断开与所有子设备的连接。如果该设备不能访问其子设备，那么认为它的子设备已同网络断开连接，并从邻居表中删除子设备的16位地址，然后设备再重新加入网络，开始以新的网络地址运行。

如果一个设备不能向它的子设备发送消息，它将丢弃该消息并向帧的发起设备发送路由错误命令帧，通告信息没有成功发送。

5. 单播通信

网络层无论从MAC层或是上层接收到数据后，将按以下流程发送该数据帧：

如果接收设备为ZigBee协调器或者路由器，并且帧目的地址为其终端子设备，则使用MCPS-DATA.request原语将该数据帧直接发送到目的地址设备，并且将下一跳目的地址设置为最终目的地址。

ZigBee 路由器或协调器可以检查邻居表，寻找对应帧路由目的地址的记录。如果存在匹配的记录，设备通过 MCPS-DATA.request 原语直接按照路由转发该帧。

具有路由能力的设备首先检查与目的地址相对应的路由表记录。如果存在该记录，并且如果该记录的路由状态字段值为 ACTIVE 或 VALIDATION_UNDERWAY，设备将使用 MCPS_DATA.request 原语转发该帧，如果路由状态字段仍没有赋值，则将其设为 ACTIVE。

当转发一个数据帧时，MCPS-DATA.request 原语的 SrcAddrMode 和 DstAddrMode 参数设置为 0x02，这表明使用 16 位地址。SrcPANId 和 DstPANId 参数都应设置为转发设备 MAC PIB 中 macPANId 属性。参数 SrcAddr 设置为转发设备 MAC PIB 的 macShortAddress，并且 DstAddr 参数应设置为路由表记录中相对于路由目的地址的下一跳地址。TxOptions 参数应设置为与 0x01 按位"与"后为非零的值，这表明需要确认传输。如果设备有一个与帧的路由目的地址相匹配的路由表记录，但是记录的路由状态值为 DISCOVERY_UNDERWAY，该帧应该按照路由发现进行初始化，并放到路由缓存来等待发送，如果 NIB 属性 nwkUseTreeRouting 参数为 TRUE，则按照树型分级路由发送。

如果设备对应的路由目的地址有一个相对应的路由表记录，但是记录的路由状态字段的值为 DISCOVERY_FAILED 或 INACTIVE，并且如果 NIB 属性 nwkUseTreeRouting 值为 TRUE，那么设备将使用沿着树形结构分布的分层路由。如果路由发现子字段的值为 0，NIB 属性 nwkUseTreeRouting 的值为 FALSE，路由表中没有与目的地址相对应的路由表记录，则该帧被丢弃，NLDE 将向上层发送状态为 ROUTE_ERROR 的 NLDE-DATA.confirm 原语。

对没有路由能力的设备而言，如果它的 NIB 属性 nwkUseTreeRouting 的值为 TRUE，那么它将使用沿着树形结构分布的分层路由。对于层次路由而言，如果目的地是该设备的子设备，设备可直接将帧传给适合的子设备。如果目的地是子设备，并且还是一个终端设备，那么可能会由于子设备处于关闭状态使得传送失败，此时，父设备应该使用间接传送的方式实现帧的传输。如果目的地址不是子节点，设备则将数据帧发送到父节点而进行路由。

在一个 ZigBee 网络中，每一个设备都是 ZigBee 协调器的子设备，而 ZigBee 终端设备相当于叶子节点，没有子设备。对于一个地址为 $A$，深度为 $d$ 的 ZigBee 路由器，如果其表达式成立，则地址为 $D$ 的目的地址设备是其后代。

$$A < D < A + C_{\text{skip}}(d-1)$$

其中，$C_{\text{skip}}$ 的定义见地址分配机制小节。

如果能够确定目的地址为接收设备的子设备，则下一跳设备的地址 $N$ 为

$$N = D$$

对于 ZigBee 终端设备而言，$D > A + R_{\text{m}} \cdot C_{\text{skip}}(d)$，对于其他情况而言，有：

$$N = A + 1 + \left[\frac{D-(A+1)}{C_{\text{skip}}(d)}\right] \times C_{\text{skip}}(d)$$

ZigBee 路由器或协调器的网络层在发送单播或多播数据帧时，因某种原因失败后，它们要发送失败信息。此信息可以以两种形式向上层报告，如果转发失败是因为上层请求失败，则网络层向上层发送 NLME-ROUTE-ERROR.indication 原语。其中网络地址应该设置

为帧的目的地址。如果帧是利用另一个设备转发，那么转发设备应该发送 NLME-ROUTE-ERROR.indication 原语给上层，并且发送路由错误帧给数据帧的源地址。路由错误命令帧的目的地址字段应为发送失败数据帧的目的地址。

### 6. 多播通信

多播寻址使用 16 位多播组 ID 完成。多播组是所有已登记在同一个多播组 ID 下节点的集合。在物理上，它们通过不超过一个给定半径内的一跳距离区分开，这个半径叫做 MaxNonMemberRadius。一个多播信息发送给一个特定的目标组，即多播表中该组 ID 所列的所有设备。

多播帧既可以由目标多播组的成员在网络中传播，也可以由非目标多播组成员在网络中传播。一个数据包可以使用这两种方式中的任一种发送，具体由数据包的模式标志指明，以确定转发到下一跳的方式。如果原始信息由组的成员创建，就被视为"成员模式"，并可按广播方式转发。如果原始信息由非组成员的设备创建，就被视为"非成员模式"，其按单播给一个组成员的方式转发。一旦一个非成员信息到达目标组的任何成员中，就立即转换为"成员模式"类型，且不管下一个数据包由哪个设备进行转发。

多播帧可以由终端设备发起，但不发送给处于接收关闭的设备。

### 7. 广播通信

本节描述了在 ZigBee 网络内，广播传输是如何完成的。网络中的任何一个设备可以向同一网络中其他设备广播网络层数据帧。广播传输由本地 APS 子层实体通过使用 NLDE-DATA.request 原语发起，其中目的地址 DstAddr 参数设置为如表 2-16 所示的广播地址。

表 2-16  广播地址

| 广播地址 | 目的地组 |
|---|---|
| 0xffff | PAN 中所有设备 |
| 0xfffe | 保留 |
| 0xfffd | macRxOnWhenIdle = TRUE |
| 0xfffc | 所有路由器和协调器 |
| 0xfffb | 仅对低功耗路由器 |
| 0xfff8 ~ 0xfffa | 保留 |

为了传输广播 MSDU，ZigBee 路由器或 ZigBee 协调器的 NWK 层向 MAC 子层发送 MCPS-DATA.request 原语，DstAddrMode 参数设置为 0x02（16 位网络地址），且 DstAddr 参数设置为 0xffff。对于一个 ZigBee 终端设备而言，广播帧的 MAC 目标地址必须等于终端设备父节点的 16 位网络地址。PAN ID 参数必须设置为 ZigBee 网络的 PANId。ZigBee 2007 规范不支持多个网络间的广播。广播传输不使用 MAC 层确认，而是使用一个被动确认机制。被动确认意味着每个 ZigBee 路由器和协调器要跟踪它的邻居设备并查看其是否成功转发了广播帧。禁用 MAC 子层确认是通过设置 TxOptions 参数确认传输标志位为 FALSE 来进行的。

ZigBee 协调器、路由器以及那些 macRxOnWhenIdle 等于 TRUE 的 ZigBee 终端设备必须记录一个新的广播事务，新广播可以从本地发起或是从邻居设备收到。这个广播信息记录叫做广播事务记录（BTR），并至少包含广播帧的序列号和源地址。广播事务记录存储在如表 2-17 所示的 nwk BroadcastTransactionTable（BTT）中。

表 2-17  广播事务记录

| 字段名称 | 大小 | 描述 |
|---|---|---|
| Source Address | 2 字节 | 广播发起者的 16 位网络地址 |
| Sequence Number | 1 字节 | 发起者广播信息的 NWK 层序列号 |
| Expiration Time | 1 字节 | 倒计数的定时器，其表示多少秒后这个条目过期；初始值是 nwkNetworkBroadcastDeliveryTime |

当一设备从邻居设备收到一个广播帧，它将按照表 2-16 比较帧的目标地址和设备类型。如果目标地址不对应于表 2-16 所列的接收者设备类型，帧须被丢弃。如果对应，设备将比较广播帧的序列号、源地址与 BTT 中的记录。如果设备 BTT 中有该广播帧的 BTR，就更新 BTR，并记下转发该广播帧的邻居设备，然后丢掉该帧。如果没有找到这样的记录，它将创建一个新的 BTR，并记下转发该广播帧的邻居设备。然后，NWK 层使用 NLDE-DATA.indication 把接收新的广播帧的消息发给上层。如果半径字段值大于 0 或设备不是一个 ZigBee 终端设备，它就转发该帧。否则，设备必须丢弃该帧。在转发之前，设备将等待一个随机时间周期（广播抖动）。如果在接收广播帧时，NWK 层发现 BTT 已满，且不包含过期条目，那么该帧应被忽略，不转发也不能报告给上层。

运行在非信标 ZigBee 网络上的 ZigBee 协调器或路由器，广播帧最多只能重传 nwkMax-BroadcastRetries 次。如果设备不支持被动确认，那么它必须把该帧转发 nwkMaxBroadcast-Retries 次。如果设备支持被动确认，且它的任何相邻设备没有在 nwkPassiveAckTimeout 秒内转发广播帧，那么它必须继续转发该帧，最多重发 nwkMaxBroadcastRetries 次。设备应在 BTR 创建 nwkNetworkBroadcastDeliveryTime 秒后将一个 BTT 条目的状态修改为过期。如果收到的新广播帧需要空间时，它就可以覆盖过期条目。

对于将 MAC PIB 属性 macRxOnWhenIdle 设置为 FALSE 的 ZigBee 路由器而言，收到广播帧后，转发该帧的程序将有所不同。此时，ZigBee 路由器使用一个 MAC 层单播，以不延迟的方式将该帧转发给它的每一个邻居设备。与此类似，对于将 MAC PIB 属性 macRxOnWhenIdle 设置为 TRUE 的路由器或协调器而言，且当它有一个或多个 MAC PIB 属性 macRxOnWhenIdle 设置为 FALSE 的邻居设备，在目标地址为 0xffff（表示广播给所有设备）的情况下，除了执行之前的广播程序外，它还以 MAC 层单播，依次向这些邻居转发广播帧。为方便重发广播帧，每个 ZigBee 路由器须在 NWK 层能够缓冲至少 1 帧数据。

设备和两个邻居设备之间广播事务的信息流程图如 2-53 所示。

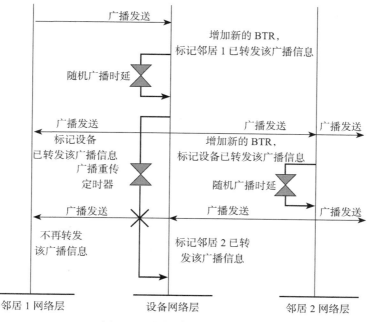

图 2-53　广播传输信息序列图

### 2.2.1.3 网络层数据管理功能描述

网络层数据管理负责网络层协议数据单元（NPDU）的收发和数据的持久性。在信标网络中，信标调度与数据发送具有密切联系。因此，编者将信标调度和 MAC 层信标的网络层信息也放在本部分讲解。

1. 数据发送和接收流程

（1）发送数据

只有与网络连接的设备才可以从网络层发送数据帧。如果未连接的设备收到传输帧的请求命令，该帧将会被丢弃。网络层发送的数据帧按照通用帧结构进行构造，并调用 MAC 层数据服务进行发送。

除了源地址字段和目的地址字段，所有网络层传输帧还应包含一个半径字段和序列号字段。在上层数据帧的初始化过程中，半径字段的值由 NLDE-DATA.request 原语的 Radius 参数值提供。如果该参数值不存在，网络层帧头的半径字段值将设置为 NIB 中的 nwkMaxDepth 参数值的两倍。每个设备的网络层都维护一个序列号，该序列号是个随机值。网络层每构造一个新的网络层帧，序列号加 1。这样构造出来的网络层帧可以是上层请求发送的新数据帧，也可以是一个新的网络层命令帧。加 1 后的序列号值将插入到网络帧头的序列号字段中。

构造好网络协议数据单元后，如需对该帧进行安全处理，则应根据安全方案对它进行相应处理。如果 NLDE-DATA.request 的安全允许参数 SecurityEnable 等于 FALSE，则不需要安全处理。等安全处理成功后，将返回该帧，并由网络层进行传输。经处理的帧将附加一个校验帧头。如果数据帧安全处理失败，则将通过 NLDE-DATA.confirm 原语的状态向上层通报结果。如果网络命令帧安全处理失败，则将丢弃该帧，不作进一步处理。

构造好一个帧，并已准备好传输该帧时，通过向 MAC 层发送 MCPS-DATA.request 原语以请求发送网络层协议数据单元。该帧被传送到 MAC 数据服务单元后，其传送的结果将通过 MCPS-DATA.confirm 原语返回。

（2）接收和拒绝

为了接收数据，设备必须使能其接收机。

上层通过使用 NLME-SYNC.request 原语初始化设备，使能接收机。在信标网络中，NWK 将指示设备同步到其父设备的下一个信标并跟踪后续信标。NWK 接着向 MAC 层发送 MLME-SYNC.request 原语实现与父设备同步。在非信标网络中，网络层使用 MLME-POLL.request 原语对其父设备进行轮询，查看是否有待接收的数据。

在非信标网络中，ZigBee 协调器或者路由器的网络层必须在最大程度上保证在不发射的时候接收机总是处于接收状态。在信标网络中，网络层必须保证设备在其超帧和父设备超帧活动期间，设备如果不处于发射状态，则须处于接收状态。NWK 可设置 MAC 层 macRxOnWhenIdle 属性来实现接收机的这一状态。

接收机处于收受状态，网络层将通过 MAC 数据服务来接收数据帧。每一帧在接收之后，网络层头的半径字段值减 1。如果值减到 0，则该帧在任何情况下都不能转发。然而，它也可能传输到上层或者由网络层处理。NWK 会使用 NLDE-DATA.indication 原语将下述的数据帧传送到上层：

- 有广播地址的帧，此广播地址匹配一个广播组，设备是该广播组的成员。

- 单播数据帧和源地址数据帧，目的地址匹配设备网络地址。
- 多播数据帧，它的组 ID 在 nwkGroupID Table 被列出。

在接收到帧信息后，网络层数据实体将会检查帧控制字段中的安全子字段的值。如果该值不为 0，网络层数据实体将把该帧传送到安全服务模块，并根据指定的安全标准对其进行安全处理。如果安全子字段设置为 0，NIB 的 nwkSecurityLevel 属性不为 0，且输入帧是一个 NWK 命令帧，NLDE 须丢弃该帧。如果安全子字段设置为 0，NIB 的 nwkSecurityLevel 属性不为 0，且输入帧是一个 NWK 数据帧，NLDE 须检查 nwkSecureAllFrames NIB 属性。如果这个属性设置为 0x01，则 NLDE 只接收目的地是自己的帧，且不需要转发给其他设备。

### 2. 数据持久性

某个区字段运行的设备可以手动或由维修人员编程复位。它也可能因为某些原因意外复位，如局部或网络范围停电，正常维护期间的电池更换，碰撞等。以下信息应当在复位期间保存到非易失性存储介质中，以维持一个网络的运行：

- 设备的 PAN ID 和扩展 PAN ID。
- 设备的 16 位网络地址。
- 每个相关设备的 64 位 IEEE 地址和 16 位网络地址，如果 nwkAddrAlloc 等于 0，则还有每个相关的路由器子节点。
- 对于终端设备而言，还有父节点设备的 16 位网络地址。
- 使用的栈 Profile 设备深度。

### 3. 信标发送调度

信标发送调度在多跳拓扑网络中是必需的，其作用是防止设备的信标帧和它相邻设备的信标帧或数据帧冲突。树形拓扑是可以基于信标模式的，而网状网络拓扑只能基于非信标模式，因为在 ZigBee 网状网络中，信标是不允许发送的。

ZigBee 协调器将决定网络中每个设备的信标阶数和超帧阶数，因为多跳信标网络的目标之一就是允许路由节点有休眠的机会，以节省电力，所以信标阶数的设置须远远大于超帧阶数。这样的设置可以使任何近邻区字段内每个设备超帧的活动部分在时间上不重叠。换句话说，时间分成大约 macBeaconInterval/macSuperframeDuration 的非重叠时间槽，网络中每个设备超帧的活动部分占据一个非重叠时间槽。图 2-54 展示了由此产生的信标设备帧结构。

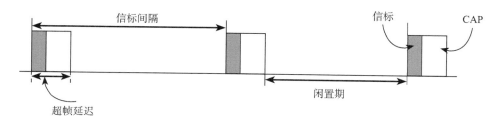

图 2-54　信标设备的典型帧结构

设备的信标帧在时间槽启动的时候发送，发送时间是根据相应父节点设备的信标发送时间来衡量的。这个时间偏移值必须包含在一个多跳信标网络每个设备的信标负载中。因此收到信标帧的设备必须知道相邻设备和相邻设备父节点的信标传输时间，父节点的发送时间可以通过信标帧的时间戳减去时间偏移值来计算。接收设备必须在其邻居表中存储信标帧的本地时间戳，以及信标负载所含的偏移值。让设备知道其父节点活动周期的目的是：通过减轻隐藏的节点问题，维护父子通信链路的完整性。

树网络中的通信必须使用父子链路沿着树寻找路由来完成。这是因为每个子节点都要跟踪其父节点的信标帧，从父节点到其子节点的发送必须使用间接传输来实现。从子节点到其父节点的发送必须在父节点的 CAP 期间完成。

希望加入网络的新设备必须根据 MAC 层扫描收集的信息建立它的邻居表。在使用这些信息时，新设备将选择一个合适的信标发送 CAP，使得其超帧结构的活动部分不会和任何邻居或邻居父节点重叠。如果在邻近区字段没有可用的非重叠时间槽，则设备不能发送信标，而作为一个终端设备在网络上运行。如果有可用的非重叠信标，新设备会选择父节点与其信标帧之间的时间偏移值，且将其放在新设备的信标负载中。在保证互操作性的前提下，避免冲突的任何算法都可以使用来选择信标发送时间。

为了消除漂移，新设备须跟踪其父节点的信标，并调整自己的信标发送时间，这样可使得时间偏移值在两个不变的常量之间。因此网络中每个设备的信标帧基本上都与 ZigBee 协调器的信标帧保持同步。图 2-55 说明了父节点和其子节点活动超帧部分之间的关系。

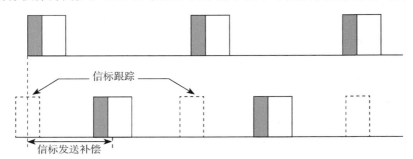

图 2-55　父子节点超帧定位关系

#### 4. MAC 信标中的网络层信息

NWK 层使用一个 MAC 子层信标帧的信标负载来把 NWK 层特定的信息传达给相邻设备，信标负载所含的信息见表 2-18。这使得 NWK 层给执行网络发现的新设备提供了额外的信息，以允许这些新设备更有效地选择一个网络和某个邻居加入。

表 2-18　网络层信息字段

| 名称 | 类型 | 有效范围 | 描述 |
| --- | --- | --- | --- |
| Protocol ID | Integer | 0x00 ～ 0xff | 该字段指定了网络层使用的协议，为施行本规范应始终将该值设置为 0，这代表 ZigBee 协议；0xff 应该为了将来使用 ZigBee 联盟的协议而保留 |
| Stack profile | Integer | 0x00 ～ 0xff | Zigbee 栈 Profile 标识符 |
| Nwk Protocol Version | Integer | 0x00 ～ 0xff | Zigbee 协议版本 |
| Router capacity | Boolean | TRUE 或 FALSE | 如果该设备能接收来自具有路由能力的设备的连接请求，该值设置为 TRUE，否则设为 FALSE |
| Device depth | Integer | 0x00 ～ 0x0f | 设备的树深度。0x00 代表该设备是网络中的 ZigBee 协调器 |

（续）

| 名称 | 类型 | 有效范围 | 描述 |
|---|---|---|---|
| Enddevice capacity | Boolean | TRUE 或 FALSE | 如果设备能接收来自寻求加入网络的终端设备的加入请求，该值设置为 TRUE，其他设置为 FALSE |
| nwkExtendedPANID | 64 位扩展地址 | 0x0000000000000001 ～ 0xfff ffffffffffe | 标识设备 ID 是全球唯一的标识，它在默认情况下是 ZigBee 协调器 64 位的网络地址 |
| TxOffset | Integer | 0x000000 ～ 0xffffff | 该值代表设备与父节点、设备的信标传输时间的差值 |
| nwkUpdateId | Integer | 0x00 ～ 0xFF | 该字段反映 NIB 属性 nwkUpdateId 的值 |

5. 网络层服务

ZigBee 网络层主要提供数据和管理服务。如附录的表 C-3、表 C-4 所示，数据服务是在多跳路由节点间的数据传输功能。管理服务提供网络建立、节点入网、离网、路由发现、网络属性设置等网络管理功能。

#### 2.2.1.4 网络层帧格式

网络层帧由 NWK 头和 NWK 有效载荷两部分组成。NWK 头包括帧控制，地址和序号字段；NWK 有效载荷部分的长度可变，并包含指定帧类型的信息，具体格式如表 2-19 所示。

表 2-19 通用网络帧格式

| 字节数：2 | 2 | 2 | 1 | 1 | 0/8 | 0/8 | 0/1 | 可变 | 可变 |
|---|---|---|---|---|---|---|---|---|---|
| 帧控制 | 目的地址 | 源地址 | 半径字段 | 序列号 | 目的 IEEE 地址 | 源 IEEE 地址 | 多播传送控制 | 源路由子帧 | 帧负载 |
| NWK 头 | | | | | | | | | 负载 |

并不是每个网络帧头都包含地址和序号信息，且它其中的控制字段长度为 16 位，格式如表 2-20 所示。

表 2-20 帧控制字段

| 位数：0 ～ 1 | 2 ～ 5 | 6 ～ 7 | 8 | 9 | 10 | 11 | 12 | 13 ～ 15 |
|---|---|---|---|---|---|---|---|---|
| 帧类型 | 协议版本 | 发现路由 | 多播标记 | 安全 | 源路由 | 目的 IEEE 地址 | 源 IEEE 地址 | 保留 |

网络层定义了两种类型的帧：数据帧和命令帧。

数据帧的格式与 NWK 帧的一般格式基本相同，数据帧头在帧控制字段中的帧类型子字段为 0x00，其他子字段根据数据帧的具体情况来设置；路由信息部分根据帧控制字段的设置适当地结合一个地址字段和广播字段。有效载荷部分根据数据帧的预定用途进行设置。具体格式如表 2-21 所示。

表 2-21 数据帧格式

| 字节数：2 | 可变 | 可变 |
|---|---|---|
| 帧控制 | 路由字段 | 数据负载 |
| 网络头 | | 网络负载 |

图 2-56 是通过抓包工具抓取的网络层数据包，其包括帧控制，网络目的、源地址、广播半径等路由信息和网络负载等数据信息。

| NWK Frame control field | | | | | | | | NWK Dest. Address | NWK Src. Address | Broadcast Radius | Broadcast Seq.num | NWK payload | |
|---|---|---|---|---|---|---|---|---|---|---|---|---|---|
| Type | Version | DR | MF | Sec | SR | DIEEE | SIEEE | | | | | | |
| DATA | 0x2 | 0 | 0 | 0 | 0 | 0 | 0 | 0xFFFD | 0x796F | 0x1E | 0xF1 | 08 00 13 00 00 00 00 00 00 00 6F | 79 6D 8C 65 01 00 4B 12 00 00 |

图 2-56 通过抓包工具抓取的网络层数据包

NWK 命令帧中各字段的顺序与 NWK 帧的一般格式基本相同，帧头控制字段的帧类型子字段值为 0x01，其他字段根据具体的命令设置，格式如表 2-22 所示。

表 2-22　网络命令帧的格式

| 字节数：2 | 可变 | 1 | 可变 |
|---|---|---|---|
| 帧控制 | 路由字段 | 网络命令标识符 | 网络命令负载 |
| 网络头 | | | 网络负载 |

具体的 NWK 命令帧标识符如表 2-23 所示。

表 2-23　网络命令帧

| 命令帧标识符 | 命令名称 | 命令帧标识符 | 命令名称 |
|---|---|---|---|
| 0x01 | 路由请求 | 0x07 | 重新加入响应 |
| 0x02 | 路由回复 | 0x08 | 连接状态 |
| 0x03 | 网络状态 | 0x09 | 网络报告 |
| 0x04 | 离开 | 0x0a | 网路更新 |
| 0x05 | 路由记录 | 0x0b ～ 0xff | 保留 |
| 0x06 | 重新加入请求 | | |

### 2.2.1.5　网络层常量和属性

如表 2-24 和表 2-25 所示，其分别为网络层常量和属性。表 2-26 和表 2-27 分别为路由表记录格式和网络地址映射。关于 Z-Stack 中的网络层属性，读者可参见本书附录 B 部分的相关内容。

表 2-24　网络层常量

| 常量 | 描述 | 值 |
|---|---|---|
| nwkcCoordinatorCapable | 布尔标志，表明该设备是否能成为 ZigBee 的协调器；0x00 代表不能成为协调器，0x01 代表设备能成为协调器 | 独立于配置 |
| nwkcDefaultSecurityLevel | 使用默认安全级别 | 定义栈 Profile |
| nwkcDiscoveryRetryLimit | 路由发现重试的最大次数 | 0x03 |
| nwkcMinHeaderOverhead | 通过网络层到 NSDU 添加的最小字节数 | 0x08 |
| nwkcProtocolVersion | 设备上的 ZigBee 网络协议的版本 | 0x02 |
| nwkcWaitBeforeValidation | 在接收路由回复和发送有效路由信息之间，多播路由请求发送者的持续时间（单位：毫秒） | 0x500 |
| nwkcRouteDiscoveryTime | 路由发现到期之前持续的时间（单位：ms） | 0x2710 |
| nwkcMaxBroadcastJitter | 最大的广播抖动测量时间（单位：ms） | 0x40 |
| nwkcInitialRREQRetries | 首次广播传输的路由请求命令帧重试的次数 | 0x03 |
| nwkcRREQRetries | 广播传输路由请求命令帧通过中间的 ZigBee 路由器或者协调器中继重传的次数 | 0x02 |
| nwkcRREQRetryInterval | 在广播路由请求命令帧之间重试的时间，（单位：ms） | 0xfe |
| nwkcMinRREQJitter | 路由请求命令帧广播转发的最小抖动，以 2ms 插槽为单位 | 0x01 |
| nwkcMaxRREQJitter | 路由请求命令帧广播转发的最大抖动，以 2ms 插槽为单位 | 0x40 |
| nwkcMACFrameOverhead | ZigBee 网络层使用 MAC 头大小 | 0x0b |

表 2-25    NIB 属性

| 属性 | ID | 类型 | 只读 | 范围 | 描述 | 默认 |
|---|---|---|---|---|---|---|
| nwkSequenceNumber | 0x81 | Integer | Yes | 0x00 ～ 0xff | 用于标识离开网的序列号 | 范围内的随机值 |
| nwkPassiveAckTimeout | 0x82 | Integer | No | 0x0000 ～ 0x2710 | 父设备和所有子设备转发广播信息允许的最大延时时间，以秒为单位（被动确认超时） | 在栈 Profile 中定义 |
| nwkMaxBroadcastRetries | 0x83 | Integer | No | 0x00 ～ 0x05 | 广播传输失败后允许重传的最大次数 | 0x03 |
| nwkMaxChildren | 0x84 | Integer | No | 0x00 ～ 0xff | 设备在当前网络中允许拥有的子节点数。（注意：当 nwkAddrAlloc 的值为 0x02 时，表示随机分配地址，此属性的值是独立于执行程序行为的。） | 在栈 Profile 中定义 |
| nwkMaxDepth | 0x85 | Integer | Yes | 0x00 ～ 0xff | 设备的深度 | 在栈 Profile 中定义 |
| nwkMaxRouters | 0x86 | Integer | No | 0x01 ～ 0xff | 允许任何一个设备可有几个路由器作为子节点。ZigBee 协调器确定网络中所有设备的此值，如果 nwkAddrAlloc 是 0x02，则不使用这个值 | 在栈 Profile 中定义 |
| nwkNeighborTable | 0x87 | Set | No | 可变 | 设备上邻居表目录的当前设置 | 空集 |
| nwkNetworkBroadcastDeliveryTime | 0x88 | Integer | No | 0x00 ～ 0xff | 需要用绕遍整个网络的广播信息的延时，以秒为单位，这个值是根据其他 NIB 属性计算的 | — |
| nwkReportConstantCost | 0x89 | Integer | No | 0x00 ～ 0x01 | 如果其值为 0，网络层应使用 MAC 层报告的 LQI 值计算来自所有邻居节点的链路消耗；否则，它应报告一个恒定的值 | 0x00 |
| nwkRouteDiscoveryRetriesPermitted | 0x8a | Integer | No | 0x00 ～ x03 | 在路由请求失败之后允许重试的最大次数 | nwkcDiscoveryRetryLimit |
| nwkRouteTable | 0x8b | Set | No | 可变的 | 设备路由表目录的当前设置 | 空集 |
| nwkSymLink | 0x8e | Boolean | No | TRUE 或 FALSE | 目前路由表对称设置：TRUE：路由被看作由对称链路组成的，在路由发现期间创建了向前和向后的路由。FALSE：路由不被看作由对称链路组成的。在路由发现期间只存储向前的链路 | FALSE |
| nwkCapabilityInformation | 0x8f | 位 vector | Yes | | 网络连接建立时的设备能力信息 | 0x00 |
| nwkAddrAlloc | 0x90 | Integer | No | 0x00 ～ 0x02 | 决定分配地址使用的方法：0x00 = 使用分布式地址分配 0x01 = 保留 15 0x02 = 使用随机地址分配 | 0x00 |

（续）

| 属性 | ID | 类型 | 只读 | 范围 | 描述 | 默认 |
|---|---|---|---|---|---|---|
| nwkUseTreeRouting | 0x91 | Boolean | No | TRUE 或 FALSE | 决定网络层是否应该承担使用分层路由的能力：<br>TRUE =承担分层路由的能力；<br>FALSE =绝不使用分层路由 | TRUE |
| nwkManagerAddr | 0x92 | Integer | No | 0x0000 ～ 0xfff7 | 指定网络信道管理器的功能地址 | 0x0000 |
| nwkMaxSourceRoute | 0x93 | Integer | No | 0x00 ～ 0xff | 源路由的最大跳数 | 0x0c |
| nwkUpdateId | 0x94 | Integer | No | 0x00 ～ 0xff | 该值指示操作节点网络设置的快照 | 0x00 |
| nwkTransactionPersistenceTime | 0x95 | Integer | No | 0x0000 ～ 0xffff | 通过协调器存储并且通过它的信标示的最大时间（在超帧周期里）。该属性反映了 MAC PIB 属性 macTransactionPersistenceTime 的值而更高层所做的任何修改也将反映在 MAC PIB 属性里 | 0x01f4 |
| nwkNetworkAddress | 0x96 | Integer | No | 0x0000 ～ 0xfff7 | 设备用于个域网通信的 16 位地址。该属性反映了 MAC PIB 属性 macShortAddress 的值，而更高层所做的任何修改也将反映在 MAC PIB 属性里 | 0xffff |
| nwkStackProfile | 0x97 | Integer | No | 0x00 ～ 0x0f | 该设备使用的 ZigBee 栈 Profile 标识符 | |
| nwkBroadcastTransaction Table | 0x98 | Set | Yes | — | 设备中广播事务表的当前设置 | 空集 |
| nwkGroupIDTable | 0x99 | Set | No | Variable | 组标识符的集合，范围为 0x0000 ～ 0xffff，本设备是该组的一个成员 | 空集 |
| nwkExtendedPANID | 0x9 a | 64 位 extended-address | No | 0x0000000000000000 ～ 0xfffffffffffffffe | 设备所在个域网的扩展个域网标识符，0x0000000000000000 代表扩展个域网标识符是未知的 | 0x00000000 00000000 00000 |
| nwkUseMulticast | 0x9 b | Boolean | No | TRUE 或 FALSE | 决定多播信息发生的层：<br>TRUE 为多播发生在本地网络层；<br>FALSE 为多播发生在 APS 层并使用 APS 头 | TRUE |
| nwkRouteRecordTable | 0x9 c | Set | No | Variable | 路由记录表 | 空集 |
| nwkIsConcentrator | 0x9d | Boolean | No | TRUE 或 FALSE | 决定设备是否是集中器：<br>TRUE 为设备是集中器；<br>FALSE 为设备不是集中器 | FALSE |
| nwkConcentratorRadius | 0x9 e | Integer | No | 0x00 ～ 0xff | 集中器周围发现的跳计数半径 | 0x0000 |
| nwkConcentratorDiscoveryTime | 0x9f | Integer | No | 0x00 ～ 0xff | 在集中器路由发现之间的时间，以秒为单位。如果其值设置为 0x0000，则在启动时发现，只能由上层使用 | 0x0000 |
| nwkSecurityLevel | 0xa0 | | No | | 安全属性 | |

| | | | | | | |
|---|---|---|---|---|---|---|
| nwkSecurityMaterialSet | 0xa1 | | No | | 安全属性 | |
| nwkActiveKeySeqNumber | 0xa2 | | No | | 安全属性 | |
| nwkAllFresh | 0xa3 | | No | | 安全属性 | |
| nwkSecureAllFrames | 0xa5 | | No | | 安全属性 | |
| nwkLinkStatusPeriod | 0xa6 | Integer | No | 0x00 ~ 0xff | 链路状态命令帧之间的时间，以秒为单位 | 0x0f |
| nwkRouterAgeLimit | 0xa7 | Integer | No | 0x00 ~ 0xff | 复位链路状态消耗为零时，之前错过的链路状态命令帧数 | 3 |
| nwkUniqueAddr | 0xa8 | Boolean | No | TRUE 或 FALSE | 决定网络层是否应该检测和校正冲突的地址：TRUE 为假定地址是唯一的 FALSE 为地址可能是不唯一的 | TRUE |
| nwkAddressMap | 0xa9 | Set | No | 可变 | 64 位 IEEE 到 16 位网络地址映射的当前集合 | 空集 |
| nwkTimeStamp | 0x8C | Boolean | No | TRUE 或 FALSE | 决定任输入和输出数据包中是否提供时间戳指示：TRUE：提供时间指示 FALSE：不提供时间指示 | FALSE |
| nwkPANId | 0x80 | 16 位 PAN ID | No | 0x0000 ~ 0xffff | 这个 NIB 属性的值应该一直和 macPANId 的值相同 | 0xffff |
| nwkTxTotal | 0x8D | Integer | No | 0x0000 ~ 0xffff | 设备上，NWK 层单播传输的值数。每次 NWK 层通过调用 MAC 子层 MCPS-DATA.request 原语传送一个单播帧，它应增加此计数器。如果对此属性执行一个 NLME-SET.request 原语或如果属性 nwkTxTotal 回到 0xffff，NWK 层应把包含在邻居表中的每个传输失败数字段复位到 0x00 | 0xffff |

表 2-26　路由记录表条目格式

| 域名称 | 域类型 | 有效范围 | 参考 |
|---|---|---|---|
| Network Address | Integer | 0x0000 ~ 0xfff7 | 本路由记录的目标网络地址 |
| Relay Count | Integer | 0x0000 ~ 0xffff | 从集中器到目标的中继节点计数 |
| Path | 网络地址集合 | — | 从集中器到目标路由的网络地址 |

表 2-27　网络地址映射图

| 64 位 IEEE 地址 | 16 位网络地址 |
|---|---|
| 有效的 64 位 IEEE 地址 | 0x0000 ~ 0xfff7 |

### 2.2.2　应用层规范

ZigBee 应用层（APL）是 ZigBee 协议结构的最高层，它主要包括应用支持子层（APS），应用框架（AF）和 ZigBee 设备对象（包括 ZDO 管理平面）。ZigBee 应用层结构示意图如图 2-57 所示。

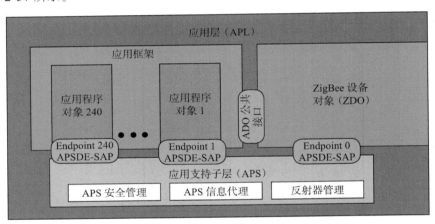

图 2-57　应用层结构示意图

1. 应用支持子层（APS）

APS 应用支持子层（APS）通过一组通用的服务为网络层（NWK）和应用层（APL）之间提供接口，这些服务可以被 ZigBee 设备对象 ZDO 和制造商定义的应用对象使用。该服务通过以下两个实体提供：

APS 数据实体（APSDE），通过 APSDE 服务接入点（APSDE-SAP）提供服务。

APS 管理实体（APSME），通过 APSME 服务接入点（APSME-SAP）提供服务。

APSDE 为位于同一网络中的两个或多个应用实体提供数据传输服务。APSME 为应用对象提供包括安全服务和绑定设备在内的多种服务。它还维护管理对象的数据库，即 APS 信息库（AIB）。

2. 应用框架（AF）

应用框架是 ZigBee 设备应用对象的驻留环境。

它可以定义多达 240 个不同的应用对象，每个端点（Endpoint）上的接口索引从 1 到 240。为了使用应用框架服务，APSDE-SAP 定义了两个另外的端点：端点 0 为 ZDO 的数据接口，端点 255 为所有应用对象的广播数据接口。端点 241 ~ 254 保留，供以后使用。

（1）应用

应用是关于信息、信息格式、处理行为等的约定，可使位于不同设备上的应用实体具有创建可交互、分布式应用的能力。这些应用可以发送命令、请求数据、处理命令和请求。

应用由 ZigBee 技术开发商提供，可用于特定的应用场合，它是用户进行 ZigBee 技术开发的基础。当然用户也可以使用专用工具建立自己的应用。应用是一种规定不同设备对消息帧的处理行为，并使不同设备之间可以通过发送命令、数据请求来实现互操作的规范。

（2）簇

用簇标识符来表示一个簇，它和数据流出、流进设备有关。Cluster 标识符在特定应用中是唯一的。

### 3. ZigBee 设备对象（ZDO）

ZigBee 设备对象（ZDO）代表一个基础的函数类，并为应用对象、设备 Profile 和 APS 之间提供一个接口。ZDO 位于应用程序构架和应用支持子层之间。它满足了 ZigBee 协议栈所有应用程序操作的一般需求。ZDO 的职责如下：

- 初始化应用支持子层（APS）、网络层（NWK）和安全服务提供者。
- 组装来自终端应用的配置信息，以决定并执行发现，安全管理，网络管理和绑定管理。

ZDO 通过应用对象为设备控制和网络管理提供了应用构架层应用对象的公共接口。ZigBee 协议栈低层部分的 ZDO 接口在端点 0 通过 APSDE-SAP 提供数据服务，并通过 APSME-SAP 来访问控制信息。公共的接口在 ZigBee 协议栈的应用构架层内部，并提供了设备的地址管理、发现、绑定以及安全功能。

（1）设备发现

设备发现是 ZigBee 设备发现其他 ZigBee 设备的过程。具体的设备发现请求有两种形式：IEEE 地址请求和 NWK 地址请求。如果使用 IEEE 地址，则单播请求一个特定的设备，此时假设 NWK 地址已知。NWK 地址请求采用的是广播形式，在此过程中，IEEE 地址作为数据负载出现。

（2）服务发现

服务发现是给定设备的功能被其他设备发现的过程。服务发现可以通过为特定设备的每个端点发布一个查询或者使用一个匹配服务功能（广播或者单播）实现。服务发现可以定义和使用各种描述符来描述一个设备的能力。

在发现操作发生时，设备提供的某种服务可能无法访问，在这种情况下设备发现的信息也可以在网络中先进行缓存。

#### 2.2.2.1 应用支持子层（APS）

应用支持子层通过一组 ZigBee 设备对象（ZDO）和制造商定义的应用对象共用的服务为网络层和应用层之间提供接口，它主要负责应用层协议数据单元（APDU）的数据传输、设备绑定表创建和维护、组表的管理和维护、数据可靠传输等。这些服务包括数据服务和管理服务，并分别通过 APS 数据实体（APSDE）和 APS 管理实体（APSME）提供。APS 数据实体（APSDE）通过其相关的 SAP 提供数据传输服务，即 APSDE-SAP。APS 管理实体（APSME）通过其相关的 SAP 提供管理服务，即 APSME-SAP，并维护管理对象的数据库，即 APS 信息库（AIB）。其参考模型如图 2-58 所示。

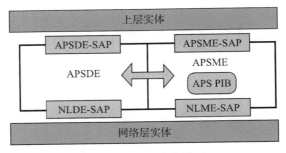

图 2-58   APS 参考模型

1. 数据和管理服务

应用支持子层数据实体（APSDE）为网络层、ZDO 和应用对象提供一个数据服务，APSDE 为位于同一网络的两个或多个应用实体提供数据传输服务。

应用支持子层数据实体 APSDE 将提供以下服务：

- **传送应用层 PDU（APDU）**：APSDE 会接收应用 PDU，并通过增加合适的协议开销发出一个 APS PDU。
- **绑定**：一旦两个设备被绑定，APSDE 就可以从一个绑定设备传输信息给另外的设备。
- **组地址过滤**：这提供了根据是否是终端组的成员过滤组地址信息的功能。
- **可靠传输**：在 NWK 层采用端到端重试，增加了事务的可靠性。
- **重复拒绝**：传输所提供的信息将不会被多次接收。
- **分裂**：可以分割和重组一个比 NWK 层帧负载长的信息。

应用支持子层管理实体（APSME）提供以下服务：

- **管理服务**：允许一个应用和协议栈相互交互。根据其服务和需求匹配两个设备的功能，叫做绑定服务。APSME 将建立和维护一个绑定表来存储该信息。
- **绑定管理**：这是根据其服务和需求匹配两个设备的功能。
- **组管理**：这提供了宣布多个设备共享一个地址，增加设备到组，以及从组中移除设备的功能。
- **AIB 管理**：在设备的 AIB 中获取并设置属性的功能。
- **安全**：通过使用安全密钥与其他设备建立可信关系的功能。

（1）APS 数据服务

APS 子层数据实体 SAP（APSDE-SAP）支持应用协议数据单元在对等应用实体之间的传输。

1）APSDE-DATA.request。

该原语请求一个从本地 NHLE 到一个或多个对等 NHLE 实体传输一个 NHLEPDU（ASDU）。在接收此原语时，APS 子层实体开始传输所提供的 ASDU，具体过程如下：

```
APSDE-DATA.request {
    DstAddrMode, // 本原语使用的目标地址以及传输 APDU 的寻址模式
                //0x00: DstAddress 和 DstEndpoint 不存在
                //0x01: DstAddress16 位组地址; DstEndpoint 不存在
                //0x02: DstAddress16 位地址; DstEndpoint 不存在
                //0x03: DstAddress 和 DstEndpoint 都存在, 是 64 位扩展地址
                //0x04 ～ 0xff:  保留
```

```
    ProfileId,          // 帧要被送到的那个对象的标识符
    ClusterId,          // 帧要被送到的那个对象的簇标识符
    SrcEndpoint,        / 被传输的 ASDU 来自的实体的单个端点
    ADSULength,         // 构成被传输的 ASDU 的字节数
     ADSU,              // 组成被传输的 ASDU 的字节集合
    TxOptions,
                   // 被传输的 ASDU 的传输选项是下面一个或多个按位逻辑的或运算
                        //0x01= 启用安全传输
                        //0x02= 使用网络密钥
                        //0x04= 确认传输
                        //0x08= 允许分段
    RadiusCounter   // 允许一个被传输的帧通过网络进行传输的距离, 以跳为单位
}
```

2）APSDE-DATA.confirm。

该原语报告请求从一个本地 NHLE 传输数据 PDU（ASDU）到一个对等 NHLE 的结果。本原语的语义如下：

```
APSDE-DATA.confirm {
    DstAddrMode,              // 该原语和被传输的 PDU (APDU) 使用的目标地址寻址模式
    DstAddress,
    DstEndpoint,
    SrcEndpoint,
    Status,              // 相应请求的状态
                            //SUCCESS
                            //NO_SHORT_ADDRESS
                            //NO_BOUND_DEVICE
                            //SECURITY_FAIL
                            //NO_ACK
                            //ADSU_TOO_LONG
                            // 以及从 NLDE-DATA.conform 原语返回的任何状态返
                            // 回值
    TxTime               // 对基于本地时钟的传输包的时间指示, 与 NMK 层所提供的相同
}
```

本原语由本地 APS 子层实体在响应一个 APSDE-DATA.request 原语时生成。本原语返回一个状态值 SUCCESS，以表示传输请求成功，或一个 NO_SHORT_ADDRESS，NO_BOUND_DEVICE、SECURITY_FAIL 的错误代码，或任何 NLDE-DATA.confirm 原语返回的状态值。

3）APSDE-DATA.indication。

本原语表示从 APS 子层传输一个数据 PDU（ASDU）到本地应用实体。

本原语的语义如下：

```
APSDE-DATA.indication {
    DstAddrMode,
    DstAddress,
    DstEndpoint,
    SrcAddrMode,
    SrcAddress,
    SrcEndpoint,
    ProfileId,
    ClusterId,
    asduLength,
```

```
            asdu,
            Status,              // 输入帧处理的状态
            SecurityStatus,
            LinkQuality,         //NLDE 传送的链路质量指示
            RxTime
    }
```

当从本地 NWK 层实体收到一个适当寻址数据帧或随后收到一个设置为 0x00 的 DstAddrMode 参数和将绑定表条目指示帧送到设备本身的 APSDE-DATA.request 时，本原语由 APS 子层生成并发给上层。

APS 层数据服务和 Z-Stack 实现接口归纳如附录表 C-5 所示。

（2）APS 管理服务

APS 管理实体 SAP（APSME-SAP）支持上层和 APSME 之间管理命令的传输，它主要包括绑定服务、信息库服务、组表服务等。

1）绑定服务。

APS 允许两个设备的服务和需要在相匹配时进行绑定，它维护一个绑定表，使得 ZigBee 设备为来自绑定源端点特定簇标识的帧建立一个指定的目的地。在绑定或解除绑定过程中，ZigBee 协调器的 APSME 将首先提取出设备绑定链路起点及终点的地址和端点。

绑定表应该执行以下映射：

$$(as,es,cs) = \{ (ad1|,ed1|),(ad2|,ed2|) \cdots (adn|,edn|) \}$$

其中，as 作为绑定连接源的设备地址；es 作为绑定连接源的设备端点标识符；cs = Cluster 标识符并用于绑定连接；adn 是与绑定连接有关的第 $n$ 个目的地址或者目的组地址。edn 是与绑定连接有关的第 $n$ 个可选目的端点标识符。

**注意：**当 adn 是一个设备地址时，edn 才能存在。

这组原语定义了设备的上层如何向其本地绑定表中增加（提交）一个绑定记录或从本地绑定表中移除一个绑定记录。

只有支持绑定表或绑定表缓存的设备，才可以处理这些原语。如果任何其他设备从其上层接收到这些原语，原语将被丢弃。

这组原语的具体介绍如下：

①如果设备支持绑定表或绑定表缓存的话，APSME-BIND.request 原语允许上层通过在其本地绑定表中创建一个实体请求把两个设备绑定到一起或绑定一个设备到一个组。

本原语的语义如下：

```
APSME-BIND.request {
        SrcAddr,          // 绑定目录的源 IEEE 地址
        SrcEndpoint,      // 绑定目录的源端点
        ClusterId,        // 将要绑定到目的设备的源设备上的 Cluster 标识符
        DstAddrMode,      // 该原语使用的目标地址寻址模式
        DstAddr,          // 绑定目录的目的地址
        DstEndpoint       // 当且仅当 DstAddrMode 参数的值为 0x03 时，该参数才
                          // 存在，如果存在，该参数将是绑定目录的目标端点
    }
```

本原语由上层实体生成，并发给 APS 子层，其目的是在一个支持绑定表的设备上发起一个绑定操作。

② APSME-BIND.confirm 原语允许上层被告知直接或代理绑定两个设备，或绑定一个

设备到一个组的结果。

本原语的语义如下：

```
APSME-BIND.confirm{
        Status,                 // 绑定请求结果
                                //SUCCESS, ILLEGAL_DEVICE, ILLEGAL_REQUEST
                                //TABLE_FULL, NOT_SUPPORTED
        SrcAddr,
        SrcEndpoint,
        ClusterId,
        DstAddrMode,
        DstAddr,
        DstEndpoint
}
```

本原语由 APSME 生成，并发给其 NLME，以响应一个 APSME-BIND.request 原语。如果该请求成功，Status 参数将表示一个成功的绑定请求。否则，状态参数表示 NOT_SUPPORTED，ILLEGAL_REQUEST 或 TABLE_FULL 的一个错误代码。

收到本原语，上层被告知其绑定请求的结果。如果绑定请求成功，状态参数设置为 SUCCESS。否则，状态参数表示错误。

③如果设备支持绑定表或绑定表缓存的话，APSME-UNBIND.request 原语允许上层通过移除本地绑定表中的一个实体，并请求取消绑定两个设备或从组中取消绑定一个设备。

本原语的语义如下：

```
APSME-UNBIND.request {
        SrcAddr,
        SrcEndpoint,
        ClusterId,
        DstAddrMode,
        DstAddr,
        DstEndpoint
}
```

本原语由上层生成，并发给 APS 子层，其目的是在一个支持绑定表的设备上发起一个取消绑定操作。

④ APSME-UNBIND.confirm 原语的语义如下：

```
APSME-UNBIND.confirm {
    Status,             // 取消绑定请求的结果
                        //SUCCESS, ILLEGAL_DEVICE,
                        //ILLEGAL_REQUEST, INVALID_BINDING
    SrcAddr,
    SrcEndpoint,
    ClusterId,
    DstAddrMode,
    DstAddr,
    DstEndpoint
}
```

本原语由 APSME 生成，并发给其 NHLE，以响应一个 APSME-UNBIND.request 原语。如果该请求成功，Status 参数将表示一个成功的取消绑定请求。否则，状态参数表示一个 ILLEGAL_REQUEST 或 INVALID_BINDING 的错误代码。在接收到本原语时，上层

被通知其取消绑定请求的结果。如果取消绑定请求成功，Status 参数设置为 SUCCESS。否则，Status 参数表示错误。

2）组表管理。

这组原语允许上层通过增加和移除组表中的条目为当前设备上的端点管理组成员。

组管理原语见表 2-28，组表条目格式可见表 2-29。

表 2-28　组管理原语

| 原语 | 描述 |
| --- | --- |
| APSME-ADD-GROUP.request | 本原语允许上层为某个特定端点请求往某个特定的组增加组成员。 |
| APSME-ADD-GROUP.confirm | 本原语允许上层被通知其请求给一个端点增加一个组的结果。 |
| APSME-REMOVE-GROUP.request | 本原语允许上层请求移除某个特定端点的某个组中的组成员。 |
| APSME-REMOVE-GROUP.confirm | 本原语允许上层被通知其请求从一个端点移除一组的结果。 |

表 2-29　组表条目格式

| 组 ID | 端点列表 |
| --- | --- |
| 16 位组地址 | 属于该组成员的值的过程设备的端点列表 |

3）信息库维护。

这组原语定义了设备的上层如何从 AIB 中读取和写入属性值的过程。

表 2-30 为信息库维护原语以及作用。

表 2-30　信息库维护原语及作用

| 原语 | 描述 |
| --- | --- |
| APSME-GET.request | 本原语允许上层从 AIB 中读取一个属性值 |
| APSME-GET.confirm | 本原语报告尝试从 AIB 中读取一个属性值的结果 |
| APSME-SET.request | 本原语允许上层往 AIB 中写入一个属性值 |
| APSME-SET.confirm | 本原语报告尝试为一个 AIB 属性写入一个值的结果 |

APS 信息库包含管理设备的 APS 层所要求的属性。表 2-31 是部分 APS 信息库属性。APS 信息库属性和组表的 Z-Stack 实现可以参见本书附录 B 部分。

表 2-31　APS 信息库属性

| 属性 | 标识符 | 类型 | 值域 | 描述 | 默认值 |
| --- | --- | --- | --- | --- | --- |
| apsBindingTable | 0xc1 | Set | 可变 | 设备绑定表目录的当前集合 | 空集 |
| apsDesignatedCoordinator | 0xc2 | Boolean | TRUE 或 FALSE | 如果在启动时设备成为 ZigBee 协调器，则为 TRUE，否则为 FALSE | FALSE |
| apsChannelMask | 0xc3 | IEEE802.15.4 信道掩码 | 对于 PHY 的任何有效掩码 | 用于这个设备网络操作的允许信道的掩码 | 所有信道 |
| apsUseExtendedPANID | 0xc4 | 64 位扩展地址 | 0x0000000000000000 ～ 0xfffffffffffffffe | 形成或加入网络的 64 位地址 | 0x0000000000000 |
| apsGroupTable | 0x0c5 | Set | 可变 | 组表目录的当前集合 | 空集 |
| apsNonmemberRadius | 0xc6 | Integer | 0x00 ～ 0x07 | 当使用 NWK 层多播时，NonmemberRadius 参数使用的值 | 2 |
| apsUseInsecureJoin | 0xc8 | Boolean | TRUE 或 FALSE | 控制在启动时不安全加入的一个标志 | TRUE |

APS 层管理服务和 Z-Stack 实现接口归纳如附录表 C-6 所示。

2. APS 层帧格式

每个 APS 帧（APDU）包括 APS 帧头和 APS 帧有效载荷，帧头由帧控制字段和地址字段组成；有效载荷包含帧类型相关信息，长度是可变的。

（1）通用的 APDU 帧格式

APS 帧格式包括一个 APS 头和一个 APS 负载。APS 帧头中各个字段排列顺序是固定的，但帧不一定都包含地址字段。

表 2-32 是通用的 APDU 帧格式。

表 2-32　通用 APDU 帧格式

| 字节：1 | 0/1 | 0/2 | 0/2 | 0/2 | 0/1 | 1 | 0/ 可变 | 可变 |
|---|---|---|---|---|---|---|---|---|
| 帧控制 | 目标端点 | 组地址 | Cluster 标识符 | Profile 标识符 | 源端点 | APS 计数器 | 扩展头 | 帧负载 |
| | 寻址字段 | | | | | | | |
| | APS 头 | | | | | | | APS 负载 |

1）帧控制字段。

帧控制字段长 8 位，并包括定义帧类型的信息，寻址字段和其他控制标志。格式如表 2-33 所示。

表 2-33　帧控制字段格式

| 位：0 ~ 1 | 2 ~ 3 | 4 | 5 | 6 | 7 |
|---|---|---|---|---|---|
| 帧类型 | 传送模式 | 确认格式 | 安全 | 确认请求 | 扩展头存在 |

- **帧类型**：长度有两位，包括数据帧、命令帧和确认帧三种类型。
- **传送模式**：长度有两位，有正常单播传送，间接寻址，广播和组寻址四种模式。
- **确认格式**：字段表示目标端点、Cluster 标识符、Profile 标识符和源端点字段在确认帧中是否存在。
- **安全子字段**：为 1 位，表示安全服务供应商管理安全子字段。
- **确认请求**：子字段长度为 1 位，这指明了当接收者在接收该帧时，当前传输是否需要给发起者发送一个确认帧。
- **扩展头存在子字段**：该字段长度为 1 位，并规定扩展头是否包含在此帧内。如果该子字段设置为 1，那么扩展头应该包含在此帧内。否则，不包含在此帧内。

2）目标端点字段。

目标端点字段长度为 8 位，其指明了最终接收该帧的端点。仅在帧控制字段的传送模式设置为正常单播传送，间接传送或广播传送时，帧中才包含该字段。在广播传送的情况下，帧将被传送到规定范围为 0x01 ~ 0xf0 的目标端点或如果规定为 0xff，则传送到所有活动端点。

如果目标端点值为 0x00，设备 APS 层就把帧送到 ZigBee 设备对象（ZDO）。目标端点值若为 0x01 ~ 0xf0，就把帧送到运行在该端点上的一个应用程序。目标端点值为 0xff，就把帧送到除端点 0x00 的所有活动端点。其他端点（0xf1 ~ 0xfe）保留。

3）组地址字段。

组地址字段长度为 16 位，且仅在帧控制字段传送模式为组寻址时存在。在这种情况下，目标端点不存在。如果帧的 APS 头包含一个组地址字段，帧将被传送到设备中组表包含的所有端点。

4）Cluster 标识符字段。

Cluster 标识符字段长度为 16 位，此字段指明了与该帧有关的 Cluster 标识符，以及哪个标识应该用于过滤、解释每个传送帧设备上的信息。在数据帧或确认帧中才存在这个字段。

5）Profile 标识符字段。

Profile 标识符长度为两个字节，它指明了帧要传输到的 ZigBee 的 Profile 标识符，以及哪个标识应在每个传送帧设备上的信息过滤期间使用。在数据帧或确认帧中才存在这个字段。

6）源端点字段。

源端点字段长度为 8 位，它指明了帧的初始发起者所在的端点。源端点值为 0x00 表示帧从 ZigBee 设备对象（ZDO）发出，该端点驻留在每个设备上。源端点值 0x01 ～ 0xf0 表示帧从运行在该端点的一个应用程序发出。其他端点（0xf1 ～ 0xff）保留。

7）APS 计数器。

该字段长度为 8 位，是防止接收重复的帧。该值应该在每次新的传输之后加 1。

8）扩展头子帧。

该字段用于定义传输过程中使用分段的信息和分段控制信息。

9）帧负载字段。

帧负载字段的长度可变，它包含指明不同帧类型的信息。

（2）APS 帧类型

ZigBee 定义了 3 种 APS 帧类型：数据帧、命令帧和确认帧。

1）数据帧。

数据帧遵循通用 APDU 帧格式结构。

数据帧的 APS 头字段包含帧控制，cluster 标识符，Profile 标识符，源端点和 APS 计数器字段。根据帧控制字段传送模式和扩展头存在子字段的值，目标端点、组地址和扩展头字段应包含在数据帧中。

在帧控制字段中，帧类型子字段应包含指明一个数据帧的值。

图 2-59 是通过抓包工具抓取的 APS 层数据格式。

| APS Frame control field | | | | | APS Dest. Endpoint | APS Cluster Id | APS Profile Id | APS Src. Endpoint | APS Counter | APS Payload |
|---|---|---|---|---|---|---|---|---|---|---|
| Type | Del.mode | Ack.fmt | Sec | Ext.hdr | 0x02 | 0x0002 | 0x0F20 | 0x02 | 18 | 15 25 |
| Data | Unicast | 0 | 0 | 0 | | | | | | 00 00 |

图 2-59　通过抓包工具抓取的 APS 层数据格式

2）命令帧。

APS 命令帧格式按照表 2-34 所示进行编排。

表 2-34　命令帧格式

| 字节：1 | 1 | 1 | 可变 |
|---|---|---|---|
| 帧控制 | APS 计数器 | APS 命令标识符 | APS 命令负载 |
| APS 头 | | APS 负载 | |

APS 命令帧的 APS 头字段包含帧控制和 APS 计数器字段。APS 命令帧不能分段，且

扩展头字段不存在。在帧控制字段中,帧类型子字段包含表明一个 APS 命令帧的值。APS 命令负载根据 APS 命令帧的预定用途设置为合适的值。

3)确认帧。

确认帧格式按照表 2-35 所示的格式编排。

表 2-35 确认帧格式

| 字节 1 | 0/1 | 0/2 | 0/2 | 0/1 | 1 | 0/ 可变 |
|---|---|---|---|---|---|---|
| 帧控制 | 目标端点 | Cluster 标识符 | Profile 标识符 | 源端点 | APS 计数器 | 扩展头 |
| | | | APS 头 | | | |

如果帧控制字段的确认格式字段没有设置,目标端点、Cluster 标识符、Profile 标识符和源端点应该存在。源和目标端点字段都应该包含在确认帧中。扩展头字段应根据帧控制字段的扩展头存在子字段的值设置,并包含在数据帧中。

如果帧控制字段的确认格式字段被设置,帧就是一个 APS 命令确认帧,且不能设置目标端点、Cluster 标识符、Profile 标识符和源端点字段。如果 APS 数据帧被确认,确认帧源端点字段应该映射为被确认帧目标端点字段的值。同样,目标端点字段应该映射为被确认帧源端点字段的值。

图 2-60 是通过抓包工具抓取的 APS 层应答帧格式。

| APS Frame control field | | | | APS Dest. Endpoint | APS Cluster Id | APS Profile Id | APS Src. Endpoint | APS Counter |
|---|---|---|---|---|---|---|---|---|
| Type | Del.mode | Ack.fmt | Sec | Ext.hdr | | | | |
| Ack. | Unicast | 0 | 0 | 0 | 0x02 | 0x0002 | 0x0F20 | 0x02 | 73 |

图 2-60 通过抓包工具抓取的 APS 层应答帧格式

**3. APS 层常量**

APS 层特征的常量见表 2-36。

表 2-36 APS 子层特征的常量

| 常量 | 描述 | 值 |
|---|---|---|
| apscMaxDescriptorSize | 包含一个非复合描述符中字节的最大数 | 64 |
| apscMaxFrameRetries | 传输失败后允许重传的最大次数 | 3 |
| apscAckWaitDuration | 等待确认传输一帧的最大秒数 | 0.05*(2*nwkcMaxDepth)+(ecurity encrypt/decrypt delay),其中(ecurity encrypt/ decrypt delay)= 0.1,同时假设每个加密或解密周期为 0.05) |
| apscMinDuplicate -RejectionTableSize | APS 重复拒绝表所需的最小值 | 1 |
| apscMaxWindowSize | 分段参数——可以一次激活的未确认帧的最大数 | 由栈 Profile 设定 |
| apscInterframeDelay | 分段参数——发送一个分段传输的两个块之间的标准延迟 | 由栈 Profile 设定 |
| apscMinHeaderOverhead | APS 子层到 ASDU 增加的最小字节数 | 0x0C |

### 2.2.2.2 ZigBee 应用框架(AF)

ZigBee 的应用构架是 ZigBee 应用对象驻留运行的环境,它可以定义多达 240 个不同的应用对象,并与端点对应,每个端点的接口索引从 1 ～ 240 变化。APSDE-SAP 还定义了另外两个端点：用作 ZDO 数据接口端点 0 和用作所有应用对象广播数据接口的端点 255。同时，端点 241～254 保留，供以后使用。应用框架（AF）层还为每个应用对象提供了键值对 KVP 服务以及 MSG 服务以传输数据，并通过应用配置文件（Profile）描述设备的服务和信息，进而创建一个可以在不同设备上进行互操作的、分布式的应用。而且还可通过簇标识识别数据流出、流进设备的有关属性。Cluster 标识符在特定应用配置文件中是唯一的。

### 1. 创建 ZigBee Profile

ZigBee 网络设备之间通信的关键是对 Profile 的约定。家庭自动化中的照明控制是一个 ZigBee Profile 例子。ZigBee Profile 允许不同设备交换控制信息。这些信息如开关向照明控制器发送一个亮度测量值或位置传感器探测到移动时发送的警报信息。

ZigBee 定义了两类不同的 Profile：制造商定义的和公共的。这些类型的具体定义和标准是 ZigBee 联盟内部的行政问题，不在 ZigBee 规范之内。实施 ZigBee 规范需要知道一点，配置 Profile 的标识符是唯一的。为此，如果需要定义满足特定需要的 Profile，开发厂商需向 ZigBee 联盟请求分配一个 Profile 标识符。在获得 Profile 标识符后，该 Profile 标识符允许 Profile 开发者做设备描述、Cluster 标识和服务类型（KVP 或 MSG）。

Profile 标识符是 ZigBee 协议内部主要的枚举特性。每个唯一的 Profile 标识符定义一个设备描述和 Cluster 标识符的关联枚举。例如，Profile 标识符"1"表示存在一组用 16 位值描述的设备描述（这意味着每个 Profile 内有 $2^{16} = 65\,536$ 个可能的设备描述）和一组由 16 位值描述的 Cluster 标识符（这意味着每个 Profile 内也有 65 536 个可能的 Cluster 标识符）。每个 Cluster 标识符还支持一批由 16 位值描述的属性。这样，每个 Profile 标识符有多达 65 536 个 Cluster 标识符，每个 Cluster 标识符包含多达 65 536 个属性。Profile 开发者的任务就是在其分配的 Profile 标识符内定义和分配设备描述，Cluster 标识符和属性。

单个 ZigBee 设备可以支持许多 Profile，并提供定义在这些 Profile 内的各种 Cluster 标识符的子集，还可以支持多设备描述。这个功能使用设备内部的地址等级如下：

- 设备：单个无线电支持的整个设备，带有唯一的 IEEE 和 NWK 地址。
- 端点：这是一个 8 位字段，它描述一个无线电支持的不同应用。端点 0x00 用于寻找设备 Profile 地址，每个 ZigBee 设备必须使用该端点。端点 0xff 用于寻找所有活动端点的地址（广播端点），端点 0xf1～0xfe 保留。因此，ZigBee 设备可以支持多达 240 个在端点（0x01～0xf0）上的应用。

应用程序决定在设备端点上如何部署应用，以及安置在哪个端点。为每个端点创建的简单描述符可用于服务发现。

设备一旦被创建支持具体的 Profile，并符合在这些 Profile 内部设备描述使用的 cluster 标识符，就可以部署应用。为此，每个应用分配一个不同的端点，且使用描述符进行描述。

### 2. ZigBee 描述符

在 ZigBee 规范中，ZigBee 设备使用描述符（Descriptor）数据结构描述节点或应用对象的特性，以便通知通信对方。如表 2-37 所示，ZigBee 有五种描述符：Node、Node Power、Simple、Complex 和 User。关于节点描述符，简单描述符，电源描述符的 Z-Stack 实现形式可参见本书附录 B 部分。

表 2-37　ZigBee 描述符

| 描述符名称 | 状态 | 描述 |
|---|---|---|
| Node | M | 节点的类型和能力 |
| Node Power | M | 节点电源特性 |
| Simple | M | 包含在节点内的设备描述 |
| Complex | O | 设备描述符的更多信息 |
| User | O | 用户自定义描述符 |

其中，M 代表该描述符是各种 ZigBee 设备必须支持的；O 代表该描述符是可选支持的。

服务发现程序使用 ZigBee 设备配置文件请求原语寻址端点 0 来查询描述符信息。节点、节点电源、复杂用户描述符适用于整个节点，而简单描述符要指定节点中的每个端点。如果一个节点描述符包含多个子单元，且这些子单元对应不同的端点，那么为了读取这些端点的具体描述符，需要通过在 ZigBee 设备 Profile 原语中指定相关端点号。

（1）节点描述符

节点描述符包含有关 ZigBee 节点能力的信息，且对每个节点都是强制的。一个节点只有一个节点描述符。它的字段以它们传输的顺序展示在表 2-38 中。

表 2-38　节点描述符字段

| 字段名称 | 长度 /bit | 字段名称 | 长度 /bit |
|---|---|---|---|
| 逻辑类型 | 3 | 制造商代码 | 16 |
| 可使用复杂描述符 | 1 | 最大缓冲区大小 | 8 |
| 可使用用户描述符 | 1 | 最大输入传输大小 | 16 |
| 预留 | 3 | 服务掩码 | 16 |
| APS 标志 | 3 | 最大输出传输大小 | 16 |
| 频段 | 5 | 描述符功能字段 | 8 |
| MAC 功能标志 | 8 | | |

1）逻辑类型字段。

节点描述符的逻辑类型字段长度为 3 位，这指明了 ZigBee 节点的设备类型：000 表示 ZigBee 协调器，001 表示 ZigBee 路由器，010 表示 ZigBee 终端设备，011 ～ 11 保留供以后使用。

2）可使用复杂描述符字段。

节点描述符的可使用复杂描述符字段长度为 1 位，它指明了该设备是否可以使用一个复杂描述符。

3）可使用用户描述符字段。

节点描述符的可使用用户描述符字段长度为 1 位，它指明了该设备是否可以使用一个用户复杂描述符。

4）APS 标志字段。

节点描述符的 APS 标志字段长度为 3 位，它指明了节点应用支持子层的功能。

5）频段字段。

频段字段长度为 5 位，它指明了节点使用的、基本 IEEE802.15.4 无线电支持的频段。前面已介绍过，对于每个基本 IEEE802.15.4 无线电支持的频段，如表 2-39 所示。

表 2-39　频段字段取值

| 频段字段的位编号 | 支持频段 /MHz | 频段字段的位编号 | 支持频段 /MHz |
|---|---|---|---|
| 0 | 868 ～ 868.6 | 3 | 2400 ～ 2483.5 |
| 1 | 保留 | 4 | 保留 |
| 2 | 902 ～ 928 | | |

6）MAC 功能标志字段。

如表 2-40 所示，MAC 功能标志字段长度为 8 位，它指明了节点功能。

表 2-40　MAC 功能标志字段的格式

| 位：0 | 1 | 2 | 3 | 4-5 | 6 | 7 |
|---|---|---|---|---|---|---|
| 备用 PAN 协调器 | 设备类型 | 电源 | 空闲时接收器使能 | 保留 | 安全能力 | 分配地址 |

- **备用 PAN 协调器**：字段长度为 1 位，其表示本设备是否具备协调器能力。
- **设备类型**：字段长度为 1 位，它表示该节点是全功能设备（FFD）还是简化功能设备（RFD）。
- **电源**：字段长度为 1 位，它表示设备的供电情况。如果当前电源是主电源，应该设置为 1。
- **空闲时接收器使能**：字段长度为 1 位，它表示设备是否因为需要节省电源以关闭其接收器。
- **安全能力**：子字段长度为 1 位，它表示设备是否使用规定的安全组合发送和接收加密帧。

7）制造商代码字段。

节点描述符的制造商代码字段长度为 16 位，它指明了 ZigBee 联盟分配给该设备制造商的代码。

8）最大缓冲区大小字段。

节点描述符的最大缓冲区字段长度为 8 位，有效值范围是 0x00 ～ 0x7f，它指明了该节点网络子层数据单元（NSDU）的最大长度，以字节为单位。

9）最大输入传输大小字段。

最大输入传输大小字段长度为 16 位，有效值范围是 0x0000 ～ 0x7fff，它指明了在一个信息传输内可以传输给该节点的应用子层数据单元（ASDU）的最大长度，以字节为单位。该值可以超过节点最大缓冲区字段的值，若超过，则需要使用分段。

10）服务掩码字段。

节点描述符的服务掩码字段长度为 16 位，它表示该节点的系统服务能力。并可使系统其他节点发现特定系统的服务。位的设置定义如表 2-41 所示。

11）最大输出传输大小字段。

最大输出传输大小字段长度为 16 位，有效值范围是 0x0000 ～ 0x7fff，它指明了从本节点以单个信息传输的应用子层数据单元（ASDU）的最大长度，以字节为单位。该值可以超过节点最大缓冲区字段的值，若超过，则需要使用分段。

表 2-41　服务掩码位分配

| 位号码 | 分配 |
|---|---|
| 0 | 主要信托中心 |
| 1 | 备份信托中心 |
| 2 | 主要绑定表缓存 |
| 3 | 备份绑定表缓存 |
| 4 | 主要发现缓存 |
| 5 | 备份发现缓存 |
| 6 | 网络管理器 |
| 7 ～ 15 | 保留 |

12）描述符能力字段。

节点描述符的描述符能力字段长度为 8 位，位的设置表明了该节点的描述符能力。它更便于发现系统上其他节点描述符的特定功能。位的设置见表 2-42。

**表 2-42 描述符能力位分配**

| 位号码 | 分配 |
| --- | --- |
| 0 | 扩展活动端点表可用 |
| 1 | 扩展简单描述符表可用 |
| 2 ～ 7 | 保留 |

（2）节点电源描述符

节点电源描述符可动态地指明节点的电源状态，它对每个节点都是强制执行的。一个节点只有一个节点电源描述符。节点电源描述符的字段按其传输的顺序展示在表 2-43 中。

**表 2-43 节点电源描述符的域**

| 域名称 | 长度（位） | 域名称 | 长度（位） |
| --- | --- | --- | --- |
| 当前电源模式 | 4 | 当前电源来源 | 4 |
| 可用电源来源 | 4 | 当前电源来源的电量 | 4 |

1）当前电源模式字段。

节点电源描述符的当前电源模式字段长度为 4 位，它指明了节点当前的睡眠 / 省电模式，具体格式如表 2-44 所示。

**表 2-44 当前电源模式格式**

| 当前电源模式值 $b_3b_2b_1b_0$ | 描述 |
| --- | --- |
| 0000 | 接收器与节点描述符空闲子字段同步 |
| 0001 | 接收机按照节点电源描述符的定义周期性地打开 |
| 0010 | 在激发时接收器打开，如用户按下一个按钮则可激发电源 |
| 0011 ～ 1111 | 保留 |

2）可用电源来源字段。

节点电源描述符的可用电源来源字段长度为 4 位，它指明了该节点的可用电源来源。如表 2-45 所示，对于该节点支持的每个电源，可以把电源来源字段相应的位设置为 1，所有其他位应该设置为 0。

**表 2-45 可用电源来源字段的值**

| 可用的电源来源字段的位编号 | 支持电源来源 | 可用的电源来源字段的位编号 | 支持电源来源 |
| --- | --- | --- | --- |
| 0 | 常用（主要）电源 | 2 | 一次性电池 |
| 1 | 充电电池 | 3 | 保留 |

3）当前电源来源字段。

节点电源描述符的当前电源来源字段长度为 4 位，它指明了该节点当前使用的电源来源。与可用电源来源字段的结构一致，对于选择的当前电源，其源域的相应位应该设置为 1。

4）当前电源来源电量字段。

节点电源描述符的当前电源来源电量字段长度为 4 位，它指明了负荷电源来源的电量。当前电源来源电量字段应该设置为表 2-46 所列的非保留值之一。

**表 2-46 当前电源来源电量字段的值**

| 当前电源来源电量字段 $b_3b_2b_1b_0$ | 负荷电量 |
| --- | --- |
| 0000 | 临界的 |
| 0100 | 33% |
| 1000 | 66% |
| 1100 | 100% |
| 所有其他值 | 保留 |

（3）简单描述符

简单描述符包含该节点每个端点的具体信

息。简单描述符对节点的每个端点都是强制的。简单描述符的字段按其传输的顺序展示在表 2-47 中。为了使该描述符符合无线传输的需要，简单描述符的总长度应该小于或等于 apscMaxDescriptorSize。

表 2-47 简单描述符的字段

| 字段名称 | 长度 /bit |
| --- | --- |
| 端点 | 8 |
| 应用 Profile 标识符 | 16 |
| 应用设备标识符 | 16 |
| 应用设备版本 | 4 |
| 保留 | 4 |
| 应用输入 Cluster 计数器 | 8 |
| 应用输入 Cluster 列表 | 16*$i$（$i$ 是应用输入 Cluster 计数的值） |
| 应用输出 Cluster 计数器 | 8 |
| 应用输出 Cluster 列表 | 16*$o$（$o$ 是应用输出 Cluster 计数的值） |

**1）端点字段。**

简单描述符的端点字段长度是 8 位，它表示相关节点的端点编号。且应用只能使用端点号范围为 1 ～ 240 的端点。

**2）应用 Profile 标识符字段。**

简单描述符的应用 Profile 标识符字段长度是 16 位，且规定了在这个端点上支持的 Profile。Profile 标识符需从 ZigBee 联盟申请。

**3）应用设备标识符字段。**

简单描述符的应用设备标识符字段长度是 16 位，且规定在这个端点上支持的设备描述符。设备描述符从 ZigBee 联盟得到。

**4）应用设备版本字段。**

简单描述符的应用设备版本字段长度是 4 位，且规定在这个端点上支持的设备描述符版本。设备描述符版本需设置为表 2-48 所列的非保留值之一。

表 2-48 应用设备版本字段的值

| 应用设备版本字段的值 $b_3b_2b_1b_0$ | 描述 |
| --- | --- |
| 0000 | 版本 1.0 |
| 0001 ～ 1111 | 保留 |

**5）应用输入 Cluster 计数器字段。**

简单描述符的应用输入 Cluster 计数器字段长度是 8 位，且规定在这个端点上支持的输入 Cluster 数，这些输入 Cluster 出现在应用输入 Cluster 列表字段中。如果这个字段值为 0，应用输入列表字段不存在。

**6）应用输入 Cluster 列表字段。**

简单描述符的应用输入 Cluster 列表长度为 16*$i$，$i$ 是应用输入 Cluster 计数器字段的值，它规定了在这个端点上支持的所有输入列表，应用输入 Cluster 会在绑定程序期间使用。

**7）应用输出 Cluster 计数器字段。**

简单描述符的应用输出 Cluster 计数器字段长度是 8 位，且规定在这个端点上支持的输出 Cluster 数，这些输出 Cluster 出现在应用输出 Cluster 列表字段中。如果这个字段的值是 0，应用输入列表字段不存在。

8）应用输出 Cluster 列表。

简单描述符的应用输出 Cluster 列表长度为 16*o，o 是应用输出 Cluster 计数器字段的值，它规定了在这个端点上支持的所有输出列表，且应用输出 Cluster 会在绑定程序期间使用。

（4）复杂描述符

复杂描述符包含了本节点每一个复杂描述符的扩展信息，它的使用是可选的。

由于复杂描述符的可扩展性和复杂性，它使用压缩的 XML 标记来表示。描述符的每个字段如表 2-49 所示，与上面介绍的描述符不同，它可以以任何顺序传输。为了满足复杂描述符的无线传输需要，复杂描述符的全部长度应小于等于 maxCommandSize。

表 2-49  复杂描述符字段

| 字段名 | XML 标志 | 复杂 XML 标志值 $b_3b_2b_1b_0$ | 数据类型 |
|---|---|---|---|
| 保留 | — | 0000 | — |
| 语言和字符设置 | \<languageChar\> | 0001 | 字符串 |
| 生产商名称 | \<manufacturerName\> | 0010 | 字符串 |
| 模板名称 | \<modelName\> | 0011 | 字符串 |
| 序列号 | \<serialNum\> | 0100 | 字符串 |
| 设备 URL | \<deviceURL \> | 0101 | 字符串 |
| 图标（Icon） | \<icon\> | 0110 | 字节串 |
| 图标 URL | \<outline \> | 0111 | 字符串 |
| 保留 | — | 1000 ～ 1111 | — |

1）语言和特性设置字段。

语言和字符设置字段长度为 3 字节，且规定了在复杂描述符中使用的语言和字符集。语言和字符集字段的格式如表 2-50 所示。

表 2-50  语言和字符设置字段格式

| 字节：2 | 1 |
|---|---|
| ISO639-1 语言代码 | 字符集标识符 |

ISO639-1 语言代码字段长度为 2 字节，它规定了字符串使用的语言。

字符集标识符子字段长度为 1 字节，它规定了字符集里字符使用的编码。这个子字段设置为表 2-51 所列的非保留值之一。

表 2-51  字符集标识符子字段的值

| 字符设置标识符值 | 每个标识符的比特数 | 描述 |
|---|---|---|
| 0x00 | 8 | ISO646，ASCII 字符集。每个字符装入到一个字节的低 7 位，最高位设置为 0 |
| 0x01 ～ 0xff | — | 保留 |

如果语言和字符集都没有规定，则语言默认为英语（语言代码＝" EN"）且字符设置为 ISO 646。

2）生产商名称字段。

生产商名称字段的长度可变，它包含的字符串指明设备生产商的名称。

3）模板名称字段。

模板名称字段的长度可变，它包含的字符串指明设备生产商模板的名称。

4）序列号字段。

序列号字段的长度可变，它且包含的字符串指明设备生产商序列号。

5）设备 URL 字段。

设备 URL 的长度可变，且包含的字符串指明通过该 URL 可以获得更多关于设备的信息。

6）图标字段。

图标字段的长度可变，它包含的字节串携带一个图标数据，该图标表示能在计算机、网关或者 PDA 上显示本设备的图像。图标的格式是 32*32 像素的 PNG 图像。

7）**图标 URL 字段**。

图标 URL 字段的长度可变，且包含的字符串指明通过该 URL 可以获得设备的图标。

（5）用户标识符

用户标识符包含了允许使用者使用 user-friendly 字符标识符来识别的设备的信息，这些字符串如 "Bedroom TV"（卧室电视）或者 "Stairs light"（楼梯灯）。用户标识符的使用是可选的。这个标识符仅包含一个字段，并使用 ASCII 字符集，且最长为 16 个字符。

用户标识符字段如表 2-52 所示。

表 2-52　用户标识符字段

| 字段名 | 长度 /Byte |
| --- | --- |
| 使用者标识符 | 16 |

### 2.2.2.3　ZigBee 设备对象（ZDO）

ZigBee 设备对象是一个应用程序解决方案，其位于应用程序构架和应用支持子层之间。一般来说，应用程序员不希望直接操纵复杂的 ZigBee 协议栈的底层，这是因为直接调用函数操纵协议栈底层功能会影响到协议栈运行的稳定性。在 ZigBee 规范中，ZigBee 设备对象将用于应用开发的必要设备功能提取出来，以对象（Object）的方式供程序员使用。

ZDO 提供以下功能：

* 初始化应用支持子层（APS）、网络层（NWK）和安全服务提供者（SSP）。
* 汇集终端应用的配置信息，以实现设备和服务发现，安全管理，网络管理和绑定管理功能。ZDO 通过应用对象为设备控制和网络功能提供了应用构架层的应用对象的公共接口。

主要的服务具体来说如下：

1）**设备和服务发现**。

ZigBee 设备使用配置文件来发现其他 ZigBee 设备及服务。

* 设备发现：其是一个设备被其他设备发现的过程。当收到设备发现查询命令时，设备返回其 IEEE 地址。如果 ZigBee 协调器或路由器收到设备发现查询命令，则还要返回关联在该设备上的其他设备地址。
* 服务发现：其是一个给定设备的服务被其他设备发现的过程。服务发现可以通过向指定设备的端点发布一个查询或者使用一个匹配服务功能（广播或者单播）来完成。服务发现可以定义和使用各种描述符来描述设备的特性。在执行发现操作时，设备提供的某种服务可能无法访问，此时，设备发现信息可缓存在网络中。

2）**安全管理**。

根据是否支持安全管理对象，设备决定是否采用安全机制。如果支持，网络则需要提供建立密钥、传递密钥和认证功能。

3）**网络管理**。

在应用层上，ZigBee 设备对象提供网络管理功能服务的接口，其包括网络创建、网络发现，设备关联、解关联，路由发现，网络层信息库维护等。

4）**绑定管理**。

根据所选择的设备是否支持绑定管理，设备提供绑定和解除绑定功能。ZigBee 协调器或路由器的绑定表记录终端设备的源地址。

1. 设备对象描述

**主要发现缓存设备（Primary Discovery Cache）**

通过在设备配置和节点描述符中的声明来指定的。主要发现缓存设备作为一个状态机运行，其状态转换与使用主要发现缓存服务的客户端有关。主要发现缓存设备应支持以下四种状态和操作：未发现（Undiscovered）、发现（Discovered）、已注册（Registered）和未注册（Unregistered）。

主要发现缓存设备的状态机处理过程如图 2-61 所示。

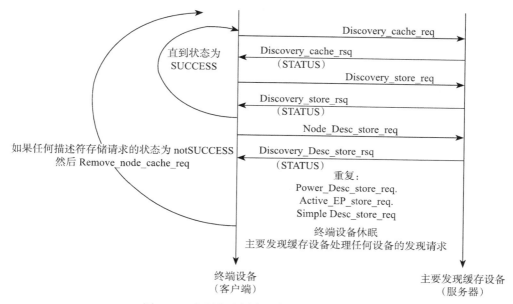

图 2-61　主要发现缓存设备的状态机器处理

2. 设备和服务发现

ZDO 支持在 ZigBee 网络中执行设备和服务发现的操作。ZigBee 协调器、路由器和终端设备都能执行以下功能：

- 对于进入休眠状态的 ZigBee 终端设备而言，NWK 地址、IEEE 地址、活动端点、简单描述符、节点描述符和电源描述符应该上传并保存到与之关联的 ZigBee 协调器或路由器父设备中，并允许对这些休眠设备执行设备和服务发现操作。
- 对于 ZigBee 协调器或路由器父设备，应代表其关联的休眠 ZigBee 终端子设备对设备和服务发现请求作出响应。
- 对所有类型的 ZigBee 设备来说，应支持来自其他设备的设备和服务发现请求并允许本地应用对象执行发现请求。

（1）设备发现

对于发往 ZigBee 协调器或路由器 IEEE 地址的一个单播查询来说，应该返回被请求设备的 IEEE 地址，另外可选择地返回所有相关联子设备的 NWK 地址。

对于 ZigBee 终端设备 IEEE 地址的单播查询，应返回被请求设备的 IEEE 地址。

对于提供的 IEEE 地址，ZigBee 协调器或路由器 NWK 地址的广播查询（任何广播地址类型），应返回被请求设备的 NWK 地址，另外可选择地返回所有相关设备的 NWK 地址。

对于提供的 IEEE 地址，ZigBee 终端设备 NWK 地址的广播查询（任何广播地址类型）应返回被请求设备的 NWK 地址。响应设备使用 APS 确认服务来响应广播查询。

（2）服务发现

网络地址与活动端点查询类型——指定设备返回驻留在该设备上所有应用的端点号。

网络地址或广播地址（任何广播地址类型）加上服务匹配类型（这些匹配包括 Profile ID 和可选择使用的输入、输出簇）——指定设备将 Profile ID 与所有活动端点匹配。如果没有指定输入或者输出簇，则返回该匹配请求的端点。如果指定了输入或输出簇，并且这些簇是匹配的（任何匹配应在提供匹配的设备端点列表中提供），响应设备应对发给广播查询的单播响应并使用 APS 确认服务。在应用程序 Profile 希望枚举输入簇和由此产生的具有同一簇标识符的响应输出簇的情况下，应用程序簇应该只列出以服务发现为目标的、简单描述符内的输入簇。

网络地址加上节点描述符或者节点电源描述符查询类型——指定地址设备将返回其节点的简单标识符或节点电源描述符。

网络地址加上复杂描述符或者用户描述符查询类型——如果支持，指定地址设备将返回其复杂描述符或者用户描述符。

3. 安全管理

这个功能确定是否启用或禁止安全功能，如果启用，则执行以下功能：

- 建立钥匙。
- 传输钥匙。
- 请求钥匙。
- 更新设备。
- 移动设备。
- 转换钥匙。

安全管理由 ZDO 调用 APSME 原语来执行，步骤如下：

1）使用传输钥匙原语从信托中心（假定是 ZigBee 协调器）获得设备和信托中心之间的主密钥（Master Key）。

2）使用 APSME-Establish-Key 原语使设备与信托中心建立一个链路密钥（Link Key）。

3）使用 APSME-TRANSPORT-KEY 原语以加密的通信从信托中心获得网络钥匙。

4）根据需要，使用 APSME-ESTABLISH-KEY 和 APSME-REQUEST-KEY 原语为网络中已确定为信息目的的设备建立链路密钥和主密钥。

5）通知信托中心有设备与网络建立了连接。只有 ZigBee 路由器设备才执行该功能，并使用 APSME-DEVICE-UPDATE 原语完成此操作。

6）允许设备从信托中心获得钥匙，使用 APSME-REQUEST-KEY 原语来完成此操作。

7）允许信托中心从网络中移除设备，使用 APSME-REMOVE-DEVICE 原语来完成此操作。

8）允许信托中心转换活动网络钥匙，使用 APSME-SWITCH-KEY 原语来完成此操作。

9）允许网络中的设备验证其他设备，使用 APSME-AUTHENTICATE 原语来完成此操作。

4. 网络管理

这个功能将根据已确定的配置或安装期间的设置，将设备作为 ZigBee 协调器、路由器或者终端设备类型启动。如果设备类型是 ZigBee 路由器或终端设备，这个功能将提供如下能力：选择一个存在的 PAN 并加入的能力；在和网络通信断开执行时，允许设备重新加入网络的能力。如果设备类型是 ZigBee 协调器或是路由器，该功能将提供选择一个未用的信道来建立新的 PAN 的能力。

**注意**：在没有设备被预先指定为协调器的网络中，第一个全功能设备（FFD）将被确定为 ZigBee 协调器。

网络管理能处理以下任务：

- 允许规定网络扫描程序的信道列表。缺省值是运行频带上所有使用的信道。
- 管理网络扫描过程，以确定邻居网络，及其协调器和路由器。
- 选择信道以启动一个 PAN(ZigBee 协调器) 或者选择加入一个已存在的 PAN(ZigBee 路由器或者 ZigBee 终端设备)。
- 支持孤点程序重新连接网络。
- 支持直接加入网络。
- 支持网络管理实体允许外部网络管理。
- 检测和报告干扰以支持改变网络信道。
- 管理网络干扰报告。如果某个节点被确定为整个 PAN 网络管理器，若初始信道上存在干扰，则为网络操作选择一个新信道 。

### 5. 绑定管理

绑定管理可执行以下任务：

- 配置建立绑定表的存储空间。空间大小由应用程序或通过安装期间定义的配置参数确定。
- 根据绑定请求，从 APS 绑定表中增加或者删除绑定项。
- 支持从应用外部绑定和解绑定命令的请求。ZigBee 设备 Profile 应支持绑定和解绑定命令。
- ZigBee 协调器支持终端设备绑定请求，这主要是以按钮按压或其他手动菜单为基础进行的。

### 6. 节点管理

对于 ZigBee 协调器和路由器而言，节点管理功能执行以下步骤：

1）提供远程管理命令来实现网络发现。

2）提供远程管理命令来获取路由表。

3）提供远程管理命令来获取绑定表。

4）提供远程管理命令来使一个设备或命令另一个设备离开网络。

5）提供远程管理命令来获取远方设备邻居的 LQI。

6）提供远程管理命令来允许、禁止节点在某个路由器上加入或通过信任中心允许、禁止其加入。

### 7. 组管理

组管理执行以下功能：

- 提供在应用程序控制下，把本地设备内的应用对象加入组的功能。
- 提供在应用程序控制下，把本地设备内的应用对象移出组成员的功能。

# 第 3 章 ZigBee 常用射频芯片介绍

ZigBee 应用前景广阔，市场需求巨大，世界各大半导体生产厂商纷纷推出了支持 IEEE 802.15.4 标准的无线芯片，比如 TI 公司的 CC2420、CC2430 和 CC2530，Freescale 公司的 MC13191/ 13192/ 13193 和 MC13211/13222/13223/13224，Ember 公司的 EM250 和 EM351/357 等。这些芯片集成了 ZigBee 物理层的功能，并且所需外围器件少，使用起来方便，大大降低了射频电路设计、制作的难度。即使没有相关射频（RF）专业知识和昂贵的射频仪器，用户也能快速实现嵌入式 ZigBee 特定领域的应用。

ZigBee 模块与射频芯片不是同一个概念。ZigBee 射频芯片是符合 IEEE 802.15.4 标准、具有数据调制解调功能的射频收发芯片，但是不能够直接用来收发数据。ZigBee 模块是在射频芯片的基础上，增加一些外围电路、传感器、外置天线等器件的模块。图 3-1 所示是两个 TI 官方的 CC2530 最小模块，它具有外置天线。方框内是 CC2530 射频芯片。图 3-1 中的 CC2530 最小模块还增加了 CC2591 功放，增大功率放大倍数，以达到更远的通信距离。

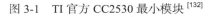

图 3-1　TI 官方 CC2530 最小模块 [132]

ZigBee 技术应用开发主要涉及两方面内容：ZigBee 协议栈

和承载协议栈运行的硬件芯片模块。ZigBee 协议栈主要完成网络建立、数据路由等通信功能，而硬件芯片模块承载 ZigBee 协议栈运行并完成相关数据的感知功能。以本书使用的 Z-Stack ＋ CC2530 的模式为例，读者主要需要学习 Z-Stack 协议栈网络编程以及 CC2530 8051 单片机编程。ZigBee 技术是一个软硬件结合的技术，读者需要认真学习这两方面的内容。

如果初学 ZigBee 技术，读者可以直接购买市面上提供的 ZigBee 模块，并使用 TI 等公司提供的 Z-Stack 协议栈源代码和实例程序，在 IAR 等开发环境下编写应用代码。这样读者可以尽快地入门并进入开发阶段，能够有效地缩短开发时间，降低项目开发成本。

当然，如果具备高频设计方面的知识和经验，用户也可以采用 CC2530 等芯片进行模块设计，这可以使得设备成本降低和产品化。其优点是模块结构更为灵活，如可调整模块尺寸和外观，以便嵌入到其他设备（如玩具，灯具，仪表等设备）中；与其他电子产品（如 RFID 读卡器，网关等设备）进行一体化设计；根据应用需求，在模块上增加和减少各种类型的传感器。用户可以根据项目需要、开发成本、日后扩展等因素决定是否要进行模块设计。

下面主要介绍一些支持 ZigBee 标准的射频芯片。

# 3.1　CC2530 芯片介绍

CC2530 是 Chipcon 公司（现已被 TI 收购）推出的用于 IEEE 802.15.4、ZigBee 和 RF4CE 应用的片上系统（SOC）。它能够以非常低廉的成本构建强壮的网络节点。CC2530 有四种内存版本，即 CC2530 F32/64/128/256，其分别具有 32/64/128/256 KB 的内存。

如图 3-2 所示，CC2530 内置业界领先的 RF 转发器，并结合了增强工业标准型 8051 MCU。CC2530 具有系统可编程的 256 字节闪存、8KB RAM、两个 UART 接口并可复用 SPI 接口、8 通道 ADC、21 个 GPIO 口和其他强大功能。CC2530 具有不同的电源运行模式，非常适合超低功耗需求的系统。

## 3.1.1　芯片特性

1. CC2530 芯片特性

（1）RF/ 布局

- 支持 2.4GHz IEEE 802.15.4 RF 收发器。
- 极高的接收灵敏度和抗干扰性。
- 可编程的输出功率高达 4.5dBm。
- 只需极少的外接元件。
- 只需一个晶振，即可满足网状网络系统组网。
- 6mm × 6mm 的 QFN40 封装。
- 系统配置符合世界范围的无线电频率法规。

（2）低功耗（低功耗是 CC2530 SOC 较为鲜明的特性）

- 主动模式接收 RX（CPU 空闲）：24mA。
- 主动模式发送 TX 在 1dBm（CPU 空闲）：29mA。
- 供电模式 1（4μs 唤醒）：0.2mA。
- 供电模式 2（睡眠定时器周期性唤醒）：1μA。

- 供电模式 3（外部中断，深度睡眠）：0.4μA。
- 宽电源电压范围（2V ～ 3.6V）。

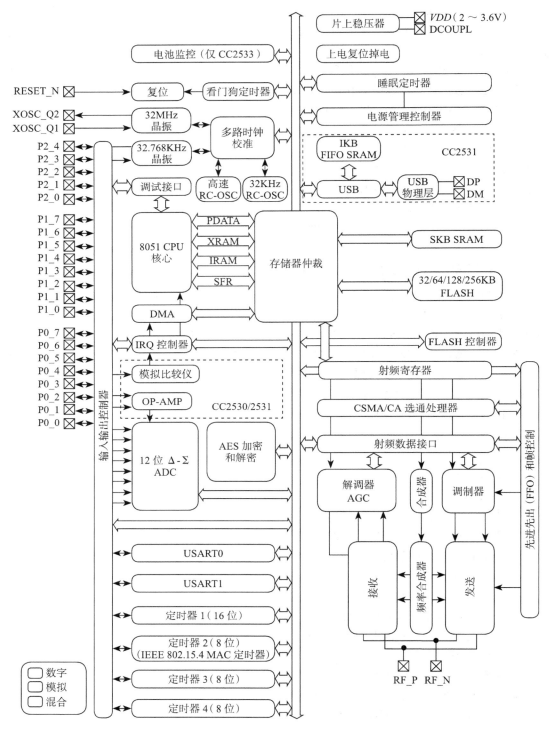

图 3-2　CC2530 组成架构图

（3）微控制器

- 高性能和低功耗 8051 微控制器内核，具有代码预取功能。
- 32KB、64KB 或 128KB 的系统内可编程闪存。
- 8KB RAM，在各种供电方式下的数据保持能力。
- 支持硬件调试，配合 IAR 开发工具下调试。

（4）外设

- 强大的 5 通道 DMA，用于传输较大的数据块，如图像、语音等。
- 高性能集成运算放大器和超低功耗比较器。
- IEEE 802.15.4 MAC 定时器（T2 定时器为 MAC 层定时器，尽量不要使用），3 个通用定时器（T1：16 位定时器，T3，T4：8 位定时器）。
- 红外（IR）发生电路。
- 具有捕获功能的 32kHz 睡眠定时器，使用 32kHz 的晶振，用于低功耗模式。
- 硬件支持 CSMA/CA，具有更高的可靠性。
- 支持精确的数字化 RSSI/LQI。
- 具有 8 通道可配置分辨率的 12 位 ADC。
- 电池监视器和温度传感器。
- AES 安全协处理器，硬件 AES 加解密。
- 两个支持多种串行通信协议的强大 USART，并具有 SPI 和 UART 两种模式。
- 21 个通用 I/O 引脚（19×4mA，2×20mA）。
- 看门狗定时器，防止程序跑飞，避免系统死机现象。

（5）应用

- 支持 2.4GHz IEEE802.15.4 系统。
- RF4CE 远程遥控系统（需要大于 64KB 闪存）。
- ZigBee 系统（256KB 闪存）。
- 家庭 / 楼宇自动化。
- 照明系统。
- 工业控制和监控。
- 低功耗无线传感器网络。
- 消费型电子。
- 医疗保健。

（6）开发工具

- 低功耗 CC2530 开发套件。
- CC2530 ZigBee 开发套件。
- 用于 RF4CE 的 CC2530RemoTI 开发套件。
- SmartRF 程序烧写软件。
- 数据包嗅探器 Packet Sniffer。
- 可选用的 IAR 嵌入式工作台。

2. 引脚描述

CC2530 封装以及引脚描述如图 3-3 所示。

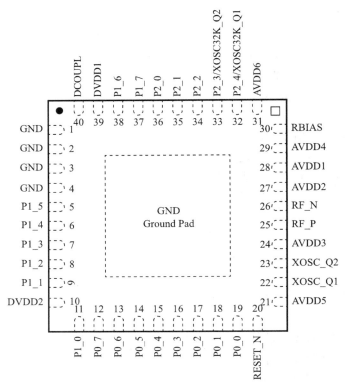

图 3-3　CC2530 RHA 封装（顶视图）

CC2530 引脚如表 3-1 所示，比较简单，共计 40 个引脚，主要包括 21 个 GPIO 引脚（P0_0 ～ P0_7、P1_0 ～ P1_7、P2_0 ～ P2_4）、9 个模拟电源和数字电源引脚、2 个射频信号收发引脚、2 个连接在 32MHz 晶振的引脚、1 个连接偏置电阻的引脚、1 个复位引脚以及 4 个未使用引脚。此外，CC2530 芯片还有一个接地引脚。

表 3-1　CC2530 引脚描述

| 引脚名称 | 引脚 | 引脚类型 | 描述 |
|---|---|---|---|
| AVDD1 | 28 | 电源（模拟） | 2V ～ 3.6V 模拟电源连接（注：一般模块设计电源电压为 3.3V） |
| AVDD2 | 27 | 电源（模拟） | 2V ～ 3.6V 模拟电源连接 |
| AVDD3 | 24 | 电源（模拟） | 2V ～ 3.6V 模拟电源连接 |
| AVDD4 | 29 | 电源（模拟） | 2V ～ 3.6V 模拟电源连接 |
| AVDD5 | 21 | 电源（模拟） | 2V ～ 3.6V 模拟电源连接 |
| AVDD6 | 31 | 电源（模拟） | 2V ～ 3.6V 模拟电源连接 |
| DCOUPL | 40 | 电源（数字） | 1.8V 数字电源去耦（注：引脚连接在一个电容上，用于稳压滤波） |
| DVDD1 | 39 | 电源（数字） | 2V ～ 3.6V 数字电源连接 |
| DVDD2 | 10 | 电源（数字） | 2V ～ 3.6V 数字电源连接 |
| GND | — | 接地 | 接地必须连接到一个坚固的接地面，一般设计在模块的背面 |
| GND | 1、2、3、4 | 未使用的引脚 | 连接到 GND |
| P0_0 | 19 | 数字 I/O | 端口 0.0（ADC0） |

（续）

| 引脚名称 | 引脚 | 引脚类型 | 描述 |
|---|---|---|---|
| P0_1 | 18 | 数字 I/O | 端口 0.1（ADC1） |
| P0_2 | 17 | 数字 I/O | 端口 0.2（ADC2、SPI0-MI、UART0-RX、T1-0） |
| P0_3 | 16 | 数字 I/O | 端口 0.3（ADC3、SPI0-MO、UART0-TX、T1-1） |
| P0_4 | 15 | 数字 I/O | 端口 0.4（ADC4、SPI0-SS、UART1-TX、T1-2） |
| P0_5 | 14 | 数字 I/O | 端口 0.5（ADC5、SPI0-C、UART1-RX） |
| P0_6 | 13 | 数字 I/O | 端口 0.6（ADC6） |
| P0_7 | 12 | 数字 I/O | 端口 0.7（ADC7） |
| P1_0 | 11 | 数字 I/O | 端口 1.0，20mA 驱动能力 |
| P1_1 | 9 | 数字 I/O | 端口 1.1，20mA 驱动能力 |
| P1_2 | 8 | 数字 I/O | 端口 1.2 |
| P1_3 | 7 | 数字 I/O | 端口 1.3 |
| P1_4 | 6 | 数字 I/O | 端口 1.4（SPI1-SS、UART0-RX、T3-1） |
| P1_5 | 5 | 数字 I/O | 端口 1.5（SPI1-C、UART0-TX） |
| P1_6 | 38 | 数字 I/O | 端口 1.6（SPI1-MO、UART1-TX、T3-0） |
| P1_7 | 37 | 数字 I/O | 端口 1.7（SPI1-MI、UART1-RX、T3-1） |
| P2_0 | 36 | 数字 I/O | 端口 2.0（T4-0） |
| P2_1 | 35 | 数字 I/O | 端口 2.1（DD） |
| P2_2 | 34 | 数字 I/O | 端口 2.2（DC）<br>引脚 P2_1 和 2_2 为程序下载引脚 |
| P2_3 | 33 | 数字 I/O | 端口 2.3/32.768kHzXOSC（T4_1） |
| P2_4 | 32 | 数字 I/O | 端口 2.4/32.768kHzXOSC（低功耗模式，晶振） |
| RBIAS | 30 | 模拟 I/O | 外部高精度偏置电阻 |
| RESET_N | 20 | 数字输入 | 复位引脚 |
| RF_N | 26 | RF | 射频信号收发引脚 |
| RF_P | 25 | RF | 射频信号收发引脚。<br>射频收发引脚连接的电路涉及高频信号处理，而将 CC2530 RF 差分信号转为单端信号发送到其他节点是最小模块设计较难的部分 |
| XOSC_Q1 | 22 | 模拟 I/O | 32MHz 石英晶振 |
| XOSC_Q2 | 23 | 模拟 I/O | 32MHz 石英晶振 |

### 3.1.2 CPU 与内存

CC253x 设备系列所使用的 8051 CPU 内核是一个单周期的 8051 兼容内核。它有 3 个不同的存储器访问总线（SFR、DATA 和 CODE/XDATA），以单周期访问 SFR、DATA 和主 SRAM。它还包括一个调试接口和一个 18 位输入的扩展中断单元。

内存仲裁器位于系统中心，它通过 SFR 总线把 CPU 和 DMA 控制器和物理存储器以及所有外设连接起来。内存仲裁器有四个内存访问点，每次访问可以映射到三个物理存储器之一，它们是 8KB SRAM、闪存存储器和 XREG/SFR 寄存器。它负责执行仲裁，并确定存储器同时访问同一个物理存储器之间的顺序。

8KB SRAM 映射到 DATA 存储空间和部分 XDATA 存储空间。8KB SRAM 是一个超低功耗的 SRAM，即使数字部分掉电，供电模式 2、3 也能保留其内容。对于低功耗应用来说，这是很重要的一个功能。

32/64/128/256KB 闪存块为设备提供了内电路可编程的非易失性程序存储器，并映射到 XDATA 存储空间。除了保存程序代码和常量以外，非易失性存储器允许应用程序保存必须保留的数据，这样在设备重启之后还可以继续使用这些数据。当使用这个功能时，利用已经保存在网络中的具体数据，设备就不需要经过完全启动、网络寻找和加入的过程。

1. 8051 CPU

CC2530 集成了增强工业标准型 8051 内核（8 位字宽度），并使用标准的 8051 指令集。但它的指令执行速度比标准的 8051 快，主要原因如下：

- CC2530 的每个指令周期是一个时钟，而标准的 8051 每个指令周期是 12 个时钟。
- CC2530 取消了无用的总线状态。

由于指令周期与可能的内存存取一致，所以大多数单字节指令可在一个时钟周期内完成。除了速度提高之外，增强型 8051 内核还在结构上有如下改善：

- 第二数据指针。
- 扩展了 18 个中断源。

CC2530 核心 8051 的目标代码兼容业界标准的 8051 微控制器。也就是说，8051 内核上的目标代码编译与工业标准的 8051 编译器或汇编执行具有同等功能。但是，其使用了与其他类型 8051 不同的指令时序，因此，微控制器带有的时序循环程序需要修改。而且，诸如定时器和串行端口外设单元也与其他的 8051 内核不同，因此，包含有使用外接设备单元特殊功能寄存器的指令代码不能够正常运行。

2. 存储器

8051 CPU 架构有 4 个不同的存储空间，且具有单独的用于程序存储和数据存储的存储空间。8051 的存储空间如下：

- **代码（CODE）**：只读存储空间，用于程序存储。存储空间地址为 64KB。
- **数据（DATA）**：可存取存储空间，可以直接或间接被单个周期的 CPU 指令访问，从而允许快速存取。这个存储空间地址为 256 字节。数据存储空间的低 128 字节可以直接或间接访问，而高 128 字节只能间接访问。
- **外部数据（XDATA）**：可存取存储空间，通常需要 4 ～ 5 个指令周期来访问，故为慢速访问。该存储空间地址为 64KB。在硬件里访问外部数据存储也比数据访问要慢，这是因为在 CPU 内核中的代码存储空间和外部数据存储空间共享一条公共总线，并且从代码存储空间进行指令预存取不能和外部数据访问并行。
- **特殊功能寄存器（SFR）**：可存取寄存器存储空间，可以被单个的 CPU 指令访问。该存储空间由 128 字节构成。对于 SFR 寄存器，它的地址可以被分成 8 等份，每个位仍然可以单独寻址。

这 4 个不同的存储空间在 8051 架构中都截然不同，但在 CC2530 中有一部分是重叠的以缓解 DMA 传输和硬件调试操作。

（1）存储器映射

CC2530 中的 8051 内核的存储器映射与标准型 8051 存储器映射在两个重要方面不同：

首先，为了使 DMA 控制器访问全部物理存储空间，并由此使 DMA 在不同 8051 存储空间之间进行传输，CODE 和 SFR 部分存储空间映射到 XDATA 存储空间。

其次，CODE 存储器空间映射可以使用两个备用机制：第一个机制是标准的 8051 映射，这里只有程序存储器（即闪存存储器）映射到 CODE 存储空间，这一映射是设备复位后默认使用的；第二个机制用于执行来自 SRAM 的代码，在这种模式下，SRAM 映射到 0x8000 到（0x8000 + SRAM_SIZE −1）的区域，这一映射如图 3-4 所示。执行来自 SRAM 的代码可提高性能，并减少功率消耗。

XDATA 的高 32KB 是一个只读的区域，被称为 XBANK。任何可用的 32KB 闪存区可以在这里被映射出来。这使得软件可以访问整个闪存存储器。这一区域的典型作用是存储另外的常量数据。

（2）CPU 存储空间

**XDATA 存储空间**：XDATA 存储映射见图 3-5。

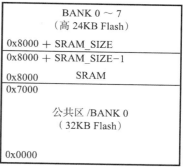

图 3-4  用于运行来自 SRAM 的代码的 CODE 存储空间

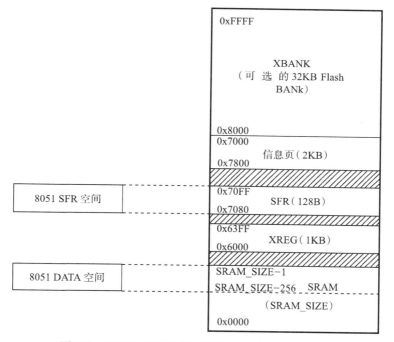

图 3-5  XDATA 存储空间（显示 SFR 和 DATA 映射）

SRAM 映射到的地址范围是 0x0000 到（SRAM_SIZE − 1）。

XREG 区域映射到 1KB 地址区域（0x6000 ～ 0x63FF）。这些寄存器是另外的寄存器，其有效地扩展了 SFR 寄存器空间。一些外设寄存器、大多数无线电控制和数据寄存器可映射到这里。

SFR 寄存器映射到地址区域（0x7080 ～ 0x70FF）。

闪存信息页面（2KB）映射到地址区域（0x7800 ～ 0x7FFF）。这是一个只读区域，它包含有关设备的各种信息。

XDATA 存储空间（0x8000 ～ 0xFFFF）的高 32KB 是一个只读的闪存代码区（XBANK），可以使用 MEMCTR.XBANK[2:0] 位映射到任何一个可用的闪存区。

闪存存储器 SRAM 和寄存器到 XDATA 的映射允许 DMA 控制器和 CPU 访问拥有一个

统一地址空间的所有物理存储器。

**CODE 存储空间**：CODE 存储空间是 64KB，其分为普通区域（0x0000 ～ 0x7FFF）和只读区域（0x8000 ～ 0xFFFF），如图 3-6 所示。普通区域总是映射到物理闪存存储器较低的 32KB（区 0）。只读区域（0x8000 ～ 0xFFFF）可以映射到任一可用的 32KB 闪存区（从 0 到 7）。可用闪存区的编号取决于闪存大小的选项，并使用闪存区选择寄存器 FMAP 来选择闪存区。在 32KB 设备上，闪存存储器若不能映射到上面的区域，则从这些设备的这一区域读返回值 0x00。

要允许从 SRAM 执行程序，可以映射可用的 SRAM 到范围为 0x80000 ～（x8000 + SRAM_SIZE–1））的较低区域。当前所选择区的其余部分仍映射到地址为（0x8000 + SRAM_SIZE）～ 0xFFFF 的区域。可设置 MEMCTR. XMAP 位来使能这一功能。

```
0xFFFF ┌─────────────────┐
       │                 │
       │   BANK 0 ～ 7    │
       │  （32KB FLASH）  │
       │                 │
0x8000 ├─────────────────┤
0x7000 ├─────────────────┤
       │                 │
       │   公共区 /BANK 0 │
       │  （32KB FLASH）  │
       │                 │
0x0000 └─────────────────┘
```

图 3-6　CODE 存储空间

**DATA 存储空间**：DATA 存储器的 8 位地址区域映射到 SRAM 较高的 256 字节，即地址范围为（SRAM_SIZE-256）～（SRAM_SIZE-1）的区域。

**SFR 存储空间**：128 个条目的硬件寄存器区域是通过这一存储空间访问的。SFR 寄存器还可以通过 XDATA 地址空间（地址范围是 0x7080 ～ 0x70FF））访问。一些 CPU 具体的 SFR 寄存器驻留在 CPU 内核内，且只能使用 SFR 存储空间访问，不能通过复制映射到 XDATA 存储空间访问。这些具体的 SFR 寄存器被列在 SFR 寄存器表中。

（3）物理存储器

1）RAM。

CC2530 带有静态 RAM。在上电时 RAM 的数据是未定义的。RAM 的大小共为 8KB。RAM 的高 4KB（XDATA 存储器位置 0xF000 ～ 0xFFFF）在所有电源模式下都可保持数据。低 4KB（XDATA 存储器位置 0xE000 ～ 0xEFFF）在电源模式 2 和电源模式 3 下将丢失存储在里面的数据，并且在重新进入电源模式 0 时包含未定义数据。RAM 存储器位置 0xFD56 ～ 0xFEEE(XDATA) 由 426 字节组成，当进入电源模式 2 或模式 3 后不能保持数据。

2）Flash 存储器。

片上 Flash 存储器由 32 768 字节、65 536 字节、131 072 字节组成，主要用来保存程序代码，具有以下特点：

- Flash 页擦除时间：20ms
- Flash 全片擦除时间：200ms
- Flash 写时间（4 字节）：20μs
- 数据保存 5 ～ 100 年
- 编程 / 擦除：循环 1 000 次

Flash 存储器由 Flash 主要页（最多 64 次 2KB）组成，它是 CPU 读程序代码和数据的地方。Flash 存储器还包含一个 Flash 信息页（2KB），其包含 Flash 的锁定位。Flash 信息页和锁定位只能通过调试接口来访问，并且必须被选择为优先源。

Flash 控制器用来写和擦除 Flash 主要页的内容。当 CPU 从 Flash 存储器读指令时，它通过一个高速缓存取得下一个指令。高速缓存指令主要通过减少对自己 Flash 存储器访问的总时间来减少功率消耗。高速缓存指令也可以用寄存器位 MEMCTRCACHDIS 来禁止，但是这样将增大功率消耗。

（4）SFR 寄存器

特殊功能寄存器（SFR）用于控制 8051 CPU 核心或外部设备。部分 8051 内核特殊功能寄存器和标准 8051 特殊功能寄存器相同。但是，其他特殊功能寄存器不同于标准 8051 特殊寄存器。SFR 用来与外部设备单元接口，以及控制 RF 收发器。

表 3-2 罗列了设备中所有 SFR 的地址。8051 内部 SFR 以灰色背景显示，而其他 SFR 以具体设备为准。

**注意：** 所有内部 SFR 只能通过 SFR 空间访问，因为这些寄存器没有映射到 XDATA 空间。但端口寄存器（P0、P1 和 P2）可以从 XDATA 中读取。

表 3-2　SFR 概览

| 寄存器名称 | SFR 地址 | 模块 | 描述 |
|---|---|---|---|
| ADCCON1 | 0xB4 | ADC | ADC 控制 1 |
| ADCCON2 | 0xB5 | ADC | ADC 控制 2 |
| ADCCON3 | 0xB6 | ADC | ADC 控制 3 |
| ADCL | 0xBA | ADC | ADC 数据低字节 |
| ADCH | 0xBB | ADC | ADC 数据高字节 |
| RNDL | 0xBC | ADC | 随机数发生器数据低字节 |
| RNDH | 0xBD | ADC | 随机数发生器数据高字节 |
| ENCDI | 0xB1 | AES | 加密 / 解密输入数据 |
| ENCDO | 0xB2 | AES | 加密 / 解密输出数据 |
| ENCCS | 0xB3 | AES | 加密 / 解密控制和状态 |
| P0 | 0x80 | CPU | 端口 0，可从 XDATA（0x7080）中读出 |
| SP | 0x81 | CPU | 栈指针 |
| DPL0 | 0x82 | CPU | 数据指针 0，低字节 |
| DPH0 | 0x83 | CPU | 数据指针 0，高字节 |
| DPL1 | 0x84 | CPU | 数据指针 1，低字节 |
| DPH1 | 0x85 | CPU | 数据指针 1，高字节 |
| PCON | 0x87 | CPU | 供电模式控制 |
| TCON | 0x88 | CPU | 中断标志 |
| P1 | 0x90 | CPU | 端口 1，可从 XDATA（0x7090）读出 |
| DPS | 0x92 | CPU | 数据指针选择 |
| S0CON | 0x98 | CPU | 中断标志 2 |
| IEN2 | 0x9A | CPU | 中断使能 2 |
| S1CON | 0x9B | CPU | 中断标志 3 |
| P2 | 0xA0 | CPU | 端口 2，可从 XDATA（0x70A0）读出 |
| IEN0 | 0xA8 | CPU | 中断使能 0 |
| IP0 | 0xA9 | CPU | 中断优先级 0 |
| IEN1 | 0xB8 | CPU | 中断使能 1 |
| IP1 | 0xB9 | CPU | 中断优先级 1 |
| IRCON | 0xC0 | CPU | 中断标志 4 |
| PSW | 0xD0 | CPU | 程序状态字 |
| ACC | 0xE0 | CPU | 累加器 |

（续）

| 寄存器名称 | SFR 地址 | 模块 | 描述 |
|---|---|---|---|
| IRCON2 | 0xE8 | CPU | 中断标志 5 |
| B | 0xF0 | CPU | B 寄存器 |
| DMAIRQ | 0xD1 | DMA | DMA 中断标志 |
| DMA1CFGL | 0xD2 | DMA | DMA 通道 1～4，配置地址低字节 |
| DMA1CFGH | 0xD3 | DMA | DMA 通道 1～4，配置地址高字节 |
| DMA0CFGL | 0xD4 | DMA | DMA 通道 0，配置地址低字节 |
| DMA0CFGH | 0xD5 | DMA | DMA 通道 0，配置地址高字节 |
| DMAARM | 0xD6 | DMA | DMA 通道准备工作 |
| DMAREQ | 0xD7 | DMA | DMA 通道开始请求和状态 |
| — | 0xAA | — | 保留 |
| — | 0x8E | — | 保留 |
| — | 0x99 | — | 保留 |
| — | 0xB0 | — | 保留 |
| — | 0xB7 | — | 保留 |
| — | 0xC8 | — | 保留 |
| P0IFG | 0x89 | IOC | 端口 0，中断状态标志 |
| P1IFG | 0x8A | IOC | 端口 1，中断状态标志 |
| P2IFG | 0x8B | IOC | 端口 2，中断状态标志 |
| PICTL | 0x8C | IOC | 端口引脚中断屏蔽和边沿 |
| P0IEN | 0xAB | IOC | 端口 0，中断屏蔽 |
| P1IEN | 0x8D | IOC | 端口 1，中断屏蔽 |
| P2IEN | 0xAC | IOC | 端口 2，中断屏蔽 |
| P0INP | 0x8F | IOC | 端口 0，输入模式 |
| PERCFG | 0xF1 | IOC | 外设 I/O 控制 |
| APCFG | 0xF2 | IOC | 模拟外设 I/O 配置 |
| P0SEL | 0xF3 | IOC | 端口 0，功能选择 |
| P1SEL | 0xF4 | IOC | 端口 1，功能选择 |
| P2SEL | 0xF5 | IOC | 端口 2，功能选择 |
| P1INP | 0xF6 | IOC | 端口 1，输入模式 |
| P2INP | 0xF7 | IOC | 端口 2，输入模式 |
| P0DIR | 0xFD | IOC | 端口 0，方向 |
| P1DIR | 0xFE | IOC | 端口 1，方向 |
| P2DIR | 0xFF | IOC | 端口 2，方向 |
| PMUX | 0xAE | IOC | 掉电信号 Mux |
| MEMCTR | 0xC7 | MEMORY | 内存系统控制 |
| FMAP | 0x9F | MEMORY | 闪存存储器区映射 |
| RFIRQF1 | 0x91 | RF | RF 中断标志 MSB |
| RFD | 0xD9 | RF | RF 数据 |
| RFST | 0xE1 | RF | RF 命令选通 |
| RFIRQF0 | 0xE9 | RF | RF 中断标志 LSB |
| RFERRF | 0xBF | RF | RF 错误中断标志 |
| ST0 | 0x95 | ST | 睡眠定时器 0 |

（续）

| 寄存器名称 | SFR 地址 | 模块 | 描述 |
|---|---|---|---|
| ST1 | 0x96 | ST | 睡眠定时器 1 |
| ST2 | 0x97 | ST | 睡眠定时器 2 |
| STLOAD | 0xAD | ST | 睡眠定时器负载状态 |
| SLEEPCMD | 0xBE | PMC | 睡眠模式控制命令 |
| SLEEPSTA | 0x9D | PMC | 睡眠模式控制状态 |
| CLKCONCMD | 0xC6 | PMC | 时钟控制命令 |
| CLKCONSTA | 0x9E | PMC | 时钟控制状态 |
| T1CC0L | 0xDA | 定时器 1 | 定时器 1 通道 0，捕获 / 比较值低字节 |
| T1CC0H | 0xDB | 定时器 1 | 定时器 1，通道 0，捕获 / 比较值高字节 |
| T1CC1L | 0xDC | 定时器 1 | 定时器 1，通道 1，捕获 / 比较值低字节 |
| T1CC1H | 0xDD | 定时器 1 | 定时器 1，通道 1，捕获 / 比较值高字节 |
| T1CC2L | 0xDE | 定时器 1 | 定时器 1，通道 2，捕获 / 比较值低字节 |
| T1CC2H | 0xDF | 定时器 1 | 定时器 1，通道 2，捕获 / 比较值高字节 |
| T1CNTL | 0xE2 | 定时器 1 | 定时器 1，计数器低字节 |
| T1CNTH | 0xE3 | 定时器 1 | 定时器 1，计数器高字节 |
| T1CTL | 0xE4 | 定时器 1 | 定时器 1，控制和状态 |
| T1CCTL0 | 0xE5 | 定时器 1 | 定时器 1，通道 0，捕获 / 比较控制 |
| T1CCTL1 | 0xE6 | 定时器 1 | 定时器 1，通道 1，捕获 / 比较控制 |
| T1CCTL2 | 0xE7 | 定时器 1 | 定时器 1，通道 2，捕获 / 比较控制 |
| T1STAT | 0xAF | 定时器 1 | 定时器 1，状态 |
| T2CTRL | 0x94 | 定时器 2 | 定时器 2，控制 |
| T2EVTCFG | 0x9C | 定时器 2 | 定时器 2，事件配置 |
| T2IRQF | 0xA1 | 定时器 2 | 定时器 2，中断标志 |
| T2M0 | 0xA2 | 定时器 2 | 定时器 2，复用寄存器 0 |
| T2M1 | 0xA3 | 定时器 2 | 定时器 2，复用寄存器 1 |
| T2MOVF0 | 0xA4 | 定时器 2 | 定时器 2，复用溢出寄存器 0 |
| T2MOVF1 | 0xA5 | 定时器 2 | 定时器 2，复用溢出寄存器 1 |
| T2MOVF2 | 0xA6 | 定时器 2 | 定时器 2，复用溢出寄存器 2 |
| T2IRQM | 0xA7 | 定时器 2 | 定时器 2，中断屏蔽 |
| T2MSEL | 0xC3 | 定时器 2 | 定时器 2，复用选择 |
| T3CNT | 0xCA | 定时器 3 | 定时器 3，计数器 |
| T3CTL | 0xCB | 定时器 3 | 定时器 3，控制 |
| T3CCTL0 | 0xCC | 定时器 3 | 定时器 3，通道 0，比较控制 |
| T3CC0 | 0xCD | 定时器 3 | 定时器 3，通道 0，比较值 |
| T3CCTL1 | 0xCE | 定时器 3 | 定时器 3，通道 1，比较控制 |
| T3CCTL1 | 0xCF | 定时器 3 | 定时器 3，通道 1，比较值 |
| T4CNT | 0xEA | 定时器 4 | 定时器 4，计数器 |
| T4CTL | 0xEB | 定时器 4 | 定时器 4，控制 |
| T4CCTL0 | 0xEC | 定时器 4 | 定时器 4，通道 0，比较控制 |
| T4CC0 | 0xED | 定时器 4 | 定时器 4，通道 0，比较值 |
| T4CCTL1 | 0xEE | 定时器 4 | 定时器 4，通道 1，比较控制 |
| T4CC1 | 0xEF | 定时器 4 | 定时器 4，通道 1，比较值 |

（续）

| 寄存器名称 | SFR 地址 | 模块 | 描述 |
|---|---|---|---|
| TIMIF | 0xD8 | TMINT | 定时器 1/3/4，联合中断屏蔽 / 标志 |
| U0CSR | 0x86 | USART0 | USART0，控制和状态 |
| U0DBUF | 0xC1 | USART0 | USART0，接收 / 发送数据缓存 |
| U0BAUD | 0xC2 | USART0 | USART0，波特率控制 |
| U0UCR | 0xC4 | USART0 | USART0，控制 |
| U0GCR | 0xC5 | USART0 | USART0，通用控制 |
| U1CSR | 0xF8 | USART1 | USART1，控制和状态 |
| U1DBUF | 0xF9 | USART1 | USART1，接收 / 发送数据缓存 |
| U1BAUD | 0xFA | USART1 | USART1，波特率控制 |
| U1UCR | 0xFB | USART1 | USART1，UART，控制 |
| U1GCR | 0xFC | USART1 | USART1，通用控制 |
| WDCTL | 0xC9 | WDT | 看门狗定时器控制 |

（5）XREG 寄存器

XREG 寄存器是 XDATA 存储空间中另外的寄存器。这些寄存器主要用于无线电配置和控制。

表 3-3　XREG 概览

| XDATA 地址 | 寄存器名称 | 描述 |
|---|---|---|
| 0x6000 ～ 0x61FF | — | 无线电寄存器 |
| 0x6200 ～ 0x622B | — | USB 寄存器 |
| 0x6249 | CHVER | 芯片版本 |
| 0x624A | CHIPID | 芯片识别标志 |
| 0x6260 | DBGDATA | 调试接口写数据 |
| 0x6270 | FCTL | 闪存控制 |
| 0x6271 | FADDRL | 闪存地址低字节 |
| 0x6272 | FADDRH | 闪存地址高字节 |
| 0x6273 | FWDATA | 闪存写数据 |
| 0x6276 | CHIPINFO0 | 芯片信息字节 0 |
| 0x6277 | CHIPINFO1 | 芯片信息字节 1 |
| 0x6290 | CLD | 时钟丢失探测 |
| 0x62A0 | T1CCTL0 | 定时器 1，通道 0，捕获 / 比较控制（SFR 寄存器另外的 XREG 映射） |
| 0x62A1 | T1CCTL1 | 定时器 1，通道 1，捕获 / 比较控制（SFR 寄存器另外的 XREG 映射） |
| 0x62A2 | T1CCTL2 | 定时器 1，通道 2，捕获 / 比较控制（SFR 寄存器另外的 XREG 映射） |
| 0x62A3 | T1CCTL3 | 定时器 1，通道 3，捕获 / 比较控制 |
| 0x62A4 | T1CCTL4 | 定时器 1，通道 4，捕获 / 比较控制 |
| 0x62A6 | T1CC0L | 定时器 1，通道 0，捕获 / 比较值低字节（SFR 寄存器另外的 XREG 映射） |
| 0x62A7 | T1CC0H | 定时器 1，通道 0，捕获 / 比较值高字节（SFR 寄存器另外的 XREG 映射） |

（续）

| XDATA 地址 | 寄存器名称 | 描述 |
|---|---|---|
| 0x62A8 | T1CC1L | 定时器 1，通道 1，捕获 / 比较值低字节（SFR 寄存器另外的 XREG 映射） |
| 0x62A9 | T1CC1H | 定时器 1，通道 1，捕获 / 比较值高字节（SFR 寄存器另外的 XREG 映射） |
| 0x62AA | T1CC2L | 定时器 1，通道 2，捕获 / 比较值低字节（SFR 寄存器另外的 XREG 映射） |
| 0x62AB | T1CC2H | 定时器 1，通道 2，捕获 / 比较值高字节（SFR 寄存器另外的 XREG 映射） |
| 0x62AC | T1CC3L | 定时器 1，通道 3，捕获 / 比较值低字节 |
| 0x62AD | T1CC3H | 定时器 1，通道 3，捕获 / 比较值高字节 |
| 0x62AE | T1CC4L | 定时器 1，通道 4，捕获 / 比较值低字节 |
| 0x62AF | T1CC4H | 定时器 1，通道 4，捕获 / 比较值高字节 |
| 0x62B0 | STCC | 睡眠定时器捕获控制 |
| 0x62B1 | STCS | 睡眠定时器捕获状态 |
| 0x62B2 | STCV0 | 睡眠定时器捕获值字节 0 |
| 0x62B3 | STCV1 | 睡眠定时器捕获值字节 1 |
| 0x62B4 | STCV2 | 睡眠定时器捕获值字节 2 |

3. CPU 寄存器

（1）数据指针

用两个数据指针 DPTR0 和 DPTR1 来加快数据块到存储器或从存储器取出的移动速度。数据指针一般用于访问 CODE 或 XDATA 空间。例如：

- MOVC A,@A + DPTR

- MOV A,@DPTR

数据指针选择位（数据指针选择寄存器 DPS 中的位 0）在选择执行哪一条使用数据指针的指令期间，相应的数据指针是活动的。

数据指针宽度为两字节，其包括以下 SFR：

- DPTR0–DPH0:DPL0

- DPTR1–DPH1:DPL1

相关参数的描述具体如下：

① DPH0（0x83）——数据指针（0）高字节的具体描述见表 3-4。

表 3-4    DPH0（0x83）——数据指针（0）高字节的描述

| 位 | 名称 | 复位 | R/W | 描述 |
|---|---|---|---|---|
| 7:0 | DPH0[7:0] | 0x00 | R/W | 数据指针（0）的高字节 |

② DPL0（0x82）——数据指针（0）低字节的具体描述见表 3-5。

表 3-5    DPH0（0x82）——数据指针（0）低字节的描述

| 位 | 名称 | 复位 | R/W | 描述 |
|---|---|---|---|---|
| 7:0 | DPL0[7:0] | 0x00 | R/W | 数据指针（0）的低字节 |

③ DPH1（0x85）——数据指针（1）高字节的具体描述见表 3-6。

表 3-6　DPH0（0x85）——数据指针（1）高字节的描述

| 位 | 名称 | 复位 | R/W | 描述 |
|---|---|---|---|---|
| 7:0 | DPH1[7:0] | 0x00 | R/W | 数据指针（1）的高字节 |

④ DPL1（0x84）——数据指针（1）低字节的具体描述见表 3-7。

表 3-7　DPH0（0x84）——数据指针（1）低字节的描述

| 位 | 名称 | 复位 | R/W | 描述 |
|---|---|---|---|---|
| 7:0 | DPL1[7:0] | 0x00 | R/W | 数据指针（1）的低字节 |

⑤ DPS（0x92）——数据指针选择的具体描述见表 3-8。

表 3-8　DPH0（0x92）——数据指针选择的描述

| 位 | 名称 | 复位 | R/W | 描述 |
|---|---|---|---|---|
| 7:1 | – | 0000000 | R0 | 未使用 |
| 0 | DPS | 0 | R/W | 数据指针选择，选择活动的数据指针：<br>0 为 DPTR0；1 为 DPTR1 |

（2）寄存器 R0 ～ R7

有 4 个寄存器组（不要与 CODE 存储空间区的混淆，它只适用于闪存存储器组织），每组包括 8 个寄存器。这 4 组寄存器分别映射到 DATA 存储空间地址的 0x00 ～ 0x07，0x08 ～ 0x0F，0x10 ～ 0x17，0x18 ～ 0x1F。每个寄存器组包括 8 个 8 位寄存器 R0 ～ R7。寄存器组可以通过程序状态字 PSW.RS[1:0] 来选择使用。寄存器组 0 使用内部触发器来存储值（SRAM 被绕过 / 未使用），而组 1 ～ 3 使用 SRAM 来存储。这样做是为了节省电力。一般来说，通过使用寄存器组 0，而非寄存器组 1 ～ 3，电流消耗大约可以下降 200μA。

（3）程序状态字

程序状态字（PSW）按位显示 CPU 的当前状态，可以理解其为一个可位寻址的特殊功能寄存器。PSW 如表 3-9 所示，它包括进位标志、BCD 操作的辅助进位标志、寄存器选择位、溢出标志和奇偶标志等。PSW 的其余两位没有规定，其可用于用户自定义的状态标志。

表 3-9　PSW 的具体描述

| 位 | 名称 | 复位 | R/W | 描述 |
|---|---|---|---|---|
| 7 | CY | 0 | R/W | 进位标志。当最后的算术运算结果导致进位（加法期间）或者借用（减法期间）时，该位设置为 1，否则将通过的所有算术运算结果清零 |
| 6 | AC | 0 | R/W | BCD 运算的辅助进位标志。当最后的算术运算导致一个进位（加法期间）或者借位（减法期间）时，该位设置为 1。否则将，该位清 0 |
| 5 | F0 | 0 | R/W | 用户自定义。采用位寻址 |
| 4:3 | RS[1:0] | 00 | R/W | 寄存器组选择位，在 DATA 空间，一组 R7 ～ R0 寄存器使用了四个可能的寄存器组：<br>00 为寄存器组 0，地址为 0x00 ～ 0x07<br>01 为寄存器组 1，地址为 0x08 ～ 0x0F<br>10: 寄存器 2，地址为 0x10 ～ 0x17<br>11 为寄存器组 3，地址为 0x18 ～ 0x1F |
| 2 | OV | 0 | R/W | 溢出标志。它根据算术运算的结果进行设置。当最后的算术运算导致一个进位（加法）、借位（减法）或者溢出（乘或除）时，该位设置为 1。否则，该位清 0 |
| 1 | F1 | 0 | R/W | 用户自定义。采用位寻址 |
| 0 | P | 0 | R/W | 奇偶校验标志。假如它包含一个奇数 1 的数，相同的累加器通过硬件设置为 1。否则，清 0 |

（4）累加器

ACC 是一个累加器，它是大多数算法指令、数据传输和其他指令的源和目标地址。指令中累加器的助记符（涉及累加器的指令中）是 A 而不是 ACC。

ACC（0xE0）——累加器的具体描述见表 3-10。

表 3-10　ACC（0xE0）——累加器的描述

| 位 | 名称 | 复位 | R/W | 描述 |
|---|---|---|---|---|
| 7：0 | ACC[7：0] | 0x00 | R/W | 累加器 |

（5）B 寄存器

B 寄存器在执行乘法和除法指令期间作为第二个 8 位参数运用，若不进行乘 / 除法运算，B 寄存器也可当成一般寄存器使用，用来存储临时数据。

B（0xF0）——B 寄存器的具体描述见表 3-11。

表 3-11　B（0xF0）——B 寄存器的描述

| 位 | 名称 | 复位 | R/W | 描述 |
|---|---|---|---|---|
| 7：0 | B[7：0] | 0x00 | R/W | B 寄存器，用于 MUL/DIV 指令 |

（6）堆栈指针

堆栈驻留在 DATA 存储空间中并向上增长。在执行 PUSH 指令时，首先把堆栈指针（SP）加 1，然后把字节复制到堆栈中。SP 初始地址为 0x07，复位后就增加 1，变为 0x08，这是第二个寄存器组第一个寄存器（R0）的地址。因此为了使用多个寄存器组，SP 可以初始化为一块没有用于数据存储的寄存器地址。

SP（0x81）——堆栈指针见表 3-12。

表 3-12　SP（0x81）——堆栈指针的描述

| 位 | 名称 | 复位 | R/W | 描述 |
|---|---|---|---|---|
| 7：0 | SP[7：0] | 0x07 | R/W | 堆栈指针 |

4. 中断

（1）中断列表

CPU 有 18 个中断源。每个中断源有它自己的、位于一系列特殊功能寄存器中的中断请求标志。每个中断通过相应的标志请求可以被单独使能或禁止。中断源的定义和中断向量如表 3-13 所示。中断可分别组合为不同的、可以选择的优先级别。

表 3-13　CC2530 中断列表

| 中断号 | 描述 | 中断名称 | 中断向量 | 中断屏蔽 | 中断标志 |
|---|---|---|---|---|---|
| 0 | RF TX FIFO 下溢<br>或 RX FIFO 溢出 | RFERR | 03h | IEN0.RFERRIE | TCON.RFERRIF |
| 1 | ADC 转换结束 | ADC | 0Bh | IEN0.ADCIE | TCON.ADCIF |
| 2 | USART0 接收完成 | URX0 | 13h | IEN0.URX0IE | TCON.URX0IF |
| 3 | USART1 接收完成 | URX1 | 1Bh | IEN0.URX1IE | TCON.URX1IF |
| 4 | AES 加密 / 解密完成 | ENC | 23h | IEN0.ENCIE | S0CON.ENCIF |
| 5 | 睡眠定时器比较 | ST | 2Bh | IEN0.STIE | IRCON.STIF |
| 6 | 端口 2 输入 | P2INT | 33h | IEN2.P2IE | IRCON2.P2IF |
| 7 | USART0 发送完成 | UTX0 | 3Bh | IEN2.UTX0IE | IRCON2.UTX0IF |

（续）

| 中断号 | 描述 | 中断名称 | 中断向量 | 中断屏蔽 | 中断标志 |
|---|---|---|---|---|---|
| 8 | DMA 传送完成 | DMA | 43h | IEN1.DMAIE | IRCON.DMAIF |
| 9 | 定时器 1（8 位）捕获 / 比较 / 溢出 | T1 | 4Bh | IEN1.T1IE | IRCON.T1IF |
| 10 | 定时器 2（媒体存取控制计数器） | T2 | 53h | IEN1.T2IE | IRCON.T2IF |
| 11 | 定时器 3（8bit）捕获 / 比较 / 溢出 | T3 | 5Bh | IEN1.T3IE | IRCON.T3IF |
| 12 | 定时器 4（8bit）捕获 / 比较 / 溢出 | T4 | 63h | IEN1.T4IE | IRCON.T4IF |
| 13 | 端口 0 输入 | P0INT | 6Bh | IEN1.P0IE | IRCON.P0IE |
| 14 | 串口 1 发送完成 | UTX1 | 73h | IEN2.UTX1IE | IRCON2.UTX1IF |
| 15 | 串口输入 | P1INT | 7Bh | IEN2.P1IE | IRCON2.P1IF |
| 16 | RF 通用中断 | RF | 83h | IEN2.RFIF | S1CON.RFIF |
| 17 | 看门狗计时溢出 | WDT | 8Bh | IEN2.WDTIE | IRCON2.WDTIF |

（2）设置中断

通过设置中断使能寄存器 IEN0、IEN1 和 IEN2 中的中断使能标志位可以使能或者禁止某些中断。需要注意的是外围设备可以通过端口 0、端口 1、端口 2、定时器 1、定时器 2、定时器 3、定时器 4、DMA、RF 特殊功能寄存器的相应位向 CPU 申请中断，这些外部中断在特殊功能寄存器中也有其使能和禁止标志位 i，同时也可通过设置这些标志位来管理外部中断。中断使能寄存器具体描述如表 3-14 所列。

为了使用 CC2530 中的中断功能，应当执行下列步骤：

- 设置 IEN0 寄存器中的最高位 EAL 为 1，这说明将要使用某一特殊中断。如果该位为 0 则表明不使用任何中断。
- 设置中断使能寄存器 IEN0、IEN1 和 IEN2 中的相应位为 1，以使能中断。
- 外部的中断如果需要设置特殊功能寄存器则也要设置为 1。
- 在中断向量地址上运行中断服务程序。

（3）中断处理过程

当中断发生时，CPU 则指向表 3-13 所描述的中断向量。一旦中断服务开始，则其只能够被更高优先级的中断打断；中断服务程序可由中断指令 RETI（从中断指令返回）终止。当 RETI 执行时，CPU 将返回到中断发生时的下一条指令。

当中断发生时，不管该中断使能或禁止，CPU 都会在中断标志寄存器中设置中断标志位。当中断使能时，首先设置中断标志，然后在下一个指令周期中，由硬件强行产生一个 LCALL 发送到对应的向量地址，以运行中断服务程序。新中断的响应取决于该中断发生时 CPU 的状态。当 CPU 正在运行的中断服务程序的优先级大于或等于新的中断时，新的中断暂不运行，直至新的中断的优先级高于正在运行的中断服务程序才对其予以响应。中断响应的时间取决于当前的指令，最快的为 7 个机器指令周期。其中 1 个机器指令周期用于检测中断，其余 6 个用来执行 LCALL。

（4）中断优先级设置

中断组合成 6 个中断优先组，每一组包含 3 个中断，见表 3-15。每组的优先级通过设置寄存器 IP0 和 IP1 来实现，共有四个优先级，可参见表 3-16。每组的值可设置为四个中断优先级之一。当某组进行中断服务请求时，不允许其被同级或较低级别的中断打断。当同时收到几个相同优先级的中断请求时，采取如同表 3-17 所列的中断轮询顺序来判定哪个中断优先响应。

表 3-14　中断使能寄存器（0 ～ 2）

| 寄存器名称 | 位 | 名称 | 复位 | 读 / 写 | 描述 |
|---|---|---|---|---|---|
| IEN0（0xA8）中断使能 0 | 7 | EA | 0 | R/W | 禁止所有中断：<br>0 为无中断被确认<br>1 为通过设置对应的使能位，将每个中断源分别使能或禁止 |
| | 6 | — | 0 | R0 | 不使用，其值是 0 |
| | 5 | STIE | 0 | R/W | STIE——睡眠定时器中断使能：<br>0 为中断禁止<br>1 为中断使能 |
| | 4 | ENCIE | 0 | R/W | ENCIE——AES 加密 / 解密中断使能：<br>0 为中断禁止<br>1 为中断使能 |
| | 3 | URX1IE | 0 | R/W | URX1IE——USART1 接收中断使能：<br>0 为中断禁止<br>1 为中断使能 |
| | 2 | URX0IE | 0 | R/W | URX0IE——USART0 接收中断使能：<br>0 为中断禁止<br>1 为中断使能 |
| | 1 | ADCIE | 0 | R/W | ADCIE——ADC 中断使能：<br>0 为中断禁止<br>1 为中断使能 |
| | 0 | RFERRIE | 0 | R/W | RFERRIE——RF TX/RX FIFO 中断使能：<br>0 为中断禁止<br>1 为中断使能 |
| IEN1（0xB8）中断使能 1 | 7：6 | — | 0 | R | 不使用，其值 0 值 |
| | 5 | P0IE | 0 | R/W | P0IE——端口 0 中断使能：<br>0 为中断禁止<br>1 为中断使能 |
| | 4 | T4IE | 0 | R/W | T4IE——计数器 4 中断使能：<br>0 为中断禁止<br>1 为中断使能 |
| | 3 | T3IE | 0 | R/W | T3IE——计数器 3 中断使能：<br>0 为中断禁止<br>1 为中断使能 |
| | 2 | T2IE | 0 | R/W | T2IE——计数器 2 中断使能：<br>0 为中断禁止<br>1 为中断使能 |
| | 1 | T1IE | 0 | R/W | T1IE——计数器 1 中断使能：<br>0 为中断禁止<br>1 为中断使能 |
| | 0 | DMAIE | 0 | R/W | DMAIE——DMA 传输中断使能：<br>0 为中断禁止<br>1 为中断使能 |

（续）

| 寄存器名称 | 位 | 名称 | 复位 | 读/写 | 描述 |
|---|---|---|---|---|---|
| IEN2（0x9A）中断使能2 | 7:6 | — | 00 | R | 不使用，其值为 0 |
| | 5 | WDTIE | 0 | R/W | WDTIE——看门狗定时器中断使能：<br>0 为中断禁止<br>1 为中断使能 |
| | 4 | P1IE | 0 | R/W | P1IE——端口 1 中断使能：<br>0 为中断禁止<br>1 为中断使能 |
| | 3 | UTX1IE | 0 | R/W | UTX1IE——USART1 发送中断使能：<br>0 为中断禁止<br>1 为中断使能 |
| | 2 | UTX0IE | 0 | R/W | UTX0IE——USART0 发送中断使能：<br>0 为中断禁止<br>1 为中断使能 |
| | 1 | P2IE | 0 | R/W | P2IE——端口 2 中断使能：<br>0 为中断禁止<br>1 为中断使能 |
| | 0 | RFIE | 0 | R/W | RFIE——RF 通用中断使能：<br>0 为中断禁止<br>1 为中断使能 |

表 3-15　中断分组

| 组 | 中断 | | |
|---|---|---|---|
| IPG0 | RFERR | RF | DMA |
| IPG1 | ADC | T1 | P2INT |
| IPG2 | URX0 | T2 | UTX0 |
| IPG3 | URX1 | T3 | UTX1 |
| IPG4 | ENC | T4 | P1INT |
| IPG5 | ST | P0INT | WDT |

表 3-16　中断优先级设置

| IP1_x | IP0_x | 优先级 | IP1_x | IP0_x | 优先级 |
|---|---|---|---|---|---|
| 0 | 0 | 0（最低） | 1 | 0 | 2 |
| 0 | 1 | 1 | 1 | 1 | 3（最高） |

表 3-17　中断轮询顺序

| 中断向量编号 | 中断名称 | 响应顺序 | 中断向量编号 | 中断名称 | 响应顺序 |
|---|---|---|---|---|---|
| 0 | RFERR | | 4 | ENC | |
| 16 | RF | | 12 | T4 | |
| 8 | DMA | | 11 | ST | |
| 1 | ADC | | 5 | P0INT | |
| 9 | T1 | | 6 | P2INT | |
| 2 | URX0 | | 7 | UTX0 | |
| 10 | T2 | | 14 | UTX1 | |
| 3 | URX1 | | 15 | P1INT | |
| 11 | T3 | | 17 | WDT | |

5. 电源管理

电源有不同的运行模式或供电模式以用于低功耗运行。而超低功耗运行则是通过关闭电源模块以避免静态（泄露）功耗和使用门控时钟、关闭振荡器以降低动态功耗来实现的。

电源的五种不同运行模式（供电模式）如表 3-18 所示，其分别为主动模式、空闲模式、PM1、PM2 和 PM3。主动模式是一般模式，而 PM3 具有最低的功耗。

表 3-18  供电模式

| 供电模式 | 高频振荡器 | 低频振荡器 | 稳压器（数字） |
|---|---|---|---|
| 配置 | A：32MHz XOSC；<br>B：16MHz RCOSC | C：32kHz XOSC；<br>D：32kHz RCOSC | |
| 主动 / 空闲模式 | A 或 B | C 或 D | ON |
| PM1 | 无 | C 或 D | ON |
| PM2 | 无 | C 或 D | OFF |
| PM3 | 无 | 无 | OFF |

- **主动模式**：完全功能模式。在此模式下，稳压器的数字内核开启，16MHz RC 振荡器或 32MHz 晶体振荡器运行，或者两者都运行。32kHz RCOSC 振荡器或 32kHz XOSC 运行。
- **空闲模式**：除了 CPU 内核停止运行（即空闲）外，其他和主动模式一样。
- **PM1**：稳压器的数字部分开启。32MHz XOSC 和 16MHz RCOSC 都不运行，而 32kHz RCOSC 或 32kHz XOSC 运行。在复位、外部中断或睡眠定时器过期时系统将转到主动模式。
- **PM2**：稳压器的数字内核关闭。32MHz XOSC 和 16 MHz RCOSC 都不运行，而 32kHz RCOSC 或 32kHz XOSC 运行。在复位、外部中断或睡眠定时器过期时系统将转到主动模式。
- **PM3**：稳压器的数字内核关闭。所有的振荡器都不运行。在复位或外部中断时系统将转到主动模式。

### 3.1.3  I/O 与外围设备接口

在实际应用中，读者可能经常需要从外围设备采集数据，如温湿度环境采集，工业设备，医疗设备监控等应用。因此，像温湿度采集设备、工业设备等外围设备应该提供 UART、SPI、USB 接口来传输数据。CC2530 芯片通过配置相关 I/O 寄存器来读取这些通过硬件连接的外围设备的数据，并通过 ZigBee 协议栈的软件调度将这些数据从射频收发电路发送到其他节点。

1. I/O 口

CC2530 有 21 个数字 I/O 引脚，它们可以配置为通用数字 I/O 或外设 I/O 信号以连接到 ADC、定时器或者 USART 等外部设备。这些 I/O 口的用途，可以通过一系列寄存器配置，由用户软件加以实现。

I/O 口具备如下重要特性：

- 21 个数字 I/O 引脚。
- 可以配置为通用 I/O 或外部设备 I/O。
- 输入口具备上拉或下拉能力。
- 具有外部中断能力。

如果需要外部设备产生中断，21 个 I/O 引脚都可以用作外部中断源输入口。外部中断功能也可以从睡眠模式唤醒设备。

（1）通用 I/O 配置

当引脚被用作通用 I/O 时，引脚可以组成 3 个 8 位口，即位口 0 ～ 2，分别将其定义为 P0、P1 和 P2。其中，P0 和 P1 是完全的 8 位口，而 P2 仅有 5 位可用。所有的口均可以按位寻址或通过特殊功能寄存器由 P0、P1 和 P2 字节寻址。每个口都可以单独设置为通用 I/O 或外部设备 I/O。除了两个高输出口 P1_0 和 P1_1 之外，所有的口都用于输出，且均具备 4mA 的驱动能力；而 P1_0 和 P1_1 具备 20mA 的驱动能力。

寄存器 PxSEL（其中 x 为口的标志，其值为 0 ～ 2）用来设置 I/O 为 8 位通用 I/O 或者外部设备 I/O。任何一个 I/O 口在使用之前，必须首先对寄存器 PxSEL 赋值。作为缺省的情况，每当复位之后，所有的数字输入 / 输出引脚都设置为通用 8 位 I/O；而且，所有通用 I/O 都设置为输入。

在任何时候，要改变一个引脚口的方向，使用寄存器 PxDIR 即可。只要设置 PxDIR 中的指定位为 1，其对应的引脚口就会被设置为输出。

当读端口寄存器 P0、P1 和 P2 时，不管怎样，输入引脚上的逻辑值将返回引脚配置值，而这并不适用于执行读—修改—写指令的过程。重修改—写指令为：ANL，ORL，XRL，JBC，CPL，INC，DEC，DJNZ 和 MOV，CLR 或 SETB。

在一个端口寄存器上进行下面的操作是正确的：

当目标是端口寄存器 P0、P1 或 P2 的一个独立位，而不是引脚上的值时，则被读，修改和写返回给端口寄存器。

当引脚被用作输入时，每个通用 I/O 口的引脚可以设置为上拉、下拉或三态模式。作为缺省的情况，复位之后所有的输入口均设置为上拉输入。要将输入口的某一位取消上拉或下拉，则要将 PxINP 中的对应位设置为 1。I/O 口引脚 P1_0 和 P1_1 不具备上拉 / 下拉能力。

在电源模式 PM2 和 PM3 下，I/O 引脚保持在进入 PM2、PM3 时设置的 I/O 模式和输出值（如果值可用）。

（2）通用 I/O（直接存储器访问）DMA

当用作通用 I/O 引脚时，每个 P0 和 P1 口都关联一个 DMA 触发。对于 P0 口而言，DMA 触发为 IOC_0；对于 P1 口而言，DMA 触发为 IOC_1。

IOC_0 或 IOC_1DMA 触发在 P0 或 P1 引脚上发生输入传输时被激活。

注意：配置为通用 I/O 输入引脚上的输入传输只能产生 DMA 触发。

（3）外部设备 I/O

数字 I/O 引脚可以配置为外部设备 I/O 引脚。通常，选择数字 I/O 引脚上外部设备的 I/O 功能，需要将对应的寄存器位 PxSEL 置 1。

2. DMA 控制器

CC2530 内置直接存储器存取（DMA）控制器，该控制器可以减轻 8051CPU 内核在传送数据时的负担，实现 CC2530 在高效利用电源条件下的高性能。只需要 CPU 的极少干预，DMA 控制器就可以将数据从 ADC 或 RF 收发器等外部设备单元传送到存储器中。

CC2530 8051 处理器在传送语音，图像等较大数据时，使用 UART 串口通过中断的方式来查询数据，查询效率很低。这时，读者可以选用 DMA 控制器来完成数据传送。如果传输效果不能满足应用需求，读者还可利用多路 DMA 通道来实现。CC2530 提供了 5 个独立的 DMA 通道。

DMA 操作流程如图 3-7 所示，DMA 控制器协调所有的 DMA 传送，以确保 DMA 请求和 CPU 存取之间按照优先等级协调、合理地进行。DMA 控制器含有若干可编程设置的 DMA 通道，用来实现数据从存储器到存储器的传送，且 DMA 控制器控制超过整个外部数据存储器全部地址范围内的数据传输，再加上多数 SFR 寄存器映射到了 DMA 存储器空间，因此这些灵活的 DMA 通道大大减轻了 CPU 的负担。例如，从存储器传送数据到 USART，按照定下来的周期在 ADC 和存储器之间传送数据等。使用 DMA 可以保持 CPU 在不需要唤醒的低功耗模式下，能进行与外部设备单元之间的数据传送，从而，降低了整个系统的功耗。

- DMA 控制器的主要特性如下：
- 5 个独立的 DMA 通道。
- 3 个可以配置的 DMA 通道优先级。
- 32 个可以配置的传送触发事件。
- 源地址和目标地址独立控制。
- 3 种传送模式：单独传送、数据块传送和重复传送。
- 支持传输数据的长度域，设置可变的传输长度。
- 既可以在字（Word-Size）模式，又可在字节（Byte-Size）模式下运行。

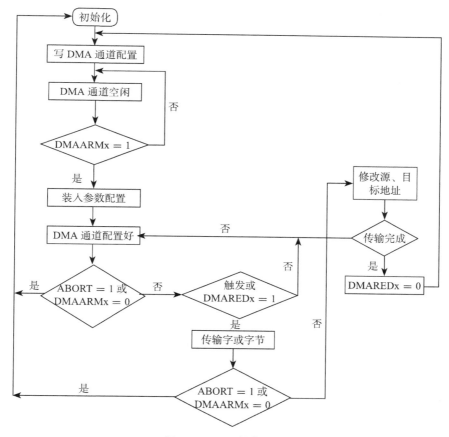

图 3-7　DMA 操作流程

3. 定时器

CC2530 主要包括四个定时器：一般的 16 位（T1）定时器，16 位 MAC 定时器（T2）和两个 8 位（T3 和 T4）定时器。它们支持典型的定时 / 计数功能，例如测量时间间隔、对外部事件计数、产生周期性中断请求、输入捕捉、比较输出和 PWM 功能。此外还有看门狗定时器和睡眠定时器，由于篇幅限制在此不做详细介绍。

16 位 MAC 定时器 T2 主要用来提供用于 IEEE 802.15.4 CSMA-CA 的算法定时和在 IEEE 802.15.4 MAC 层上的一般计时。

MAC 定时器的主要特征如下：

- 16 位正计数，提供符号（Symbol）周期 16μs，帧（Frame）周期 320μs。
- 周期可调，精度为 31.25ns。
- 8 位计数器比较功能。
- 20 位溢出计数。
- 20 位溢出计数比较功能。
- 帧开始定界符的捕获功能。
- 定时器的开始、停止与外部 32.768kHz 时钟同步，而且由睡眠时钟保持。
- 中断由比较和溢出产生。
- DMA 的触发能力。

4. AES 加密协处理器

CC2530 数据加密是由支持高级加密标准的专用协处理器 AES 完成的。AES 协处理器的加密 / 解密操作，极大地减轻了 CC2530 内置 CPU 的负担。

AES 协处理器的主要特性如下：

- 支持 IEEE 802.15.4 全部安全机制。
- ECB（电子编码加密）、CBC（密码防护链）、CFB（密码反馈）、OFB（输出反馈加密）、CTR（计数模式加密）和 CBC-MAC（密码防护链消息验证代码）模式。
- 硬件支持 CCM（CTR + CBC−MAC）模式。
- 28 位密钥和初始化向量（IV）/ 当前时间（Nonce）。
- DMA 传送触发能力。

AES 加密处理实验可参见本书 6.5 节 ZigBee 网络 AES 加密或本书光盘附带的 CC2530 基础实验内容。

5. ADC（模数转换）

在工程应用中，读者可能需要采集温度、湿度、$CO_2$、PM2.5、光照等环境数据。直接采集它们得到的是模拟数据，此时需要使用 ADC 转换为数字信号量，以便于统计分析。CC2530 ADC 支持 14 位模拟数字转换，且具有多达 12 个有效位的 ENOB。它包括一个模拟多路转换器，该转换器具有多达 8 个各自可配置的通道，以及一个参考电压发生器。转换结果可通过 DMA 写入存储器。

ADC 的主要特性如下：

- 可选的采样率，能设置有效的分辨率（7 ～ 12 位）。
- 8 个各自独立的输入通道，可接受单端或差分信号。
- 参考电压可选为内部单端、外部单端、外部差分或 AVDD5。

- 可以产生中断请求。
- 转换结束时的 DMA 触发。
- 温度传感器输入。
- 电池测量功能，当监视的电池电量较低时，可在应用中设置提醒用户更换电池的功能。

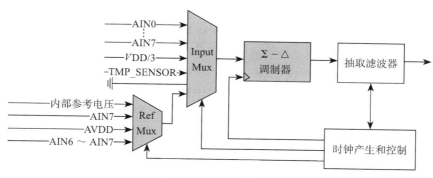

图 3-8　ADC 方框图

模数转换 ADC 可参见本书 6.4 节 ZigBee 网络外部数据采集或本书光盘附带的
CC2530 基础实验内容。

6. USB 控制器

USB 控制器监控 USB 的相关活动，并处理数据包的传输工作。

固件的责任是适当响应 USB 中断和上传（下载）数据包到（从）FIFO 终端。同时，固件必须能够正确地响应所有来自 USB 主机的标准请求，并能根据 PC 上的协议工作。

USB 控制器有如下功能：

- 全速操作（最高 12Mbps）。
- 五个端口（除了端口 0）可以用作 IN、OUT 或 IN/OUT，也可以配置为批量 / 中断或同步。
- 可以使用 1KB SRAM 或 FIFO 存储 USB 数据包。
- 端口支持的数据包大小范围：8 ～ 512 字节。
- 支持 USB 数据包的双缓冲。

7. USART

USART0 和 USART1 是串行通信接口，它们能够分别运行于异步 UART 模式或者同步 SPI 模式。两个 USART 具有同样的功能，可在单独的 I/O 引脚设置。

（1）UART 模式

UART 模式提供异步串行接口。在 UART 模式中，接口使用 2 线或者含有引脚 RXD、TXD、可选 RTS 和 CTS 的 4 线。

UART 模式的操作具有下列特点：

- 8 位或 9 位数据负载。
- 奇校验、偶校验或无奇偶校验。
- 配置起始位和停止位电平。
- 配置 LSB 或者 MSB 首先传送。
- 独立收发中断。

- 独立收发 DMA 触发。
- 奇偶校验和帧校验出错状态。

UART 模式提供全双工传送，且接收器中的位同步不影响发送功能。传送一个 UART 字节包含 1 个起始位、8 个数据位、1 个作为可选项的第 9 位数据或者奇偶校验位再加上 1 个或 2 个停止位。

UART 操作由 USART 控制和状态寄存器 UxCSR 以及 UART 控制寄存器 UxUCR 来控制。这里的 x 是 USART 的编号，其数值为 0 或者 1。当 UxCSR.MODE 设置为 1 时，就选择了 UART 模式。

ZigBee 具有两个 UART 串口：UART0 和 UART1。本书 6.3 节 ZigBee 网络自诊断实验同时使用了这两个串口。

（2）SPI 模式

本节描述了同步通信的 SPI 模式。在 SPI 模式中，USART 通过 3 线接口或者 4 线接口与外部系统通信。接口包含引脚 MOSI、MISO、SCK 和 SS_N。

SPI 模式包含下列特征：

- 3 线（主要）或者 4 线 SPI 接口。
- 主和从模式。
- 可配置的 SCK 极性和相位。
- 可配置的 LSB 或 MSB 传送。

当 UxCSR.MODE 设置为 0 时，选中 SPI 模式。在 SPI 模式中，USART 可以通过写 UxCSR.SLAVE 位来配置 SPI 为主模式或者从模式。

提示：读者在学习 CC2530 8051 单片机编程时，一定要学会查询 CC2530 官方数据手册，了解常用寄存器配置含义。如果不熟悉 8051 相关的编程，读者可以学习 CC2530 基础实验。这些实验基本上介绍了 I/O 和外围设备的使用，相关内容已附在本书附赠的光盘中。

### 3.1.4　TI CC2530 与 CC2430 的比较

CC2530 与 CC2430 芯片比较如表 3-19 所示，作为 TI 第二代 ZigBee / IEEE 802.15.4 RF 片上系统，CC2530 在能耗、功能、封装尺寸和 RF 性能等方面较 CC2430 有了显著改善。

表 3-19　CC2530 与 CC2430 的比较

| 项目 | 型号 | CC2430 | CC2530 |
|---|---|---|---|
| 功能 | MCU | 兼容 8051 | 兼容 8051 |
| | Flash | 高达 128KB | 高达 256KB |
| | RAM | 8KB（在 PM2/3 下 <4KB） | 所有 PM 下均为 8KB |
| | 时钟丢失检测 | 无 | 有 |
| | 定时器 1 信道 | 3 | 5 |
| | MAC 定时器大小 | 16 位、20 位溢出 | 16 位、24 位溢出 |
| | 内核频率 | 32MHz | 32MHz |
| | 封装 | 7mm × 7mm，48 个引脚 | 6mm × 6mm，40 个引脚 |
| | 操作温度 /℃ | −40 ～ + 85 | −40 ～ + 125 |

（续）

| 项目 | 型号 | CC2430 | CC2530 |
|---|---|---|---|
| RF 性能 | 灵敏度 /dBm | −92 | −97 |
| | 最大 Tx 功率 /dBm | 0 | ＋ 4.5 |
| | 链路预算 /dB | 92 | 101.5 |
| | 最大输出电压下的 EVM | 11% | 2% |
| | 相邻 −5MHz | 30 | 49 |
| | 相邻 ＋ 5MHz | 41 | 49 |
| | 备用 −10MHz | 53 | 57 |
| | 备用 ＋ 10MHz | 55 | 57 |
| 低功耗 | 操作电压 / V | 2.0 ～ 3.6 | 2.0 ～ 3.6 |
| | Rx 电流 /mA | 27 | 24 |
| | Tx 电流（0 dBm）/mA | 27 | 29 |
| | Tx 电流（＋ 4.5 dBm）/mA | NA | 34 |
| | CPU 活跃电流（32 MHz）/mA | 10.5 | 6.5 |
| | PM1 电流 /μA | 190 | 200 |
| | PM2 电流 /μA | 0.5 | 1 |
| | PM3 电流 /μA | 0.3 | 0.4 |
| | PM1 →活跃 /μs | 4 | 4 |
| | PM2/3 →活跃 /ms | 0.1 | 0.1 |
| | Xtal 启动时间 /ms | 0.5 | 0.3 |

## 3.2  MC13192/MC13193 芯片介绍

MC1319x 是飞思卡尔（Freescale）公司推出的 RF 收发器，它工作在短距离、低功耗的 2.4GHz 工业、科学和医疗（ISM）频段。它包含了完整的 IEEE 802.15.4 标准物理层解调器，支持点状，星形和网状网络。MC1319x 和飞思卡尔其他的 ZigBee 产品组合可以搭建成 ZigBee-Ready 平台，利用该平台可进行 ZigBee 相关方面的开发工作。

MC13193 包括了 MCU（微控制器）HCS08 家族可用的 IEEE 802.15.4 PHY/MAC。与 MC13192 相比，MC13193 只增加了 Zigbee 协议栈。

MC13193 与合适的 MCU 配合后，就能为用户提供低廉高效的解决方案，用于短距离数据链接和网络。它和 MCU 的连接是依靠 4 线串行外设接口（SPI）和一个可中断请求输出完成的，这个中断允许多种处理器使用。软件和处理器应用范围很广，即从简单的点对点系统到完整的 Zigbee 网络。

MC13193 集成了低噪声放大器，1.0MV 功率放大器，电压控制振荡器、稳压器和全扩频调解器。它还支持 250kbps 正交相移键控（O-QPSK）数据，SPI 接口和中断请求输出用于传输和控制接收（RX）和发送（TX）数据。

### 3.2.1  芯片特性

MC13192/MC13193 的芯片特性主要如下：
- 推荐的电源电压范围：2.0 ～ 3.4V。
- 16 信道（工作在 2.4 GHz ISM 频段）。
- 标准输出功率 0dBm，可编程设置功率（−27dBm ～ 4dBm）。
- 发送和接收数据包具有缓冲功能，且可用低成本 MCU 实现简单应用。

- 支持 250kbps O-QPSK 数据在 5.0MHz 信道上传送，支持全扩频编码和解码。
- 与 IEEE 802.15.4 标准兼容。
- 三种节电模式：

  <1μA，关电流。

  1μA，典型休眠电流。

  35μA，典型睡眠电流。
- 在 1.0% 包错误率时，RX 的灵敏度小于 −92dBm（典型值），远优于 IEEE 802.15.4 规定的标准值（−85dBm）。
- 四个内部定时比较器，能减少系统对 MCU 的需求。
- 可编程频率时钟输出，供 MCU 使用。
- 板载 16MHz 晶体基准振荡器整理功能，可减少外部电容器的使用，并允许自动校准频率。
- 可变电容器的自动化生产，并允许频率校准。
- 7 个通用输入 / 输出（GPIO）信号。
- 工作温度范围：−40℃～ 85℃
- 小型封装 QFN-32。
- RoHS 兼容。
- 湿度灵敏度等级（MSL）：3 级。
- 260℃回流焊温度峰值。
- 满足无铅要求。

1. 芯片图

MC13192/MC13193 应用的基本系统模块如图 3-9 所示。其接口具有收发功能，通过 4 线 SPI 口和中断请求线来实现。主控制器集成了 MAC、驱动、网络和应用软件。根据应用需求，主机可以使用从简单 8 位到复杂 32 位的相应微控制器。

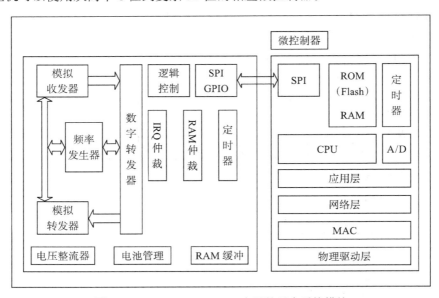

图 3-9　MC13192/MC13193 应用的基本系统模块

## 2. 引脚连接

MC13192/MC13193 的引脚配置如图 3-10 所示。各引脚类型及其功能可参见表 3-20。

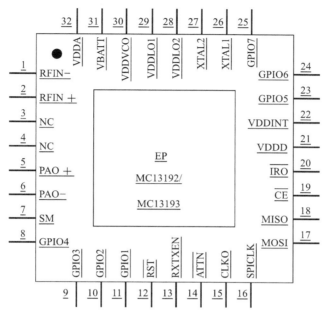

图 3-10   MC13192/MC13193 引脚配置

**表 3-20   引脚类型及其功能**

| 针# | 引脚名称 | 类型 | 功能 |
|---|---|---|---|
| 1 | RFIN− | RF 输入 | LNA 负差动输入 |
| 2 | RFIN+ | RF 输入 | LNA 正差动输入 |
| 3 | 不使用 | — | 接地 |
| 4 | 不使用 | — | 接地 |
| 5 | PAO+ | RF 输出 /DC 输入 | 功放的正输出，采用漏极开路的连接方式，并连接到 VDDA |
| 6 | PAO− | RF 输出 / DC 输入 | 功放的负输出，采用漏极开路，连接到 VDDA |
| 7 | SM | — | 测试模式引脚，在正常操作时接地 |
| 8 | PIO4 | 数字输入 / 输出 | 通用输入 / 输出 4 |
| 9 | GPIO3 | 数字输入 / 输出 | 通用输入 / 输出 3 |
| 10 | GPIO2 | 数字输入 / 输出 | 通用输入 / 输出 2，当 gpio_alt_en（寄存器 9，比特位 7）= 1，GPIO2 作为"CRC 有效"的指示器 |
| 11 | GPIO1 | 数字输入 / 输出 | 通用输入 / 输出 1，当 gpio_alt_en（寄存器 9，比特 7）= 1，GPIO1 作为"空闲位"的指示器 |
| 12 | $\overline{RST}$ | 数字输入 | 低电平复位。当 $\overline{RST}$ 为低位时，IC 处于关断模式，所有内部信息从 RAM 和 SPI 寄存器中丢失；当 $\overline{RST}$ 为高位时，IC 进入空闲模式，SPI 处于默认状态 |
| 13 | RXTXEN | 数字输入 | 高电平有效。通过设置 SPI 来启动 RX 或 TX 序列，在 SPI 启动 RX 或 TX 序列后，RXTXEN 位应被设置为高，并在上述序列中保持此状态；当序列结束后，将 RXTXEN 置低电平。在低电平时，IC 强制进入空闲模式 |

（续）

| 针# | 引脚名称 | 类型 | 功能 |
|---|---|---|---|
| 14 | ATTN | 数字输入 | 低电平有效。令 IC 从休眠或者睡眠模式转变到空闲模式 |
| 15 | CLKO | 数字输出 | 将时钟输出送至主机 MCU，并可通过编程将时钟频率设置为 16MHz、8MHz、4MHz、2MHz、1MHz、62.5kHz、32.786 + kHz（默认）和 16.393 + kHz |
| 16 | SPICLK | 数字时钟输入 | SPI 接口的外部时钟输入 |
| 17 | MOSI | 数字输入 | 主机输出 / 从输入，数据采用 SPI 输入 |
| 18 | MISO | 数字输出 | 主输入 / 从输出，数据采用 SPI 输出 |
| 19 | CE | 数字输入 | 低电平有效，使能芯片，采用 SPI 传送 |
| 20 | IRQ | 数字输出 | 低电平有效，中断请求。采用漏极开路的连接方式，并可通过编程设置 40kΩ 内部上拉电阻的阻值。在负荷小于 20pF 时，中断服务每 6μs 就可以执行一次，可选的外部上拉电阻必须大于 4kΩ |
| 21 | VDDD | 功率输出 | 数字稳压电源旁路，该引脚采用去耦接地 |
| 22 | VDDINT | 功率输入 | 数字接口供电和数字调节器，该引脚连接到 2.0 ～ 3.4V 电池，并通过去耦接地 |
| 23 | GPIO5 | 数字输入 / 输出 | 通用输入 / 输出 5 |
| 24 | GPIO6 | 数字输入 / 输出 | 通用输入 / 输出 6 |
| 25 | GPIO7 | 数字输入 / 输出 | 通用输入 / 输出 7 |
| 26 | XTAL1 | 输入 | 晶体振荡器的输入，该引脚连接到 16MHz 晶振和负载电容器 |
| 27 | XTAL2 | 输入 / 输出 | 晶体振荡器输出，该引脚连接到 16MHz 晶振和负载电容器。（注意：不要将这个引脚用作 16MHz 晶振源。）测量 16MHz 晶振输出应在引脚 15（即 CLKO）进行，该引脚可通过编程设置为 16MHz |
| 28 | VDDLO2 | 电源输入 | LO2 VDD 供应，该引脚外部连接到 VDDA |
| 29 | VDDLO1 | 电源输入 | LO1 VDD 供应，该引脚外部连接到 VDDA |
| 30 | VDDVCO | 电源输出 | VCO 稳压电源旁路，并通过去耦接地 |
| 31 | VBATT | 电源输入 | 模拟输入电压调节器，该引脚连接到电池 |
| 32 | VDDA | 电源输出 | 模拟稳压电源输出，该引脚连接到电池，并通过去耦接地。同时通过频率陷波器对外连接到 VDDLO1 和 VDDLO2 引脚上<br>注意：不要使用这个引脚去给芯片外部电路供电 |
| EP | Ground | | 外部衬垫 / 接地点 |

### 3. CPU

HCS08 家族微控制器介绍：

每个 HCS08 系列的 MCU 都是由 HCS08 内核加上若干存储器以及外设模块组成的。HCS08 内核组成部分如下：

- HCS08 CPU。
- 背景调试控制器（BDC）。
- 支持多达 32 个中断 / 复位源。
- 芯片级地址译码。

HCS08 CPU 的最高时钟频率是 40MHz（通常由晶振或内部时钟发生器产生）。当 CPU 运行在 40MHz 频率时，总线最高频率是 20MHz（CPU 时钟频率的一半）。

背景调试控制器（BDC）位于 CPU 核内，因此，更容易访问地址生成电路和 CPU 寄存器信息。BDC 包含一个硬件断点，其他更复杂的断点通常在独立的片上调试模块之中。BDC 允许通过 MCU 上的引脚访问内部寄存器和存储空间。

HCS08 内核包括能支持多达 32 个不同向量的复位源或中断。外设模块提供本地中断使能电路和标志寄存器。

HCS08 CPU 寄存器包括一个 8 位累加器（A），一个可分别存取高 8 位和低 8 位的 16 位变址寄存器，一个 16 位栈指针（SP），一个 16 位程序计数器（PC）和一个状态码寄存器（CCR）。

### 3.2.2　电气特性

1. 最大额定值

MC13192 的最大额定值可见表 3-21。

表 3-21　MC13192 最大额定值

| 额定值 | 符号 | 值 |
|---|---|---|
| 电源电压 /V | $V_{BATT}$、$V_{DDINT}$ | $-0.3 \sim 3.6$ |
| 数字输入电压 /V | $V_{in}$ | $-0.3 \sim (V_{DDINT} + 0.3)$ |
| RF 输入功率 /dBm | $P_{max}$ | 10 |
| 结温 /℃ | $T_J$ | 125 |
| 存储温度范围 /℃ | $T_{stg}$ | $-55 \sim 125$ |

①设备超出一定值时可能会发生损坏，此值被称为最大额定值。
②ESD 保护符合保障人体模型（HBM）= 2kV，RF 输入 / 输出引脚没有 ESD 保护。

### 3.2.3　推荐工作条件

MC13192 的推荐工作条件见表 3-22。

表 3-22　MC13192 推荐工作条件

| 特征 | 符号 | 最小值 | 典型值 | 最大值 |
|---|---|---|---|---|
| 电源电压 /V（$V_{BATT} = V_{DDINT}$） | $V_{BATT}$、$V_{DDINT}$ | 2.0 | 2.7 | 3.4 |
| 输入频率 /GHz | $F_{IN}$ | 2.405 | — | 2.480 |
| 环境温度范围 /℃ | $T_A$ | −40 | 25 | 85 |
| 逻辑输入电压—低 /V | $V_{IL}$ | 0 | | $30\%V_{DDINT}$ |
| 逻辑输入电压—高 /V | $V_{IH}$ | $70\%V_{DDINT}$ | | $V_{DDINT}$ |
| SPI 时钟速率 /MHz | $f_{SPI}$ | — | | 8.0 |
| RF 输入功率 /dBm | $P_{MAX}$ | | | 10 |
| 晶体参考振荡器频率（在 ± 40ppm 以上运行，并满足 802.15.4 标准） | $f_{REF}$ | 只有 16MHz | | |

## 3.3　EM351/EM357 芯片介绍

EM351/EM357 Zigbee 芯片是 Ember 公司推出的业界首款以 ARM Cortex-M3 为核心的片上系统，具有较强性能，低功耗，较好代码密度等特点，其结构框图如图 3-11 所示。

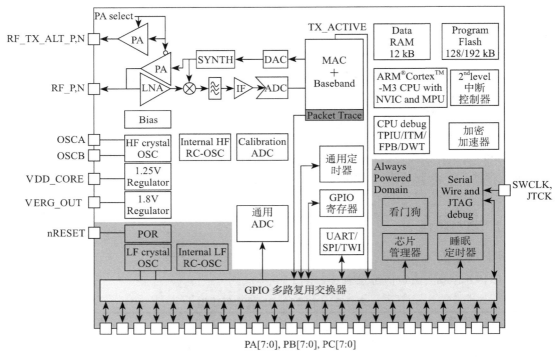

图 3-11　EM35x 结构框图

**主要特性如下：**

（1）完全片上系统

- 32 位 ARM Cortex-M3 处理器。
- 适应 2.4GHz IEEE 802.15.4 2003 收发器。
- 128KB 或者 192KB 的闪存，具有可选择的读保护。
- 12KB 的 RAM 内存。
- AES 128 加密处理器。
- 24 个可配置的 GPIO 引脚。
- 可变的 ADC，UART、SPI、TWI 串行通信，通用定时器。

（2）业界领先的 ARM Cortex-M3 处理器

- 领先的 32 位处理性能。
- 高速高效的 Thumb-2 指令集。
- 可运行于 6MHz，12MHz 和 24MHz 的时钟频率下。
- 灵活的嵌套中断向量控制器。

（3）低功耗，领先的管理

- 接收电流（w/CPU）：26mA。
- 发送电流（w/CPU ＋ 3dBm TX）：31mA。
- 带有保留 RAM 和 GPIO 睡眠电流：当电流为 400nA 时没有睡眠定时器，而为 800nA 时则有。
- 低频率的内部 RC 振荡器，用于低功率睡眠定时。
- 高频率的内部 RC 振荡器，用于从睡眠状态到处理器状态快速启动。

- 独特的 RF 性能。
- 正常模式链路预算是 103dBm，可配置高至 110dBm。
- 标准输出功率为＋3dBm，可配置的最大功率为＋8dBm。
- 正常 RX 灵敏度 −100 dBm，可配置为 −102dBm（1% 包差错率，20 字节包）。
- 健壮的 WiFi 和蓝牙共存。

（4）网络和处理器调试

- Ember 可见端口，调试工具用于非侵入性包追踪接口。
- 串口线 /JTAG 接口。
- 标准的 ARM 调试功能。

（5）应用灵活性

- 单电池操作：2.1 ～ 3.6V。
- 可选择用于高精度需求的 32.768 kHz 晶体振荡器。
- 支持外部功率放大器。
- 可用单个的 24MHz 晶体振荡器实现外部元件计数。
- 塑料 48 引脚 QFN 封装，7 mm × 7mm × 0.9mm。

（6）应用

- 智慧能源。
- 楼宇自动化和控制。
- 家庭自动化和控制。
- 安全监测。
- 通用 ZigBee 无线传感器网络。

### 3.3.1　CPU 与内存

1. ARM Cortex-M3 微处理器

EM35x 集成了 ARM-M3 微处理器，由 ARM 公司开发，使得 EM35x 成为真正意义片上系统解决方案。ARM Cortex-M3 是一种先进的 32 位且经改进的哈佛架构处理器，它有独立的内部程序和数据总线，并推出了统一编程和数据地址空间的软件。字宽度为 32 位，且与程序和数据方面的宽度一致。ARM Cortex-M3 允许以未对齐字和半字方式进行数据访问，以支持高效数据包的结构。

ARM Cortex-M3 时钟频率配置为 6MHz、12MHz 和 24MHz。在 24MHz 下时，性能正常运行要优于在 12MHz 下运行，这是因为它提高了所有应用程序的性能，改善了在睡眠模式下应用程序的忙闲度。6MHz 的时钟频率只能在不需要使用无线业务时运行，因为无线需要一个准确的 12MHz 时钟。

ARM Cortex-M3 在 EM35x 片上系统中也得到了增强，并提高了两个独立的内存保护级别，使基本的防护措施不需要使用 MPU，但是正常运行时仍需要 MPU。MPU 保护内存映射未实现的区域，以防止攻击者利用普通软件漏洞干扰正常软件操作。该架构使用良好细粒度内存保护模块机制，允许网络协议栈和应用程序代码分离，且错误写操作会被捕获，详细信息也会得到报告，以协助开发者追踪并解决问题。

2. 闪存概述

EM351/EM357 分别提供了 132KB 和 196KB 闪存。

闪存由三个独立的模块组成：
- 主闪存块（MFB）。
- 固定信息块（FIB）。
- 用户信息块（CIB）。

主闪存块（MFB）被分成大小为 2048Byte 的页。EM351/ EM357 分别有 64 页和 96 页。用户信息块（CIB）是单个 2048Byte 页。固定信息块（FIB）也是单个 2048Byte 页。最小可擦除单元是一个页面，最小可写单元是一个对齐 16 位半字。闪存可保证 20000 次写 / 擦除操作。在室温情况下，闪存单元数据可保持 100 年之久。

闪存可通过串行线、JTAG 接口或通过引导程序软件进行编程。前者需要基于 RAM 的效用代码。后者则需要 Ember 软件通过无线或串行连接方式进行引导。一个简化的 Serial-link-only 引导程序也可预先设定在固定信息块（FIB）里。

### 3.3.2 I/O 与外围设备接口

1. 通用 I/O（GPIO）

EM35x 具有 24 个复用功能 GPIO 引脚，这些引脚可单独配置如下：
- 通用输出。
- 通用开漏（Open-drain）输出。
- 交替输出（由外围设备控制）。
- 交替开漏输出（由外围设备控制）。
- 模拟。
- 通用输入。
- 通用输入（带有上拉或下拉电阻器）。
- 单个 GPIO 的基本结构。

GPIO 的结构框图如图 3-12 所示。

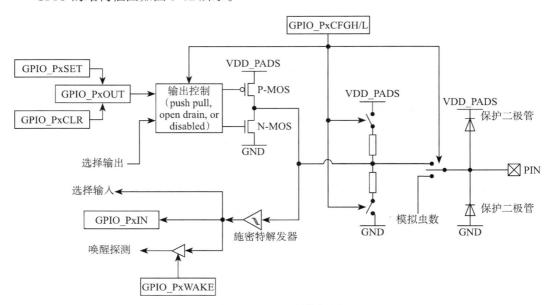

图 3-12　GPIO 结构框图

施密特触发器将 GPIO 引脚电压转换为数字输入值。数字输入信号连接到 GPIO_PxIN 寄存器，并作为相关外围设备的备用输入；同时唤醒检测逻辑（如果唤醒检测功能已启用），并对特定的引脚通过中断产生唤醒检测逻辑。在模拟模式下，引脚配置与引脚输入的数字量断开，这适用于施密特触发器的高逻辑电平输入。

在同一时间内只有一个装置可以控制 GPIO 输出。在正常的输出模式下，输出是由 GPIO_PxOUT 寄存器控制的。在备用输出模式下，输出是由外围设备控制。当在输入模式或模拟模式下，数字输出是被禁止的。

**2. 通用定时器（TIM1 和 TIM2）**

EM35x 的两个通用定时器（包括一个 16 位自动重载计数器，它由可编程的预分频器驱动）具有多种用途，包括测量输入信号脉冲长度（输入捕捉）或波形产生输出（输出比较和 PWM）。通过使用定时器分频器，脉冲长度和波形周期可调制为从几微秒到几毫秒。定时器完全独立且不共享任何资源，也正如在定时器同步部分所描述的那样，他们之间是同步的。

两个通用定时器，TIM1 和 TIM2，具有以下特点：

- 16 位，向上、向下或向上 / 向下自动重载计数器。
- 通过可编程的预分频器驱动，1 ～ 32 768 中的任何 2 的乘方都可以将计数器时钟分开。
- 4 个独立的通道：
  - 输入捕捉。
  - 输出比较。
  - PWM 产生（边缘和中心对齐模式）。
  - 单脉冲输出模式。
- 同步电路用于外部信号控制定时器和定时器互连。
- 灵活的时钟源选择：
  - 外设时钟（频率为 6MHz 或 12MHz）。
  - 32.768kHz 外部时钟（如果有）。
  - 1kHz 的时钟。
  - GPIO 输入。
- 发生下列中断事件时，中断产生：
  - 更新：计数器上溢 / 下溢，计数器初始化（软件或者内部 / 外部触发）。
  - 触发事件（由内部 / 外部触发器引发的计数器启动、停止、初始化或计数事件）。
  - 输入捕捉。
  - 输出比较。
- 支持增量（正交）编码器，霍尔传感器的定位应用。
- 外部时钟的触发器输入，Cycle-by-cycle 电流管理。

**3. ADC（模拟数字转换器）**

EM35x ADC 是一阶 $\Sigma$ - $\Delta$ 转换器，具有以下特点：

- 分辨率高达 14 位。
- 采样时间快达 5.33μs（频率为 188 kHz）。

- 来自 6 个外部和 4 个内部源的差分、单端转换。
- 两个电压范围（差分）：–VREF 到＋ VREF。
- 选择内部或外部 VREF。
- 内部 VREF 可能输出到 PB0 或外部 VREF 可从 PB0 输入。
- 数字偏移和增益校正。
- 专用通道 DMA，它具有一次性通过和连续工作模式特点。

EM35x ADC 的结构框图如图 3-13 所示。

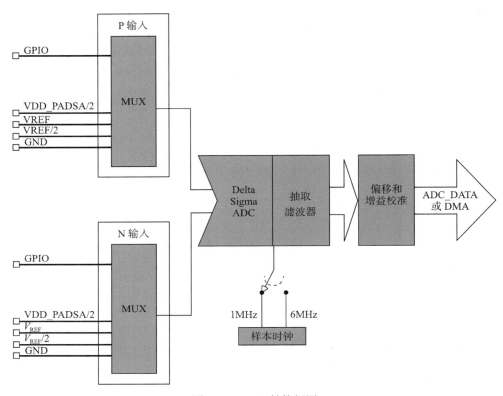

图 3-13　ADC 结构框图

虽然 ADC 模块支持单端和差分输入，而输入级始终工作在差分模式下，单端转换是通过连接差分输入的一端到 VREF/2 引脚实现的，而完全差分运算则要使用两个外部输入。

4. ZigBee 常用射频芯片对比

据上文所述，TL、飞思卡尔、Ember 具有代表性的 ZigBee 射频芯片产品特性可以归结为表 3-23。

表 3-23　TI、飞思卡尔、Ember ZigBee 射频芯片产品特性

| 公司 | TI | 飞思卡尔 | Ember |
| --- | --- | --- | --- |
| 代表产品 | CC2430/CC2530 | MC13202/MC13203 | EM351/EM357 |
| 封装 | 6mm × 6mm、QFN40 | 5mm × 5mm、QFN32 | 7mm × 7mm、QFN42 |
| 频率 /GHz | 2.4 | 2.4 | 2.4 |
| 电压 /V | 2 ～ 3.6 | 2 ～ 3.4 | 2.1 ～ 3.6 |
| 发射电流 /mA | 29 | 30 | 31 |

（续）

| 公司 | TI | 飞思卡尔 | Ember |
|---|---|---|---|
| 接收电流 | 24 | 37 | 26 |
| 输出功率 /dBm | 4.5 | 4 | 3（最大 8） |
| 信号强度指示（RSSI） | 支持 | 不支持 | 不支持 |
| 速率 /kbps | 250 | 250 | 250 |
| 运行时钟 /MHz | 32/16/32 | 16 | 6/12/24 |
| CSMA/CA | 支持 | 不支持（使用 SMAC） | 支持 |
| AES 加密处理器 | 支持 | 支持 | 支持 |
| 睡眠电流 | 1μA | 35μA | 800nA |
| 可编程内存 /KB | 32、64、28 | — | 132 |

　　本书主要介绍 TI 公司的 ZigBee 产品。虽然许多公司都推出了 ZigBee 相关的射频芯片和协议栈，但其原理大致相通。读者不必犹豫选用哪家公司的 ZigBee 产品，熟悉了一个公司的产品后，对其他公司的产品应用也较容易上手。

# 第 4 章　ZigBee 技术软硬件开发环境介绍

读者在进行实验或开发的时候，必然会选择合适的硬件和软件，只有两者相互配合，才能发挥硬件的优势。编者选择的是 TI 公司的 ZigBee 解决方案，片上系统 CC2530 芯片，协议栈 ZStack。CC2530 射频芯片内容已在第 3 章做过介绍。ZigBee 硬件开发环境主要包括 ZigBee 最小模块和 ZigBee 底板。Z-Stack 协议栈默认的开发环境是 IAR 开发工具。TI 公司提供了许多协议栈配套工具，编者可选择 SmartRF Packet Sniffer 抓包工具。本章最后会带领读者利用 Z-Stack 模块建立一个新的应用工程。

ZigBee 技术应用开发环境主要包括硬件环境和软件环境。

1. 硬件环境

硬件环境主要包括一套 ZigBee 开发套件和一台 PC 设备。下面是搭建 ZigBee 技术开发环境所需要的软硬件清单，部分模块是可以选择安装的。在本书附带的资料中，可以找到部分安装软件。

（1）CC2530/CC2531 ZigBee 开发套件：

- ZigBee 开发底板（必需）。
- ZigBee 最小模块（必需）。
- 仿真器（也称下载器、烧写器，必需）。
- 若干串口线（或 USB 转串口线，部分实验需要）。
- 若干温度、$CO_2$、光敏传感器（个别实验需要）。

（2）开发主机要求

- CPU：对于 CC2530EB 版本，CPU 的主频大于 1GHz。
- 内存：512MB 以上。
- 硬盘：40GB 以上。
- 串口接口：两个或更多（一般利用 USB 转串口线，将 USB 接口代替串口）。
- USB 接口：两个或更多。

2. 软件环境

软件开发环境主要包括 IAR 开发工具和 Z-Stack 协议栈：

- Windows 2000 及更高版本（Service Pack2 或更高版本）（必需）。

- EW8051-EV-730B（或更高版本）开发环境（必需）。
- Z-Stack-CC2530-2.3.1-1.4.0（或更高版本）协议栈（必需）。
- 串口调试助手（部分实验需要）。
- FLASH Programer（可选择安装）。
- Packet Sniffer（可选择安装）。
- Sensor Monitor（可选择安装）。

## 4.1  硬件开发平台介绍

单纯地学习 ZigBee 理论犹如"纸上谈兵"，读者还需要在合适的硬件平台上下载、调试程序来实践 ZigBee 技术。目前，市面上有许多公司从事 ZigBee 技术学习和应用的开发套件业务，如成都无线龙、南京 ZBworkroom。在一般情况下，读者可直接购买这些公司提供的 ZigBee 开发套件。当然，读者还可以根据自己的需求（如产品形状、传感器类型、通信距离等）定制 ZigBee 模块。本节将介绍一套由编者开发设计的 ZigBee 开发模块，其包括 CC2530 最小模块和学习底板。

### 4.1.1  TI CC2530 最小模块

CC2530 模块——ZigBee 最小模块是编者自主研发设计的，它采用 TI 公司的 ZigBee 芯片 CC2530，并分为 PCB 天线和外接式天线两种模块。PCB 天线模块在空旷的足球场环境下，可维持 30 ～ 50m 的通信。外接式天线模块具有更远的通信距离，即 60 ～ 100m。ZigBee 模块硬件实物图如图 4-1 所示。

图 4-1　ZigBee PCB 天线最小模块和外接天线最小模块实物图

ZigBee 外接天线是塑胶棒状天线，优点是方向性好、通信距离远。缺点是成本高、不易集成到其他设备中。PCB 天线是板载倒 F 形天线，且嵌在电路板上，具有成本低、体积小的优点，但是通信方向性和通信性能较棒状天线稍低一些。

一般来说，通信距离、功耗是 ZigBee 模块非常重要的性能指标。通信距离一般是指在空旷条件下两个节点点对点通信的距离。而许多外界因素会影响节点间的通信距离，如电磁干扰、障碍物阻挡、天气状况等。在室内环境中，穿透能力一般用来衡量节点的通信性能，如节点可以穿透多少堵墙壁。增大节点通信距离一般通过采用棒状外接天线、增加 CC2591 功率放大器、在节点间增加路由节点中继数据等方式来实现。但是，通信距离越大会带来更大的能量消耗。当节点间距离不远时，可通过降低发射功率来降低节点能量消耗。

对于采用电池供电的应用，功耗是影响 ZigBee 网络性能的重要因素，这也是 CC2530 最为显著的特性之一。CC2530 模块的一些电气参数如表 4-1 所示。虽然射频收发机具有宽电压范围，但为了 CC2530 芯片正常运行，最小模块的电源供应设计需要增加稳压电路，以保持稳定电压输出。当有数据发送时，节点以全功率运行；当空闲时，则进入低功耗（休眠）模式，这也是降低节点能量消耗的常用方式。关于低功耗运行模式，读者可以参考本书 8.5 节 ZigBee 网络低功耗模式机制研究的内容。

表 4-1　CC2530 模块重要电气参数

| 参数名称 | 参考值 |
| --- | --- |
| 接收模式 /mA | 24 |
| 发送模式 1dBm | 29mA |
| 电源模式 1（4μs 唤醒）/mA | 0.2 |
| 电源模式 2（睡眠定时器运行）/mA | 1 |
| 电源模式 3（外部中断）/mA | 0.4 |
| 宽电源电压范围 /V | 2～3.6 |

CC2530 最小模块的特点如下：

- 高性能和低功耗 8051 微控制器内核。
- 256KB 系统可编程闪存。
- 支持 17 个等级的可编程功率模式，最大输出功率为＋4.5dBm。当节点间距离不是很远时，通常可通过降低发射功率来减少能量消耗。调整功率模式可参见本书 8.1 节调整 ZigBee 网络节点发射功率的内容。
- 支持 JTAG 调试，配合 IAR 开发工具进行的单步、断点、跟踪、寄存器等调试方式可参见本书 4.2.2 节开发环境 IAR 介绍。
- 2.4GHz IEEE 802.15.4 标准射频收发器；支持 16 个无线通信信道。如何合理地利用这 16 个信道，读者可参考本书 8.4 节 ZigBee 多信道调度的内容。
- 出色的接收器灵敏度和抗干扰能力；接收器灵敏度是指节点在恶劣的通信环境中，丢包率和误码率等指标。这部分内容可参见本书 8.2 节 ZigBee 网络的 LQI、RSSI、丢包率计算和 8.3 节影响 ZigBee 网络数据传输速率因素里的内容。
- 支持 AES 硬件加密，可参见本书 6.5 节 ZigBee 网络的 AES 数据加密里的内容。
- 只需极少量的外部元件即可运行；更小的体积封装：38mm×26mm×1.6mm。
- 系统配置符合世界范围的无线电频率法规：欧洲电信标准协会 ETSI EN300 328 和 EN 300 440（欧洲），FCC 的 CFR47 第 15 部分（美国）和 ARIB STD-T-66（日本）。

ZigBee 模块接口原理如图 4-2 所示。该模块的接口是标准的 1×10（间距为 2.54mm）普通单排插针，其可以使用单排孔插入底板或者直接使用杜邦线接入其他单片机开发板内。除了 P1 部分的 1 脚和 10 脚接电源和地外，其余都与 CC2530 芯片引脚相接。值得说明的是：P1 和 P2 引脚上的电气标记 PXY 对应于 CC2530 引脚的 PX_Y。如 P1 引脚 2 上的 P03 对应 CC2530 芯片引脚 P0_3，通过查找表 3-1 CC2530 引脚描述，能够发现 P0_3 为引脚 16 和端口 0.3，为 UART0-TX 引脚。P1 部分的引脚 5（Reset 信号）直接连接芯片的复位引脚 20。

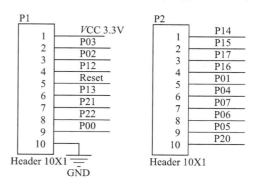

图 4-2　ZigBee 模块接口原理图

仿真器用于下载 ZigBee 程序。仿真器接口原理如图 4-3 所示，仿真器接口引脚 2、9
是 *VCC* 3.3 电源，引脚 1 接地。仿真器接口的
引脚 3、4 是 P1 的引脚 7、8，通过这两个引脚
向 CC2530 芯片下载程序。仿真器引脚 7 连接
Reset 信号，以用于重启 CC2530 芯片。仿真
器引脚 5、6、8、10 分别为 SPI 模式接口引脚
CSn、SCK、MOSI、MISO，并与 CC2530 连接，
以作为协议栈分析仪抓取数据包。

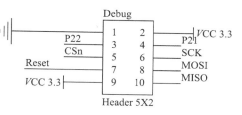

图 4-3　仿真器接口原理图

该最小模块接口采用双列 20 脚双排插针连接模块，具体参见底板的内容。最小模块
主要器件包括 CC2530 核心芯片、两种类型晶振、天线等。其清单如表 4-2 所示。

表 4-2　最小模块主要器件清单

| 主要器件 | 类型 | 备注 |
| --- | --- | --- |
| MCU | CC2530F256RHAR | 内存 256KB |
| 系统时钟（晶振） | 32MHz | 高精度无源晶振 |
| 实时时钟（晶振） | 32.768kHz | 无源晶振（用于睡眠模式） |
| 天线 | 2.4GHz | 棒状天线，只针对外接天线模块 |
| 插针 | 2.54mm 单排插针 | 两列单排插针 |

### 4.1.2　底板模块

CC2530 最小模块需要运行在开发底板上。底板上主要有一些外围器件，如按键、
LED 灯、串口、下载模块、供电模块，并与 CC2530 最小模块相连。开发底板主要是方便
下载和调试 ZigBee 程序。

#### 1. 模块简介

CC2530 底板模块实物图如图 4-4 所示。在底板 CC2530 底座上可以插入 CC2530 最小
模块。CC2530 I/O 口用跳线帽连接以将 LED
灯、按键、串口等外围电路短接到 CC2530 芯
片引脚插针上。其上的蓝、黄、红、绿四色
LED 调试灯与方向按键和 TI 官方例程兼容，
以方便读者学习 Z-Stack 协议栈程序。RS232
串口用于串口间信息交互，也方便与其他设
备连接（如获取工业设备的信息，将节点采集
数据通过网关传送到互联网等）。Debug 程序
下载口和仿真器配合使用，用于 CC2530 的程
序下载和调试。同时也可通过跳线令模块与
Packet Sniffer 软件配合以用作协议栈分析仪。
关于光照传感器的使用，读者可以参考本书第
6 章协议栈应用实验部分的内容。该部分详细
介绍了环境数据采集的传感器程序。底板可以
由两节 5 号电池供电，且采用的主要器件如表
4-3 所示。

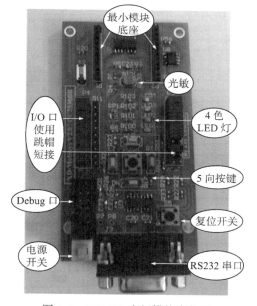

图 4-4　CC2530 底板模块实物图

表 4-3　底板模块主要器件清单

| 器件 | 描述 | 符号标记 | LibRef | 数量 |
|---|---|---|---|---|
| Debug 口 | 5 芯，双排、2.54mm 直插 | Debug | Header 5X2 | 1 |
| 方向按键 | Switch | DN、LT、RT、UP | SW-PB | 4 |
| 串口 | RS232、9 芯串口（母口） | J3 | D Connector 9 | 1 |
| 四色 LED 灯 | Typical RED GaAs LED（红、黄、蓝和绿） | LED1、LED2、LED3、LED4 | LED1 | 4 |
| 电源开关 | 使用电池进行供电的开关 | ON | 6 脚开关 | 1 |
| 底板插槽 | 10 芯，单排 2mm 直 | P1、P2 | Header 10X1 | 2 |
| 底板插针 | 10 芯，双排 2.54mm 直 | P3、P4 | Header 10X2 | 2 |
| P11 | 10 芯（只使用 4 芯，用于抓包） | P11 | Header 10 | 1 |
| PUSH 键和重启键 | 转换状态 | PUSH、S5 | SW-PB | 2 |
| 串口转换芯片 | 3.0V 转 5.5V，速率可达 1Mbps | U3 | MAX3232CSE | 1 |
| 按键芯片 | 两路输入与或门 | U7 | SN74HC32D | 1 |
| 按键芯片 | 信号放大器芯片 | U8 | MC33272AD | 1 |

　　另外，读者还需要使用仿真器将程序烧到 CC2530 芯片中。CC2530 底板模块的硬件原理如图 4-5 所示。读者在学习 ZigBee 程序时，要经常查阅底板原理图，并学会查找 I/O 引脚之间的连接关系。尤其是在需要外接传感器、串口设备时，读者必须要找到对应的连接引脚。

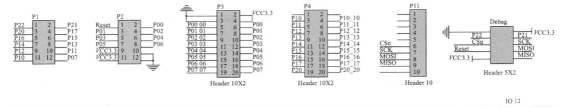

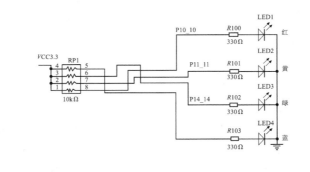

图 4-5　底板硬件原理图（详细大图可在光盘里查阅）

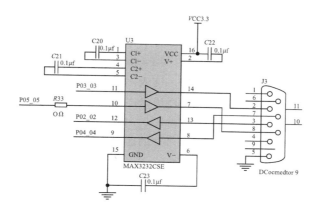

串口

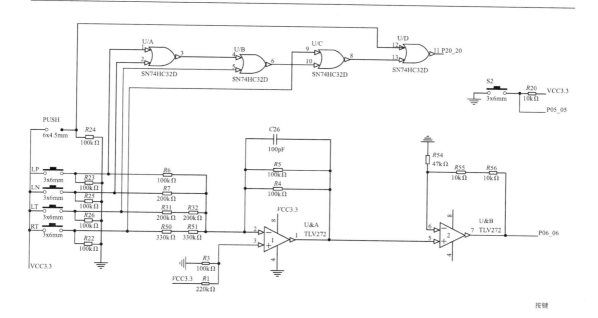

按键

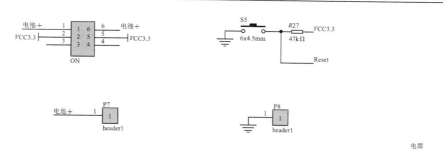

电源

图 4-5 （续）

## 2. 连接电路

电路连接原理图对理解单片机程序尤为重要。尤其是当系统出现硬件故障时，通过查阅原理图连接可以方便地找到故障点。下面主要介绍底板硬件部分的原理图。

（1）I/O 口

CC2530 底板的 I/O 口连接原理如图 4-6 所示，P1 和 P2 是连接在 CC2530 底座的插针部分，并与 CC2530 核心芯片引脚连接。P3 和 P4 部分通过跳帽连接外围电路和 CC2530 核心芯片的引脚。如 P4 部分的引脚 3 为 P10，这表示其与 CC2530 芯片端口 1.0 连接，查阅 CC2530 手册或表 3-1 可知，该端口是 CC2530 芯片的引脚 11。P4 部分引脚 4 为 P10_10，它代表外围电路引脚，在原理图上可以发现 P10_10 连接在 LED1 上。P4 的引脚 4 是通过跳帽与引脚 3 短接。CC2530 通过控制端口 1.0 的驱动电平使 P10_10 的电平产生变化，进而控制 LED1 灯的明亮闪烁。P3 部分的引脚 6、8、10、12、14、16、18、20（原理图上右边一列）与 P2 部分的 3、4、5、6、7、8 和 P1 部分的 12 连接。

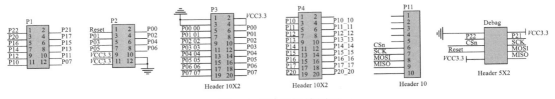

图 4-6　I/O 口连接原理

P4 部分引脚 3、5、7、9、11、13、15、17、19（原理图上左边一列）和 P1 部分的芯片引脚 11、10、9、8、7、6、5、3 连接。Debug 口的引脚 3 和 4（即 P22、P21）与 P2 部分的 1 和 2 引脚连接，以用于程序的下载和调试。同时将 P4 的引脚 11、13、15、17 与 P11 的引脚 6、7、8、9 使用跳帽短接，P11 的引脚 6、7、8、9 与 Debug 口的引脚 5、6、8、10 连接，再配合 Packet Sniffer 工具即可完成抓取特定信道上数据包的工作，同时用于分析协议栈。如果需要使用 I/O 口连接外接电路，读者应使用杜邦线将 I/O 引脚引出。

（2）LED 灯

LED 灯连接原理如图 4-7 所示，LED 灯用来指示协议栈运行信息，其分为四色 LED 灯：LED1（红）、LED2（黄）、LED3（绿）和 LED4（蓝），其与 Z-Stack 官方例程兼容。如前所述，CC2530 芯片是通过控制 I/O 口引脚的电平，进而实现灯的开关。如果 P10_10 为高电平，则 LED1 通电，进而发亮。反之，P10_10 为低电平，则 LED1 灯两端没有电压差，LED1 灯关闭。LED 灯左面是大小为 330Ω 的限流电阻，以防止 LED 灯被烧坏。

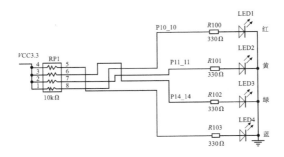

图 4-7　LED 灯连接原理

（3）按键

底板按键原理如图 4-8 所示，按键主要用来控制 CC2530 芯片。方向按键逻辑主要是通过两块按键芯片 SN74HC32D 和 TLV272 产生按键信号电平 P20_20、P06_06，并通过

P2.0 和 P0.6 与 CC2530 核心芯片连接。S2 键通过 P0.5 与 CC2530 芯片连接，当 S2 被按下时，P05_05 为低电平。当 S2 键处于正常状态时，P05_05 处于高电平。CC2530 芯片通过检测 I/O 口的电平变化来判断是否按键，进而对按键事件进行处理。判断按键的方式通常又有系统定时轮询和按键中断之分。

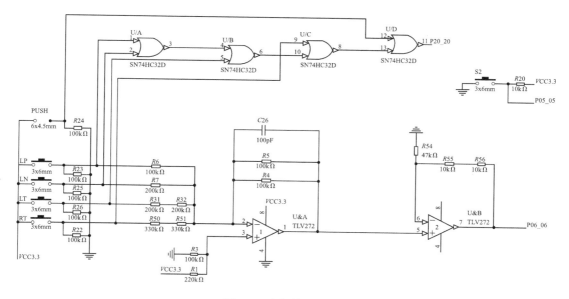

图 4-8　底板按键原理图

（4）光敏

光敏部件原理图如图 4-9 所示，*R*121 为光敏电阻，光敏电阻值会随着光照强度的变化而变化。因此，P07_07 处的电压值也会随之变化，而 P07_07 通过 P07 引脚与 CC2530 核心芯片连接。CC2530 芯片是通过测量 I/O 口电压值，从而计算得出电压对应的光照强度值。

图 4-9　光敏部件原理图

（5）串口

RS232 串口是许多电子设备向外部提供数据的接口，其已得到非常广泛的应用。CC2530 底板模块上有一个 RS232 串口。其原理图如图 4-10 所示，D Connector 9 为串口（母口），MAX3232 为串口转换芯片。MAX3232 负责 CC2530 3.3V TTL 电平与 RS232 电平的相互转换，它具有一对收发线（收发方向是依照 CC2530 芯片的角度）和请求 / 清除发送信号线，信号发送方向分别是引脚 11 → 14（TX，发送）、引脚 10 → 7（RTS，请求发送）、引脚 13 → 12（RX，接收）和引脚 8 → 9（CTS，清除发送）。在 MAX3232 芯片图左侧的为 CC2530 TTL 电平信号线：P03_03（UART0-TX）、P05_05（UART0-RTS）、P02_02（UART0-RX）和 P04_04（UART0-CTS）。上述 TTL 电平引脚通过 MAX3232 电平转换为 RS232 电平分别连接至右侧 D Connector 9 串口的引脚 2（RX）、8（CTS）、3（TX）和 7（RTS）。在实际应用中，MAX232 芯片常用来转换 5V TTL 电平与 RS232 电平。

RS232 串口一般使用三个引脚（2、3 和 5）即可实现数据收发，这三个引脚分别是 RXD（接收数据）、TXD（发送数据）和 GND（接地）。在硬件连接时，读者需要注意 RX、

TX 的数据流向。如果要实现串口硬件流控制，读者就需要使用 RTS 和 CTS 控制线。数据在两个串口间传输时，经常会出现数据丢失的现象，如单片机与 PC 由于处理速度不同，会造成接收端数据缓冲区溢出，从而使数据丢失，而硬件流控制技术能够解决这个问题。当发送端向接收端请求发送数据信号（Request to Send，RTS）时，若接收端由于数据量较大而不能有效处理数据，接收端则不响应允许发送信号（Clear to Send，CTS），这样发送端就不会发送数据了。如果接收端能够接收数据，就向发送端发送允许发送信号 CTS，发送端接收到此信号后就可以向接收端发送数据了。因此流控制可以控制数据传输的进程，并防止数据的丢失。图 4-10 中 P05_05 和 P04_04 分别是 RTS（请求发送）和 CTS（允许发送）引脚。串口也是通过 I/O 引脚与 CC2530 芯片端口 0.5 和 0.4 连接的。

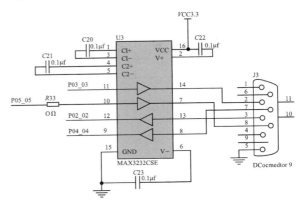

图 4-10　串口原理图

（6）电源

底板供电主要有两种方式：Debug 口或两节 5 号电池。在进行调试时，读者可以使用 Debug 口供电。如果在户外测试环境中，需要移动节点，读者可以选择干电池或锂电池供电。在实际应用中，读者要根据应用环境选择主电源或者电池供电方式。如图 4-11 所示为底板电源供应原理图。P7 和 P8 分别与电池的正负极连接。P7 与 ON 部分的引脚 1、6 连接。ON 是六脚带锁开关，在未按键时，引脚 1、6 连接，引脚 2、5 连接。ON 部分引脚 2、5 与 Debug 口的引脚 2 连接，系统此时使用 Debug 口电源进供电。在按键之后，引脚 1、2 连通，引脚 5、6 连通，此时系统使用电池电源进行供电。当 S5 键按下时，VCC（3.3V）端接地，按键复位后，系统重新启动。

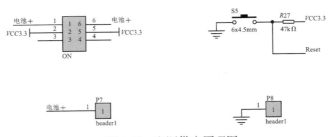

图 4-11　电源供应原理图

如果开发 ZigBee 市场产品，读者就需要考虑开发或者定制与其他设备整合的 ZigBee 电路板了。根据编者的经验，读者不要急于投产 ZigBee 模块电路板，可以先将 ZigBee 开发板通过杜邦线等方式同外围设备进行硬件连接。当软件程序测试验证通过后，再设计和修改电路板。这种"先软后硬"的方式可以减少硬件设计的盲目性和开发成本。另外，网关设备负责无线网络的管理和维护，在 ZigBee 项目开发中经常使用，常集成在 ZigBee 网络的协调器中。这部分内容可以参见本书 7.3.3 节的 ZigBee 网关实现的内容。

## 4.2 软件开发环境介绍

软件开发环境主要包括 Z-Stack 协议栈、IAR 集成开发环境。另外，TI 还提供了许多实用的软件工具，如协议栈分析仪 Packet Sniffer、烧写工具 Flash Programer 等。

### 4.2.1 TI Z-Stack 协议栈安装

读者需要先获取 Z-Stack 安装包，并安装到 PC 上。熟悉 Z-Stack 目录结构和学习安装目录下的应用开发参考文档对 ZigBee 的开发入门和提升非常有益。另外，TI 公司还提供了许多实用工具帮助读者进行应用开发。

1. 安装与配置 Z-Stack

Z-Stack 安装包可以通过登录 TI 公司的官方网站进行免费下载：http://www.ti.com.cn/tool/cn/z-stack。下载界面如图 4-12 所示。

图 4-12　Z-Stack 下载界面[131]

本书选择的 Z-Stack 版本是 ZStack-CC2530-2.3.1-1.4.0。下载好的 Z-Stack 安装包如图 4-13 所示。

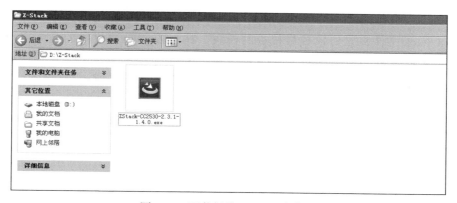

图 4-13　下载好的 Z-Stack 安装包

双击下载好的安装包，如图 4-14 所示，默认必须安装在 C 盘，并且安装路径尽量不要出现汉字或者空格，否则可能无法正常完成安装。

图 4-14　Z-Stack 的安装画面

**2. Z-Stack 安装目录结构**

安装完成后，在 C 盘的根目录下会出现 Z-Stack 文件夹 Texas Instruments，编者使用的版本是 ZStack-CC2530-2.3.1-1.4.0，即会出现一个相同命名的文件夹。打开该文件夹，文件目录结构如图 4-15 所示。

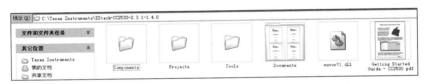

图 4-15　Z-Stack 文件目录结构

**Components 文件夹**：存放 Z-Stack 开源的主要程序代码，它主要包括硬件接口层、mac 层、操作系统 osal 等代码。其结构如图 4-16 所示。

图 4-16　Components 文件夹结构

其中，stack 文件夹是协议栈最核心的模块，其为 ZigBee 协议栈的具体实现。如图 4-17 所示，它包括 af（应用框架）、nwk（网络层）、sapi（简单应用接口，应用层封装的函数接口）、sec（安全）、sys（系统头文件）、zcl（ZigBee 簇库）、zdo（ZigBee 设备对象）等部分源代码。

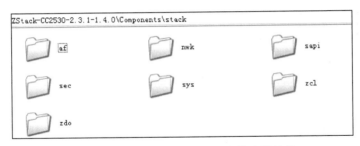

图 4-17　Components 中 stack 文件夹的结构

**Documents 文件夹**：存放关于 Z-Stack 的说明文档，如图 4-18 所示，它包括各层 API 函数接口、用户开发指南、编译选项、工具使用说明等重要文档。这个目录中的文档在用户开发过程中非常实用，用户要经常学习和查阅。

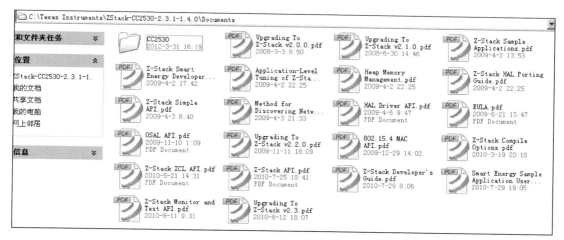

图 4-18　Z-Stack 说明文档

**Projects 文件夹**：存放用户自己的工程。如图 4-19、图 4-20 所示，其中包括了 TI 公司提供的几个官方例程及编程的模板。尤其是在 Samples 文件夹中的程序，对用户理解和学习协议栈开发非常有益。通过对示例的分析可以加快用户对 Z-Stack 的理解，提高工程开发效率，缩短工程开发周期，节约工程成本。

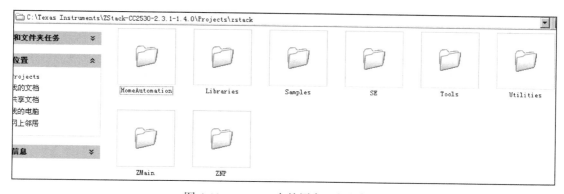

图 4-19　Projects 中的用户工程文件夹

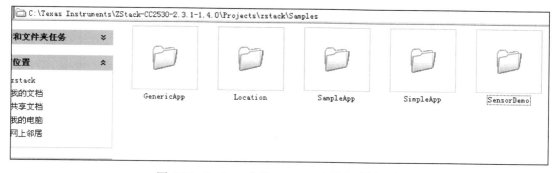

图 4-20　Projects 中的 Samples 文件夹示例程序

**Tools 文件夹**：存放 Z-Stack 分析工具、无线下载工具（ZOAD）和调试工具（Z-Tool）（见图 4-21）。

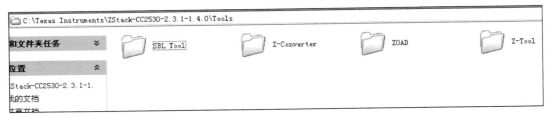

图 4-21　Tools 文件夹

### 3. 协议栈实用工具

TI 公司提供了许多实用的工具，如图 4-22～图 4-26 所示，以方便协议栈程序开发。如 Packet Sniffer 抓包工具可分析数据包；ZOAD 空中下载工具可通过无线方式将程序下载到节点中；Z-Tool 串口调试工具能用于程序开发、工程测试、仿真等；基于 Sensor Demo 例程的 Sensor Monitor 可视化监控工具，方便观察程序中节点温度、拓扑信息；Flash Programer 可更改 IEEE 地址和烧写 HEX 文件等。关于这些工具的使用，读者可以参考 Documents 文件夹下的文档。

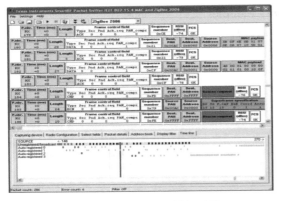

图 4-22　packet Sniffer 抓包工具

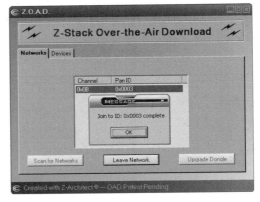

图 4-23　ZOAD 空中程序下载工具

图 4-24　串口调试工具

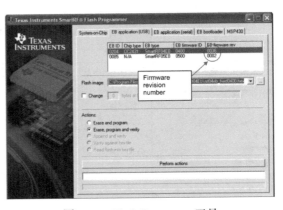

图 4-25　Flash Programer 工具

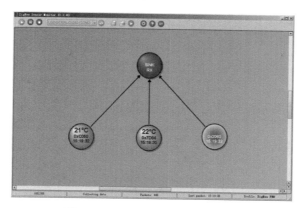

图 4-26　Sensor Monitor 监视工具

### 4.2.2　开发环境 IAR 介绍

Z-Stack 最常用的交叉编译工具是 IAR Embeded Workbench，简称为 IAR EW。本书的实验使用的是 IAR for MCS51 7.51A 版本。IAR 的版本若与 Z-Stack 协议的版本不兼容，则会出现错误信息，读者可根据需要选择与 Z-Stack 协议版本一致的 IAR 版本。在 IAR 公司官方网站的 IAR 产品下载页面上可找到 Z-Stack 与 IAR 工具版本的相关匹配信息来实现。

IAR EW 软件是瑞典 IAR System 公司推出的一种非常有效的嵌入式系统开发工具，它能够使用户有效地开发和管理嵌入式应用项目，并在 Windows 平台上运行，功能较为完善。

IAR 开发环境包含有源程序编辑器、项目管理器、调试器等，并且为 C/C＋＋编译器、汇编器、链接定位器等提供了灵活的开发环境。IAR 还提供第三方工具软件的接口，允许用户启动指定的应用程序。IAR EW 是基于 8 位、16 位以及 32 位的处理器嵌入式系统的开发。另外，IAR 链接定位器（XLINK）可以输出多种格式的目标文件，以方便用户采用第三方软件仿真调试。

1. IAR Z-Stack 开发工具界面介绍

在协议栈安装目录 \Projects\zstack\Samples 下寻找命名为 *.eww 的工程文件。协议栈应用工程打开后如图 4-27 所示。左边部分是工作空间，它可以罗列多个工程，并可通过其顶部的下拉菜单进行工程切换。IAR 工程配置界面如图 4-28 所示，选择 projects → Edit Configurations 打开工程配置对话框，读者可以在此对话框中增加和删除工作空间中的工程。工程中的目录和文件在工作空间面板中，读者可以通过右键单击选择添加和删除文件。若想将文件从当前工程中排除，在文件上右键单击选择 Options，然后选择 Exclude from build 选框，则该文件就不会在当前工程下出现，文件图标也由花色变为纯白，如图 4-29 所示。

工作空间右边是文本编辑器，它支持多字节字符（汉字）、根据句法着色、搜寻、替换和增量搜寻、自动括号匹配、智能缩排、类似网页浏览器的向前向后源码查阅的功能。

在使用 IAR 环境阅读协议栈代码时，编者经常用的方式是单击某个函数或者变量，然后右键单击选择 Goto the definition of XX，追踪代码定义。如果想在一个文件中搜索某个函数，可使用 edit → FindAndReplace → Find，相应的快捷键是 Ctrl ＋ F。如果想在整个工程中搜索某个函数，则使用 edit → FindAndReplace → Find in Files，快捷键是 Ctrl ＋ Shift ＋ F，这在了解一个函数，尤其是 Z-Stack API 函数如何使用时，非常方便和实用。

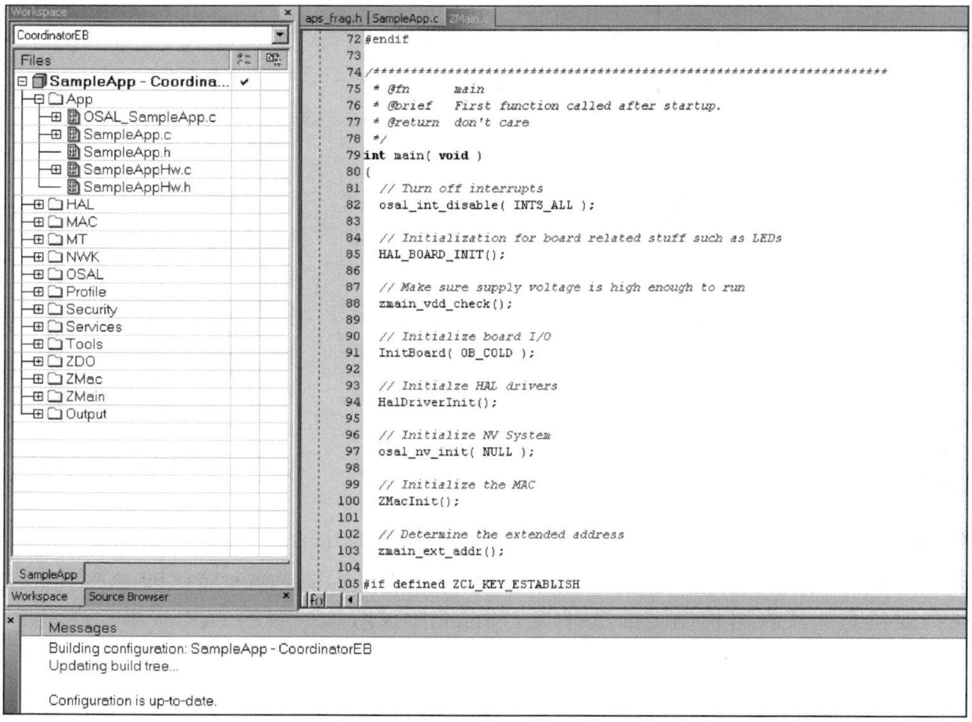

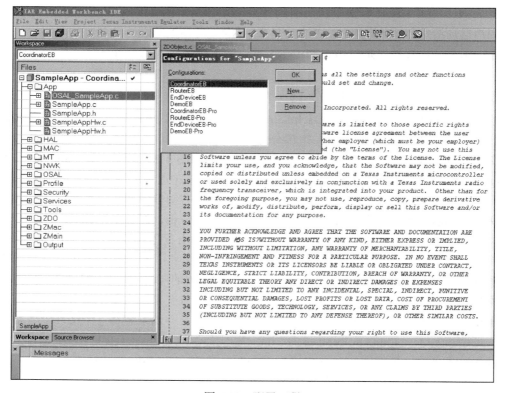

图 4-27 IAR 开发环境 Z-Stack 工程

图 4-28 配置工程

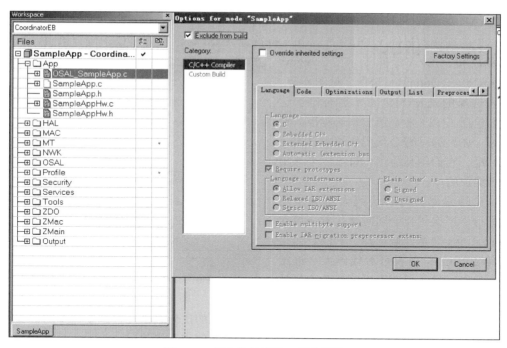

图 4-29　将文件从当前工程中排除

在工程的图标上右键单击选择 Options 选项会弹出如图 4-30 所示的界面，在 Category 中选择 General Options，然后在右边单击 Target 选项，则在下面 Device 右边的浏览器中可以看见 IAR EW 所支持的所有常见的具体设备，在选择好具体设备后，IAR 软件会自动在后台调用相应的 I/O 头文件，以及设备描述文件。

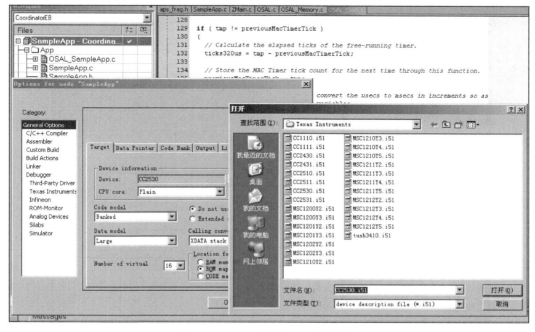

图 4-30　IAR 支持的 TI 公司器件

**2. IAR 编译器**

IAR 的编译器提供了 DLIB 库，并支持符合 ANSI C 标准的 C/C++ 编程语言，以及多字节参数和 MISRA 标准等。在 Category 中单击 C/C++ Compiler 选项，见图 4-31，则编者选择的是 MISRA C 编程标准。这一标准包括了 127 条 C 语言编码标准。通常认为，如果编写的 C 代码能够完全遵守这些标准，它们则是易读、可靠、可移植和易于维护的。

IAR 的编译器可对代码大小和运行速度进行多层次优化，同时优化方法可在 Optimizations 选择区域选择，它们具体是 SIZE 和 SPEED，前者可对代码大小进行优化，后者可对运行速度进行优化。另外还有 NONE（不优化）、LOW（低级优化）、

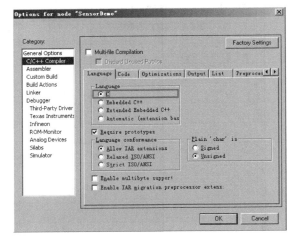

图 4-31 IAR 编译器选项

MEDIUM（中级优化）和 HIGH（高级优化）4 种不同的优化级别。根据所选择的优化方法和优化级别，Enabled transformations 框将自动选择不同的优化项目。

IAR 提供了特殊性质的扩展关键字。读者可以直接在源程序中使用这些关键字，而不用通过使用汇编语言写任何函数以达到操作硬件设备的目的。如 monitor 用于定义监视函数，其在执行期间禁止中断，从而允许完成操作等。

IAR 开发工具支持 Z-Stack 工程预编译选项。如图 4-32 所示，读者可以在 C/C++ Complier 面板 Define symbols 框中，添加 Z-Stack 工程中需要支持的编译选项。在编译选项前添加 "x" 或删除该编译选项，则可以取消该编译选项。

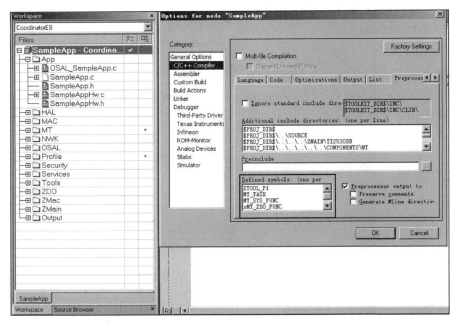

图 4-32 Z-stack 编译选项

### 3. IAR 调试工具

读者在安装 IAR 软件后，需要安装仿真器驱动程序才能下载程序。集成在 IAR EW 软件的 C-SPY 调试器通过不同的驱动实现与目标系统的通信和仿真控制。C-SPY 调试器提供了两种类型的驱动：纯软件仿真驱动和硬件仿真器驱动。

纯软件仿真驱动可以实现在没有实际硬件的条件下，采用软件模拟方式进行用户程序的仿真，即 C-SPY 提供的 Simulator 方式；右键单击所调试的工程名字，选择 Options，然后选择 Debugger 下的 Setup 标签，在 Driver 的下拉菜单中选择 Simulator 命令。如果是硬件仿真驱动，这里选择的是 Texas Instruments 命令。

硬件仿真器驱动为 C-SPY 调试器和专用硬件仿真器（如 J-LINK）提供接口，以实现对目标系统的实时在线仿真调试。

在文本编辑器中双击要设置断点的语句，然后单击工具栏上的 Toggle Breakpoint 按钮，这时该语句的左边将出现红色的断点标记。再次双击带断点的语句或右键单击选择 Toggle Breakpoint 以移除断点。

设置断点（见图 4-33），选择 Project → Debug 进入调试状态后，在工具栏处会出现调试命令工具栏。主要有以下几条命令控制调试运行：

**Go**：可以让程序执行到断点，而 Debug Log 窗口将显示关于断点的信息。

**Step Into**：进入函数体内部。

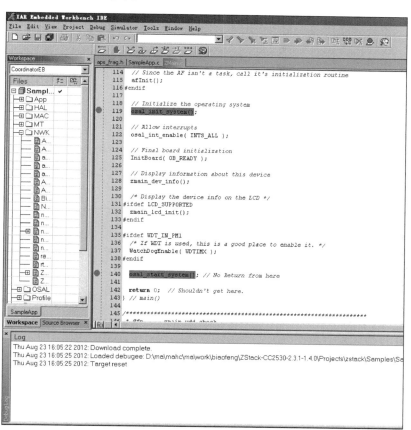

图 4-33　设置断点

Step out：从函数体退出。

Step Over：用来执行源程序中的一条语句或一条指令，即使是函数调用语句。

Next statement：按语句步进的命令。

Run to Cursor：运行到光标处。

Break：程序进入循环时，打断程序执行。

Stop debugging：停止调试。

Reset：调试复位。

读者可以在 View 菜单下选择感兴趣的窗口，如 Disassembly（反汇编）、Memory（内存）、Register（寄存器）、Call Stack、Auto、Watch 等。Disassembly 将程序代码以汇编语句的方式表达出来。Memory 是用于查看程序在内存中的组织形式，并能够得到指定内存地址的程序内容。Register 用于查看寄存器中变量的值。Call Stack 打开调用堆栈窗口，并显示程序调用函数的列表，当前函数处于调用栈的顶部。Auto 用于自动查看存储器中当前语句和表达式的值。Watch 用于查看和追踪存储器中指定变量的值。寄存器窗口如图 4-34 所示，打开 Register 窗口，还可以选择不同的寄存器。Watch 窗口如图 4-35 所示，可以将程序中的变量拖入 Watch 窗口中，并在调试过程中查看变量，以实现程序追踪。

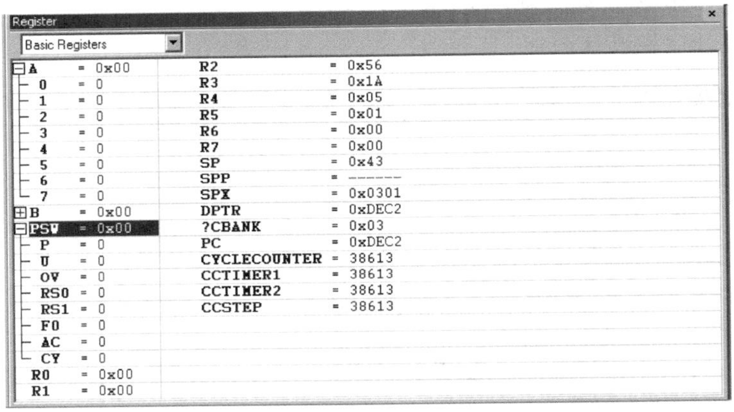

图 4-34　观察 Register 窗口

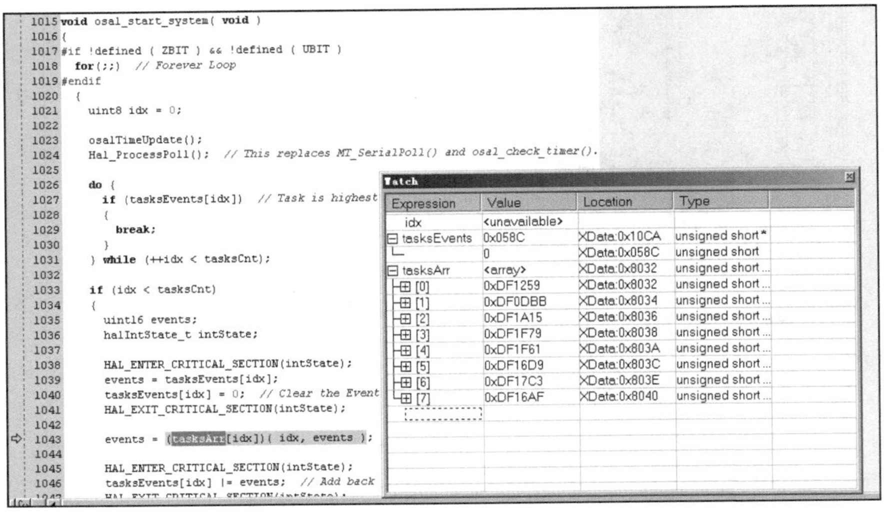

图 4-35　通过 Watch 查看程序变量

经过调试并正确的代码就可以生成二进制文件了，通过仿真器将其下载到物理芯片内部，以使其完成程序预定功能。

### 4.2.3 SmartRF Packet Sniffer

无线数据具有看不到、摸不着的特点，协议栈分析仪能够帮助读者在组建一定规模的 ZigBee 网络时，观察数据收发内容，快速发现网络的故障。特别是对 ZigBee 自组织网络，Packet Sniffer（数据包嗅探器）工具能够帮助用户学习和理解 ZigBee 技术。

#### 1. Packet Sniffer 工具简介

SmartRF Packet Sniffer 是 TI 公司提供的 PC 应用软件，它用于显示和存储通过射频硬件节点侦听而捕获的射频数据包，并支持多种射频协议（如 IEEE 802.15.4/ZigBee、SimpliciTI、ZigBee RF4CE、Bluetooth Low Energy 等，本书主要介绍 IEEE 802.15.4/ZigBee）。数据包嗅探器对数据包进行过滤和解码，最后再用一种简洁的方法显示出来。抓取的数据包还能够以特定的 Packet Sniffer 数据格式（*.PSD）保存起来。

Packet sniffer 的主窗口分为两个区域：

- 顶部：数据包列表，它显示解码后的数据包的每个域。
- 底部：包含 7 个标签，具体如下：
  - 捕获设备（Capturing Device）：显示仿真器的标号等信息，并选择数据包捕获设备。
  - 信道设置（Radio Configuration）：选择在哪一个信道上抓取数据包，ZigBee 2.4GHz 频段共计 16 个信道。一个 Packet Sniffer 软件每次只能抓取一个信道上的数据包。
  - 域选择（Select Fields）：选择要在主窗口数据包列表中显示的域，这里的域是指 MAC 头、信标、数据、命令、网络层、应用层等帧格式的域。这些域在 Packet Sniffer 主窗口中以不同的颜色显示。读者也可以指定显示数据包中某些特定的域。
  - 详细信息（Packet Details）：显示数据包的额外信息（如原始数据）。
  - 地址表（Address Book）：它包括当前所捕获的节点设备地址。地址可以自动或手动登记，也可以更改或删除。
  - 显示筛选（Display Filter）：根据用户定义的筛选条件对数据包进行筛选。列表给出可以用于定义筛选条件的所有域。在此列表下，可以将域与 AND 和 OR 运算符结合起来定义筛选条件。
  - 时间轴（Time Line）：显示数据包在时间轴上的一长串序列，长度大约是数据包列表的 20 倍，按源地址或目的地址排序。

#### 2. Packet Sniffer 工具使用

下面介绍下 Packet Sniffer 工具的使用方法。选取一个 CC2530 ZigBee 模块作为协议栈分析抓包工具，此时这个 CC2530 ZigBee 模块就不能再作为 ZigBee 收发节点使用。将 ZigBee 模块底板 P4 部分的引脚 11、13、15、17 与 P11 部分的引脚 6、7、8、9 使用跳帽短接。将仿真器与 ZigBee 模块的 Debug 口连接后，再将其与 PC 连接，之后，配合 Packet Sniffer 工具即可抓取特定信道上的数据包。

此时，读者可以在 IAR 环境中打开 C:\ Texas Instruments\ ZStack-CC2530-2.3.1-1.4.0\Projects\zstack\Samples 文件夹，再打开 SampleApp 例程并选择 CorrdinatorEB，以将工程下载到另一个 ZigBee 模块中。打开 IAR 工作空间的 Tools/f8wConfig.cfg，可以看到 SampleApp 例程所使用的信道号，默认信道号为 11（0x0B）。此时打开 Packet Sniffer 工

具，选择 IEEE 802.15.4/ZigBee，进入主界面后选择 ZigBee 2007/Pro 协议。确定 Capturing Device 标签的捕获设备是否为用作协议栈分析仪的 ZigBee 模块，并使 Radio Configuration 标签选择刚才 SampleApp 例程使用的信道号，单击顶部的"开始"按钮。如果这个信道上有无线信号发送，则可在 Packet Sniffer 主窗口中观察到数据包。

    Packet Sniffer 抓取数据包的屏幕截图如图 4-36 所示，以协议为例。状态栏显示抓取数据包（未筛选的）的总数，出错数据包的数目（校验和错误和缓存区溢出）以及筛选功能的状态。如果筛选器开启，则会显示符合当前筛选条件的数据包数目。

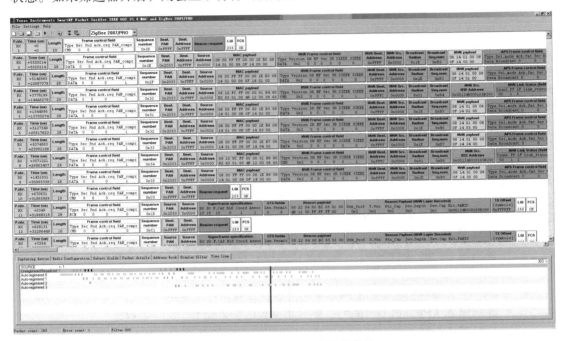

图 4-36  Packet Sniffer 的屏幕截图

## 4.3  新建应用工程

    本节将带领读者利用 Z-Stack 的样例项目作为模板一步步地建立一个新的应用工程。首先，必须找到 GenericApp 工程或者 SerialApp 工程中的任一个。然后，可以通过修改 .c 和 .h 模板文件来建立新的应用程序。下面将建立以 Widget.c、widget.h 和 OASL_Widget.c 命名的应用程序文件来进行说明。编者使用的协议栈版本是 ZStack-CC2530-2.3.1-1.4.0，硬件开发平台是 CC2530DB。

### 4.3.1  复制和重命名文件 / 文件夹

    首先，确定想要建立的应用程序类型。如果其是要利用串口进行数据发送和接收的，那么应该使用 SerialApp 项目文件来建立新项目，它位于…\Projects\zstack\Utilities 文件夹下。如果所要的应用程序用不到串口，那么可以使用 GenericApp 项目文件来建立新项目，它位于…\Projects\zstack\Samples 文件夹下。

    在本例子中，编者将复制并修改…\Project\zstack\Samples\GenericApp 项目，如图 4-37 所示。

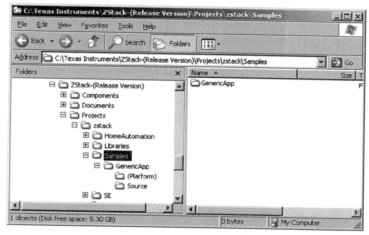

图 4-37　GenericApp 项目

复制 GenericApp 文件夹并重新命名为 Widget，如图 4-38 所示。

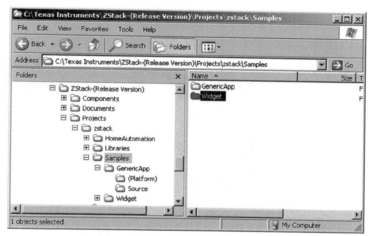

图 4-38　复制 GenericApp 文件夹

打开位于 Widget 文件夹内的 Source 文件夹，如图 4-39 所示。

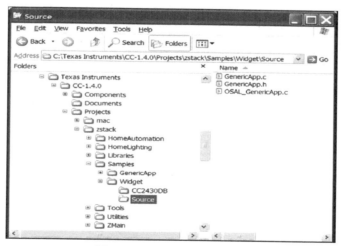

图 4-39　打开 Widget 文件夹

把每个文件的名称 GenericApp 改为 Widget，如图 4-40 所示。

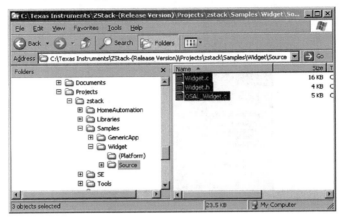

图 4-40　将 GenericApp 改为 Widget

返回上一级目录，打开新建立的 Widget 文件夹下的硬件平台（在这里是 CC2530DB）
文件夹，如图 4-41 所示。

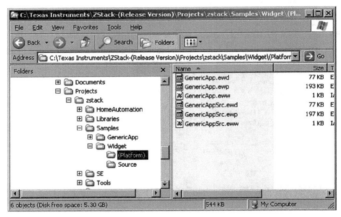

图 4-41　打开新建立的 Widget 文件夹下的硬件平台

重新命名文件夹下的每一个项目文件，把 GenericApp 改为 Widget，如图 4-42 所示。

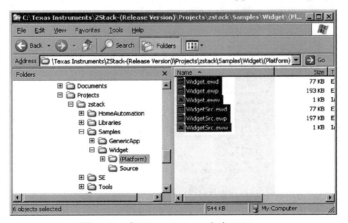

图 4-42　把 GenericApp 改为 Widget

### 4.3.2 编辑项目文件

在···\Widget\CC2530DB 文件夹下，右键单击 Widget.eww 文件，选择"打开方式"，单击"记事本"选项来打开 IAR Embedded Workbench 工作空间文件，并对它进行编辑，如图 4-43 所示。

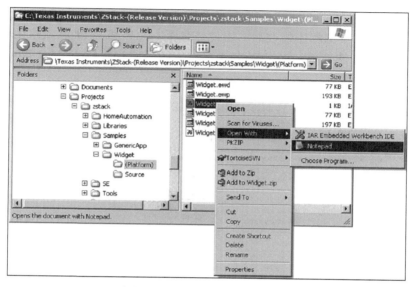

图 4-43　对 .eww 文件进行编辑

选择"Edit"→"Replace..."，在对话框中用"Widget"替换所有的"GenericApp"，然后单击"Replace All"按钮。再选择"Cancel"按钮，然后单击"File"→"Save"选项，最后单击"File"→"Exit"选项，如图 4-44 所示。

在 ...\Widget\CC2530DB 文件夹下，右键单击 Widget.ewp 文件，然后选择"打开方式"，同时选择用"记事本"的方式打开该工程文件来进行编辑。

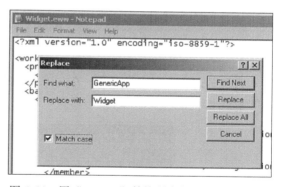

图 4-44　用"Widget"替换所有的"GenericApp"

选择"Edit"→"Replace..."，在对话框中用"Widget"替换所有的"GenericApp"，然后单击"Replace All"按钮。再选择"Cancel"，然后单击"File"→"Save"选项，最后单击"File"→"Exit"选项。

用同样的方式对 WidgetSrc.eww 和 WidgetSrc.ewp 进行替换。

### 4.3.3 编辑源程序

在 ...\Widget\Source 文件夹下，右键单击 Widget.c 文件，选择用"记事本"方式打开。

选择"Edit"→"Replace..."，然后用"Widget"替换"GenericApp"（注意，要选取"区分大小写"），然后单击"Replace All"按钮。再选择"Cancel"，然后单击"File"→"Save"选项，最后单击"File"→"Exit"选项。

在 ...\Widget\Source 文件夹中，右键单击 Widget.h，然后选择"打开方式"，最后单击"记事本"选项，对它进行编辑，重复上面的步骤，然后保存及关闭文件。

在 ...\Widget\Source 文件夹中，右键单击 OSAL_Widget.c，然后选择"打开方式"，最后单击"记事本"选项，对它进行编辑，重复以上步骤。

### 4.3.4 验证修改的项目和源程序

对整体项目文件及源程序修改后，通过"编译（Compile）"来测试这个项目。在…\Widget\CC2530DB 文件夹中，双击 Widget.eww 文件启动 IAR Embedded Workbench，如图 4-45 所示。

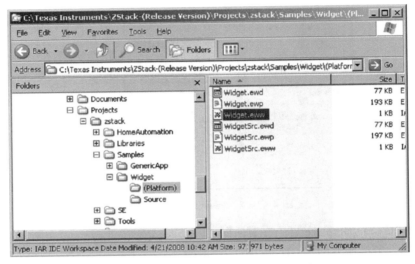

图 4-45　启动 IAR Embedded Workbench

为了对这个项目进行编译，在文件框内的" Widget-Coordinator..."上右键单击，在弹出的菜单上单击"Rebuild All"选项，如图 4-46 所示。

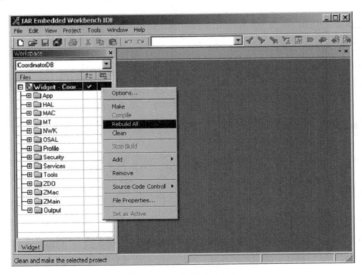

图 4-46　Rebuild All

编辑器和链接器的状态日志信息显示在 Message box 中，在正常情况下，它们会显示在 IDE 的底部，如图 4-47 所示。

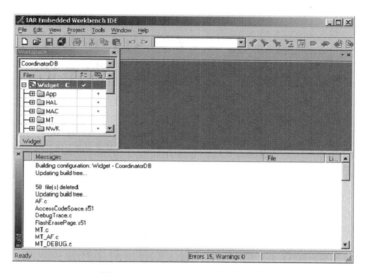

图 4-47    Message box 显示正常

目前，编者已经使用一个模板建立了一个实际的项目，项目名称为 Widget。通常情况下，读者可改变 *.c 和 *.h 文件来建立用户定制的项目。其他也可由 Z-Stack 发布的源文件根据需要来改变，记住，这些改变的文件需要合并到 Z-Stack 包中以便将来更新。有些读者会觉得上述过程有些繁琐。其实，这些工作应该由 IDE 开发环境来完成。如果读者对项目名称没有特殊要求的话，也可以直接在官方例程上修改源程序。

# 第5章 TI Z-Stack 2007 协议栈 架构及重要术语

Z-Stack 协议栈的开发是 ZigBee 模块软硬件开发的重要部分，其主要是要搞清楚 ZigBee 协议栈的结构和协议栈各个层之间的功能和重要函数关系。特别是利用协议栈能完成什么功能，要完成什么内容，以及怎样完成等。

本书采用 TI 公司的 Z-Stack 协议栈。Z-Stack 协议栈是 ZigBee 协议的一种具体实现。它是一种半开源协议栈，其安全子模块，路由模块，Mesh 网络支持等关键性代码都以库的方式封装，不能随便修改。读者一般只需利用底层代码在应用层进行编写则可。这种协议栈稳定性高，成本低，适用于工程人员使用。

另外，Freescale 公司的协议栈 BeeStack 不提供源代码，但会提供一些封装函数。许多组织也实现了免费的开源协议栈，如密西西比大学 R. Reese 教授开发的 msstatePAN 协议栈[133]。msstatePAN 协议栈是为广大无线技术爱好者开发的精简版 ZigBee 协议栈，它是基于标准 C 语言编写的，具备 ZigBee 协议标准所规定的基本功能。Freakz[134] 也是一个开源 ZigBee 协议栈，它配合 Contik[135] 操作系统运行。这种模式与 Z-Stack ＋ OSAL 类似，非常适合读者深入学习。

Z-Stack 和 ZigBee 规范版本的对比如表 5-1 所示，TI 公司针对 ZigBee 协议规范实现了相应的 ZigBee 协议栈（Z-Stack）。ZigBee 协议规范目前按照发布年份主要分为三种：ZigBee 2004，ZigBee2006 和 ZigBee 2007。

表 5-1　Z-Stack 与 ZigBee 规范版本对照表

| ZigBee 规范版本 | ZigBee 2004 | ZigBee 2006 | ZigBee 2007 |
| --- | --- | --- | --- |
| 协议栈 Profiles | Home Controls | ZigBee | ZigBee、ZigBee Pro |
| 应用 Profiles | 家庭灯光控制 | 自动家居、制造业特定 Profile | 自动家居、商业建筑自动化、敏捷能源 |
| Z-Stack 版本 | 1.3.× － | 1.4.× ＋ | 2.×.× ＋ |
| 发布 | 2005 | 2006 | 2008.3 |

## 5.1　TI Z-Stack 协议栈架构分析

在软件层次上，ZigBee 无线网络需要依靠 ZigBee 协议栈才能实现。与传统 TCP/IP 协议栈类似，Z-Stack 协议栈采用分层结构。分层的目的是为了使协议栈各层能够独立，每一层向上层提供一些服务，应用开发程序员只需关心与他们相关层的协议。分层的结构脉络清晰，方便设计和调试。Z-Stack 协议栈需要配合操作系统抽象层（OSAL）才能够运行。在操作系统运行前，系统需要完成硬件平台和软件架构所需的各个模块的初始化工作。操作系统抽象层 OSAL 通过时间片轮转函数实现任务调度，并提供多任务处理机制。IEEE 802.15.4 标准和 ZigBee 协议规范在协议栈层间定义了大量的原语操作，本书 5.1.4 节介绍了 Z-Stack 协议栈采用何种机制设计实现了这些原语。

### 5.1.1　TI Z-Stack 项目文件组织

IAR 工具为 TI 官方指定的开发环境。在 IAR 中，打开一个 Z-Stack 工程文件，读者可以看到 Z-Stack 项目组织。一个 Z-Stack 工程文件大约有 10 万行代码。面对这么多的文件，读者首先需要理清它们的组织结构和主要功能。Z-Stack 目录结构如图 5-1 所示，在 Z-Stack 项目中大约有 14 个目录文件，目录文件下面又有很多的子目录和文件。每个目录基本上都有一个和目录名字相似的头文件，它定义了许多变量、结构体，以及函数声明，通过这些声明，读者可以大体了解此目录的作用。下面就来看看这 14 个根目录的具体作用。

图 5-1　Z-Stack 目录结构

- App（应用层）目录

这个目录包含了应用层的内容。读者需要在这个文件夹下进行应用程序编写，并创建各种不同工程的区域。

- HAL（硬件层）目录

这个目录提供各种硬件模块的驱动及操作函数。硬件驱动主要包括定时器 Timer，通用 I/O 口 GPIO，通用异步收发传输器 UART，模数转换 ADC 的应用接口 API。硬件抽象层（HAL）包括定时器 Timer，通用 I/O 口 GPIO，模数转换 ADC 的应用程序接口 API，并提供各种服务的扩展集。Common 目录下的文件是公用文件，基本上与硬件无关，其中 hal_assert.c 是断言文件，用于调用，hal_drivers.c 是驱动文件，能抽象出与硬件无关的驱动函数，具体包含与硬件相关的配置、驱动和操作函数。Include 目录下主要包含各个硬件模块的头文件，而 Target 目录下的文件是跟硬件平台相关的，如 CC2530DB 平台。DB 即 Development Board，表示 TI 公司的开发板型号，具体可以参看 "Z-Stack User's Guide for CC2530" 文档，以获得更为直观的认识。

- MAC（介质访问控制层）目录

此目录包含了 MAC 层**参数配置文件和库的函数接口文件**。High Level 和 Low Level 两个目录表示 MAC 层的高层和底层，在 Include 目录下则有 MAC 层的参数配置文件及基于 MAC 的 LIB 库函数接口文件，这里的 MAC 层协议是不开源的，而以库的形式给出。

- **MT（监制调试层）目录**

该目录下的文件主要用于调试，利用 Ztool 工具，并经过串口实现对各层的调试，同时与各层进行直接交互。

- **NWK（网络层）目录**

此目录含有网络层配置参数文件、网络层库函数接口文件，以及 APS 层库函数接口。

- **OSAL（协议栈的操作系统抽象层）目录**

Z-Stack 协议栈需要配合 OSAL 操作系统才能够运行。OSAL 层主要管理系统软硬件资源，具体包括：电源管理、内存管理、任务管理、中断管理、信息管理、时间管理、任务同步和非易失存储（NV）管理。

- **Profile（AF 应用框架层）目录**

此目录包含 AF 层处理函数接口文件。

- **Security（安全层）目录**

此目录包含安全层处理函数接口文件，如加密函数。

- **Services（设备地址处理函数）目录**

此目录包括地址模式的定义及地址处理函数。

- **Tools（工作配置）目录**

此目录包括空间划分及 Z-Stack 相关配置信息。大部分 Z-Stack 配置信息在 f8wConfig.cfg 文件中。而 f8wCoord.cfg（协调器配置文件）、f8wEnDev.cfg（终端设备配置文件）、f8wRouter.cfg（路由器配置文件）包含在不同的工作空间下，并代表工作空间的类型。

- **ZDO（ZigBee 设备对象）目录**

此目录可认为是一个公共功能集合，用户可用自定义对象调用 APS 子层和 NWK 层的服务。

- **ZMAC（MAC 导出层）目录**

此目录提供 802.15.4 MAC 和网络层之间的接口。其中 Zmac.c 是 Z-Stack MAC 导出层接口文件，并包括参数配置等。Zmac_cb.c 是 ZMAC 回调网络层函数。

- **Zmain（主函数）目录**

Zmain.c 主要包含了整个项目的入口函数 main()，而 OnBoard.c 文件包含硬件开发平台上各类外设进行控制的接口函数。

- **Output（输出文件）目录**

此目录由 EW8051 IDE 自动生成。

Z-Stack 协议栈的架构可参见本书第 2 章。整个 Z-Stack 采用分层的软件结构，在 Z-Stack 堆栈中，物理层、介质访问控制层主要是基于 IEEE 802.15.4 标准的，且位于协议栈最低层，与 RF 射频、外围设备等硬件关系密切；网络层、APS 子层、应用层以及安全服务提供层建立在物理层和 MAC 层之上，与硬件关系不太紧密。

操作系统抽象层 OSAL 实现了一个易用的操作系统平台，并通过时间片轮转函数实现任务调度，提供多任务处理机制。用户可以调用 OSAL 提供的相关 API 进行多任务编程，以将自己的应用程序作为一个独立的任务来实现。

### 5.1.2 系统初始化

在程序启动时调用 Z-Stack 的 main 函数（如图 5-2 所示），它首先完成系统软硬件的初始化，然后通过函数 osal_start_system() 执行操作系统实体。读者可以通过设置断点、单步、多步，进入函数体等调试方式追踪协议栈的大体工作流程。也可参见本书 ZigBee 自诊断实验在协议栈中的关键点处加入调试信息并通过串口打印出来。

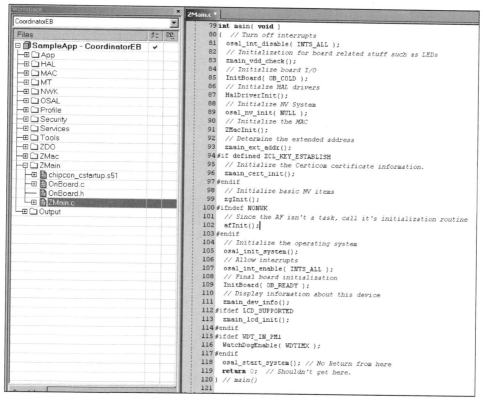

图 5-2　Z-Stack main 函数

　　系统启动初始化的内容主要有初始化时钟和电压、初始化各硬件模块、初始化 FLASH 存储、初始化非易失量（NV）、初始化 MAC 硬件地址、初始化操作系统、初始化堆栈、初始化各层协议等，流程图和对应的函数如图 5-3 所示。

　　硬件初始化需要根据 HAL 文件夹内的 hal_board_cfg.h 来配置 8051 寄存器。TI 官方发布的 Z-Stack 配置针对的是 TI 官方的 CC2530DB 开发板，值得注意的是，在实验中如果采用了其他引脚配置不同的开发板，则需根据硬件设计原理图更改 hal_board_cfg.h 文件。

### 5.1.3　操作系统任务管理

　　Z-Stack 采用了操作系统抽象层 OSAL 进行协议栈调度，协议栈操作的具体实现细节都被封装在库文件中，用户在进行协议栈应用开发的时候，只能调用 TI 公司提供的各层 API 函数。OSAL 采用事件轮询机制，在各层初始化后，系统进入低功耗模式，当事件发生时，系统被唤醒，开始进入中断处理事件，结束后继续进入低功耗模式。如果同时有几个事件发生，则判断优先级，逐次处理事件。这种软件构架可以极大地降级系统的功耗。

　　操作系统执行准备工作完成后，开始执行操作系统入口程序。在 main 函数中操作系统入口只有一行代码：

```
Osal_start_system(); // 无返回值
```

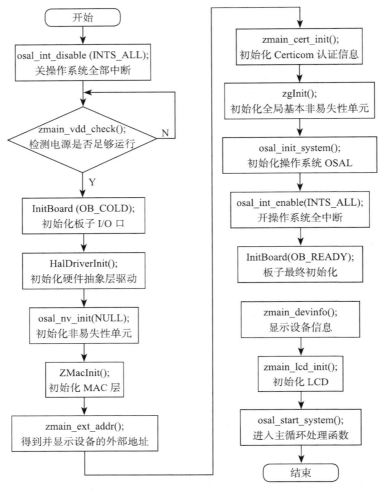

图 5-3　Z-Stack 执行流程

进入 Osal_start_system 函数体,可以看到操作系统为存放的所有任务事件分配了 tasksEvents 动态数组,每个数组元素对应一个存放着的任务事件。此函数通过 do-while 循环遍历 tasksEvents 数组,直到找到具有待处理事件优先级最高的任务,tasksEvents 数组是按照任务从低到高的优先级顺序建立的,优先级较高的任务在优先级低的前面。如果任务优先级相同,则按照先后顺序加入。得到最高优先级任务的序号 idx 后,通过 events = tasksEvents[idx] 语句,取出当前具有最高优先级的任务事件,然后调用(tasksArr[idx])(inx,events)函数执行具体的处理,taskArr[] 是一个函数指针数组,根据不同的 idx 可以执行不同的函数。

操作系统执行任务管理的具体过程如下:

```
// 系统主循环
void osal_start_system( void )
{  for(;;)  // 无限循环
{
    uint8 idx = 0;
    osalTimeUpdate();// 扫描哪个事件被触发了,然后置相应的标志位
```

```
        Hal_ProcessPoll();
        // 遍历 taskEvents 数组中寻找最高优先级的任务
        do {
          if (tasksEvents[idx])    //最高优先级的任务做好准备 (序号 idx 较小的任务)
          {
            break;
          }
        } while (++idx < tasksCnt);

        if (idx < tasksCnt)
        {
          uint16 events;
          halIntState_t intState;
          //进入临界区
          HAL_ENTER_CRITICAL_SECTION(intState);
          events = tasksEvents[idx];// 取出 taskEvents 中的事件
          tasksEvents[idx] = 0;        // 为本次任务清除事件
          HAL_EXIT_CRITICAL_SECTION(intState);

          // 执行数组 tasksArr 中对应的任务处理函数
          events = (tasksArr[idx])( idx, events );

          HAL_ENTER_CRITICAL_SECTION(intState);
           tasksEvents[idx] |= events; // 添加未处理的事件到任务事件数组
          HAL_EXIT_CRITICAL_SECTION(intState);
        }
    }
```

　　一般情况下，用户只需要额外添加三个文件就可以完成一个项目。一个是主文件，存放具体的任务事件处理函数（如上述事例中的 SampleApp_ProcessEvent），还有一个是这个主文件的头文件，最后一个是操作系统接口文件，它以 Osal 开头，专门存放任务处理函数数组 tasksArr 以及初始化操作系统任务的文件。这样就实现了 Z-Stack 代码的公用，用户只需要添加这几个文件，编写自己的任务处理函数则可。

　　在 SampleApp 例子中，tasksArr 函数指针数组包括了几个任务函数，其在 Osal_SmplelApp.c 中定义，而 osal_start_system() 函数通过函数指针（tasksArr[idx]）(inx,events) 调用。

　　tasksArr 数组如下：

```
const pTaskEventHandlerFn tasksArr[] = {
  macEventLoop,            //MAC 层任务处理函数
  nwk_event_loop,          // 网络层任务处理函数
  Hal_ProcessEvent,        // 硬件抽象层任务处理函数
#if defined( MT_TASK )
  MT_ProcessEvent,         // 调试任务处理函数 可选
#endif
  APS_event_loop,          // 应用层任务处理函数, 用户不用修改
  ZDApp_event_loop,        // 设备应用层任务处理函数, 用户可以根据需要修改
  SampleApp_ProcessEvent   // 用户应用层任务处理函数, 用户在主文件中生成
};
```

　　操作系统主循环函数不断地查询每个任务中是否有事件发生，如果事件发生，就调用相应的事件处理函数，如果没有任何事件发生就循环查询。图 5-4 是事件处理流程图，读者可以看到函数处在不停的循环中。

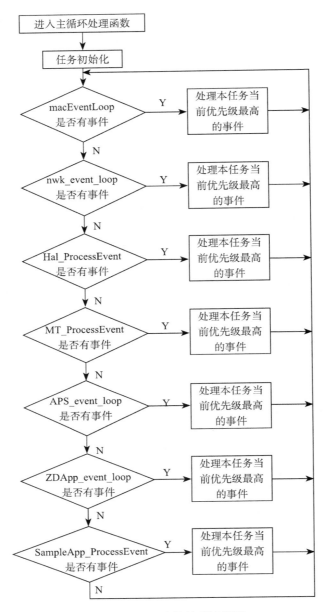

图 5-4  OSAL 事件处理流程图

　　如果不算调试任务（MT_Process），操作系统一共要处理 6 项任务，它们分别为 MAC 层、网络层、硬件抽象层、应用层、ZigBee 设备应用层以及完全由用户处理的应用层，其优先级由高到低。MAC 层任务具有最高优先级，用户层具有最低优先级。Z-Stack 已经编写了从 MAC 层到 ZigBee 设备应用层这五层任务的事件处理函数，一般情况下不需要修改这些函数，而只需要按照自己的需求编写应用层的任务及事件处理函数则可。

　　许多初学者可能有这样的疑惑：对于 osal_start_system 函数中的 tasksEvents[] 而言，taskArr[] 并没有显式定义实现，OSAL 究竟怎样和 Osal_SamplelApp.c 文件取得了联系。正确的答案是：OSAL.c 和 Osal_SmpleApp.c 两者都包含 OSAL_Tasks.h 头文件，因此它们通过共用函数和变量实现了联系。且带有 extern 关键字的变量和函数都在 Oasl_SamplelApp.c 中得到了具体实现。这样 OSAL 就可以调用事件处理函数 tasksArr[idx]）（inx,events）来处理应用层的事件，这里的 taskArr[idx] 是 SampleApp_ProcessEvent。

OSAL_Tasks.h 函数的说明如下：

```
/*
 * 事件处理函数原型
 */
typedef unsigned short (*pTaskEventHandlerFn)( unsigned char task_id, unsigned
short event );

/*****************************************************************
 * GLOBAL VARIABLES
 *OSAL_SampleApp.c 中实现
 */

extern const pTaskEventHandlerFn tasksArr[]; // 事件处理函数指针数组
extern const uint8 tasksCnt;
extern uint16 *tasksEvents;// 任务事件数组

/*****************************************************************
 * FUNCTIONS
 * 任务初始化函数
 *OSAL_SampleApp.c 中实现
 */
extern void osalInitTasks( void );
```

当协议栈中有任何事件发生时，读者可以为一个任务设置事件发生标记，以便主循环函数能够及时加以处理。其函数说明如下：

```
/*
 * 设置任务事件
 *@task_id: 接收到的事件 ID 号
 *@ event_flag: 要设置的事件
 */
extern uint8 osal_set_event( uint8 task_id, uint16 event_flag );
```

另外，协议栈中各层都会有很多不同的事件发生，这些事件发生的时间顺序也各不相同。而很多时候，事件也并不要求立即得到处理，而是要求在过一定的时间后进行处理。osal_start_timerEx 函数可以为一个任务在一定延迟后触发事件。函数说明如下：

```
/*
 * 通过定时器在一定延迟后触发任务事件
 *@task_ID: 要设置定时的事件 ID 号
 *@ event_flag: 要触发的事件
 *@ timeout_value: 超时等待时间（毫秒数）
 */
uint8 osal_start_timerEx( uint8 taskID, uint16 event_id, uint16 timeout_value)
```

操作系统抽象层和实时操作系统中的 μC/OS-II 有相似之处，在 μC/OS-II 中可以分配 64 个任务。若了解了这个操作系统，理解 OSAL 应该不难，但是，Z-Stack 只是基于 OSAL 运行的，而 ZigBee 设备之间通信的实现以及组网（组成不同的网络结构）才是整个 ZigBee 协议中的核心内容，当然这也远比读者添加几个文件复杂。

### 5.1.4　TI Z-Stack 层间原语通信

通过第 2 章 ZigBee 无线传感网通信标准的介绍，读者应该知道 IEEE802.15.4 和 ZigBee 规范定义了大量的通信原语。其中，请求（Request）、响应（Response）原语信息流由协议栈中较高层指向较低层；确认（Confirm）、指示（Indication）原语则从较低层向较高层返回结果或传达信息。

一个原语的操作往往需要逐层调用下层函数并根据下层返回结果再进行下一步的操作。这样，原语的操作从发起到完成则需要很长的时间。如果让程序一直等待下层返回的结果再来做进一步处理的话，就会迫使微处理器花费大量时间用于循环等待，从而无法及时处理其他请求，严重浪费处理器资源。于是在 Z-Stack 协议栈的实现中，请求（Request）、响应（Response）原语由协议栈较高层直接调用函数实现，而对于确认（Confirm）、指示（Indication）原语实现则是采用间接处理的机制，一般是通过回调函数（CallBack）来完成。

请求、响应原语操作调用了下层相关函数后，不再等待，立即返回。下层处理函数在操作结束之后，将结果以消息的形式发送到上层并产生一个系统事件，OSAL 调度程序发现这个事件后就会调用相应的事件处理函数对它进行处理。

下面以 MAC 层数据返回原语 MCPS-DATA.confirm 所对应的函数为例，来说明确认（Confirm）、指示（Indication）原语函数处理机制。具体函数如下：

```
/*********************************************************************
 * @fn        MAC_CbackEvent()
 * @brief     convert MAC data confirm and indication to ZMac and send to NWK
 * @param     pData - pointer to macCbackEvent_t
 * @return    none
 *********************************************************************/
void MAC_CbackEvent(macCbackEvent_t *pData) {
...
  if ( event == MAC_MCPS_DATA_IND )// 数据指示事件
  {
    MAC_MlmeGetReq( MAC_SHORT_ADDRESS, &tmp );
      if ((tmp==INVALID_NODE_ADDR) || (tmp==NWK_BROADCAST_SHORTADDR_DEVALL) ||
(pData->dataInd.msdu.len == 0))
      {
        mac_msg_deallocate( (uint8 **)&pData );
        return;
      }
    msgPtr = pData;
  }
.....
    // 若无足够内存，要确认数据时，重试
  if ( event == MAC_MCPS_DATA_CNF )// 数据确认事件
  {
    halIntState_t intState;
    HAL_ENTER_CRITICAL_SECTION( intState );  // 存中断标志
    mac_msg_deallocate( (uint8**)&(pData->dataCnf.pDataReq) );
    if ( !(msgPtr = (macCbackEvent_t *)osal_msg_allocate(tmp)) )
      {
        // 还不能申请内存，有错误了
        HAL_EXIT_CRITICAL_SECTION( intState );  // 重新开中断
        return;
```

```
            }
            HAL_EXIT_CRITICAL_SECTION( intState );    // 重新开中断
            pData->dataCnf.pDataReq = NULL;
        }
        else
        {
            // 消息丢弃，返回
        }
    ...
    }
```

## 5.2　TI Z-Stack 应用层重要术语

　　Z-Stack 的一些基础术语在应用开发中非常重要，但也很容易引起混淆。读者需要充分理解这部分内容。

　　ZigBee 重要术语关系如图 5-5 所示，一个节点（Node）包含一组设备（Device），并对应着一个无线信号收发器，且只能使用一个无线通信信道。一般来说，一个节点只有一个设备。一个 ZigBee 设备最多可以支持 240 个用户自定义的端点。端点（EndPoint）是应用对象（Application Object）驻留的地方。这意味着在每个设备上最多可以定义 240 个应用对象。特殊端点号 0 分配给 ZigBee 设备对象（ZDO），以用于设备管理。一个端点可以具有多个群集（Cluster）。每个群集具有特定的群集号（Cluster ID）。按照数据流向方向，群集分为输入群集和输出群集。多个节点能够通过使用群集号（Cluster ID）为不同的端点建立一个逻辑上的连接，这称为绑定操作。群集是属性（Atrribute）的集合，它包括一个或多个属性。相同应用对象采用的所有群集的集合称为 Profile。

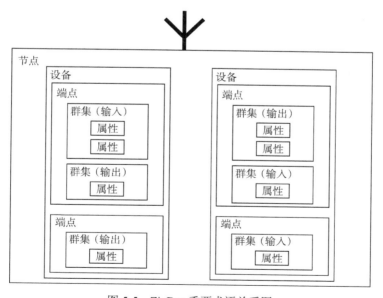

图 5-5　ZigBee 重要术语关系图

### 5.2.1　规约

像学习一门新的语言一样，读者必须要知道这门语言的单词、语法约定含义才可以有效地与使用这门语言的人交流。在网络应用中，网络中的设备必须遵循一定格式的协议才能够进行通信。规约（Profile）就是对逻辑设备及其接口描述进行规定的协议集合，它是面向某个具体应用场合的公约、准则。它在分布式应用设备间的消息类型（向外部提供和接收什么消息）、消息格式、消息请求和应答、消息帧处理行为等方面达成了共识。Profile 的目的是为了制定标准，以兼容不同制造商间的产品。

在 ZigBee 应用层规范中，应用对象可理解为在协议栈上运行的应用程序，并与 ZigBee 网络节点连接的设备对应，如传感器、灯和控制器等。一旦确定了 Profile，就决定了应用对象外部接口。一个 Profile 具有 2 字节（unit 16）的 Profile ID。标准的 Profile ID 是由 ZigBee 联盟分配的，并且为唯一标识号。

一般而言，Profile 指的是应用层 Profile，它说明了设备的类型、接口、数据传输等。ZigBee 协议中还有一种特殊的 Profile，它主要定义网络类型、网络深度等协议栈配置信息，其称为协议栈 Profile，在后文会介绍。

### 5.2.2 协议栈规约

协议栈规约（Stack Profile）的参数需要配置成特定的值，并由 ZigBee 联盟定义。在同一个网络中的设备必须使用相同的协议栈规约（即设备的协议栈参数必须配置成相同的值）。ZigBee 联盟定义了两个不同的协议栈规约 ZigBee 2007 和 ZigBee PRO，其目的是为了保证不同厂商产品的互操作性。如果设备都符合这个规范，在同一网络中的设备则能够与其他厂商生产的符合该规约的设备一起工作。但是，如果应用开发者改变了这些协议栈规约参数，他们的产品将不能再与遵从 ZigBee 特定协议栈规约的产品组成网络。改变之后的协议栈规约被称为"封闭网络"或"专用网络"协议栈规约。

设备可以通过信标帧获取协议栈规约标识符，并使得其能够在加入网络前确定协议栈规约。"专用网络"的协议栈标识符为 0，ZigBee 协议栈规约标识符为 1，ZigBee PRO 协议栈规约标识符为 2。ZigBee 2007 协议栈规约标识符为 HOME_CONTROLS，这是因为 ZigBee 规约首先在智能家居应用中使用，所以 ZigBee 协议栈规约标识符默认为智能家居的 Profile ID。不同的协议栈规约对应不同的网络配置和功能特性。协议栈规约在 nwk_globals.h 文件中的 STACK_PROFILE_ID 参数项进行配置。

协议栈 Profile 参数在 nwk_globals.h 中的定义：

```
#define NETWORK_SPECIFIC        0 //特定网络，封闭网络
#define HOME_CONTROLS           1//ZigBee 2007
#define ZIGBEEPRO_PROFILE       2//ZigBee PRO
#define GENERIC_STAR            3// 星状网络
#define GENERIC_TREE            4// 树状网络

#if defined ( ZIGBEEPRO )
  #define STACK_PROFILE_ID      ZIGBEEPRO_PROFILE
#else
  #define STACK_PROFILE_ID      HOME_CONTROLS
#endif
```

一般来说，一个规约号为 *m* 的设备（如 ZigBee PRO，2）能够加入一个同样规约号为 *m* 的网络。如果一个规约号为 *m* 的路由器（如 ZigBee PRO，2）加入一个具有不同规约号 *n*（如 ZigBee-2007，1）的网络，它将以不睡眠终端设备的身份加入网络。一个规约号为 *m* 的终端设备始终以终端设备的身份加入到具有不同规约号 *n* 的网络中。

### 5.2.3  属性

属性（Attribute）是一个数据实体，也是能反映应用对象的物理数量或状态的数据值，如开关值（On/Off/Toggle）、温度值、加速度值等。

ZigBee 应用框架（Application Framework，AF）定义了两种协议消息帧格式，其分别是键值对（KVP）命令帧格式和报文（Message）命令帧格式。为了方便通信的对方解读消息，帧格式需要在应用对象 Profile 中规定。"Message"对格式不作要求，适合于任何格式的消息传输。

KVP 命令帧格式定义了属性（Attribute）、属性值（Value）以及用于 KVP 操作的命令：Set、Get、Event。Get 用于获取一个属性的值，Event 用于通知一个属性已经发生改变。读者使用这些由 KVP 操作命令设置属性变量的属性值，在设备之间传递数据和命令。

### 5.2.4  群集

Profile 是相同应用对象具有的所有群集的集合。而群集（Cluster）是包含一个或多个属性的集合。在同一个 Profile 中，每个群集被分配一个唯一的群集 ID（Cluster ID），且每个群集最多具有 65536 个属性。

下面是 TI 官方例程 SampleApp 的 Cluster ID 集合，它具有两个群集。在 SampleApp 例程中，主要有两种类型的发送数据包：一种是周期性发送的心跳包，检测网络的连通性；另一种是控制节点上 LED 灯闪烁的命令包。具体函数说明如下：

```
const cId_t SampleApp_ClusterList[SAMPLEAPP_MAX_CLUSTERS] =
{
  SAMPLEAPP_PERIODIC_CLUSTERID,//心跳包 Cluster ID
  SAMPLEAPP_FLASH_CLUSTERID//闪灯 Cluster ID
};
// 当节点接收到数据包时，通过判断数据包的 Cluster ID 来进行相应的处理
void SampleApp_MessageMSGCB( afIncomingMSGPacket_t *pkt )
{
  uint16 flashTime;
  switch ( pkt->clusterId )//判断 Cluster ID
  {
    case SAMPLEAPP_PERIODIC_CLUSTERID: //心跳包 Cluster ID
      break;
    case SAMPLEAPP_FLASH_CLUSTERID: //闪灯 Cluster ID
      flashTime = BUILD_UINT16(pkt->cmd.Data[1], pkt->cmd.Data[2] );
      HalLedBlink( HAL_LED_4, 4, 50, (flashTime / 4) );//灯 4 闪烁 4 下
      break;
  }
}
```

按照数据流向方向，群集被分为输入群集和输出群集。如果一个端点 *m* 和另一个端点 *n* 具有相同的 Cluster ID，而且一个选择"输入"，另一个选择"输出"，那么端点 *m* 就可以通过绑定的方式控制端点 *n*。绑定寻址方式被称为间接寻址，即由应用支持子层通过绑定表寻找节点地址。间接寻址可直接对端点操作，而不需要知道绑定的节点的目标短地址信息。与间接寻址相对应的是直接寻址，它直接调用协议栈 API 函数，使用网络短地址作为参数来发送信息帧。应用程序经常使用 Cluster ID 作为参数将数据或命令发送到对应地址的群集上。

如 SampleApp 例程就是使用直接寻址的方式，指定端点的 Cluster ID 发送 FLASH（闪灯）命令帧，具体操作函数如下：

```
AF_DataRequest( &SampleApp_Flash_DstAddr, &SampleApp_epDesc,
                    SAMPLEAPP_FLASH_CLUSTERID,
                    3,
                    buffer,
                    &SampleApp_TransID,
                    AF_DISCV_ROUTE,
                    AF_DEFAULT_RADIUS ) == afStatus_SUCCESS )
```

### 5.2.5　端点

端点（Endpoint）是协议栈应用层入口，它通常为节点的一个通信部件或设备（如各种类型的传感器、开关、LED 灯等）也是用户定义的应用对象驻留的地方。端点类似于在计算机 TCP/IP 网络通信中，为方便计算机中不同的进程进行通信，在传输层设置的端口（Port）概念。端点和 IEEE 64 位扩展地址、16 位网络短地址一样，是 ZigBee 无线通信的一个重要地址参数，能够为多个应用对象提供逻辑子通道以进行通信。每个 ZigBee 设备支持多达 240 个端点，也就是说，每个设备最多可以定义 240 个应用对象。端点 0 必须在 ZigBee 设备中具有，它分配给 ZigBee 设备对象（ZDO）使用，端点 255 是端点广播地址，端点 241 ～ 254 保留，为以后扩展使用。

端点描述符用来描述一个端点，Z-Stack 中的 AF.h 中有关于端点描述符的定义如下：

```
typedef struct
{
  byte endPoint;  // 端点号
  byte *task_id;  // 指向应用任务 ID，端点描述符需根据不同的任务号定义
  SimpleDescriptionFormat_t *simpleDesc;       // 简单描述符，即关于应用对象的描述
  afNetworkLatencyReq_t latencyReq;            // 延迟
} endPointDesc_t;
```

一个端点只分配给一个应用对象，不能被多个应用对象所共有。但是，一个应用对象可以拥有多个端点。Z-Stack 建立在任务事件调度的基础上。一般来说，一个应用对象需要具有一个任务处理函数，同时对应着一个唯一的 task id。多个端点可以指定为同一个 task id，即交由这个 task id 任务函数进行事件处理。当任务函数接收到传来的消息时，根据端点号判断消息来自哪一个端点，再做进一步的相应处理。

端点描述符需要在应用层 APP/SampleApp.c 中进行端点填充，并向 AF 层注册端点描述符。

填充端点描述符的过程如下：

```
SampleApp_epDesc.endPoint = SAMPLEAPP_ENDPOINT;
SampleApp_epDesc.task_id = &SampleApp_TaskID;    //SampleApp 的任务 ID
SampleApp_epDesc.simpleDesc                       // 简单描述符
          = (SimpleDescriptionFormat_t *)&SampleApp_SimpleDesc;
SampleApp_epDesc.latencyReq = noLatencyReqs;     // 延迟为 0

// 向 AF 层注册端点描述符，才能使得端点描述符生效
afRegister( &SampleApp_epDesc );
```

简单描述符是用来描述驻留在端点的应用对象的结构体，Z-Stack 中的 AF.h 中有关简

单描述符的定义如下：

```
typedef struct
{
    byte            EndPoint;               // 端点号
    uint16          AppProfId;              //ProfileID
    uint16          AppDeviceId;            // 设备 ID
    byte            AppDevVer:4;            // 设备版本
    byte            Reserved:4;             // 保留
    byte            AppNumInClusters;       // 输入群集的个数
    cId_t           *pAppInClusterList;     // 输入群集的列表, 具有多个群集
    byte            AppNumOutClusters;      // 输出群集的个数
    cId_t           *pAppOutClusterList;    // 输出群集的列表, 具有多个群集
} SimpleDescriptionFormat_t;
```

应用程序需要在应用层 APP/SampleApp.c 对简单描述符进行赋值，具体操作函数如下：

```
const SimpleDescriptionFormat_t SampleApp_SimpleDesc =
{
    SAMPLEAPP_ENDPOINT,                 //  20
    SAMPLEAPP_PROFID,                   //  0×0F08
    SAMPLEAPP_DEVICEID,                 //  0×0001
    SAMPLEAPP_DEVICE_VERSION,           //  0
    SAMPLEAPP_FLAGS,                    //  0
    SAMPLEAPP_MAX_CLUSTERS,             // 输入群集个数 2
    (cId_t *)SampleApp_ClusterList,     // 即 5.2.4 小节中的 Cluster ID 集合
    SAMPLEAPP_MAX_CLUSTERS,             // 输出群集个数 2
    (cId_t *)SampleApp_ClusterList      // 即 5.2.4 小节中的 Cluster ID 集合
};
```

这里的 SampleApp_SimpleDesc 描述符的输入、输出群集相同。

在 APP/sampleApp.h 中，具有这些宏的定义：

```
#define SAMPLEAPP_ENDPOINT          20

#define SAMPLEAPP_PROFID            0x0F08
#define SAMPLEAPP_DEVICEID          0x0001
#define SAMPLEAPP_DEVICE_VERSION    0
#define SAMPLEAPP_FLAGS             0

#define SAMPLEAPP_MAX_CLUSTERS      2
#define SAMPLEAPP_PERIODIC_CLUSTERID  1
#define SAMPLEAPP_FLASH_CLUSTERID     2
```

### 5.2.6 绑定

如前所述，ZigBee 绑定（Binding）操作能够通过使用 Cluster ID 为不同节点上的独立端点建立一个逻辑上的连接。绑定允许应用程序不需要知道目标地址，而向目标节点发送一个数据包。在 TCP/IP socket 通信中，客户端和服务端也可以建立绑定。在绑定完成后，应用程序直接调用 send/recv 函数发送 / 读取数据，不需进行过多的操作。绑定寻址是通过 APS 层从它的绑定表中确定目标地址，然后向目标设备或者目标组发送数据。在 ZigBee 2004 协议中，绑定表只存在于协调器中。在 ZigBee 2006 以后的协议版本中，绑定表保存

在发送信息的设备中，这种绑定方式称为源绑定方式。源绑定方式需要在 f8wConfig.cfg 配置文件中添加 REFLECTOR 编译选项完成。

绑定涉及两个网络设备应用层的逻辑连接。一旦在源设备创建与其他设备的绑定关系，源设备就能够根据绑定表将需要发送的消息映射到它们的目标地址上。源设备可以不必指定目的地址发送消息，如在 TI 官方例程 Sensor Demo 中，当一个"Collect"搜集节点在调用 zb_AllowBind（0xFF）后，即可允许其他节点绑定，并成为"Gateway"网关节点，同时能够向网关或 PC 设备上传数据。"Sensor"感知节点与该"Gateway"节点建立绑定关系后，直接调用函数 zb_SendDataRequest（0×FFFE, ...）就能够向"Gateway"节点发送消息帧，其中，0×FFFE 被用作目的地址，代表间接寻址方式。Sensor Demo 例程通过绑定方式，只需一个按键就可以指定网络中任意一个"Collect"节点允许绑定，并成为"Gateway"节点，即整个网络中的数据汇聚节点，从而向网关或 PC 设备上传数据。

**1. 绑定表定义**

下面是关于绑定表条目在 Z-Stack 中的定义，也可参见本书附录 B Z-Stack 2007/PRO 重要数据结构部分的内容。

```
typedef struct
  {
    uint16 srcIdx;        // 源地址
    uint8 srcEP;          // 源端点
    uint8 dstGroupMode;   // 寻址模式
    uint16 dstIdx;        // 目标地址或者分组地址
    uint8 dstEP;          // 目标端点
    uint8 numClusterIds;
        // 在群集标识符表中 Cluster ID 的个数（一个端点可能具有多个 Cluster ID）
    uint16 clusterIdList[MAX_BINDING_CLUSTER_IDS];  // 群集标识符列表
}BindingEntry_t;
```

如图 5-6 所示，绑定表中条目涉及源节点和目标节点的绑定，其包含如下信息：源 IEEE 地址，源端点，寻址模式（组地址或者目标设备地址），目标端点，Cluster ID 个数和列表。一个端点可能具有多个群集，就像 SampleApp 例程中的 Cluster ID 集合，并具有两个心跳包命令（SAMPLEAPP_PERIODIC_CLUSTERID）和控制灯闪烁（SAMPLEAPP_FLASH_CLUSTERID）两个群集。

| 源节点 | | 目标节点 | | 其他 | | |
|---|---|---|---|---|---|---|
| 地址 | 端点 | 地址 | 端点 | 寻址模式 | 群集 ID 个数 | 群集 ID 列表 |

图 5-6　绑定表条目示意图

绑定表存储在有限的存储介质中。绑定表中的记录个数，以及每条记录中 Cluster ID 的个数都会影响存储介质的使用量。为了防止绑定表记录占用过多的存储空间，读者可以在 f8wConfig.cfg 配置文件中查看和配置 NWK_MAX_BINDING_ENTRIES、MAX_BINDING_CLUSTER_IDS 选项。NWK_MAX_BINDING_ENTRIES 是限制绑定表记录的最大个数，MAX_BINDING_CLUSTER_IDS 是限定每个绑定记录的 Cluster ID 的最大个数。

如果绑定表条目中具有多个目的地址，即一对多绑定，Z-Stack 协议栈将向每个指定的绑定目的地址发送一个数据拷贝。绑定表存放的位置是内存中预先定义的 RAM 块，如果使能 NV_RESTORE 编译选项，绑定表能够保存到非易失性存储介质中。这样，当设备意外复位时，则不需用户重新设置绑定服务，即能恢复到复位前的绑定状态。

2. 建立绑定关系流程

下面介绍 TI 官方例程 Sensor Demo 中绑定关系的建立过程：

如果知道绑定设备的扩展地址，源设备端只需通过应用支持子层绑定函数 APSME_ BindRequest() 便可以在两个设备间的应用层创建绑定。Sensor Demo 例程的绑定模式是属于未知扩展地址的绑定方式。这种模式首先需要欲绑定目标设备处于允许绑定的状态。源设备通过调用函数 zb_BindDevice(…)（扩展地址参数为 NULL）发送针对特定 Cluster ID 的绑定请求，并要求在全网中进行 ZDP 描述符匹配。如果绑定目标设备接收到匹配描述符请求时，将会对匹配描述符请求进行响应。源发送设备接收到目标绑定设备发来的匹配描述符的响应后，如果匹配结果成功，将调用 APSME_BindRequest() 函数向 APS 层请求建立绑定表，并向应用层程序发送绑定确认消息。

（1）目标绑定设备允许绑定

在 Sensor Demo 例程中的目标绑定设备（必须是 Collect 数据收集节点）需要被指定为"Gateway"网关节点，以整个网络中的数据汇聚节点身份向网关或 PC 设备上传数据。应用程序通过按键指定目标绑定设备。

绑定的目标设备通过调用函数 zb_AllowBind() 使目标设备进入允许绑定模式。

```
// 按键触发允许绑定函数
void zb_HandleKeys( uint8 shift, uint8 keys )
{...
      zb_AllowBind( 0xFF );// 允许绑定
...}
// 允许绑定函数
void zb_AllowBind ( uint8 timeout )
{ ...
  if ( timeout == 0 )
  {
      afSetMatch(sapi_epDesc.simpleDesc->EndPoint, FALSE); // 不允许匹配描述符
  }
  else
  { // timeout =0×FF: 表示该设备在任何时间都允许绑定
    afSetMatch(sapi_epDesc.simpleDesc->EndPoint, TRUE);// 允许匹配描述符
  }
}
```

afSetMatch 函数是允许或者禁止设备响应 ZDP 描述符的匹配请求。绑定原理是目标绑定设备发现与请求绑定设备的 ZDP 描述符能够匹配时，才允许这两个设备间创建绑定关系。

（2）请求绑定设备发送绑定请求

绑定操作是使用 Cluster ID 为不同节点上的独立端点建立一个逻辑上的连接。因此，源请求设备通过调用函数 zb_BindDevice () 发送指定 Cluster ID 的绑定请求，建立此 Cluster ID 所在端点的绑定关系。绑定请求要求在整个网中进行 ZDP 描述符匹配。

```
//Z-Stack 操作系统事件处理函数
void zb_HandleOsalEvent( uint16 event )
{...  if ( event & MY_FIND_COLLECTOR_EVT )// 与一个采集节点建立绑定
  {
    zb_BindDevice( TRUE, SENSOR_REPORT_CMD_ID, (uint8 *)NULL );
```

```
    }
}
// 设备请求绑定函数
void zb_BindDevice ( uint8 create, uint16 commandId, uint8 *pDestination )  绑定采
集节点
{...
if ( pDestination )// 在已知扩展地址时，设备间创建绑定关系
{...}
else            // 在未知扩展地址时，设备间创建绑定关系
{// 目的地址设置为广播地址，在整个网络中进行描述符匹配
destination.addr.shortAddr = NWK_BROADCAST_SHORTADDR;
...// 向整个网络发送匹配描述符请求
  ret = ZDP_MatchDescReq( &destination, NWK_BROADCAST_SHORTADDR,
           sapi_epDesc.simpleDesc->AppProfId, 1, &commandId, 0, (cId_t *)NULL, 0 );
   ...}
...}
```

ZDP_MatchDescReq 函数向整个网络发送 Match_Desc_req 的消息，请求允许绑定的设备匹配 ZDP 描述符。描述符的匹配过程主要是根据 ProfileID 和 ClusterID 进行的。

（3）目标绑定设备处理绑定请求并发送绑定响应

目标绑定设备 ZDO 层会处理一些命令信息。当它接收到传感节点匹配描述符请求时，会对匹配描述符进行响应处理。

```
//ZDApp 任务事件处理函数
UINT16 ZDApp_event_loop( byte task_id, UINT16 events )
{ ...
    ZDApp_ProcessOSALMsg( (osal_event_hdr_t *)msg_ptr );
...}
// ZDApp 信息处理函数
void ZDApp_ProcessOSALMsg( osal_event_hdr_t *msgPtr )
{ switch ( msgPtr->event )
  {
      case AF_INCOMING_MSG_CMD:// 来自 AF 层信息帧，调用信息处理函数
      ZDP_IncomingData( (afIncomingMSGPacket_t *)msgPtr );
      break;
  }
}
// 消息解析函数，并根据消息的 Cluster ID 调用相关处理函数
void ZDP_IncomingData( afIncomingMSGPacket_t *pData )
{...
    typedef struct
  {
    uint16              clusterID; // 消息 Cluster ID
    pfnZDPMsgProcessor  pFn; // 对应的消息处理函数
  } zdpMsgProcItem_t;
   ...
    { Match_Desc_req,        ZDO_ProcessMatchDescReq },
...}

//ZDO 匹配描述符请求处理函数
void ZDO_ProcessMatchDescReq( zdoIncomingMsg_t *inMsg )
{...
  if ( epCnt ) // 找到匹配描述符，响应匹配描述符
  { if (ZSuccess==ZDP_MatchDescRsp(inMsg->TransSeq, &(inMsg->srcAddr), ZDP_S
```

```
UCCESS, ZDAppNwkAddr.addr.shortAddr, epCnt, (uint8 *)ZDOBuildBuf,
inMsg->SecurityUse ) )
    { .... }
}}
```

（4）请求绑定设备对匹配描述符响应结果的处理

源发送设备接收到目标绑定设备发来的匹配描述符的响应后，如果匹配结果成功，将调用 APSME_BindRequest() 函数向 APS 层请求建立绑定表，并向应用层程序发送绑定确认消息。

```
//ZDO 消息处理消息
void SAPI_ProcessZDOMsgs( zdoIncomingMsg_t *inMsg ) {
 switch ( inMsg->clusterID )
  { ...
    case Match_Desc_rsp:// 匹配描述符命令
    // 匹配结果处理函数
    ZDO_ActiveEndpointRsp_t *pRsp = ZDO_ParseEPListRsp( inMsg );
    // 从响应匹配描述符中获取绑定设备的网络地址
    dstAddr.addr.shortAddr = pRsp->nwkAddr;
        .... //APS 建立绑定表
        if ( APSME_BindRequest( sapi_epDesc.simpleDesc->EndPoint,
                sapi_bindInProgress, &dstAddr, pRsp->epList[0] ) == ZSuccess)
        {...}
        // 向应用层程序发送绑定确认消息
        zb_BindConfirm( sapi_bindInProgress, ZB_SUCCESS );
}}
```

## 5.3　TI Z-Stack 网络运行机理

在 Z-Stack 网络运行过程中，如何使用地址进行各个类型通信是在应用层编写代码时必须要理解的。而在应用层编写代码时，读者不必关心数据包的路由，但还是需要知道路由的运行机理，以帮助读者理解协议栈和编写应用程序。

### 5.3.1　网络寻址

与其他通信技术类似，ZigBee 网络寻址也可类比为邮递员投信地址，ZigBee 节点设备相当于信箱，数据包相当于信件。邮递员必须要知道信件发往的地址，才能准确地把信件投往目的信箱。而 ZigBee 网络数据包地址相当于信件上的地址。数据包源地址和目的地址相当于收件人和寄件人地址。物流公司的物流管理就相当于网络层路由管理运行机制。

1. 地址

地址的概念对于通信来说是至关重要的，在 ZigBee 通信中主要使用以下两种地址：

**扩展地址**又称 IEEE 地址、MAC 地址。扩展地址位数为 64 位，由 IEEE 分配，并由设备商固化到设备中。任何 ZigBee 网络设备都具有全球唯一的扩展地址，即该 64 位地址可以唯一地标识设备。在 PAN 网络中，此地址可直接被用于通信。

**短地址**又称网络地址。当设备加入 ZigBee 网络时，从允许其加入的父设备上获取 16 位网络地址，以用于在本地网络中唯一标识设备节点，发送网络数据。短地址位数为 16 位。也就是说，一个 ZigBee 网络理论上最多可以容纳 $2^{16} = 65536$ 个节点。在协调器建立网络后，使用 0×0000 作为自己的短地址。ZigBee 有两种分配方式：一种是随机分配；另一种是分布式分配。在设备需要关联时，由父设备分配16位短地址。设备可以使用16位的短地址在网络中进行通信。不同的 ZigBee 网络可能具有相同的短地址。

就向邮递员投送包裹一样，必须要知道包裹收件人的地址。在 ZigBee 通信中，也需要知道数据包的地址信息。以下是 Z-Stack 中关于地址的定义：

```
typedef struct
{
  union
  {
    uint16     shortAddr;              // 短地址
    ZLongAddr_t extAddr;              // 扩展地址
  } addr;                             // 地址
  afAddrMode_t addrMode;             // 地址模式
  byte endPoint;                      // 端点
  uint16 panId;                       // 用于在多个 PAN 网络间传递数据
} afAddrType_t;
```

ZigBee 通信具有五种通信模式，以下是关于地址模式的定义：

```
typedef enum
{
  afAddrNotPresent   = AddrNotPresent,   // 依照绑定表进行绑定通信
  afAddr16Bit        = Addr16Bit,         // 指定网络地址进行单播传输
  afAddr64Bit        = Addr64Bit,         // 指定 IEEE 地址进行单播通信
  afAddrGroup        = AddrGroup,         // 组播通信
  afAddrBroadcast    = AddrBroadcast     // 广播通信
} afAddrMode_t;
```

Zigbee 通信具有三种数据包传输方式：单点传送（Unicast）、多点传送（Multicast）或者广播传送（Broadcast）。因此所有的数据必须有地址模式参数。一个单点传送数据包的地址模式设为 Addr16Bit，它只发送给一个特定设备。多点传送数据包则要传送给一组设备，当应用程序将数据包发送给网络上的一组设备时，需要建立一个组，并将地址模式设为 AddrGroup，使用组 ID 进行组寻址方式（Group Addressing）。而广播数据包的地址模式设为 AddrBroadcast，其表示要发送给网络中的所有节点设备。

在 ZigBee 设置目标短地址时，需要注意以下几个特殊的地址：

- 0×FFFF：地址模式设为 AddrBroadcast 的广播通信。对网络中所有的设备进行广播，包括睡眠的设备。
- 0×FFFE：地址模式设为 AddrNotPresent。这种传输方式也叫做间接传输。应用层将不指定目标设备地址，而需要读取绑定表中相应目标设备对应的短地址。如果在绑定表中找到一个设备，则数据包被处理成为一个单点传送数据包。如果找到多个绑定设备，则向每个设备发送一个数据包拷贝。
- 0×FFFD：地址模式设为 AddrBroadcast 广播通信。只对活跃的设备进行广播，不包括睡眠设备。
- 0×FFFC：地址模式设为 AddrBroadcast 广播通信。只广播到协调器和路由器。
- 0×0000：地址模式设为 Addr16Bit，只与协调器设备进行通信。
- 0×0000～0×FFFB：地址模式设为 Addr16Bit，与网络中设定的目的地址设备通信。

2. 网络地址分配参数

在设备加入网络后，ZigBee 网络需要为每个设备分配一个唯一的地址。也就是说，需

要保证设备分配的地址不能与网络中其他设备的地址产生冲突，这才能够保证数据包能够发送给一个指定的设备。ZigBee 2006 和 ZigBee 2007 采用分布式地址分配方案，通过与父设备进行通信获得网络地址。ZigBee 2007 PRO 采用随机地址分配方案，对新加入的设备随机分配地址。

每个路由在加入网络之前，需要知道寻址方案，并要配置一些参数。这些参数是 NWK_MAX_DEPTH（最大网络深度）、NWK_MAX_DEVICES（最多设备数）和 NWK_MAX_ROUTERS（最多路由器数）。这些参数是栈配置的一部分，在 Z-Stack 2007 协议栈 NWK/nwk_globals.h 文件中已经规定：

```
// 最大网络深度 MAX_NODE_DEPTH
    #if ( STACK_PROFILE_ID == ZIGBEEPRO_PROFILE )
        #define MAX_NODE_DEPTH        20
        ...
    #elif ( STACK_PROFILE_ID == HOME_CONTROLS )
        #define MAX_NODE_DEPTH         5
        ...
    #elif ( STACK_PROFILE_ID == GENERIC_STAR )
        #define MAX_NODE_DEPTH         5
        ...
    #elif ( STACK_PROFILE_ID == NETWORK_SPECIFIC )
    // 定义"专用网络"协议栈 Profile 的设置
        #define MAX_NODE_DEPTH          5
    ...
    #endif

    // 定义一个设备关联表中的最大设备列表条目数:
    #if !defined( NWK_MAX_DEVICE_LIST )
      #define NWK_MAX_DEVICE_LIST      20
    #endif
    // 与一个设备连接的最大设备数等于最大设备列表条目数加 1
    #define NWK_MAX_DEVICES     ( NWK_MAX_DEVICE_LIST + 1 )
                                        // 为父节点保留的一个设备条目
    // 最大路由器数设置:
    #define NWK_MAX_ROUTERS           6
```

MAX_DEPTH 决定了网络的最大深度，即以协调器为根节点的树的深度。协调器（Coordinator）位于深度 0，它的儿子节点位于深度 1，儿子的儿子节点位于深度 2，以此类推。NWK_MAX_DEPTH 参数限制了网络在物理上的长度。

Z-Stack 2007 没有关于 ZigBee 2006 的 MAX_CHILDREN（最大孩子数）的定义。MAX_CHILDREN 决定了一个路由器（Router）或者一个协调器可以处理的儿子节点的最大个数。MAX_CHILDREN 和网络关联表条目最大数（NWK_MAX_DEVICE_LIST）一致，这是因为每个设备加入它的父节点时会在父设备的关联表中添加一个记录。NWK_MAX_DEVICES 是与一个设备连接的最大设备数，它等于最大孩子节点数加 1。这里的"1"是指父设备节点。

NWK_MAX_ROUTER 决定了一个路由器（Router）或者一个协调器（Coordinator）可以处理的具有路由功能的儿子节点的最大个数。

如果读者想要改变这些值，则表示不再使用标准的栈配置，因此，需要进行网络自定义栈配置（在 NWK/nwk_globals.h 文件中将 STACK_PROFILE_ID 改为 NETWORK_

SPECIFIC），需将 NWK/nwk_globals.h 文件中的 MAX_DEPTH 参数设置为合适的值。

此外，读者还可以改变 NWK/nwk_globals.c 文件中的 CskipRtrs 数组和 Cskipchldrn 数组自定义协议栈配置。CskipRtrs 数组的值依次代表从协调器节点到位于树中最深的节点时，每一层可以拥有的最大路由器数。而 Cskipchldrn 数组依次代表每一层可以拥有的孩子数。具体的算法如下：

```
#if ( STACK_PROFILE_ID == ZIGBEEPRO_PROFILE )
  uint8 CskipRtrs[1] = {0};
  uint8 CskipChldrn[1] = {0};
#elif ( STACK_PROFILE_ID == HOME_CONTROLS )
  uint8 CskipRtrs[MAX_NODE_DEPTH+1] = {6,6,6,6,6,0};
  uint8 CskipChldrn[MAX_NODE_DEPTH+1] = {20,20,20,20,20,0};
#elif ( STACK_PROFILE_ID == GENERIC_STAR )
  uint8 CskipRtrs[MAX_NODE_DEPTH+1] = {5,5,5,5,5,0};
  uint8 CskipChldrn[MAX_NODE_DEPTH+1] = {5,5,5,5,5,0};
#elif ( STACK_PROFILE_ID == NETWORK_SPECIFIC )
  uint8 CskipRtrs[MAX_NODE_DEPTH+1] = {5,5,5,5,5,0};
  uint8 CskipChldrn[MAX_NODE_DEPTH+1] = {5,5,5,5,5,0};
#endif // STACK_PROFILE_ID
```

**3. 重要地址获取函数**

在实际应用中，需要经常获取自身设备地址和父设备地址。例如，如果需要统计网络中当前已经存在的节点和向指定的节点发送数据，那么必须要记录节点的地址，标记节点的存在并向这个地址发送数据。如果知道自身地址和父设备地址，就可以知道树状网络中的连接关系，并在 PC、平板、手机设备上画出网络中设备的拓扑结构图。

下面是获取本设备地址的函数：

NLME_GetShortAddr()：返回本设备的 16 位网络地址。

NLME_GetExtAddr()：返回本设备的 64 位扩展地址。

下面是获取设备父亲设备地址的函数：

NLME_GetCoordShortAddr()：返回父亲设备的 16 位网络地址。

NLME_GetCoordExtAddr()：返回父亲设备的 64 位扩展地址。

### 5.3.2 路由机制

路由是 ZigBee 协议栈最核心的机制。ZigBee 路由机制主要包括路由发现，路径保护和维护，路径期满。路由发现是指 ZigBee 寻找网络中两个设备之间的数据传递链路。当路由设备寻找到特定设备的路径时，需要在存储介质 Flash 中存储该路径，因此会涉及路由保护的机制。当某条路径断开时，ZigBee 需要进行路由修复，即路由维护。但是，单片机中的存储资源有限，则需要删除过期的路径，这就涉及路径期满机制。

路由机制对于应用层来说是透明的，用户不需要关心路由机制是如何实现的，应用开发者在应用层指定要发送设备的地址和欲发送的数据，而具体路径寻找和是否采用多跳方式由网络层路由机制来实现。在 Z-Stack 中关于路由的代码被封装到库中。因此，用户不可能修改这部分代码。当然读者在协议栈不熟悉的情况下，编者也不建议修改底层协议栈代码，这可能会导致协议栈工作不稳定。但是，读者还是需要知道路由的运行机理，以帮助理解协议栈和编写应用程序。

ZigBee 依靠的路由算法采用的是 AODV（Ad hoc On Demand Distance Vector）算法。

每个路由器维护一张路由表，并定期与其邻居路由器交换路由信息。ZigBee 路由协议有助于处理无线传感器网络中的移动节点、节点连接失败和数据包丢失等情形。

ZigBee 路由还具有自愈功能。自愈功能是指如果在到达某个设备的路径上出现故障，信息不能够及时传送，路由功能就会自动寻找一条到达目的设备的新路径。这是 ZigBee 网络保证可靠性的一个非常重要的特性。

当一个具有路由功能的设备接收到一个自身应用程序或其他设备发送的数据包，设备的网络层将会发送或者中继该数据包。如果目标设备在该设备的邻居表中，则直接将数据包传送给目标设备。否则，该设备将检索其路由表中与目标设备地址相符合的路由记录。如果存在，该设备则将数据包发送给路由表记录中的下一跳地址。如果不存在，该设备将寻找目标设备路径。在路径寻找结束前，数据包将存储在缓冲区中。

ZigBee 终端设备不具有路由功能。终端设备向任何一个设备发送数据包须将数据发送到其父设备节点，并由其父设备执行数据路由。如果要给终端节点发送数据，ZigBee 设备需要发起路由寻找，由终端设备的父节点进行路由回应。这有点类似于 TCP/IP 通信中的 NAT 技术，将内部网络地址转换到互联网公网地址上。对于互联网上的主机，只能看见内部网络 NAT 主机（相当于终端节点的父设备）的 IP 地址，不能看见内部网络主机（相当于终端设备）的私有地址。内部网络的主机在发送数据时，需将内部地址转换成 NAT 主机的外部地址，在接收数据时，再转换成内部网络地址，最后发送到内部网络主机。

1. 路由发现

ZigBee 网络中的路由概念与传统网络 TCP/IP 路由机制类似，互联的网络设备一般不能直接经过一跳距离到达目的设备，而需要寻找到达特定目的地址设备的路径。路由发现由路由设备发起，它能够寻找到到达特定目标设备的所有路径，并在这些路径中选择最好的路径。发现是网络设备凭借网络相互协作发现和建立路径的一个过程。路由发现可以由任意一个路由设备发起，并且对某个特定的目标设备一直执行。路由发现机制寻找源地址和目标地址之间的所有路径，并且试图选择最好的路径。

选择最好的路径依据就是寻找到拥有最小路径成本的路径。每一个节点和它的所有邻接节点具有一个"连接成本（Link Costs）"。为计算这个度量，ZigBee 协议定义每个路径的链路度量——链路成本，通常链路成本的典型计算函数是接收到的信号强度或一段时间内接收到的数据帧数。沿着特定的路径，则可求出这条路径上所有连接的链路成本总和，即整个路径上的"路径成本"。ZigBee 协议选择具有最小路径成本的路径，这有点类似于江河中的水流总是流向水位较低的河流分支。

路径创建是通过一系列的请求和回复路由数据包来实现的。源设备首先向它所有的邻接节点广播一个路由请求（RREQ）数据包，用来请求发现到达一个目标设备地址的路径。一个节点接收到 RREQ 数据包之后，如果不是目标设备，它将转发这个 RREQ 数据包。在转发之前，需要加上与上一跳节点最新的链路成本，然后更新 RREQ 数据包中的连接成本值。这样，沿着所有 RREQ 数据通过的链路，RREQ 数据包就会携带着链接成本的总和。通过不同的路由器转发，多个 RREQ 副本都将到达目标设备。目标设备选择最好的（即最小连接成本）RREQ 数据包，然后，向源设备发回一个路径答复数据包（RREP）。RREP 数据包会沿着 RREQ 数据包到达的相反路径，传送到源路由请求设备中。

在到达特定目的节点的路径被创建后，源设备就可以向目标设备发送数据包了。如果一个节点与它下一跳相邻节点失去了连接，即节点发送数据包后，没有收到相邻设备发回的确认帧，该节点则向所有上行设备中等待接收 RREQ 数据包的节点发送一个 RERR 路由出错命令数据包，将这条路径标记为无效。各个节点根据收到的数据包 RREQ、RREP 或者 RERR 来更新路由表。

### 2. 路由维护

路由维护主要是针对网状网络而言的。网状网络提供路径维护和网络自愈功能。当网状网络中间节点的一条链路或设备失败时，上行设备将启动路由修复程序。节点发起重新发现直到下一次数据包到达该节点，标志路径修复完成。如果上行设备缺乏路由能力或受其他的限制不能进行路由修复，则设备将向源设备发送路由错误命令（RERR），以指明链路失败的原因。需要注意的是：由于修复操作涉及整个网络，可能导致网络通信中断，因此，不能经常对路由进行修复。

建立的路径记录将被存储在路由表中，但是为了防止路由表条目数量过大，占据有限的存储空间资源，需要标记并删除过期的路径。所谓路径过期是：在一定的时间周期内，这条路径上没有数据发送。过期的路径不会立即被删除，它会等到所占用的空间要被再次使用为止。路径过期时间可以在 f8wConfig.cfg 配置文件中配置 ROUTE_EXPIRY_TIME 时间来完成，单位为秒。如果该选项设置为 0，则表示关闭路由过期功能。

### 3. 路由发现表

路由设备致力于路由发现和路由维护。路由发现表用来保存路由发现过程中的临时信息。这些信息只存在于路由发现操作期间。一旦某个记录到期，则它可以被另一个路由发现过程使用。路由发现最大数量值是指可以并发执行的路由发现的最大个数，其可以通过在 f8wConfig.cfg 文件中配置 MAX_ RREQ_ENTRIES 选项来完成。Z-Stack 路由发现表和路由表格式定义可参见本书的附录 B 部分。

# 第 6 章 基于 TI Z-Stack 2007/Pro 的应用实践

本章主要介绍基于 Z-Stack 2007/Pro 协议栈的应用实验。编者根据无线工控网络系统 ZigBee 网络的实现，从不同方面介绍几个具有典型代表性的 Z-Stack 实验，相信读者在学完本章之后，会对 Z-Stack 协议栈有一个更深层次的理解。

本书的实验章节分为四个部分：实验目的与器材、实验原理与步骤、实验结果和实验问题。实验的源代码放在随书赠送的光盘里，读者可以根据自己的需求进行修改。

## 6.1 创建 ZigBee 协议栈工程

"九层之台，起于垒土"，Z-Stack 已经为读者打好地基并搭建了主体框架，且通信标准中对应的各层协议已经基本实现。读者需要做的是画好实际应用蓝图，在应用层上"添砖加瓦"而已。

"工欲善其事，必先利其器"，这里的"器"指的是编者前几章所讲述的无线通信标准理论知识，硬件（射频芯片、模块等），软件开发工具（IAR、Packet Sniffer 等），还有 Z-Stack 协议栈运行流程及其与应用层间的调用关系。

下面的实验讲述怎样创建自己的工程，添加任务，并完成简单事件的处理。该实验的功能是：在一个 ZigBee 网络中，实现由协调器节点建立网络，之后路由节点和终端节点打开并加入该网络的目的。编者将这个项目名字设置为 MyAppXD。

1. 实验目的与器材

（1）实验目的

- 学习如何利用 Z-Stack 2007/Pro 创建自己的工程。
- 学习如何添加自己的任务并编写处理事件。
- 加深对 Z-Stack 2007/Pro 协议栈流程的认识。
- 了解 ZigBee 协议规范在 Z-Stack 中的体现。

（2）实验器材

- 3 个 CC2530 开发套件（1 个协调器套件，1 个路由器套件和 1 个终端套件）。
- PC 电脑一台。

● 协议栈开发环境：IAR 7.51A。

2. 实验原理与步骤

（1）实验原理

1）OSAL 任务分配机制。

ZigBee 协议栈应用框架包含了最多 240 个应用程序对象，也就是说，最多可以创建 240 个端点（Endpoint）。如果编者把一个应用程序对象比作一个任务的话，应用程序框架将包含一个支持多任务的资源分配机制。当网络层接收到信息以后，如何决定将此信息传递给哪个任务。此时，端点决定了信息的传递方向，即端点和 TCP/IP 协议中的端口具有相似的作用。Z-Stack 中的 OSAL 机制正是为了实现多任务的系统资源管理。OSAL 实现了类似操作系统的某些功能，但与标准操作系统还有很大的区别。OSAL 处理任务的管理分配机制如图 6-1 所示。

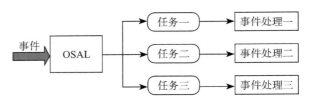

图 6-1　OSAL 处理任务的管理分配机制

在 Z-Stack 协议栈中，有三种方式用来处理事件：轮询、中断和任务。轮询与中断在单片机编程中经常使用，在这里不再详述。任务概念存在于操作系统中，以任务的方式处理事件就需要在一个事件产生时添加任务，在任务处理完毕时移除任务，并能够处理任务切换。在 Z-Stack 协议栈中，tasksEvents 是一个标志任务是否存在的变量，即用来指向每个任务中存储的事件的指针。当读者需要添加任务时，通过调用 osal_set_event() 函数设置 tasksEvents 对应的掩码，在任务处理完成时，读者还需要把对应的掩码清零。在 Z-Stack 协议栈中，一个任务在处理过程中是不可以被中断的。因此，OSAL 必须要等到前一个任务处理完毕后，才能够执行任务切换，并且此时没有更高优先级的任务。而任务的优先级是由数组 tasksArr[] 的成员顺序决定的，tasksArr 数组保存了当前应用程序中所有的任务处理函数。且每个任务都只有在调用 osal_set_event() 函数之后才能够得到处理。

值得注意的是，任务和事件是不同的概念。任务和中断、轮询一样，是处理事件的一种方式。而且对于协议栈来说，当发生了何种事件，OSAL 通过调度协议栈相应层的任务，即事件处理函数来进行处理。通常是先定义事件，然后注册一个与事件对应的任务。

2）定义事件的独热码。

在 Z-Stack 协议中，定义一个事件是用宏来标识的。而且，为了容易区别不同的事件，事件用独热码来表示。独热码，在英文文献中称为 "One-hot Code"，直观来说，即有多少个状态就有多少比特，而且只有一个比特为 1，其他全为 0 的一种码制。通常，在通信网络协议栈中，可使用 8 位或者 16 位状态的独热码，且系统占用其中一个状态码，余下的可以供用户使用。如下面定义的几个事件：

```
#define MY_REPORT_TEMP_EVT          0x0002    // 报告片内温度信息
#define MY_REPORT_BATT_EVT          0x0004    // 报告片内电池信息
#define MY_FIND_COLLECTOR_EVT       0x0008    // 查找协调器节点
#define MY_REPORT_ADC_EVT           0x0010    // 报告 ADC 采样信息
```

上面定义的四个事件就是独热码的方式。任意两个事件之间进行的与运算结果全是 0。如果不是零的话，那么执行的时候就会有重复执行的问题。

　　3）消息队列。

　　在协议栈中，事件与消息的联系具有包含与被包含的关系。事件是驱动任务去执行某些操作的条件。当系统产生了一个事件，并将这个事件传递给相应的任务后，任务才能执行相应的操作。另外，有些任务的事件处理函数还需要参考对应事件产生的附加信息。如按键消息会同时产生哪一个按键被按下的附加信息。在 OnBoard_SendKeys 系统处理函数中，不仅需要向应用程序发送事件，还需要调用 osal_msg_send 系统函数发送一个记录按键的附加消息。本节中 MyAppXD_ProcessEvent 自定义函数会获取这样一个消息，然后再进一步进行消息处理，最后通过 KEY_CHANGE 事件处理函数响应按键内容。

　　OSAL 在后台维护了一个消息队列，每一个消息都会被放到这个消息队列中去，当任务接收到事件以后，从消息队列中主动获取属于自己的消息，然后进行处理。

　　（2）新建自己的工程

　　1）建立空工程。

　　通过本节的学习，读者将拥有一个属于自己的工程。

　　找到 GenericApp 工程的文件夹，复制此文件夹并且重命名为 MyAppXD。删除 Source 目录下的所有文件，然后手动建立如下几个文件：

　　MyAppXD.h：定义应用程序全局宏。

　　MyAppXDCoordManage.c：协调器代码。

　　MyAppXDCoordManage.h：协调器宏定义。

　　OSAL_MyAppXDCoord.c：协调器应用框架代码。

　　MyAppXDRouterManage.c：路由器代码。

　　MyAppXDRouterManage.h：路由器宏定义。

　　OSAL_MyAppXDRouter.c：路由器应用框架代码。

　　MyAppXDEndDeviceManage.c：终端代码。

　　MyAppXDEndDeviceManage.h：终端宏定义。

　　OSAL_MyAppXDEndDevice.c：终端应用框架代码。

　　进入 CC2530DB 目录，分别将 GenericApp.ewp 和 GenericApp.eww 重命名为 MyAppXD.ewp 和 MyAppXD.eww，该目录下的其余文件全部删除。使用记事本打开这两个文件，并将里面所有的 GenericApp 都改为 MyAppXD。读者也可以使用查找替换功能来解决。

　　2）修改 MyAppXD.eww 和 MyAppXD.ewp。

　　这两个文件都是 XML 格式的文本文件，可以用记事本等工具打开修改，编者使用的是 UltraEdit 工具，它支持 XML 语言高亮显示和折叠功能。

　　修改 MyAppXD.eww 文件，配置结构如下：

```
<member>
  <project>MyAppXD</project>
  <configuration>CoordinatorEB</configuration>
</member>
<member>
  <project>MyAppXD</project>
  <configuration>RouterEB</configuration>
</member>
<member>
  <project>MyAppXD</project>
```

```
    <configuration>EndDeviceEB</configuration>
  </member>
  <member>
    <project>MyAppXD</project>
    <configuration>CoordinatorEB-Pro</configuration>
  </member>
```

每个 member 下是相应的 project 及相关设置，删除某些 member 段，只留下带有 -pro 的 member 段。配置如下所示：

```
  <member>
    <project>MyAppXD</project>
    <configuration>CoordinatorEB-Pro</configuration>
  </member>
  <member>
    <project>MyAppXD</project>
    <configuration>EndDeviceEB-Pro</configuration>
  </member>
  <member>
    <project>MyAppXD</project>
    <configuration>RouterEB-Pro</configuration>
  </member>
```

修改 MyAppXD.ewp 文件。在这个文件里放的是每种类型 ZigBee 设备对应的所要编译的文件，也就是工程目录。比如 CoordinatorEB-Pro 工程对应的至少会有 MyAppXD-CoordManage.c、MyAppXDCoordManage.h 和 OSAL_MyAppXDCoord.c 文件，而不会有 MyAppXDRouterManage.c 和 MyAppXDEndDeviceManage.c 等文件。里面的配置格式如下：

```
  <configuration>
      工程名称、设备选项等信息
  </configuration>
  ......
  <group>
      每个文件对应的工程关联关系
  </group>
```

删除某些 < configuration > 段，留下带有 <name> 的 CoordinatorEB-Pro、RouterEB-Pro 和 EndDeviceEB-Pro 的 <configuration> 段。

编者主要更改了应用层的配置。找到 <group> 段里是 <name>App</name> 的代码并修改为如下的代码。其中 <file> 段是编者新加入的文件，<excluded> 段是在工程中去掉的不需要编译的文件。经过修改之后，配置为如下内容：

```
  <group>
      <name>App</name>
      <file>
        <name>$PROJ_DIR$\..\Source\MyAppXD.h</name>
      </file>
      <file>
        <name>$PROJ_DIR$\..\Source\MyAppXDCoordManage.c</name>
        <excluded>
          <configuration>RouterEB-Pro</configuration>
          <configuration>EndDeviceEB-Pro</configuration>
        </excluded>
      </file>
```

```xml
    <file>
      <name>$PROJ_DIR$\..\Source\MyAppXDCoordManage.h</name>
      <excluded>
        <configuration>RouterEB-Pro</configuration>
        <configuration>EndDeviceEB-Pro</configuration>
      </excluded>
    </file>
    <file>
      <name>$PROJ_DIR$\..\Source\MyAppXDEndDeviceManage.c</name>
      <excluded>
        <configuration>CoordinatorEB-Pro</configuration>
        <configuration>RouterEB-Pro</configuration>
      </excluded>
    </file>
    <file>
      <name>$PROJ_DIR$\..\Source\MyAppXDEndDeviceManage.h</name>
      <excluded>
        <configuration>CoordinatorEB-Pro</configuration>
        <configuration>RouterEB-Pro</configuration>
      </excluded>
    </file>
    <file>
      <name>$PROJ_DIR$\..\Source\MyAppXDRouterManage.c</name>
      <excluded>
        <configuration>CoordinatorEB-Pro</configuration>
        <configuration>EndDeviceEB-Pro</configuration>
      </excluded>
    </file>
    <file>
      <name>$PROJ_DIR$\..\Source\MyAppXDRouterManage.h</name>
      <excluded>
        <configuration>CoordinatorEB-Pro</configuration>
        <configuration>EndDeviceEB-Pro</configuration>
      </excluded>
    </file>
    <file>
      <name>$PROJ_DIR$\..\Source\OSAL_MyAppXDCoord.c</name>
      <excluded>
        <configuration>RouterEB-Pro</configuration>
        <configuration>EndDeviceEB-Pro</configuration>
      </excluded>
    </file>
    <file>
      <name>$PROJ_DIR$\..\Source\OSAL_MyAppXDEndDevice.c</name>
      <excluded>
        <configuration>CoordinatorEB-Pro</configuration>
        <configuration>RouterEB-Pro</configuration>
      </excluded>
    </file>
    <file>
      <name>$PROJ_DIR$\..\Source\OSAL_MyAppXDRouter.c</name>
      <excluded>
        <configuration>CoordinatorEB-Pro</configuration>
        <configuration>EndDeviceEB-Pro</configuration>
      </excluded>
    </file>
</group>
```

如此，一个空的工程就建立好了。用 IAR 打开 MyAppXD.eww 文件，则可以看到一个全新的工程，不过 App 层没有代码。

新建的空工程如图 6-2 所示，App 文件夹下有些文件图标为花色，其表示该文件属于当前工程，在编译的时候编译器包含该文件；如果文件图标为白色，则表示该文件不属于当前工程。文件的右侧有红色星号，表示该文件尚未编译，编译之后红星就会消失了。

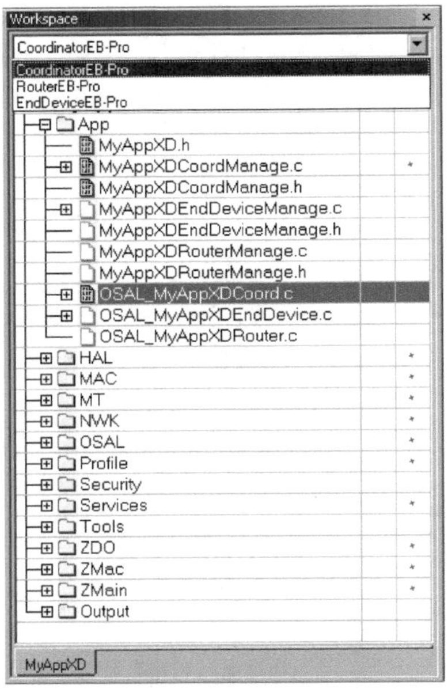

（3）添加自己的应用程序

OSAL 能够支持多任务。编者在应用程序中设计两个任务：第一个任务是在应用层上管理网络节点；第二个任务是编者来做一些简单的操作。

编者需要在 OSAL 框架基础上添加自己的任务处理函数。

1）添加代码。

打开"OSAL_MyAppXDCoord.c"文件，添加如下代码：

图 6-2　新建的空工程

```
const pTaskEventHandlerFn tasksArr[] = {
  macEventLoop,
  nwk_event_loop,
 Hal_ProcessEvent,
#if defined( MT_TASK )
  MT_ProcessEvent,
#endif
  APS_event_loop,
#if defined ( ZIGBEE_FRAGMENTATION )
  APSF_ProcessEvent,
#endif
  ZDApp_event_loop,
#if defined ( ZIGBEE_FREQ_AGILITY ) || defined ( ZIGBEE_PANID_CONFLICT )
  ZDNwkMgr_event_loop,
#endif
  MyAppXDCoordManage_ProcessEvent
};
const uint8 tasksCnt = sizeof( tasksArr ) / sizeof( tasksArr[0] );
uint16 *tasksEvents;
typedef unsigned short (*pTaskEventHandlerFn)(unsigned char task_id,unsigned
short event);
```

tasksArr 和 tasksEvents 是 OSAL 中两个重要的全局变量。tasksArr 保存了最终分别指向各任务事件的处理函数。每个任务都只有一个对应的任务处理函数。也就是说，事件处理函数标识了与其对应的任务。当某个任务的事件发生时，系统将会调用该任务处理函数。tasksArr 存放着任务，数组中的元素顺序是从系统底层到上层的次序。数组的每个成员都是一个指向 pTaskEventHandlerFn 函数的指针。它包含两个参数：一个是任务 ID（任务 ID 是 OSAL 分配的任务号）；另一个是事件 ID（事件是系统或用户定义的事件）。tasksEvents 是一个指向数组的指针，此数组保存了当前任务的状态。tasksEvents 初始值为 0，其代表当前任务没有需要响应的事件。当某个任务接收到某个事件时，对应的位会置 1，其代表此任务有事件需要响应。由于任务的数量不确定，因此，tasksEvents 空间是动态分配的。tasksCnt 变量保存了当前的任务个数。

2）设计应用程序的任务初始化函数。

在 OSAL_ MyAppXDCoord.c 中添加如下函数：

```
void osalInitTasks( void )
{
  uint8 taskID = 0;

  tasksEvents = (uint16 *)osal_mem_alloc( sizeof( uint16 ) * tasksCnt);// 分配空间
  osal_memset( tasksEvents, 0, (sizeof( uint16 ) * tasksCnt));          // 初始化为 0

  macTaskInit( taskID++ );
  nwk_init( taskID++ );
  Hal_Init( taskID++ );
#if defined( MT_TASK )
  MT_TaskInit( taskID++ );
#endif
  APS_Init( taskID++ );
#if defined ( ZIGBEE_FRAGMENTATION )
  APSF_Init( taskID++ );
#endif
  ZDApp_Init( taskID++ );
#if defined ( ZIGBEE_FREQ_AGILITY ) || defined ( ZIGBEE_PANID_CONFLICT )
  ZDNwkMgr_Init( taskID++ );
#endif
  MyAppXDCoordManage_Init( taskID );
}
```

tasksEvents 是一个指针变量，它指向存放着各任务的足够大的分配存储空间。在初始化时，由 osal_memset() 将其初始化为 0。然后，系统调用任务初始化函数，依次递增地分配任务 ID。需要注意的是：tasksArr 数组里面各任务事件处理程序的排列顺序必须要与 osalInitTasks 所调用任务初始化函数的顺序一致。为了保证协议栈的正常运行，OSAL 已经给各层分配了很多任务。到此为止，应用程序框架已经完成。读者还需要添加自定义任务，并实现功能。

（4）添加任务

读者添加需实现的基本功能是管理网络上节点的任务，主要过程如下。

打开 MyAppXDCoordManage.c 源文件，添加如下代码：

```
byte MyAppXDCoordManage_TaskID;
void MyAppXDCoordManage_Init( byte task_id )
{
    MyAppXDCoordManage_TaskID = task_id;
}
UINT16 MyAppXDCoordManage_ProcessEvent( byte task_id, UINT16 events )
{
    return 0;
}
```

TaskID 是操作系统的一个事件轮询变量。在任务初始化函数中，读者仅仅将分配给任务的 ID 保存下来。在事件处理函数中，读者暂时不执行任何操作。返回 0 代表所有的事件已经处理完毕。简单回顾一下，读者在 tasksArr 数组里面加入 MyAppXDCoordManage_ProcessEvent 这个事件处理函数，然后在 osalInitTasks 函数中调用任务的初始化函数。当接收到数据后，读者需要对数据包进行提取。这里读者可来思考一下这个到来的消息包的格式，afIncomingMSGPacket_t 是一个结构体，代码如下所示：

```
typedef struct
{
    osal_event_hdr_t hdr;           // 消息头部
    uint16 groupId;                 // 消息的组 ID
    uint16 clusterId;               // 消息的簇 ID
    afAddrType_t srcAddr;           // 源地址
    uint16 macDestAddr;             //MAC 帧头的目的短地址
    uint8 endPoint;                 // 目的端点号
    uint8 wasBroadcast;             // 如果为真，那么目的地址为广播地址
    uint8 LinkQuality;              // 接收数据帧的链路质量
    uint8 correlation;              // 接收数据帧的原始相关值
    int8 rssi;                      // 信号强度指示，单位为 dBm
    uint8 SecurityUse;              // 不再使用
    uint32 timestamp;               //MAC 层中收到的时间戳
    afMSGCommandFormat_t cmd;       // 应用层数据
} afIncomingMSGPacket_t;
```

在本实验中，协调器的主要功能是建立网络并等待其他节点的加入，待其加入成功之后，节点之间相互发送数据。LED1 与路由器的 LED2 保持同步闪烁，但终端节点的 LED3 的闪烁有些延迟。路由器和终端则负责寻找合适的网络并加入，加入成功之后，节点之间相互发送数据，LED 灯进行同步闪烁。因此这三种节点的应用层代码比较类似，这里只列出协调器的部分代码，更多代码可以在本书的光盘中找到。同时读者第一个任务的添加到此就完成了。

（5）实验步骤

第一步：打开协调器节点，建立网络，此时 LED1 闪烁，LED2、LED3 和 LED4 保持一直亮。

第二步：打开路由器节点，让路由器节点加入网络，此时该路由器的 LED2 与协调器的 lED1 在同时闪烁，路由器的 LED1、LED3 和 LED4 保持一直亮。

第三步：打开终端节点，终端节点加入网络，此时该终端节点的 LED3 与协调器的 lED1 以及路由器的 LED2 在同时闪烁，该终端节点的 LED1、LED2 和 LED4 保持一直亮。

（6）程序清单

1）协调器节点的处理事件函数清单如下：

```
/********************************************************
 * 函数名       MyAppXDCoordManage_ProcessEvent
 * 描述         协调器节点的任务事件处理函数
 * 参数         task_id: OSAL 分配的任务号；events: 事件类型，其包括消息、按键以及自定义事件。
 *              系统有自己的事件，用户也可以自定义事件
 * 返回值       空
 ********************************************************/

UINT16 MyAppXDCoordManage_ProcessEvent( byte task_id, UINT16 events )
{
    if ( events & SYS_EVENT_MSG )
```

```
    {
      afIncomingMSGPacket_t *MSGpkt;            // 将要到来的消息包
      MSGpkt = (afIncomingMSGPacket_t *)osal_msg_receive( MyAppXDCoordManage_Task
ID ); // 调用系统函数，接收消息包
      while ( MSGpkt )
      {
        switch ( MSGpkt->hdr.event )
        {
          // 按键处理事件
          case KEY_CHANGE:
            MyAppXDCoordManage_HandleKeys(((keyChange_t *)MSGpkt)->keys );
            break;
          // 网络类型改变事件
          case ZDO_STATE_CHANGE:
            MyAppXDCoordManage_NwkState = (devStates_t)MSGpkt->hdr.status;
            if ( MyAppXDCoordManage_NwkState == DEV_ZB_COORD )
            {
              // 设置 LED1 灯灭、LED2 灯亮、LED3 灯亮
              HalLedSet ( HAL_LED_1, HAL_LED_MODE_OFF );
              HalLedSet ( HAL_LED_2, HAL_LED_MODE_ON );
              HalLedSet ( HAL_LED_3, HAL_LED_MODE_ON );
              MyAppXDCoordManage_ProcessZDOStateChange((devStates_t)MSGpkt->hdr.status);
            }
            break;
          // 消息到来响应事件
        case AF_INCOMING_MSG_CMD:
            MyAppXDCoordManage_ProcessMSGData( MSGpkt );
            break;
          default:
            break;
        }
        osal_msg_deallocate( (uint8 *)MSGpkt );// 释放消息空间
        MSGpkt = (afIncomingMSGPacket_t *)osal_msg_receive( MyAppXDCoordManage_TaskID
);
      }
      return (events ^ SYS_EVENT_MSG);
    }
    // 自定义事件，用于完成整个网络的消息广播
    if ( events & MYAPPXDCOORDMANAGE_STATEASK_EVNET )
    {
      MyAppXDCoordManage_ProcessStateAsk();
    }
    return 0;
  }
```

2）协调器节点的消息类型处理函数清单（一）如下：

```
/***********************************************************************
 * 函数名        MyAppXDCoordManage_ProcessMSGData
 * 描述          协调器节点的消息类型处理函数
 * 参数          *msg: 收到的消息指针变量
 * 返回值        空
 ***********************************************************************/
void MyAppXDCoordManage_ProcessMSGData( afIncomingMSGPacket_t *msg )
{
  switch ( msg->clusterId )
```

```
      {
        case MYAPPXDMANAGE_REGISTER://管理协调器的子节点，并向这些节点发送关联消息
          MyAppXDCoordManage_ProcessRegisterCMD(msg);
          break;
      case MYAPPXDMANAGE_STATEASK:   // 保存子节点的网络地址
          MyAppXDCoordManage_ProcessStateAskCMD(msg);
          break;
      default:
        break;
      }
}
```

3）协调器节点的消息类型处理函数清单（二）如下：

```
/******************************************************************
 * 函数名        MyAppXDCoordManage_ProcessStateAskCMD
 * 描述          协调器节点的消息类型处理函数
 * 参数          *msg: 收到的消息指针变量
 * 返回值        空
 ******************************************************************/

void MyAppXDCoordManage_ProcessStateAskCMD(afIncomingMSGPacket_t *msg)
{
    NodeList[(msg->cmd.Data[0])-1] = msg->srcAddr.addr.shortAddr;// 保存关联表中的网
络地址
}
```

4）管理协调器的子节点，并向这些节点发送关联消息的函数清单：

```
/******************************************************************
 * 函数名        MyAppXDCoordManage_ProcessRegisterCMD
 * 描述          协调器节点的消息类型处理函数
 * 参数          *msg: 收到的消息指针变量
 * 返回值        空
 ******************************************************************/
void MyAppXDCoordManage_ProcessRegisterCMD(afIncomingMSGPacket_t *msg)
{
    RegisterReply_t cmd;
    afAddrType_t add;               // 发送函数里面的目的地址
    add.addr.shortAddr=msg->srcAddr.addr.shortAddr;
    add.addrMode=afAddr16Bit;// 地址类型为网络短地址，区别于 MAC 地址
    add.endPoint=MYAPPXDMANAGE_ENDPOINT;
    cmd.RegisterCMD = MYAPPXDMANAGE_REGISTER_REFUSE;
    cmd.NodeID = 0;

    RegisterRequest_t *recv = (RegisterRequest_t *)msg->cmd.Data;

    if(  recv->RegisterCMD==MYAPPXDMANAGE_REGISTER_REQUEST)
    {
      for(int i=0;i<= MAX_NODES-1;i++)
      {
        if(NodeList[i]==0x0000)    // 找到协调器节点，然后注册子节点信息
        {
          NodeList[i]=msg->srcAddr.addr.shortAddr;
          cmd.RegisterCMD = MYAPPXDMANAGE_REGISTER_CONFIRM;
          cmd.NodeID = i+1;
```

```
            HalLedSet ( HAL_LED_3, HAL_LED_MODE_BLINK );
            break;
        }
    }
    // 数据发送函数
    AF_DataRequest(&add,// 目的地址指针
                    &MyAppXDCoordManage_epDesc,// 发送的端点描述符指针
                    MYAPPXDMANAGE_REGISTER,// 簇 ID, 这里表示注册 ID
                    sizeof(RegisterReply_t),// 要发送的数据字节长度
                    (byte *)&cmd,// 要发送的数据缓冲区指针
                    &MyAppXDCoordManage_TransID,// 执行序号指针
                    AF_DISCV_ROUTE, // 发送选项, 这里表示不需要回复
                    AF_DEFAULT_RADIUS );// 网络发送的跳数
    }
}
```

3. 实验结果

TI 提供的 Packet Sniffer 抓包工具能够帮助读者学习和分析 ZigBee 协议栈, 但每次只能抓取一个特定信道的数据包。本节介绍一款支持多信道的专业分析仪 Perytons[129]。该分析仪大小形状和 U 盘一般, 采用信息检索、比较、数据统计及其他分析功能, 能够绘制网络拓扑结构、分析数据包和节点设备信息, 监控和帮助用户识别网络运行中的异常错误信息并及时警报。

该分析仪较 Packet Sniffer 突出的功能是: 能够全面分析 IEEE802.15.4/ZigBee/6LoWPAN 协议; 网络同时采集 2.4GHz 频段的 16 个信道, 并能够显示每个信道的信噪比, 同时能够判断出多信道网络中干扰源的类型; 支持 IEEE 802.15.4 网络的被动和主动扫描, 显示超帧结构中的竞争访问时段 (CAP), 传输保障时隙 (GTS) 等信息。

读者利用该分析仪对本节实验进行数据测试分析, 并通过它能够观察到 ZigBee 网络中的数据包内容、网络拓扑、节点设备信息和数据通信量。

通过该分析仪抓取的网络数据包内容 (见图 6-3), 读者能够看到节点间发送的数据包负载、节点网络地址、RSSI 信号值等信息。

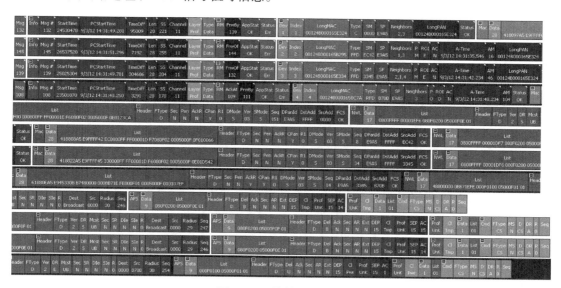

图 6-3　网络数据包内容

通过该分析仪得到的网络拓扑如图 6-4 所示，它是一个典型的网状网络拓扑。最上方的节点为协调器节点，中间的两个为路由器节点，最下方的为终端节点。终端节点的父节点为图中右面的路由器节点。与树状网络不同的是，图中的两个路由器节点也可以互相通信。

网络中的设备信息如图 6-4 和图 6-5 所示，节点 1 的类型为协调器，邻居节点为节点 2、3。长地址为 00124B000165E295（节点 2）的邻居节点索引为 1、3。长地址为 00124B000165E334（节点 3）的邻居节点为节点 2、1、4。节点 1 向节点 2、3 发送数据时，可直接发送。如果要发给终端节点 4，节点 1 必须要先经过节点 3，才能传递到节点 4。图中还有网络 PAN ID（E9A5）、节点短地址、节点类型（协调器、FFD 设备、RFD 设备）等信息。

通过该分析仪得到的网络通信速率如图 6-6 所示，整个网络的数据通信速率为 1 307bps，大约为 1.3 kbps。与 ZigBee 的最大通信速率（250 kbps）

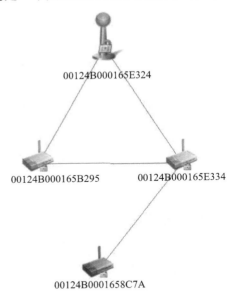

图 6-4　网络拓扑

相比还有一定距离。各层的数据传输速率，网络层数据传输速率最大，因为网络层要维持整个网络的路由、数据转发、收集等工作。相对来说，物理层数据传输速率就要就小一些，因为物理层数据传输只是接收比特流过来，不需做大量处理。

| Index | Network | LongAdd | ShortMAC | ShortPAN | Neighbors | InfoSource | Type | NeighborList |
|---|---|---|---|---|---|---|---|---|
| 1 | 1 | 00124B000165E324 | 0000 | E9A5 | 2 | Direct ... | Coordinator... | 2,3 |
| 2 | 1 | 00124B000165B295 | EC42 | E9A5 | 2 | Direct ... | FFD ... | 1,3 |
| 3 | 1 | 00124B000165E334 | 3345 | E9A5 | 3 | Direct ... | FFD ... | 2,1,4 |
| 4 | 1 | 00124B0001658C7A | B70B | E9A5 | 1 | Direct ... | RFD | 3 |

图 6-5　网络的设备信息

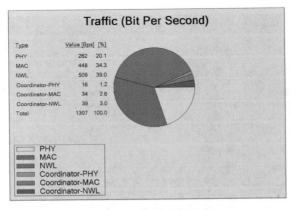

图 6-6　网络的通信速率

4. 实验问题

问题 1：按照实验的方法，请读者添加自己的任务，并使其具备基本的应用程序框架。

问题 2：于该协议栈的一个文件而言，假如它是一个设备的应用程序框架，那么，在该文件中 16 位的事件类型最多可以定义多少种事件？

问题 3：在 Z-Stack 中怎么用代码区分协调器节点、路由器节点和终端节点？

问题 4：在本实验中，用不同的设备区别不同的代码，请问这些文件可以进行合并吗？

问题 5：这种具有 OSAL 类型的事件处理方式高效吗？能否进行改进？

## 6.2 ZigBee 建网和入网

读者在上一节已经实现了一个简单的 ZigBee 网络，而具体组网过程并没有详细阐述。第 2 章的 2.1.2 节和 2.2.1 节在理论上分别从 MAC 层和网络层介绍了网络的建立和运行。关于这些通信标准在 Z-Stack 协议栈中究竟是如何实现的。本实验将通过 SampleApp 这个例子详细介绍 ZigBee 网络组建过程，以及数据在 ZigBee 网络中简单的传输，并利用抓包工具 Packet Sniffer 分析 ZigBee 组网过程。

1. 实验目的与器材

（1）实验目的

- 熟悉 ZigBee 协议的三种设备在建网时所担任的角色。
- 学习 Z-Stack 2007/Pro 协议栈中协调器如何建立网络。
- 学习 Z-Stack 2007/Pro 协议栈中路由和终端如何加入网络。
- 学习 TI 官方提供的抓包工具的应用及协议分析。

（2）实验器材

- 3 个 CC2530 开发套件（1 个协调器模块和两个路由器模块）。
- 1 个用于抓包的 CC2530 开发套件。

2. 实验原理与步骤

（1）硬件介绍

实验中用到的 CC2530 开发套件如实验一的硬件介绍，这里就不再赘述。

（2）实验原理

- **ZigBee 网络设备类型**：ZigBee 网络只支持全功能设备（Full Function Device，FFD）和精简功能设备（Reduced Function Device，RFD）两种设备。ZigBee 标准定义了 ZigBee 协调器（Coordinator）、ZigBee 路由器（Routers）和 ZigBee 终端（End Device）三种节点。所有的 ZigBee 设备都具有连接网络和断开网络的功能。

FFD 设备可充当任何 ZigBee 类型的节点，它不仅能够收发数据，接纳子节点，还具有路由功能。RFD 设备只能充当子节点，只负责将采集数据发送给协调器和路由器节点，不具有路由功能，不能接纳子节点。RFD 设备之间的通信只能通过 FFD 设备进行。

- **组建网络**：组建 ZigBee 网络的内容包括网络初始化和节点加入网络两个步骤。而节点加入网络又有通过协调器加入网络和通过已有节点入网两种方式。

1）初始化网络。

ZigBee 网络的建立过程由协调器发起。节点能够建立网络必须满足：节点是 FFD 节点，具有协调器功能；节点还没有和其他网络连接，一个 PAN 网络中只允许存在一个协调器。

网络初始化流程如图 6-7 所示。其具体说明如下：

**网络协调器选定**：节点上电激活后，首先判断是否为 FFD 节点，即判断其是否具有成为 ZigBee 协调器的功能，接着判断此节点是否已经加入到其他网络。通过主动扫描，节点发送一个信标请求命令，然后设置扫描期限时间，在扫描期内，如果没有检测到信标，那么证明这个 FFD 设备可以建立 ZigBee 网络，并且可以作为网络的协调器不断广播信标。如果检测到信标，它就加入这个协调器设备建立的网络。协调器设备一般是先扫描信道，然后再建立网络。

**信道扫描**：它包括能量扫描和主动扫描。首先，对用户指定的信道或物理层所有默认的信道执行能量扫描，以避免可能存在的干扰。收到能量检测扫描结果后，网络层将以递增的方式对所测的能量值进行信道排序，并且抛弃能量值超出允许的信道。

然后，网络管理实体执行主动扫描。主动扫描将搜索节点通信半径内的网络信息。节点将以网络信标帧的形式接收这些信标帧，然后根据主动扫描返回的信息，找到一个相对较好的信道，即该信道中现有的网络数目最少，且最好不存在 ZigBee 设备。

如果在默认信道列表中仅指明一个信道，节点就不需要执行能量扫描了，而只需执行主动扫描以确定信道号、网络号、网络地址等信息。

**设置网络 ID 和协调器地址**：扫描到合适的信道后，协调器设备将为新网络选择一个 PAN ID，必须保证这个 PAN ID 小于等于 0×3FFF，并且在同一个信道内不能够和其他网络产生 PAN ID 冲突。协调器可以通过监听信道内其他网络，获取一个不会冲突的 PAN ID。读者也可以在配置文件 f8wConfig.cfg 中手动指定一个 PAN ID。

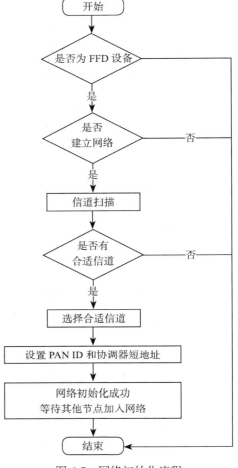

图 6-7　网络初始化流程

16 位短地址用来标识本地网络中的设备。协调器设备将选择使用 0×0000 的短地址。每个设备在加入网络后，其父节点给其分配网络内唯一的短地址并令其使用这个短地址通信。上面步骤完成后，ZigBee 网状网络就完成了初始化工作。协调器就等待其他节点加入网络。

网络层的信道扫描通过 ZStatus_t NLME_EDScanRequest() 函数来执行能量扫描和主动扫描（Z-Stack 网络层没有对应的函数实现），然后，调用 MAC 层的 MAC_MlmeScanReq() 函数执行扫描。实际上，Z-Stack 中有四种扫描方式：

```
/* Scan Type 扫描方式 */
#define MAC_SCAN_ED        0    /* 能量检测扫描。设备将测量每一个信道的能量大小。在
                                    扫描结束时返回信道及其相关测量结果。*/

#define MAC_SCAN_ACTIVE    1    /* 主动扫描。设备将测量每个信道、发送一个信标请求并
                                    且监听信标。在扫描结束时返回 PAN 描述符。*/

#define MAC_SCAN_PASSIVE   2    /* 被动扫描。设备将测量每个信道并监听信标。在扫描结
                                    束时，将返回信道及其相关的测量。*/

#define MAC_SCAN_ORPHAN    3    /* 孤立扫描。设备将测量每个信道并发送一个孤立通知，
                                    试图找到其他协调器。在扫描结束时，返回状态。*/
```

下面介绍建立网络时的原语和函数的对应关系，具体见表 6-1。

表 6-1　建立网络时的原语和函数的对应关系

| 原语 | 函数 | 功能 |
|------|------|------|
| NLME-SCAN.request | ZStatus_t ZStatus_t NLME_EDScanRequest（uint32 ScanChannels, uint8 scanDuration） | 评估并扫描指定的信道中能量高的那一个信道 |
| MLME-SCAN.confirm | void NLME_EDScanConfirm（uint8 status, uint32 scannedChannels, uint8 *energyDetectList）; | 返回信道能量检测列表 |
| NLME-NETWORK-FORMATION.request | ZStatus_t NLME_NetworkFormationRequest（uint16 PanId, uint32 ScanChannels, byte ScanDuration, byte BeaconOrder, byte SuperframeOrder, byte BatteryLifeExtension）; | 新建一个网络，并允许自身成为该网络的协调器 |

这些原语对应的函数，大部分都已经在 Z-Stack 中封装，无法看到其源码。

2）通过协调器入网。

当 ZigBee 协调器确定以后，节点首先需要和协调器建立关联关系，才能加入网络。

FFD 节点上电激活后，会向协调器提出关联请求。协调器收到节点的关联请求后，根据协调器资源和网络配置等情况决定是否允许其关联，然后会响应节点的关联请求。节点必须与协调器建立关联以后，才能够加入网络并进行数据通信。具体的流程如图 6-8 所示。

节点通过协调器入网的流程主要如下：

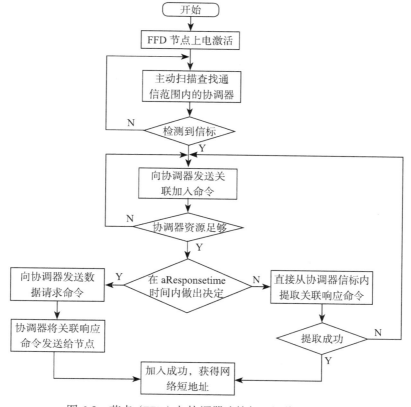

图 6-8　节点（FFD）与协调器连接加入网络的流程图

**寻找网络协调器**：节点首先会执行主动扫描来查找节点通信范围内网络的协调器。如果在扫描期限内检测到信标，节点就会获得包含 PAN ID、信标设备的地址、是否允许连接以及信标净载荷等信息的信标帧，便于节点选择其中的一个网络加入。节点在选择合适的网络后，就向网络中的协调器发送关联请求。

**发送关联请求命令帧**：节点向协调器发送关联请求命令帧。协调器收到请求命令帧后，会立即向请求节点回复一个确认帧，同时向它的上层发送关联指示原语，表示已经收到节点的关联请求。协调器接收到关联指示原语后，将根据自身资源情况决定是否允许请求节点的关联请求，然后响应节点的关联请求。此时，协调器会发送两个确认帧，一个是请求命令确认帧；另外一个是关联响应请求帧。

**协调器处理关联请求**：请求节点在接收到协调器发送的请求命令确认帧时，同时会设置一个为 aResponseWaitTime 的等待响应时间，等待协调器对请求节点加入命令的处理。如果资源足够，协调器会为节点分配一个 16 位的短地址，并发送关联响应命令。如果协调器资源不够，待加入的节点将重新发送关联请求信息，直到入网成功。在 Z-Stack 2007 协议栈中，NLME_GetShortAddr（void）函数能够用来获取网络短地址。

**发送数据请求命令帧**：请求节点将向协调器发送数据请求命令。协调器收到数据请求命令后，同样会立即回复一个确认帧，然后将存储的关联响应命令发给请求节点。如果响应时间过期后，协调器尚未决定是否允许请求节点加入。那么请求节点将试图从协调器的信标帧中提取关联响应命令。如果提取成功的话，就可以成功入网。否则，节点将重新发送关联请求命令帧，直到入网成功。

**节点回复**：节点收到关联响应命令后，会立即向协调器回复一个确认帧，以确认接收到关联响应命令。此时，节点将保存协调器的短地址和扩展地址，并且向上层发送关联确认原语，通告关联加入成功的信息。上面过程完成后，等待加入网络的节点则应该已经收到协调器的加入请求回复。如果该请求通过，该节点将成功和协调器建立关联，并获得网络地址，同时和其他节点进行通信。

3）通过已存在的 FFD 节点入网。

当 FFD 节点和协调器关联成功后，处于这个网络覆盖范围内的其他节点就可以以这些 FFD 节点作为父节点而加入网络，具体加入网络的方式有关联方式和直接方式两种。关联方式是指待加入节点发起加入网络请求，即设备使用 MAC 关联程序来加入网络。直接方式是指子设备直接同一个预先指定的父设备进行关联来加入网络。

显然，只有尚未加入到网络中的节点才能够加入网络。在这些节点中，有些是曾经加入过网络，但与父节点失去了联系的，其被称为孤儿节点。未曾加入过网络的节点则被称作新节点。由于孤儿节点会在它的邻居表中存储原来父节点的相关信息，于是可以直接向原来的父节点发送请求加入网络的命令。如果父节点同意它加入网络，则会直接通知它以之前分配的网络地址加入网络。如果在原来父节点的网络中，子节点数目已经达到最大值，父节点则无法批准它加入网络。孤儿节点只能以新节点的身份重新寻找网络并加入。

新节点首先会执行主动或被动扫描搜寻周围可用的网络，并寻找潜在的网络父节点，并将它们的信息存入自己的邻居表中。这些信息包括：ZigBee 协议版本、PANID 等。新节点在邻居表中的所有潜在节点中选择一个父节点，并发送请求加入命令。如果请求加入网络被批准，那么父节点会为它分配一个 16 位网络短地址。此时，子节点入网成功，并能够通信。如果请求加入网络失败，新节点将重新查找邻居表，并再次发送请求信息，直到加入网络或确定邻居表没有合适的节点为止。

4）Z-Stack 协议栈中网络形成及入网过程。

在设备启动前，Z-Stack 协议栈需要对每个设备配置一组参数。f8wConfig.cfg 定义了整个配置参数的默认值。一般而言，在同个网络中，所有设备的"网络细节"配置参数应该被设置为一致的值，如网络 PAN ID，Channel 等。每个设备的"设备细节"配置参数被配置为不同的值，如 Coordinator、Router、EndDevice 设备类型等。

**网络形成过程**：下面以 SampleApp 的协调器为例说明网络启动的流程，并假设初始化、网络发现、网络建立成功。

- main() → osal_init_system() → osalInitTasks() → ZDApp_Init()，初始化应用层。
- → ZDOInitDevice()，ZDO 初始化设备。

→ ZDApp_NetworkInit()，触发开始形成网络。

→在 ZDApp 层触发 ZDAppTaskID 任务的 ZDO_NETWORK_INIT 事件。

→ ZDO_StartDevice()，初始化网络应用程序并启动网络。

- 如果是协调器启动，建立网络：

→ NLME_NetworkFormationRequest();

如果启动失败，重新启动网络：

→ osal_start_timerEx（ZDAppTaskID, ZDO_NETWORK_INIT, NWK_RETRY_DELAY）;

→ ZDO_NetworkFormationConfirmCB，确认网络建立成功。

- 触发 ZDAppTaskID 任务的 ZDO_NETWORK_START 事件，即将网络启动事件（ZDO_NETWORK_START）交给 ZDApp（ZDAppTaskID）去处理：

→ ZDApp_NetworkStartEvt()，调用函数，触发网络启动事件。

→触发 ZDAppTaskID 任务的 ZDO_STATE_CHANGE_EVT 事件，ZDO 网络状态改变事件。

→ ZDO_UpdateNwkStatus()，网络更新状态。

→触发 SampleApp_TaskID 任务的 ZDO_STATE_CHANGE 事件。

→启动发送心跳包的定时器。

**节点入网过程**：下面是 SampleApp 中的终端设备加入网络的流程，并假设初始化、网络发现、网络加入成功。

- main() → osal_init_system() → osalInitTasks() → ZDApp_Init()，初始化应用层。
- → ZDOInitDevice()，ZDO 初始化设备。

→ ZDApp_NetworkInit，触发开始形成网络。

→触发 ZDAppTaskID 的 ZDO_NETWORK_INIT。

→ ZDO_StartDevice()，初始化网络应用程序并启动网络。

- 如果是路由器或者终端设备第一次启动：

→ NLME_NetworkDiscoveryRequest();

如果是路由器重新加入：

→ nwk_ScanJoiningOrphan();

如果是终端设备重新加入：

→ NLME_OrphanJoinRequest();

→ ZDO_NetworkDiscoveryConfirmCB，网络发现成功。

- 触发 ZDAppTaskID 的 ZDO_NWK_DISC_CNF，将 ZDO 网络发现信息（ZDO_ NWK_DISC_CNF）交给 ZDAppTaskID 处理：

→ NLME_JoinRequest()，调用网络层的加入请求函数。

→ ZDO_JoinConfirmCB，网络加入成功确认。

→ 触发的 ZDO_NWK_JOIN_IND，将网络加入信息（ZDO_NWK_JOIN_IND）告诉 ZDAPP（ZDAppTaskID）处理。

→ ZDApp_ProcessNetworkJoin()，ZDO 处理网络加入。

→ 触发 ZDAppTaskID 的 ZDO_STATE_CHANGE_EVT，设置 ZDO 状态改变事件。

→ ZDO_UpdateNwkStatus()，网络更新状态。

→ 触发 SampleApp_TaskID 的 ZDO_STATE_CHANGE 事件。

→ 开启程序中发送周期信息的定时器。

（3）实验步骤

第一步：打开协调器，蓝灯先亮，然后黄灯闪烁几下，这表示作为协调器的设备启动，既而灯一直亮。

第二步：打开路由器，蓝灯先亮，然后黄灯闪烁几下，这表示作为路由器的设备启动，并加入到协调器建立的网络中，既而灯一直亮。

第三步：按一下协调器的上键，向组内的设备发送闪烁命令，这时路由器的绿灯闪烁四下。

第四步：按一下路由器的上键，向组内的设备发送闪烁命令，这时协调器的绿灯闪烁四下。

按上述所示，加入终端设备，显示的情形与第一、第二步相同。

当协调器、路由器、终端设备都加入到网络中时，按下任意设备的上键，其余设备的绿灯闪烁四下。

（4）程序清单

1）ZDO 初始化设备的程序清单：

```
/********************************************************************
 * 函数名      ZDOInitDevice
 * 描述        ZDO 初始化设备
 * 参数        startDelay, 启动延迟
 * 返回值      afStatus_t
 ********************************************************************/
uint8 ZDOInitDevice( uint16 startDelay )
{ ......
 if ( networkStateNV == ZDO_INITDEV_NEW_NETWORK_STATE )
       // 初始化网络状态为新的网络状态
   {
      ZDAppDetermineDeviceType();// 确认设备类型
      extendedDelay=(uint16)((NWK_START_DELAY+startDelay)+ (osal_rand()&EXTENDE
         D_JOINING_RANDOM_MASK));// 计算网络延时
      ZDApp_SecInit( networkStateNV );// 初始化安全属性
      ZDApp_NetworkInit( extendedDelay );// 触发形成网络，任务：ZDAppTaskID，事件：
ZDO_NETWORK_INIT( 网络初始化)

   }
 }
```

2）初始化网络应用程序并启动网络的程序清单：

```
/*******************************************************************
 * 函数名        ZDO_StartDevice
 * 描述          初始化网络应用程序并启动网络
 * 参数          logicalType: 设备逻辑类型; startMode: 启动模式; beaconOrder: 信标时间; super-
                 frameOrder: 超帧长度
 * 返回值        无
 *******************************************************************/
void ZDO_StartDevice( byte logicalType, devStartModes_t startMode,
                      byte beaconOrder, byte superframeOrder )
{
#if defined(ZDO_COORDINATOR)
  if ( logicalType == NODETYPE_COORDINATOR )// 如果是协调器
    {
     if ( startMode == MODE_HARD )// 启动模式为 MODE_HARD
      {
       devState = DEV_COORD_STARTING;
       ret = NLME_NetworkFormationRequest(zgConfigPANID,zgDefaultChannelList,
            zgDefaultStartingScanDuration,beaconOrder,superframeOrder,false );
      //zgConfigPANID, 个域网 ID;zgDefaultChannelList, 默认信道号
      //zgDefaultStartingScanDuration, 默认的启动扫描
      //网络层调用网络形成函数。网络层执行 NLME_NetworkFormationRequest(), 形成网络, 并向
        //ZDO 反馈信息
   }
......
}
}
```

3）网络形成确认并启动网络的程序清单：

```
/*******************************************************************
 * 函数名        ZDO_NetworkFormationConfirmCB
 * 描述          确认网络的形成
 * 返回值        无
 *******************************************************************/
void ZDO_NetworkFormationConfirmCB( ZStatus_t Status )
{ ......
     osal_set_event( ZDAppTaskID, ZDO_NETWORK_START );
     // 将网络启动事件 (ZDO_NETWORK_//START) 交给 ZDApp (ZDAppTaskID) 去处理
     }

UINT16 ZDApp_event_loop( byte task_id, UINT16 events )    ZDAPP 任务事件处理函数
{
#if defined (RTR_NWK)
  if ( events & ZDO_NETWORK_START )// 处理网络启动事件
  {
    ZDApp_NetworkStartEvt();// 调用启动网络事件函数
    return (events ^ ZDO_NETWORK_START);
  }
#endif  //RTR_NWK
}
```

4）网络发现并加入网络的程序清单：

```
/*******************************************************************
 * 函数名      ZDO_NetworkDiscoveryConfirmCB +ZDApp_ProcessOSALMsg
```

```
 * 描述         网络发现确认函数和 ZDAPP 处理操作系统消息
 ************************************************************************/
ZDO_NetworkDiscoveryConfirmCB( byte ResultCount,networkDesc_t *NetworkList )
{ ......
  for ( stackProfile = 0; stackProfile < STACK_PROFILE_MAX; stackProfile++ )
  for ( i = 0; i < ResultCount; i++, pNwkDesc = pNwkDesc->nextDesc )
          ZDApp_SendMsg( ZDAppTaskID, ZDO_NWK_DISC_CNF, sizeof(ZDO_Network
               DiscoveryCfm_t), (byte *)&msg );
        // 将 ZDO 网络发现信息 (ZDO_NWK_DISC_CNF) 交给 ZDAppTaskID 处理
}
void ZDApp_ProcessOSALMsg( osal_event_hdr_t *msgPtr ) // ZDAPP 处理操作系统消息
......
 switch ( msgPtr->event )
   {
   case ZDO_NWK_DISC_CNF://调用网络层的加入请求函数
       NLME_JoinRequest(((ZDO_NetworkDiscoveryCfm_t*)msgPtr)->extendedPANID,
          BUILD_UINT16( ((ZDO_NetworkDiscoveryCfm_t*)msgPtr)->panIdLSB,
          ((ZDO_NetworkDiscoveryCfm_t *)msgPtr)->panIdMSB ),
          ((ZDO_NetworkDiscoveryCfm_t*)msgPtr)->logicalChannel,
          ZDO_Config_Node_Descriptor.CapabilityFlags ) != ZSuccess )
}
```

5）管理协调器的子节点，并向这些节点发送关联消息的程序清单：

```
/*************************************************************************
 * 函数名        ZDP_NwkAddrReq
 * 描述          构建并发送一个网络地址请求帧。利用广播的方式，用 IEEE 地址来寻求网络地址
 * 参数          IEEE Address：获取的设备 IEEE 地址；ReqType：其两种获取方式，一个是单一获
                 取 (0×0001)，一个是扩展获取 (0×0002)。StartIndex：开始索引，默认为 0；
                 SecurityEnable: 安全选项
 * 返回值        afStatus_t
 *************************************************************************/
afStatus_t ZDP_NwkAddrReq( uint8 *IEEEAddress, byte ReqType,
                           byte StartIndex, byte SecurityEnable )
{
  uint8 *pBuf = ZDP_TmpBuf;
  byte len = Z_EXTADDR_LEN + 1 + 1;  // IEEEAddress + ReqType + StartIndex.
  zAddrType_t dstAddr;

  (void)SecurityEnable;  // Intentionally unreferenced parameter

  if ( osal_ExtAddrEqual( saveExtAddr, IEEEAddress ) == FALSE )
  {
    dstAddr.addrMode = AddrBroadcast;
    dstAddr.addr.shortAddr = NWK_BROADCAST_SHORTADDR_DEVRXON;
  }
  else
  {
    dstAddr.addrMode = Addr16Bit;
    dstAddr.addr.shortAddr = ZDAppNwkAddr.addr.shortAddr;
  }

  pBuf = osal_cpyExtAddr( pBuf, IEEEAddress );

  *pBuf++ = ReqType;
  *pBuf++ = StartIndex;

  return fillAndSend( &ZDP_TransID, &dstAddr, NWK_addr_req, len );
```

**3. 实验结果**

读者可以通过协议分析仪 Packet Sniffer 分析 ZigBee 数据包来描述实验的结果。Packet Sniffer 的使用方法可以参见本书 4.2.3 节。

以下是利用协议分析仪分析建立 ZigBee 网络、节点加入及发送数据的实验过程。

协调器上电后的广播包 Packet Sniffer 截图如图 6-9 所示，在第 1 行，协调器首先上电，完成网络初始化，并选择一个合适的信道，同时为自己的网络选择一个 PAN_ID（0×2053），然后向周围发送信标请求的数据包。在第 2 行，协调器执行信道扫描（主动扫描），然后不停地发送目的地址为 0xFFFF 的广播包。广播包内容可以根据 APS Cluster 确定，如图 6-10 所示，这里的 APS Cluster ID 为 0×0001。它的作用是将要加入网络的节点 IEEE 地址发送给协调器。具体实现方式如程序清单 5 所示，其中 ReqType 参数的请求方式有两种：一个为单一获取（0x0001）；一个为扩展获取（0x0002）。这里的单一获取方式为 0x0001 标识码，即 APS Cluster ID。APS Profile ID 为不同的应用所定义的不同 Profile 号，这里 sampleApp Profile ID 为 0x0F08，它可以在 SampleApp.h 文件中找到。APS Dest.Endpoint 为设备的目的端口号，这里为 0×14。关于端口号前面已经讲过，这里就不再陈述。

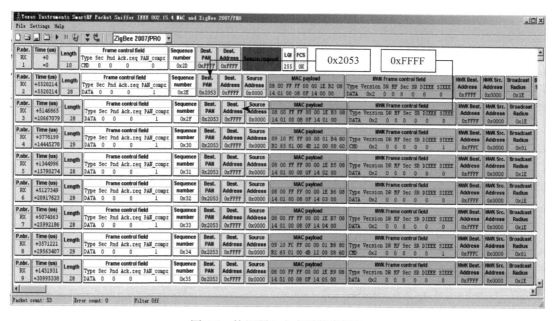

图 6-9　协调器上电之后的广播包

协调器上电后发送的广播包 Packet Sniffer 截图如图 6-10 所示，在第 4 行，协调器发送了一个网络层的命令帧，该帧的目的地址为 0xFFFC，它表示只有协调器和路由器才能接收到该消息。该命令帧是路由请求命令，它允许发送该命令的设备请求其无线覆盖范围内的其他设备针对一个特定的目的设备执行路由搜索。在网络中建立状态信息（NWK Link Status）以使得消息能够更方便、快捷地传递到目的设备。由于当前网络没有打开路由设备，所以 NWK Link Status 域中的 Count 为 0，List_status_list 也为空。每个路由请求命令帧默认发送间隔为 15s，在 nwk_globals.h 文件中利用宏定义 #define NWK_LINK_STATUS_PERIOD 15 设置。接下来，协调器广播 3 条地址请求信息后，广播一条路由请求命令帧，直到新的节点加入。

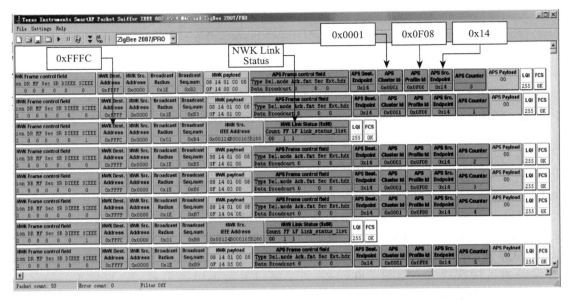

图 6-10　协调器上电之后发送的广播包

　　一个路由节点上电后，会首先向周围环境执行信道能量扫描，并选择一个能量比较合适的信道开始搜寻网络。这里需要注意的是：在 Z-Stack 里面，信道能量是有一个阈值的，当信道能量低于这个门限会被认为不存在网络。信道选择好之后，路由节点会周期性地向周围发送信标请求数据包（Beacon Request）来搜寻协调器的回复，如图 6-11 所示。

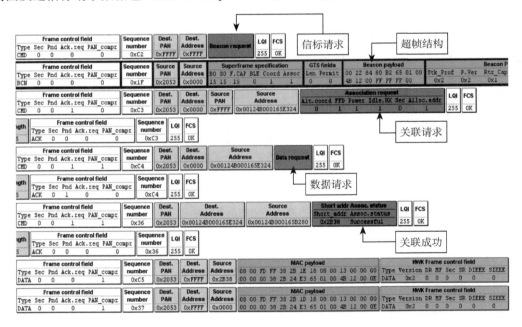

图 6-11　路由节点 0×2B38 加入网络

　　当协调器接收到路由节点的信标请求包之后，会响应一个包含自己 IEEE 64 位 MAC 地址的超帧，主要目的是将 MAC 地址交给路由器，以便后续的通信。路由器接收到超帧之后，将协调器的 IEEE 地址保存起来，并利用这个地址向协调器发送一个关联请求（Association Request）的命令包，以寻求加入网络。收到协调器 MAC 层的关联请求确认帧之后，路由节点紧接着发送数据请求（Data Request）命令包，来获取协调器为其分配的 16 位网络短地址。

至此，网络建立已完成大部分的工作。当协调器接收到数据请求帧之后，协调器网络层算法会为路由节点分配一个网络范围内唯一的 16 位短地址，然后向路由器发送一个包含分配网络短地址的关联响应包。这个包是通过 MAC 地址发送的。因此，MAC 地址和网络地址都用来通信。

节点的网络连接状态如图 6-12 所示，路由器接收到关联响应包之后，将自己的短地址配置为 0×2B38，就可以利用这个短地址和协调器进行网络层的通信。此时，路由器就已经成功加入网络了。

路由器加入网络之后，如图 6-12 所示，在第 1 行，协调器的 Nwk Link Status 域发生了变化，Count 变为 1，Link_status_list 域中节点的短地址 ADDR = 0×2B38，路由节点的 Nwk Link Status 也发生了变化，Count 变为 1，Link_status_list 域中 ADDR = 0×0000。通过抓包分析仪，读者能够分析出网络的基本参数。

图 6-12　节点的网络连接状态

路由节点 2 的加入和路由节点 1 的加入方式是一样的，这里就不再陈述。成功加入网络后，如图 6-13 所示，读者可以看到节点的关联状态（NWK Link Status）域随之发生了变化。第 1 行是路由节点 1（地址：0×2B38）的关联状态，Count 域变为 2，Link_status_list 分别记录节点地址为 0×0000 和 0×51EB，即协调器和路由节点 2。第 2 行是协调器（0×000）的关联状态，第 8 行是路由节点 2（0×51EB）的关联状态。它们的关联状态和路由节点 1 类似。

4. 实验问题

问题 1：实验 4.1 的建网过程和本实验的建网过程一样吗？为什么？

问题 2：Z-Stack 中有没有信标帧和超帧？它们分别是用来干什么的？

问题 3：在 Z-Stack 中，如果协调器节点掉电了，其他节点会出现什么情况？

问题 4：由于 Z-Stack 本身的限制，网络层的一些重要函数都被库文件封装了，请读者试着编写已经封装的函数，并把原来的函数进行替换，实现真正的 Z-Stack 开源协议栈。

问题 5：请读者分析一下，当终端节点加入的时候，SmartRF packet Sniffer 会出现什么样的帧内容？并找到 Z-Stack 中对应的代码。

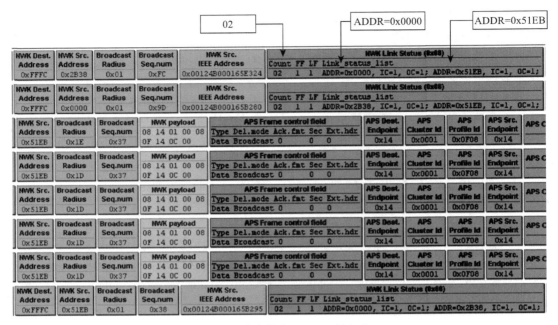

图 6-13　路由节点 0x51EB 的加入

# 6.3　ZigBee 网络自诊断

在实际系统的开发过程中，读者可能经常将程序的运行状态信息通过控制台窗口打印出来，并进行程序追踪，但是 IAR 开发环境并不支持这种方式。不过，读者可以通过串口将运行信息输出到串口调试助手并显示出来。Z-Stack 中的默认串口为 UART0，其用于与 PC 等控制设备的通信。为了实现正常数据信息和运行状态信息互不影响，读者可选择使用 CC2530 第二个串口 UART1 来实现 ZigBee 系统的自诊断，判断网络中的故障点。

1. 实验目的与器材

（1）实验目的

- 学习如何同时利用 CC2530 的两个串口与控制设备进行通信。
- 学习在 Z-Stack 2007/Pro 协议栈中的关键点加入调试信息。
- 加深对整个协议栈启动过程、建立网络、加入网络等环节的认识。
- 学会根据控制端输出的调试信息判断网络中的故障点。

（2）实验器材

- 3 个 CC2530 开发套件（1 个协调器模块，1 个路由器模块和 1 个终端模块）。
- 1 台 PC，两条 USB 转串口线。
- 专用串口芯片模块或一个 CC2530 开发套件。

2. 实验原理与步骤

（1）硬件介绍

1）协调器。

本实验的协调器不同于前面实验用到的普通协调器，本实验用到的协调器需要带有两个串口，其中一个串口用来跟控制设备正常通信，另外一个串口用来向控制终端输出调试信息。

2）路由器和终端。

这两个模块设备来辅助实验的完成，在实验室中模拟路由节点和终端节点加入和离开网络、切换信道等操作。

3）PC。

PC 上装有串口调试工具，用于接收调试信息，并且可以根据串口 1 输出调试信息并判断出当前网络中有可能出现的故障，指示系统运行的状态。

（2）程序流程

1）确定对 CC2530 的初始化步骤，编写 UART1 的初始化函数。

首先，读者要根据 CC2530 的数据手册查看 UART1 的管脚分布与相关的寄存器，图 6-14 为 UART0 和 UART1 与 CC2530 的连接图。从图中读者可以看到它使用的是 CC2530 的 P0 端口，为了不让 UART1 与 UART0 发生冲突，读者选择使用 CC2530 的 P1 端口来连接 UART1。图 6-15 还给出了 UART1 的引脚分布图。通过 CC2530 的芯片手册可以知道 UART1 引脚的选择要通过修改寄存器 PERCFG（即 PERCFG | $= 0 \times 02$）实现。同时将引脚 P1_4、P1_5、P1_6、P1_7 设置为外设功能，它是通过 P1SEL 寄存器（即 P1SEL $= 0 \times C0$）来实现的。

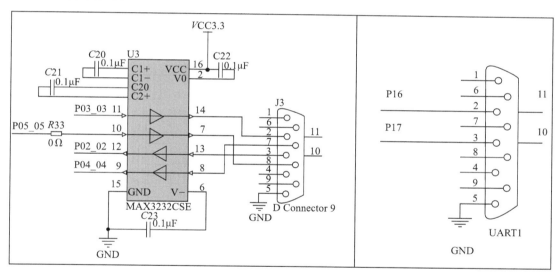

图 6-14　CC2530 与 UART0（左）UART1（右）的连接图

| 外设/功能 | P0 | | | | | | | | P1 | | | | | | | | P2 | | | | |
|---|---|---|---|---|---|---|---|---|---|---|---|---|---|---|---|---|---|---|---|---|---|
| | 7 | 6 | 5 | 4 | 3 | 2 | 1 | 0 | 7 | 6 | 5 | 4 | 3 | 2 | 1 | 0 | 4 | 3 | 2 | 1 | 0 |
| USART 1 SPI Alt 2 | | | M1 | M0 | C | SS | | | | | | | | | | | | | | | |
| | | | | | | | | | M1 | M0 | C | SS | | | | | | | | | |
| USART 1 UART Alt 2 | | | RX | TX | RT | CT | | | | | | | | | | | | | | | |
| | | | | | | | | | RX | TX | RT | CT | | | | | | | | | |

图 6-15　UART1 的引脚分布图

底板上只有一个串口器件。如果使用 UART1，读者还需要另外一个串口。在这里，读者可以购买专用的串口器件，也可以使用杜邦线连接到另外一个底板上对应的串口芯片引脚上来实现。

两个底板串口连接示意如图 6-16 所示，本节介绍一下如何使用另一个底板的串口芯片来作为 UART1 串口。底板 1 作为协调器使用，底板 2 提供串口供 UART1 使用。串口芯片共有 9 个引脚，一般只需要连接 RXD（接收引脚），TXD（发送引脚）和 GND（地）即可工作。打开底板原理手册，读者可以发现 UART1 对应的 RX、TX 分别为 P16、P17，对应到底板 1 的 P4 部分的引脚 15、17。底板 2 上串口芯片连接的引脚分别为 P03_03、P02_02，对应到底板 2 的 P3 部分的引脚 9 和 11。这样读者就可以将底板 1 的 P4 部分的引脚 15、17 和底板 2 的 P3 部分的引脚 9 和 11 连接起来。最后，还需要将两个底板的 GND 连接起来。

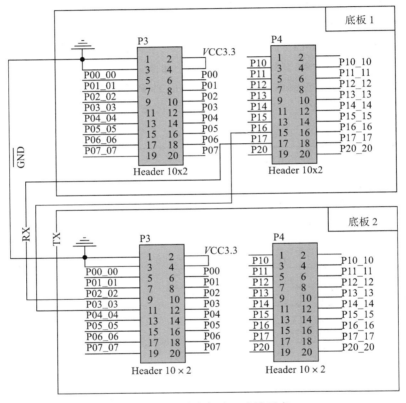

图 6-16　两个底板串口连接示意

然后，读者就可以写出 UART1 初始化函数，具体如下：

```
void initUART1(void)
{
    CLKCONCMD &= ~0x40;               // 晶振
    while(!(SLEEPSTA & 0x40));        // 等待晶振稳定
    CLKCONCMD &= ~0x47;              //TICHSPD128 分频，CLKSPD 不分频
    SLEEPCMD |= 0x04;                // 关闭不用的 RC 振荡器
    PERCFG |= 0x02;                  // 位置 2 P1 口
    P1SEL = 0xC0;                    //P1 用作串口
    U1CSR |= 0x80;                   //UART 方式
    U1GCR |= 10;                     //baud_e
    U1BAUD |= 59;                    // 波特率设为 38400
```

```
    UTX1IF = 1;
    U1CSR |= 0X40;                    // 允许接收
    IEN0 |= 0x8C;                     // 开总中断，接收中断
}
```

2）实现对于 UART1 的读和写操作。

在这里读者实现对 UART1 的写入和读操作，写入操作即对寄存器 U1DBUF 的操作，每次将要写入的数据写入 U1DBUF，则 UTX1IF 自动置为 1，直到数据写入成功后，UTX1IF 自动清零。具体实现函数如下所示：

```
void UartTX_Send_String(uchar *Data,int len)
{
  int j;
  for(j=0;j<len;j++)
  {
    U1DBUF = *Data++;
    while(UTX1IF == 0);
    UTX1IF = 0;
  }
}
```

其中对于串口的读入操作是通过中断实现的，具体实现函数如下所示：

```
HAL_ISR_FUNCTION(UART1_ISR, URX1_VECTOR)
{
    URX1IF = 0;                       // 清中断标志
    if(datainnumber>30)
    {
        datainnumber=0;
    }
    Recdata[datainnumber] = U1DBUF;// 从 U1DBUF 中读取数据
    datainnumber++;
}
```

读操作完成后，可通过函数 Uart_Read_String() 读取一定长度的串口数据，具体实现函数如下所示：

```
uint8* Uart_Read_String(uint8 len)
{
    uint8 i;
    for(i=0;i<len;i++)
    {
      readdata[i]=Recdata[dataoutnumber];
      dataoutnumber=dataoutnumber+1;
      if(dataoutnumber>30)
      {
          dataoutnumber=0;
      }
    }
    return(readdata);
}
```

3）将 UART1 模块嵌入 Z-Stack 协议栈。

将 UART1 串口模块文件 uart.c 和 uart.h 加入 Z-Stack 工程中。该文件放在了 ZStack-

CC2530-2.3.1-1.4.0\Projects\zstack\Samples\SensorDemo\Source\uart.c 里。右键单击工程，选择 addfiles 将 uart.c 加入工程目录中，如图 6-17 所示。

而 uart.h 分别包含在 DemoCollector.c 和 DemoApp-Common.c 中，即：

```
#include "uart.h"
```

在串口的初始化函数中加入 UART1 的初始化函数，具体函数如下所示：

```
void initUart(halUARTCBack_t pf)
{
  halUARTCfg_t uartConfig;
  uartConfig.configured           = TRUE;
  uartConfig.baudRate             = HAL_UART_BR_38400;
  uartConfig.flowControl          = FALSE;
  uartConfig.flowControlThreshold = 48;
  uartConfig.rx.maxBufSize        = RX_BUF_LEN;
  uartConfig.tx.maxBufSize        = 128;
  uartConfig.idleTimeout          = 6;
  uartConfig.intEnable            = TRUE;
  uartConfig.callBackFunc         = pf;

  initUART1();                    // 加入串口 1 的初始化
  HalUARTOpen (HAL_UART_PORT_0, &uartConfig);
}
```

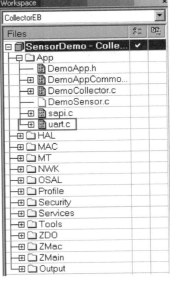

图 6-17　将 uart.c 加入工程目录

最后，读者还需要在 C++ 编译器中添加 UART1 预编译选项，才可能使用 UART1 定义的相关函数。否则，编译器会出现 initUART1 之类的编译错误。

至此，串口 UART1 就可以在 Z-Stack 中正常使用了。

（3）实验步骤

第一步：按照上文的说明，将作为协调器的底板上的 P4 部分的引脚 15、17 使用杜邦线连接到另外一个提供串口供 UART1 使用的底板 P3 部分的引脚 9 和 11。然后，将两个底板的 GND 引脚连接起来。为防止最小模块对串口的干扰，将最小模块从底板拔出，并对底板供电，将两个串口使用 USB 转串口线连接到电脑上。

第二步：在系统关键点添加调试输出信息，然后给开发模块加电，并连接好仿真器。利用 IAR 开发工具将开发模块设置成 debug，1 个模块下载 collector.c 文件，1 个模块下载 sensor.c 文件。其中下载 collector.c 程序的模块是协调器，下载 sensor.c 程序的模块是传感器。

第三步：下载成功后，重启设备，此时会发现绿灯和红灯都在闪烁，按上键表示要启动作为协调器的设备，稍等片刻后，则会发现绿灯停止闪烁，其表示网络已经建立，接着按下右键，其表示允许其他设备对该协调器进行绑定，测试红灯停止闪烁，并一直亮着，如果再按一下表示不允许绑定，此时红灯灭。

第四步：启动终端设备，不需要按键，稍等片刻后会发现四个灯都一直亮。

第五步：关闭协调器，然后重启，观察调试信息的输出状况。

第六步：分析 PC 终端的调试输出信息，判断网络故障点。

3. 实验结果及分析

验证双串口是否可以同时工作，可在 DemoCollector.c 的按键处理函数中添加如下代码：

```
if ( keys & HAL_KEY_SW_4 )
{   ……
    UartTX_Send_String(“I AM UART1”,10); // 串口 UART1 输出数据
    HalUARTWrite(HAL_UART_PORT_0,“I AM UART0”,10); // 串口 UART0 输出数据
    ……
}
```

在系统成功启动后，读者按下左键，如果出现如图 6-18 所示的调试信息，则表示双串口可以正常工作。否则重新按照实验步骤，检查自己的操作过程，重新操作。

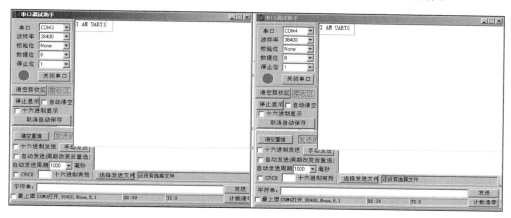

图 6-18    双串口输出结果

下面是读者在自己程序的几个关键点处添加如表 6-2 所示的代码。读者在设备的启动、协调器建网、断网、切换信道、终端节点加入网络等关键点处加入调试代码，以用来监控读者程序的运行。如果此处读者没有足够的调试信息可供判断，则可以按照读者介绍的方法自己添加。在添加代码过程中不要忘记添加上对应的头文件，否则会出现编译错误。

表 6-2    调试关键点及功能说明

| 文件名称 | 函数 | 标识 | 功能说明 |
| --- | --- | --- | --- |
| Osal.c | Osal_init_system | 200 | 系统初始化 |
| ZDApp.c | ZDApp_Init | 201 | 系统自启动 |
| ZDApp.c | ZDApp_Init | 202 | 手动按键启动系统 |
| ZDApp.c | ZDApp_NetworkInit | 203 | 网络初始化 |
| ZDApp.c | ZDApp_event_loop | 204 | 触发建网事件 |
| ZDObject.c | ZDO_StartDevice | 205 | 协调器建立网络 |
| ZDApp.c | ZDO_NetworkFormationConfimCB | 206 | 网络建立成功 |
| ZDApp.c | ZDO_NetworkFormationConfimCB | 207 | 网络建立失败 |
| DemoCollector.c | zb_StartConfirm | 300 | 设备启动成功 |
| sapi.c | SAPI_ProcessEvent | 301 | 绑定确认成功 |
| DemoCollector.c | zb_HandleOsalEvent | 302 | 协调器应用程序初始化 |
| sapi.c | SAPI_ProcessEvent | 303 | 设备状态发生变化 |
| sapi.c | SAPI_ProcessEvent | 304 | 匹配符请求 |

表 6-2 给出了在系统启动过程中建网等流程的基本点设定和对应的输出符号功能。图 6-19 是读者按照上面的实验步骤操作后，协调器串口终端出现的调试信息。从图中读者可以看到系统启动建网的过程。

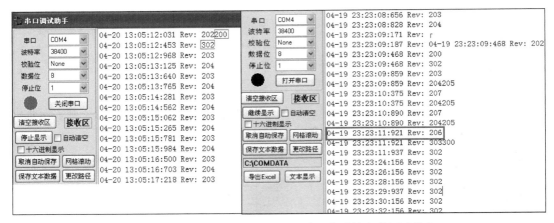

图 6-19　手动启动协调器前、后的串口终端输出的调试信息

对照表 6-2 的说明和图 6-19 的调试信息，图 6-19 左边的图为读者按下启动键前的调试信息，其重复出现标识 203 和 204，即表示系统在不断地初始化网络并且调用系统启动函数，以等待读者的按键启动，因为从标识 202 可以看出读者的协调器是通过手动启动的。当读者按下上键，即启动协调器，此时系统重新启动，如图 6-19 中矩形框内的内容，当标识变成 206 时网络建立成功。为了判断网络连接是否断开，在网络建立成功之后，若读者关闭协调器，则会发现如图 6-20 所示的调试信息。图中不断出现的 203 和 204 表示终端节点在寻求网络加入。出现此信息表明读者的网络已经断开。然后再打开协调器，则在终端节点上不再出现上面的调试信息。如此，根据本实验介绍的方法就达到了调试网络的目的，并实现了网络自身的故障诊断（可以根据系统输出的调试信息迅速定位网络中故障的发生点），避免了调试的盲目性。

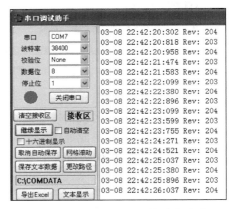

图 6-20　协调器离开后，终端节点串口
出现的调试信息

本实验采用系统的双串口实现了网络系统自身的故障诊断和调试。由于篇幅有限没有完全给出整个系统的详细调试信息，但是完成本实验的学习后，相信读者一定能够根据自己的需求来设计网络系统的调试点。

4. 实验问题

问题 1：串口 1 的使用是否会影响 LCD 的显示？如果会，如何解决产生的影响？

问题 2：串口 1、LCD 及烧录程序 debug 端口分别和 CC2530 的哪些引脚相连？是否有冲突？如何解决这些冲突？

问题 3：尝试着将调试信息扩展到协议栈的各个层次上，并加强对整个协议栈的理解。

问题 4：将本实验介绍的调试方法应用到前面的实验中，并观察分析自己实验的结果。

问题 5：尝试修改串口终端，并根据控制终端 PC 收集到的调试数字信息，给出对应的文字显示，以便于清晰的观察系统运行状态。

## 6.4    ZigBee 网络外部环境数据采集

在实际的项目应用中，读者经常会利用传感器节点采集外部环境信息。一般而言，无线传感器网络具有采集点众多，分布面积广，网络节点间位置关系不固定，节点动态加入或离开网络等特性，而 Z-Stack 恰恰满足这些网络特性需求。本实验将利用 Z-Stack 2007构建一个具有实际意义的无线传感器网络。

1. 实验目的与器材

（1）实验目的

实验基于 Sensor Demo 例程。在 Sensor Demo 网络中有采集和传感两种类型节点。传感节点连接各种传感器，并利用传感器获取环境温度、光照等外界信息。采集节点负责接收该 ZigBee 网络里传感节点的信息，并通过串口上传至 PC 端的串口助手进行显示。

采集节点在上电启动后负责建立网络，并开启允许绑定功能；传感节点在上电启动后加入网络，并自动发起绑定请求，待采集节点建立绑定后，会将传感器节点采集的外界温度信息和光照信息发送到采集节点上。

为了让实验简单，只允许一个采集节点收集这些信息，并在信息得到处理后通过串口上传到计算机，之后，便可以在串口调试工具上看到。读者可以建立星形拓扑网络，在此网络中，协调器是采集节点，终端节点是传感节点。

为了实现上述实验目的，应该做到如下要求：

- 自动形成一个网络。
- 传感器设备必须能自动加入网络，并自动完成绑定。
- 如果传感器设备没有从中心节点收到应答，它将自动移除与该中心节点的绑定。然后自动去发现新的中心节点并进行绑定。

本实验中的传感节点具有获取节点内部温度信息、外界温度信息、外界光照信息等功能。

（2）实验器材

- 3 个 CC2530 开发模块（1 个采集器节点和两个传感器节点）。
- 两个 DS18B20 温度传感器。
- 两个光敏电阻。

2. 实验原理与步骤

（1）硬件介绍

1）温度传感器 DS18B20。

DS18B20 是美国 DALLAS 半导体公司继 DS1820 之后推出的一种数字化单总线器件，它属于新一代适配微处理器的改进型智能温度传感器。它能够直接读出被测温度，并且可根据实际要求通过简单的编程实现 9 ～ 12 位的数字值读数方式。9 位和 12 位数字量的转换分别仅需要 93.75ms 和 750ms，并且从 DS18B20 读出的信息或写入 DS18B20 的信息仅需要一根口线（单线接口）则可完成。其测量温度范围为 $-55℃ ～ +125℃$。现场温度直接以 "一线总线" 的数字方式传输，并用符号扩展的 16 位数字方式串行输出，这大大提高了系统的抗干扰性。DS18B20 广泛应用于工业、民用、军事等领域的温度测量及控制仪器、测控系统和大型设备中。

DS18B20 的性能特点如下：

- 采用 DALLAS 公司独特的单线接口方式：DS18B20 与微处理器连接时仅需要一条

口线即可实现微处理器与 DS18B20 的双向通信。

- 在使用中不需要任何外围元件。
- 可用数据线供电，供电电压范围为：＋3.0V～＋5.5V。
- 测温范围：−55～＋125℃。固有测温分辨率为 0.5℃。当在 −10℃～＋85℃的范围内，可确保测量误差不超过 0.5℃，在 −55～＋125℃范围内，测量误差也不超过 2℃。
- 通过编程可实现 9～12 位的数字读数方式。
- 用户可自己设定非易失性的报警上、下限值。
- 支持多点的组网功能，多个 DS18B20 可以并联在唯一的三线上，以实现多点测温。
- 负压特性，即具有电源反接保护电路。当电源电压的极性反接时，能保护 DS18B20 不会因发热而烧毁，但此时芯片无法正常工作。
- DS18B20 的转换速率比较高，进行 9 位的温度值转换只需 93.75ms。
- 适配各种单片机或系统。
- 内含 64 位激光修正的只读存储 ROM，扣除 8 位产品系列号和 8 位循环冗余校验码（CRC）之后，产品序号占 48 位。产品序号在出厂前已存入其 ROM 中。在构成大型温控系统时，允许在单线总线上挂接多片 DS18B20。

图 6-21　DS18B20 温度传感器的实物图

DS18B20 温度传感器的实物如图 6-21 所示。

ZigBee 实验板与温度传感器 DS18B20 的连接如图 6-22 所示。

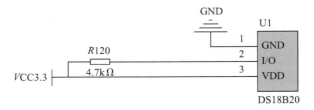

图 6-22　ZigBee 实验板与温度传感器 DS18B20 的连接

DS18B20 所产生的温度数据通过 I/O 引脚传出，这个 I/O 引脚需要通过跳线的方式连接到底板 P3 部分的引脚 20，即 ZigBee 芯片 P07 I/O 引脚。程序将 P07 引脚设置为输入引脚，这样由温度变化所引起的电压变化量就会反映在芯片的 P07 引脚上，芯片根据电压的变化量可以判断出当前的温度变化。

2）光敏电阻器。

光敏电阻器是利用半导体的光电效应制成的一种电阻值随入射光的强弱而改变的电阻器；入射光强，电阻减小，入射光弱，电阻增大。光敏电阻器一般用于光的测量、光的控制和光电转换（将光的变化转换为电的变化）。常用的光敏电阻器—硫化镉光敏电阻器，它是由半导体材料制成的。光敏电阻器的阻值随入射光线（可见光）的强弱变化而变化，在黑暗条件下，它的阻值（暗阻）可达 1～10MΩ，在强光条件（100LX）下，它的阻值（亮阻）仅有几百至数千欧姆。光敏电阻器对光的敏感性（即光谱特性）与人眼对可见光 0.4～0.76μm 的响应很接近，只要人眼可感受的光都会引起它的阻值变化。

光电流、亮电阻。光敏电阻器在一定的外加电压下，当有光照射时，流过的电流称为光电流，外加电压与光电流之比称为亮电阻，常用"100LX"表示。

暗电流、暗电阻。光敏电阻在一定的外加电压下，当没有光照射的时候，流过的电流称为暗电流。外加电压与暗电流之比称为暗电阻，常用"0LX"表示。

灵敏度。灵敏度是指光敏电阻不受光照射时的电阻值（暗电阻）与受光照射时的电阻值（亮电阻）的相对变化值。

光谱响应。光谱响应又称光谱灵敏度，它是指光敏电阻在不同波长的单色光照射下的灵敏度。若将不同波长下的灵敏度画成曲线，就可以得到光谱响应的曲线。

光照特性。光照特性指光敏电阻输出的电信号随光照度而变化的特性。从光敏电阻的光照特性曲线可以看出，随着光照强度的增加，光敏电阻的阻值开始迅速下降。若进一步增大光照强度，则电阻值变化减小，然后逐渐趋向平缓。在大多数情况下，该特性为非线性的。

伏安特性曲线。伏安特性曲线用来描述光敏电阻的外加电压与光电流的关系，对于光敏器件来说，其光电流随外加电压的增大而增大。

温度系数。光敏电阻的光电效应受温度影响较大，部分光敏电阻在低温下的光电灵敏较高，而在高温下的灵敏度则较低。

额定功率。额定功率是指光敏电阻用于某种线路中所允许消耗的功率，当温度升高时，其消耗的功率就降低。

光照传感器实物如图 6-23 所示。

**ZigBee 实验板与光敏电阻的连接如图 6-24 所示**

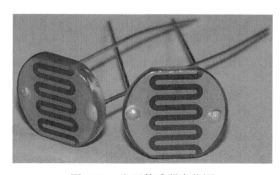

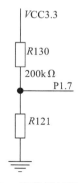

| 图 6-23　光照传感器实物图 | 图 6-24　ZigBee 实验板与光敏电阻的连接 |

其中，$R121$ 即为光敏电阻，$R130$ 为一个 $200k\Omega$ 的电阻。通过 P1.7 端点传送传感器数据。P1.7 连接到底板上 P3 部分的引脚 14，即 ZigBee 芯片的 P04 引脚。在程序中，P04 引脚被设置为 AD 采样的模拟输入引脚，这样由光敏电阻阻值变换所引起的电压变化量就会反映在芯片的模拟输入引脚上，芯片根据电压的变化量可以判断出当前的光照强度。

（2）程序流程

1）传感节点发送数据流程。

在节点成功加入网络并且同协调器绑定成功后，通过 DemoSensor.c 文件中的 sendReport() 函数来实现信息的发送功能，具体过程如下：

```
void zb_BindConfirm( uint16 commandId, uint8 status )
```

```
{
  if( status == ZB_SUCCESS )
  {
    appState = APP_REPORT;
    HalLedSet( HAL_LED_2, HAL_LED_MODE_ON );

    // 当报告失败时，设备绑定新网关
    // 后自动启动
    if ( reportState )
    {
      // 开始报告
      osal_set_event( sapi_TaskID, MY_REPORT_EVT );
    }
  }
  else
  {
    osal_start_timerEx( sapi_TaskID, MY_FIND_COLLECTOR_EVT, myBindRetryDelay );
  }
}
```

在函数 zb_HandleOsalEvent() 中对该事件进行响应，具体过程如下：

```
void zb_HandleOsalEvent( uint16 event )
{ ......
  if ( event & MY_REPORT_EVT )
  {
    if ( appState == APP_REPORT )
    {
      sendReport();
      osal_start_timerEx( sapi_TaskID, MY_REPORT_EVT, myReportPeriod );
    }
  }
}
```

在 sendReport() 函数中，通过调用 myApp_ReadExTemperature() 函数来读取当前的温度值，具体过程如下：

```
void myApp_ReadExTemperature ( void )
{
  UINT8 temh,teml;
  read_data();                // 读取温度
  teml=sensor_data_value[0];// 小数部分
  temh=sensor_data_value[1];// 整数部分
  return temh;
}
```

read_data() 是负责从 DS18B20 中读取当前温度的函数，其中涉及对 DS18B20 器件单总线结构的操作函数，该函数位于 DS18B20.c 文件中，详细操作流程请结合 DS18B20 相关数据手册参看附录中的程序清单，在此就不详细列出。

事件响应函数通过调用 zb_SendDataRequest() 函数将得到的温度值发送给协调器节点。

2）汇聚节点接收数据流程。

程序中接收数据的函数如下：

```
void zb_ReceiveDataIndication( uint16 source, uint16 command, uint16 len, uint8
*pData )
```

```
{
    gtwData.parent = BUILD_UINT16 (pData[SENSOR_PARENT_OFFSET+ 1], pData[SENSOR_PARENT_
OFFSET]);
    gtwData.source=source;
    gtwData.temp=*pData;
    gtwData.Extemp=*(pData+1);
    gtwData.CO2=*(pData+2);


    // LED 2 闪烁表示接收到数据
    HalLedSet ( HAL_LED_2, HAL_LED_MODE_FLASH );

    // 重新显示
#if defined ( LCD_SUPPORTED )
    HalLcdWriteScreen( "Report" , "rcvd" );
#endif

    // 向网关报告
    sendGtwReport(&gtwData);
}
```

接收到数据后，通过串口汇报给上位机程序。数据报告程序的流程图如图 6-25 所示。

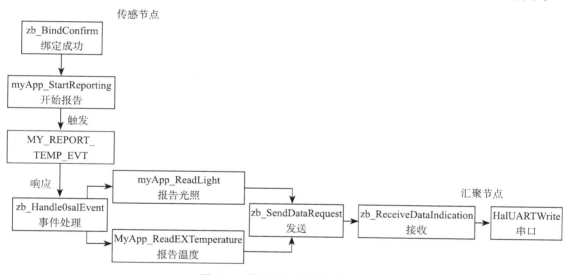

图 6-25　数据报告程序的流程图

通过以上流程，由温度传感器 DS18B20 获得的温度数据就可以通过 ZigBee 网络发送到与 ZigBee 汇聚节点通信的上位机软件中，以完成对远程温度数据的采集工作。

（3）实验步骤

第一步：按照上文说明制作温度传感器和光敏传感器的外接电路，并通过杜邦线将其连接到底板对应的引脚上。

第二步：给开发模块加电，并连接好仿真器。利用 IAR 开发工具将其设置成 debug，两个模块下载 collector.c 文件，两个模块下载 sensor.c 文件。其中下载 collector.c 程序的模块是采集器，下载 sensor.c 程序的模块是传感器。

第三步：下载成功后，先启动一个采集器，按顺序按下模块的上键→右键→下键，上键代表作为协调器的模块启动，右键代表作为"Gateway 模式"，它表示允许其他节点绑定到此节点，下键表示允许数据发送。此时四个灯都一直亮，这表明该采集器作为协调器启动了，并建立了网络，同时可以允许其他模块加入并绑定到该设备上。

第四步：启动另一个采集器，按上键即可，此时四个灯都一直亮。

第五步：分别启动两个传感器，按下模块的下键，触发数据发送，此时传感器模块的绿灯、红灯、黄灯一起快速闪烁，采集器的红灯在慢速闪烁，这表明传感器的数据在不停地向采集器发送数据。

第六步：采集数据，分析数据。传感器每隔 2s 将数据上传至采集器一次。

（4）程序清单

1）读取传感器测出的外界温度信息的程序清单：

```
/*****************************************************************************
 * 函数名      myApp_ReadExTemperature
 * 描述        读取传感器测出的外界温度信息，AD 采样，使用 P07 引脚
 * 参数        无
 * 返回值      返回环境的温度信息，只保留了整数部分
 *****************************************************************************/
static uint8 myApp_ReadExTemperature( void )
{
  UINT8 temh,teml;
  read_data();                // 读取温度
  teml=sensor_data_value[0];// 小数部分
  temh=sensor_data_value[1];// 整数部分
  return temh;
}
```

2）把读取的温度数据转换为真实温度信息的程序清单：

```
/*****************************************************************************
 * 函数名      read_data
 * 描述        利用 read_1820 函数读取温度数据之后，把温度数据转换为温度信息
 * 参数        无
 * 返回值      无
 *****************************************************************************/

void read_data(void)
{
  UINT8 temh,teml;
  UINT8 a,b,c;
  init_1820();  // 复位18b20
  write_1820(0xcc);   // 发出转换命令，搜索器件
  write_1820(0x44);     // 启动
  Delay_nus(50000);
  init_1820();
  write_1820(0xcc);
  write_1820(0xbe);

  teml=read_1820();  // 读数据
  temh=read_1820();
  if(temh&0x80)// 判断正负
  {
    flag=1;
```

```
      c=0;
      c=c|temh;
      c=c&0x00ff;
      c=c<<8;
      a=c;
      a=c|teml;
      a=(a^0xffff);// 异或
      a=a+1;   // 取反，加 1
      teml=a&0x0f;
      temh=a>>4;
    }
    else
    {
      flag=0;   // 为正
      a=temh<<4;
      a+=(teml&0xf0)>>4; // 得到高位的值
      b=teml&0x0f;
      temh=a;
      teml=b&0x00ff;
    }
    sensor_data_value[0]=teml;
    sensor_data_value[1]=temh;
}
```

3）利用 DS18B20 读取温度数据函数清单：

```
/*****************************************************************************
 * 函数名     read_1820
 * 描述       利用 DS18B20 读取温度数据的底层函数
 * 参数       无
 * 返回值     返回读取的温度数据
 *****************************************************************************/
UINT8 read_1820(void)
{
  UINT8 temp,k,n;
  temp=0;
  for(n=0;n<8;n++)
  {
    CL_DQ;
    SET_DQ;
    SET_IN;
    k=IN_DQ;     // 读数据，从低位开始
    if(k)
    temp|=(1<<n);
    else
    temp&=~(1<<n);
    Delay_nus(70); //60~120µs
    SET_OUT;
  }
  return (temp);
}
```

4）传感器读取外部光照强度的函数清单：

```
/*****************************************************************************
 * 函数名     myApp_ReadLight
```

```
    * 描述          读取传感器测出的外界光照强度信息，AD 采样，使用 P04 管脚
    * 参数          无
    * 返回值        返回环境的光照强度信息，范围在 0~100 之间，100 为最亮
    *******************************************************************/
static uint8 myApp_ReadLight( void )
{
    INT8 adc_value;
    P0DIR &= ~(0x01<<4);                // 设置 P04 为输入模式，采集 P04 的电压
    ADCCFG |=  (0x01<<0x04);            // 设置 P04 使能
// 设置 ADCCON3 寄存器为 AVDD_SoC, 512 抽取率, AIN7 通道
ADCCON3 = (HAL_ADC_REF_AVDD | HAL_ADC_DEC_512 | HAL_ADC_CHN_AIN4);
    ADC_SAMPLE_SINGLE();
    while(!ADC_SAMPLE_READY());// 采样准备完成
    while ( !ADCIF );
    adc_value = ADCH;// 读取光照数据
#define VDD                    33      // 最大电压
    float v;
    adc_value = (adc_value > 0 ? adc_value : 0);
    v = ((float)adc_value / (float)0x7F);
    v *= VDD;
    return (INT8)(100-v*100/VDD);// 光敏亮度为 0~100, 0 为最暗，100 为最亮
}
```

**3. 实验结果**

本实验提供了两套实验代码，分别针对两种上位机监测软件：一是利用 TI 公司提供的 ZigBee Sensor Monitor（1.2.0）工具可以看到节点的拓扑数据信息图；另外一种是由编者编写的一个环境信息监测可视化上位机软件。TI 公司的 ZigBee Sensor Monitor（1.2.0）工具的界面如图 6-26 所示，本实验结果的拓扑数据信息图如图 6-27 所示。

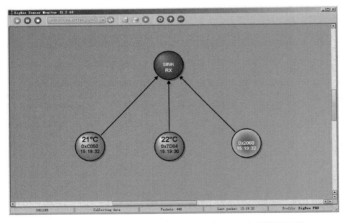

图 6-26　ZigBee Sensor Monitor（1.2.0）界面展示

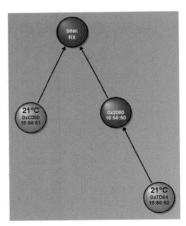

图 6-27　实验拓扑数据信息图

编者通过串口调试助手 v3.1 可查看数据的输出结果，如图 6-28 所示。

zgcomApp 监测软件的结果如图 6-29 所示，编者针对本实验编写了一个环境信息监测可视化上位机软件 zgcomApp，它能够显示光照、温度等信息。软件使用 Dephi 编写，主要通过解析串口数据，以得到节点地址、温度、$CO_2$、光照等字段，然后以图形化的界面将这些信息显示出来。

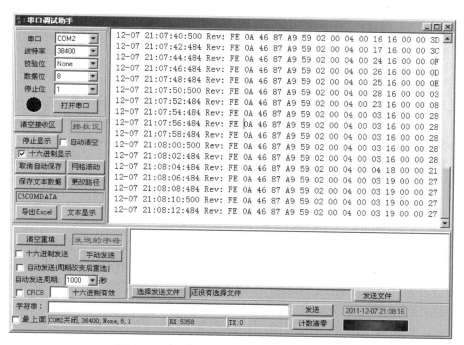

图 6-28    串口调试助手显示采集的数据信息

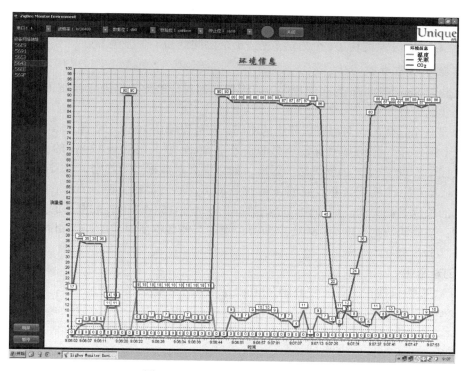

图 6-29    **zgcomApp 监测软件结果**

**4. 实验问题**

**问题 1**：在该实验代码中，协调器通过什么样的方式来区分上传而来的不同类型的环境信息？

　　**问题2**：在本套实验模块中，最多可以添加几个外部环境传感器器件？如果不接入温度传感器 DS18B20 会出现什么情况？

　　*提示：如果温度传感器 DS18B20 不接到底板上，程序会停留以等待传感器发送数据。*

　　**问题3**：当协调器接收的数据量很大时，协调器怎样避免这种问题的发生？

　　**问题4**：为了节约传感器模块的电池电量，能否实现传感器模块的省电模式？即每个传感器模块在不发送数据的时候，进行睡眠；发送数据时就被立即唤醒。

　　**问题5**：该实验能否实现 MESH 网？如果能，怎样保证数据的可靠传输？如果不能，为什么？

## 6.5　ZigBee 网络的 AES 数据加密

　　为了避开设备干扰和防止数据信息被窃听，编者需要采用数据加密技术来提高系统运行的安全性。本实验对传输数据的加密采用 Z-Stack 已实现的 AES 加密算法。CC2530 芯片使用 AES 协处理器处理加解密过程，对 CPU 资源占用很少。

　　1. 实验目的与器材

　　（1）实验目的

　　本实验将利用 Z-Stack 2007 协议栈构建一个简单的无线传感器网络，对网络上传输的数据利用 AES 进行加密，并且通过抓包软件对加密之前和之后的数据进行分析对比。

　　（2）实验器材

　　3 个 CC2530 开发模块（1 个终端节点，1 个协调器和 1 个抓包节点）。

　　2. 实验原理与步骤

　　本实验以 SensorDemo 为实例程序，以说明如何对传输的数据进行 AES 加密。

　　（1）实验原理

　　AES 是一个迭代的、对称密钥分组的密码，它可以使用 128、192 和 256 位密钥，并且用 128 位（16 字节）分组加密和解密数据。在 Z-Stack 中采用的是 128 位的加密方式，并且在协议栈中实现了 AES 加密算法。因此，如果需要对数据进行加密，仅需要在协议栈的配置文件中提供一个密钥，并且使能 AES 加密即可。通过观察发现，加密后数据的长度和原始数据的长度是相关的。例如，当原始数据长度为 1~15 字节时，加密后的数据所对应的长度相同；当原始数据长度为 16~31 字节时，加密后的数据所对应的长度相同，以此类推。

　　（2）实验步骤

　　1）创建密钥。

　　Z-STACK 协议栈在配置文件 f8wConfig.cfg 定义了密钥：

```
/* Default security key. */
-DDEFAULT_KEY="{0x01, 0x03, 0x05, 0x07, 0x09, 0x0B, 0x0D, 0x0F, 0x00, 0x02,
0x04, 0x06, 0x08, 0x0A, 0x0C, 0x0D}"
```

　　因此，用户只需要修改 -DDEFAULT_KEY 的值就可以定义自己使用的密钥了。

　　2）将 ZGlobals.c 中的 uint8 zgPreConfigKeys = FLASE 修改为 TRUE。

　　如果这个值为真，那么默认的密钥必须在每个节点程序的配置文件中配置。如果这个值为假，那么默认的密钥只需配置到协调器设备当中，并且通过协调器节点发送给其他的节点。

```
// If true, preConfigKey should be configured on all devices on the network
// If false, it is configured only on the coordinator and sent to other
// devices upon joining.
uint8 zgPreConfigKeys = TRUE;
```

3）设置 f8wConfig.cfg 文件中的 -DSECURE = 1 以使能 AES 加密。

```
/* Set to 0 for no security, otherwise non-0 */
-DSECURE=1
```

到这里整个加密过程结束。值得注意的是：如果使用了加密算法，网络中所有的设备都需要开启这个算法，而且各个设备中的 KEY 必须相同。否则，会导致网络不能正常通信，这是因为没有加密的数据或者相同的 KEY 加密，这些数据网络相互不认识，以致于数据根本不会传到网络层。

加密算法开启以后，如果需要修改代码，就必须改变 KEY 值或者擦除一次 Flash，否则会出现不可逾期的错误，而且没有规律可循。通常的做法是擦除 Flash 一次，以保证你的 KEY 值和整个网络的 KEY 相同。

3. 实验结果

为了能截取到经过 AES 加密过的网络传输内容，下面需要三个节点进行实验：1 个协调器，1 个终端节点，1 个抓包节点。下面为网络抓包后的结果，网络传输内容为 "Y"，其 16 进制表示为 "59"。

由于加密过程仅作用在各层的 "有效数据段" 中，因此只注重每层的数据段。

（1）终端、协调器都没加密

终端、协调器都没加密时，MAC 层数据如图 6-30 所示。

图 6-30　终端、协调器都没有加密时，MAC 层抓包的数据

终端、协调器都没加密时，网络层数据如图 6-31 所示。

图 6-31　终端、协调器都没有加密时，网络层抓包的数据

终端、协调器都没加密时，应用层数据如图 6-32 所示。

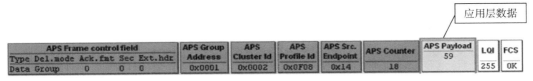

图 6-32　终端、协调器都没有加密时，应用层抓包的数据

（2）终端、协调器都加密

终端、协调器都加密时，MAC层数据如图6-33所示。

图6-33　终端、协调器都加密时，MAC层抓包的数据

终端、协调器都加密时，网络层数据如图6-34所示。

图6-34　终端、协调器都加密时，网络层抓包的数据

终端、协调器都加密时，应用层数据如图6-35所示。

图6-35　终端、协调器都加密时，应用层抓包的数据

MAC层有效数据分析如图6-36所示。

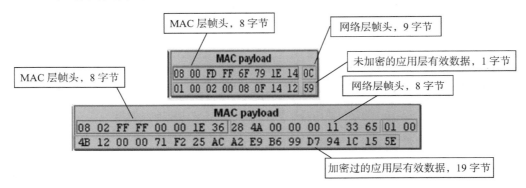

图6-36　MAC层有效数据分析

网络层有效数据段分析如图6-37所示。

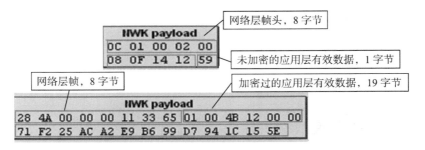

图6-37　网络层有效数据段分析

应用层有效数据段分析如图 6-38 所示。

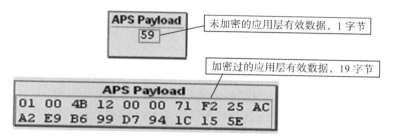

图 6-38　应用层有效数据段分析

通过分析以上的报文可以得出如下的结论：在进行加密之后，应用层的负载变为了加密后的格式，如图 6-38 所示。之后，加上网络层的帧头和相应的控制字段，交付给 MAC 层，MAC 层再加上自己的帧头和控制字段将该数据包发送出去。因此，如果通信双方的密钥不同或者某方未使能加密，则无法进行通信，且终端节点根本就无法与协调器建立连接，从而，达到了数据保护的目的。

经过测试，还发现了关于 AES 配置的如下规律：

1）若通信双方的任意一方未使能 -DSECURE ＝ 1，则终端节点无法加入协调器的网络。

2）若 zgPreConfigKey ＝ FALSE，则无论双方设定的密钥（即 DEFAULTKEY）是否相同，都可以进行通信，因为当 zgPreConfigKey ＝ FALSE 时，整个加密的配置都将由协调器节点控制，并且由协调器发送给其他的终端节点或路由节点。

3）若 zgPreConfigKey ＝ TRUE，如果双方设定的密钥不同，则无法进行通信。

4. 实验问题

问题 1：当设置 zgPreConfigKey ＝ FALSE 时，理论上密钥由协调器节点发送给每个终端节点，你能否通过抓包观察这个过程？

问题 2：若 zgPreConfigKey ＝ FALSE，这样的加密过程是否是安全的？

问题 3：当双方设置的密钥不同时，为什么不能进行通信？你能否通过抓包解释这一现象？

问题 4：加密算法在协议栈的哪一层实现？你是否可以使用自己的加密算法对数据进行加密？

问题 5：当数据量过大时，对数据的加密和解密是否会影响到整个网络的效率？

## 6.6　ZigBee 多跳组播

在实际生活应用中，读者可能会遇到这样的问题：需要对特定的工程对象实现分组管理。如在医院中的医疗病房中，病人患病情况类型是不同的，年龄组分布也不尽相同。如果需要对特定分组的患者利用 ZigBee 网络通知相关消息，组播技术可以很方便地完成上述任务。

若采用 ZigBee 网络中的节点分组管理，则只有相同组号的组员才能收到每一个组员发出的消息，即工作组内设备可以接收组播数据包，而组外设备将无法接收，这可实现对特定设备的分组管理。本节在 TI 官方例程 SampleApp 的基础上，定义了两个不同的分组对象。设备可以通过按键选择加入特定分组，并且可以同时存在于两个分组中。当组内设备接收到按键组播消息后，连接在设备上的蜂鸣器发出"嘀嘀嘀嘀"的声音，并且LED灯闪烁，以表示接收到组播消息。

1. 实验目的与器材

（1）实验目的

● 学习ZigBee协议的组播技术。

● 加深对Z-Stack 2007/Pro协议栈的应用层流程认识。

● 学会使用蜂鸣器，并利用LED灯控制函数控制蜂鸣器。

（2）实验器材

● 4个CC2530开发套件（1个协调器模块和3个路由器模块）。

● 4个蜂鸣器。

2. 实验原理与步骤

（1）硬件介绍

蜂鸣器是一种结构非常简单的电子讯响器，采用直流电压供电，是常被用于电子产品中的发声器件。

蜂鸣器实物及电路连接图如图6-39所示，蜂鸣器的工作原理非常简单，它主要由发声器、三极管和电阻组成。单片机的I/O驱动能力不能够使蜂鸣器发音，因此，需用三极管来放大驱动电流。如果电阻 R 输出的是高电平，则三极管导通，集电极的电流能够使得蜂鸣器发声。当输出为低电平，三极管截止，蜂鸣器没有电流通过，则不会发声。如果输出为方波，通过控制方波的频率，蜂鸣器也能够产生简单的音乐。

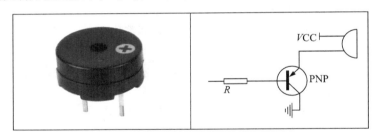

图6-39 蜂鸣器实物图及电路连接图

（2）程序流程

组播通信寻址使用16位多播组ID完成。多播组是所有已登记在同一个多播组ID下的节点的端点集合。一个多播信息发送给一个特定的目标组，即多播表中该组ID所列的所有设备。

组播数据帧既可以由目标多播组的成员在网络中传播，也可以由非目标多播组成员在网络中传播。数据包的发送由数据包的一个地址模式标志指明，并确定转发到下一跳的方式。如果原始信息由组的成员创建，则被视为处于"成员模式"，按广播方式转发。如果原始信息不是组成员设备创建，则被视为处于"非成员模式"，按单播方式转发给一个组成员。如果一个非成员信息到达目标组的任何成员中，不管下一个数据包由哪个设备进行转发，则会立即转换为成员模式类型。

实现组播通信，首先要对组对象进行定义和初始化，并将设备加入到特定组中；然后向特定设备组发送组播消息；最后当组内成员接收到消息后，会进行相应的消息处理。

1）组对象初始化。

在组播网络中，设备发出的消息经过组寻址才会发到具有相同组号的组员设备中。组号用来标记设备所属的组，而组寻址需要定义组播地址。

①在 SampleApp.h 中定义两者的组 ID，以标记设备所属的组。

```
#define SAMPLEAPP_FLASH_GROUP1                  0x0001
#define SAMPLEAPP_FLASH_GROUP2                  0x0002
```

②在程序 SampleApp.c 文件的 SampleApp_Init 函数中定义两个组对象并进行简单初始化，主要包括组的 ID 和组名字。

```
aps_Group_t SampleApp_Group1;// 定义组 1 和组 2 对象
aps_Group_t SampleApp_Group2;
// 组 1 初始化
SampleApp_Group1.ID = 0x0001;
osal_memcpy( SampleApp_Group1.name, "Group 1", 7 );
// 组 2 初始化
SampleApp_Group2.ID = 0x0002;//
osal_memcpy( SampleApp_Group2.name, "Group 2", 7 );
```

③组播地址定义。在组播通信过程中，网络中的节点是通过使用组地址进行网络寻址的，并能够向特定分组节点传递消息。组播数据包应该具有设备寻址的地址模式、所属任务的端点号和组号。组 1 地址定义以及初始化为：

```
// 定义组 1 地址
afAddrType_t SampleApp_Flash_DstAddr_Group1;
// 设置地址模式为组播
SampleApp_Flash_DstAddr_Group1.addrMode = (afAddrMode_t)afAddrGroup;
SampleApp_Flash_DstAddr_Group1.endPoint = SAMPLEAPP_ENDPOINT;
// 设置组地址为组 1 ID 号
SampleApp_Flash_DstAddr_Group1.addr.shortAddr = SAMPLEAPP_FLASH_GROUP1;
```

2）设备入组 / 离开组。

①在 ZigBee 网络实现组播通信时，设备加入组是通过设备端点加入到工作组中的。

```
aps_AddGroup( SAMPLEAPP_ENDPOINT, &SampleApp_Group );
```

在初始情况下，编者将设备都加入到了组 1 和组 2 中：

```
aps_AddGroup( SAMPLEAPP_ENDPOINT, &SampleApp_Group1 );
aps_AddGroup( SAMPLEAPP_ENDPOINT, &SampleApp_Group2);
#if defined ( LCD_SUPPORTED )
          HalLcdWriteString( "GROUP 1+2", HAL_LCD_LINE_6 );
#endif
```

②将一个设备从工作组中移除，并将该端点依据组 ID 号将其从组中移除。

```
aps_RemoveGroup( SAMPLEAPP_ENDPOINT, SAMPLEAPP_FLASH_GROUP );
```

③使用 aps_FindGroup 函数判断一设备端点 SAMPLEAPP_ENDPOINT 是否在组 ID 号为 SAMPLEAPP_FLASH_GROUP 的组中。

```
grp= aps_FindGroup( SAMPLEAPP_ENDPOINT, SAMPLEAPP_FLASH_GROUP );
```

读者可以在按键函数（SampleApp_HandleKeys）中利用这三个函数实现设备入组、退组、以及组间切换。

3）向特定组发送消息。

设备在按键函数中调用 SampleApp_SendFlashMessage() 函数来发送消息。在本例中，为了实现对不同分组的函数控制，编者加入了组号为"SAMPLEAPP_FLASH_GROUP"的参数：

```
SampleApp_SendFlashMessage(uint16 flashTime,uint8 SAMPLEAPP_FLASH_GROUP)
```

在该函数中调用 AF_DataRequest() 函数进行数据收发，下面是向组 1 设备发送消息的语句：

```
if ( AF_DataRequest( &SampleApp_Flash_DstAddr_Group1, &SampleApp_epDesc,
                SAMPLEAPP_FLASH_CLUSTERID,
                3,
                buffer,
                &SampleApp_TransID,
                AF_DISCV_ROUTE,
                AF_DEFAULT_RADIUS ) == afStatus_SUCCESS )
{}
```

在 AF_DataRequest() 函数中需要定义 ZigBee 设备的完整地址，其包括网络地址以及端点地址、源端点描述符、发送端 Cluster ID、数据以及数据长度等。

4）组设备接收到消息，并进行相应处理。

节点接收到其他节点设备发来的数据后，应用层任务事件处理函数调用 SampleApp_MessageMSGCB() 回调函数对其进行处理。回调函数根据收到数据包的 Cluster ID 判断数据类型，如果 Cluster ID 为 SAMPLEAPP_FLASH_CLUSTERID，设备蜂鸣器和 LED 则会进行相关数据包接收指示操作：

```
SampleApp_MessageMSGCB( afIncomingMSGPacket_t *pkt ){
  switch ( pkt->clusterId )
    {
      case SAMPLEAPP_FLASH_CLUSTERID:
        flashTime = BUILD_UINT16(pkt->cmd.Data[1], pkt->cmd.Data[2] );
  HalLedBlink(HAL_LED_4,4,50,(flashTime/4));// 蜂鸣器
  HalLedBlink(HAL_LED_2, 4, 50, (flashTime / 4) );//LED 灯闪
    }
}
```

在这里，编者并没有针对蜂鸣器编写驱动函数，而是直接利用 LED4 Blink 函数进行操作。与 LED 灯闪类似，蜂鸣器会响四次，每次周期内蜂鸣器响的百分比为 50%，每个周期时间为 flashTime / 4。这是由于 LED 灯和蜂鸣器的工作都是由于电平使能的，而原来芯片引脚到 LED4 的电平加到了蜂鸣器的引脚上。由此，读者可以联想下单片机基本的编程操作方式。

（3）实验步骤

组播实验使用 4 个节点设备，其编号分别为节点 1、2、3、4。首先将蜂鸣器接到节点模块上，并与原来连接灯 LED4 的芯片引脚 P10 相连。在节点初始时，节点既加入到组 1，又加入到组 2 中。经过按键选择分组后，节点 1 为协调器，既在组 1，又在组 2 中。节点 2 在组 1 中，节点 3 在组 2 中，节点 4 既在组 1，又在组 2 中。

第一步：按照程序说明将源代码目录下的 SampleApp.c 和 SampleApp.h 替换 SampleApp 目录下的同名文件。并将 CoordinatorEB 下载到节点 1，RouterEB 下载到节点 2、3、4 中。

第二步的具体步骤如下：

① 按下节点 1（协调器）的重启键，LCD 屏会显示网络号，而 LED3（黄灯）常亮说明网络建立成功。

② 分别按下节点 2、3、4 的重启键。等到 LED3（黄灯）常亮，并且在屏幕上出现设备类型和地址时，说明它已与协调器节点建立连接。

③ 连续按节点 2 的 SW2（右键），直到节点屏幕上出现"GROUP1"字样，其代表节点 2 只加入到组 1 中。

④ 连续按节点 3 的 SW2（右键），节点屏幕上出现"GROUP2"字样，其代表节点 3 只加入到组 2 中。

⑤ 节点 4 不用按键，节点 4 默认在组 1 和组 2 中。

第三步：按节点 1（协调器）的 SW1（上键），节点 1 的屏幕上出现"MSG 2 GROUP1"字样，其代表向组 1 中发送按键消息。这时，节点 2 和节点 4 的蜂鸣器会发出"嘀嘀嘀嘀"的声音，并且其 LED2 闪亮四次。

第四步：按节点 1 的 SW3（下键），节点 1 的屏幕上出现"MSG 2 GROUP2"字样，其代表向组 2 中发送按键消息。这时，节点 3 和节点 4 的蜂鸣器会发出"嘀嘀嘀嘀"的声音，并且其 LED2 闪亮四次。

（4）程序清单

1）按键处理函数的清单：

```
/*********************************************************************
 * 函数名        SampleApp_HandleKeys
 * 描述          按键处理函数，主要完成组消息发送，组间切换
 * 参数          uint16 flashTime：灯每次闪烁、蜂鸣器每次响的周期
 *               uint8 SAMPLEAPP_FLASH_GROUP 发送消息的组号
 * 返回值        无
 *********************************************************************/
void SampleApp_HandleKeys( uint8 shift, uint8 keys )
{
  (void)shift;  // Intentionally unreferenced parameter
  if ( keys & HAL_KEY_SW_1 )//上键，向组 1 发送消息
  {
SampleApp_SendFlashMessage( SAMPLEAPP_FLASH_DURATION, SAMPLEAPP_FLASH_GROUP1);
  }
    if ( keys & HAL_KEY_SW_3 )//下键，向组 2 发送消息
{
SampleApp_SendFlashMessage( SAMPLEAPP_FLASH_DURATION, SAMPLEAPP_FLASH_GROUP2);
  }
  if ( keys & HAL_KEY_SW_2 )
    // 组切换，如果设备当前在 1 组，则转入到 2 组
    // 如果当前在 2 组，则转入到 1 组
    // 如果当前既在 1 组，又在 2 组，则只在 2 组
  {
    aps_Group_t *grp1;
    grp1 = aps_FindGroup( SAMPLEAPP_ENDPOINT, SAMPLEAPP_FLASH_GROUP1 );
            // 节点是否在 1 组中
```

```
    if ( grp1 )  // 节点在 1 组，退出 1 组，加入 2 组
       {
      aps_RemoveGroup( SAMPLEAPP_ENDPOINT, SAMPLEAPP_FLASH_GROUP1 );
      aps_AddGroup( SAMPLEAPP_ENDPOINT, &SampleApp_Group2 );
      #if defined ( LCD_SUPPORTED )
              HalLcdWriteString( "GROUP2", HAL_LCD_LINE_6 );
      #endif
       }
    else  // 节点不在 1 组中，退出 2 组，转入到 1 组
       {
        aps_RemoveGroup( SAMPLEAPP_ENDPOINT, SAMPLEAPP_FLASH_GROUP2 );
        aps_AddGroup( SAMPLEAPP_ENDPOINT, &SampleApp_Group1 );
        #if defined ( LCD_SUPPORTED )
                HalLcdWriteString( "GROUP1", HAL_LCD_LINE_6 );
        #endif
       }
    }
}
```

## 2）节点发送信息函数的清单：

```
/***********************************************************************
 *  函数名        SampleApp_SendFlashMessage
 *  描述          向组中发送消息函数。通过信息中的 Cluster ID 执行相应操作
 *  参数          uint16 flashTime: 灯闪烁、蜂鸣器响的周期
 *               uint8 SAMPLEAPP_FLASH_GROUP 发送消息的组号
 *  返回值        无
 ***********************************************************************/
void SampleApp_SendFlashMessage( uint16 flashTime,uint8 SAMPLEAPP_FLASH_GROUP)
{
  uint8 buffer[3];
  buffer[0] = (uint8)(SampleAppFlashCounter++);
  buffer[1] = LO_UINT16( flashTime );
  buffer[2] = HI_UINT16( flashTime );

  if(SAMPLEAPP_FLASH_GROUP==SAMPLEAPP_FLASH_GROUP1)//ma
  {// 向组 1 发消息
     if ( AF_DataRequest( &SampleApp_Flash_DstAddr_Group1, &SampleApp_epDesc,
                       SAMPLEAPP_FLASH_CLUSTERID,
                       3,
                       buffer,
                       &SampleApp_TransID,
                       AF_DISCV_ROUTE,
                       AF_DEFAULT_RADIUS ) == afStatus_SUCCESS )
       { #if defined ( LCD_SUPPORTED )
          HalLcdWriteString( "MSG 2 GROUP1" , HAL_LCD_LINE_4 );
          // 在屏幕上显示向组 1 发送消息
        #endif
        }
     else
       {// Error occurred in request to send.
        }
  }
  else
  {// 向组 2 发消息
     if ( AF_DataRequest( &SampleApp_Flash_DstAddr_Group2, &SampleApp_epDesc,
```

```
                            SAMPLEAPP_FLASH_CLUSTERID,
                            3,
                            buffer,
                            &SampleApp_TransID,
                            AF_DISCV_ROUTE,
                            AF_DEFAULT_RADIUS ) == afStatus_SUCCESS )
      {#if defined ( LCD_SUPPORTED )
          HalLcdWriteString( "MSG 2 GROUP2" , HAL_LCD_LINE_4 );
        #endif
      }
    else
      {// Error occurred in request to send.
      }
  }
}
```

3）节点接收消息回调函数的清单：

```
/**************************************************************************
 *  函数名        SampleApp_MessageMSGCB
 *  描述          信息回调函数，处理来自其他设备的数据，通过信息中的 Cluster ID 执行相应操作
 *  参数          afIncomingMSGPacket_t *pkt，来自其他设备的消息包
 *  返回值        无
 **************************************************************************/
void SampleApp_MessageMSGCB( afIncomingMSGPacket_t *pkt )
{
 uint16 flashTime;
 switch ( pkt->clusterId )
 {
   case SAMPLEAPP_PERIODIC_CLUSTERID:// 心跳包 Cluster ID
     break;

   case SAMPLEAPP_FLASH_CLUSTERID:
       #if defined ( LCD_SUPPORTED )
       if(pkt->groupId==SAMPLEAPP_FLASH_GROUP1)// 接收到组 1 消息
               HalLcdWriteString( "MSG REV G1", HAL_LCD_LINE_4 );
       else
               HalLcdWriteString( "MSG REV G2", HAL_LCD_LINE_4 );
       #endif
     // 闪灯 Cluster ID，设备接收到组内其他设备消息后，蜂鸣器响四下、LED 灯闪四次
     flashTime = BUILD_UINT16(pkt->cmd.Data[1], pkt->cmd.Data[2] );// 闪灯频率
     HalLedBlink( HAL_LED_4, 4, 50, (flashTime / 4) );// 蜂鸣器
     HalLedBlink( HAL_LED_2, 4, 50, (flashTime / 4) );//LED 灯闪
     break;
  }
}
```

**3. 实验结果**

　　节点初始化后，并都加入到组 1 和组 2 中。通过按键选择，三个路由节点中，一个只在组 1 中，一个只在组 2，一个既在组 1，又在组 2 中。协调器通过按键分别向组 1 和组 2 中发送消息，组内设备接收到消息后，其灯闪烁并且蜂鸣器发声。

　　注：在本书实例程序中，节点模块在显示屏上显示的信息同时会发送到串口。如果读者使用的底板模块没有显示屏，则可以在串口调试助手中观察节点输出信息。

（1）节点模块及程序下载

给节点模块安装好蜂鸣器之后，将其分别编号为节点1、2、3、4。节点1下载的程序为协调器程序。其余三个下载路由器程序。按下节点1的重启键后，节点1会建立一个ZigBee网络，按下其余节点的重启键会依次令对应节点加入ZigBee网络。

（2）节点初始化，协调器向组1发送消息

节点初始化后，协调器向组1发送消息，具体如图6-40所示，在节点1屏幕的第一行上可以看到"ZigBee Coord"，它代表节点1的类型为协调器。屏幕第二行出现"NW ID：19"，它代表网络号ID为19。最后一行为"GROUP 1＋2"字样，它表示节点1既在组1，又在组2中。而节点2、3、4的屏幕上分别出现"Router：1"、"Router：143E"、"Router：287B"，它们代表其加入网络后对应的节点类型以及协调器的16位网络短地址。读者还可以看出三者的父地址分别为0，即协调器地址，且三者都在组1和组2中。

按下协调器的SW1（上键）后，协调器向组1发送消息，这时屏幕上显示"MSG 2 GROUP1"。由于节点2、3、4全在组1中，则它们的屏幕上会出现"MSG REV G1"字样，这代表组1的设备接收到了消息。这时，节点的LED2灯闪烁，蜂鸣器发声。

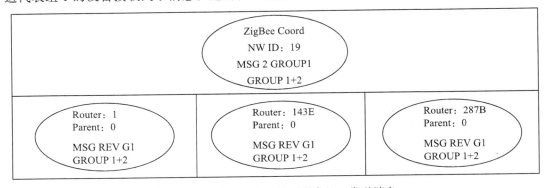

图6-40　节点初始化，协调器向组1发送消息

（3）节点分组后，协调器向组2发送消息

按下节点2和3的SW2（右键），分别使其只在组1和组2中。然后，按下协调器的SW2（下键），协调器会发送消息到组2中，如图6-41所示，这时组2中的节点3和节点4接收到消息，屏幕显示"MSG REV G2"。灯LED2闪烁并且蜂鸣器发声。图6-41中节点2显示的"MSG REV G1"字样还是代表上次协调器按下上键时，接收到的组1数据包。

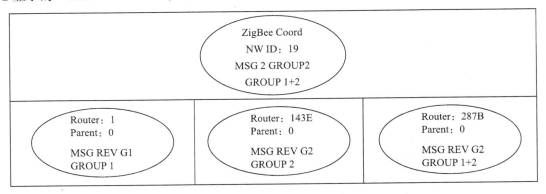

图6-41　节点分组后，协调器向组2发送消息

（4）节点分组后，协调器向组 1 发送消息

按下协调器的 SW1（上键），协调器会发送消息到组 1 中，如图 6-42 所示，这时组 1 中的节点 2 和节点 4 接收到消息，屏幕显示"MSG REV G1"。灯 LED2 闪烁并且蜂鸣器发声。图 6-42 中节点 3 显示的"MSG REV G2"字样还是代表上次协调器按下键时，接收到的组 2 数据包。

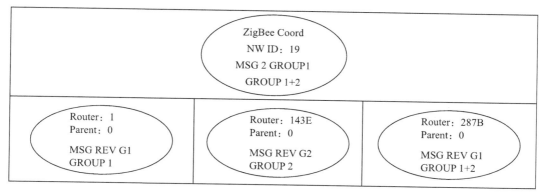

图 6-42　节点分组后，协调器向组 1 发送消息

（5）多个端点组播问题

上文中的实验只使用了一个端点，在实际中编者可能需要对多个端点进行分组管理。多个端点的组播问题可以用下面一个例子说明。例如，一个路灯控制系统的节点 A 的网络短地址为 0x5F5F，该系统具有一个光照传感器和一个路灯控制开关。远程节点需要获取光照传感器数值，并对数据进行分析，然后控制路灯开关。节点的光照传感器和路灯控制开关分别注册在端点 10 和 50 上，如果远程节点获取到了传感器数据，则向节点 A 发送短地址为 0x5F5F、端点号为 10 的数据包，此时建立在端点 10 上的数据处理函数进行传感数据获取操作，而端点 50 则不会接收到数据包，也不会进行相应操作。如果用远程节点控制路灯，则向节点 A 发送短地址为 0x5F5F、端点号为 50 的数据包，此时建立在端点 50 上的数据处理函数会控制路灯开关，而端点 10 不会接收到控制数据。如果网络中有多个路灯控制节点，则需要实现对特定组的路灯进行光照传感数据获取或路灯控制。如此，程序就需要在组播过程中使用两个端点。

要使用这两个端点，就应该再定义一个端点及端点描述符，并向 AF 层注册，具体过程如下：

```
#define SAMPLEAPP_MY_ENDPOINT     21
endPointDesc_t SampleApp_My_epDesc;// 定义一个端点描述符
```

在 SampleApp_Init 函数中进行初始化并向 AF 层注册：

```
SampleApp_My_epDesc.endPoint = SAMPLEAPP_MY_ENDPOINT;
SampleApp_My_epDesc.task_id = &SampleApp_TaskID;
SampleApp_My_epDesc.simpleDesc= (SimpleDescriptionFormat_t *)&SampleApp_
SimpleDesc;
SampleApp_My_epDesc.latencyReq = noLatencyReqs;
afRegister( &SampleApp_My_epDesc);//AF 层注册端点函数
```

与单个端点加入组一致，节点使用 aps_RemoveGroup 和 aps_AddGroup 进行端点分组

管理。编者通过实验发现，如果一个节点的两个端点位于同一分组中，组播消息会先后发送到这两个端点上。例如，节点1的端点号20和21都被加入到组2中。节点2端口号20加入到组1中，端口号21加入到组2中。当存在目的组地址为组2的消息时，节点1会先后收到发向端点21和20的消息。节点2只会收到发向端点21的消息。

在 SampleApp_MessageMSGCB 函数中，加入以下语句对发送到目的端点的消息进行判断及响应：

```
if(pkt->endPoint== SAMPLEAPP_ENDPOINT)// 目的地址为端点 0 的消息
{
    HalLedBlink( HAL_LED_4, 4, 50, (flashTime / 4) );// 蜂鸣器
    HalLcdWriteString( "MSG EP 20", HAL_LCD_LINE_5 );
}
else// 目的地址为端点 1 的消息
{
    HalLedBlink( HAL_LED_2, 4, 50, (flashTime / 4) );//LED 灯闪
    HalLcdWriteString( "MSG EP 21", HAL_LCD_LINE_5 );
}
```

编者使用 Packet Sniffer 工具抓取了两个协调器发向不同组的多播数据包。

①组1、端点＝20的数据包如图6-43所示。

| P.nbr. | APS Frame control field | | | | | APS Group Address | APS Cluster Id | APS Profile Id | APS Src. Endpoint | APS Counter | APS Payload 26 E8 |
|---|---|---|---|---|---|---|---|---|---|---|---|
| RX 18 | Type | Del.mode | Ack.fmt | Sec | Ext.hdr | 0x0001 | 0x0002 | 0x0F08 | 0x14 | 5 | 03 |
| | Data | Group | 0 | 0 | 0 | | | | | | |

图 6-43　组 1、端点＝20 的数据包

②组2、端点＝21的数据包如图6-44所示。

| P.nbr. | APS Frame control field | | | | | APS Group Address | APS Cluster Id | APS Profile Id | APS Src. Endpoint | APS Counter | APS Payload 27 E8 |
|---|---|---|---|---|---|---|---|---|---|---|---|
| RX 24 | Type | Del.mode | Ack.fmt | Sec | Ext.hdr | 0x0002 | 0x0002 | 0x0F08 | 0x15 | 6 | 03 |
| | Data | Group | 0 | 0 | 0 | | | | | | |

图 6-44　组 2、端点＝21 的数据包

由于篇幅限制，编者不再对两个端点的组播实验步骤和结果做出陈述。这部分内容，读者可参考本书附带的源程序进行了解。

4. 实验问题

问题1：网络寻址有几种模式？ZigBee网络短地址有几种类型？它们分别代表什么意思？端点地址是什么？与网络地址有什么不同？ZigBee网络中有哪些常见地址？ZigBee网络中的地址与TCP/IP通信协议中的MAC地址、IP地址、端口地址以及寻址模式又有什么区别和联系？

问题2：读者能够依据上述组播通信，实现单播通信、广播通信吗？单播通信有哪两种常见的方式？其中的一种方式又能够分为两类，两者之间的区别和联系又是什么？

提示：Z-Stack 地址模式定义：

```
typedef enum
{
    afAddrNotPresent = AddrNotPresent, // 依照绑定表进行绑定通信
    afAddr16Bit      = Addr16Bit, // 指定网络地址进行单播传输
    afAddr64Bit      = Addr64Bit, // 指定 IEEE 地址进行单播通信
```

```
    afAddrGroup         = AddrGroup, // 组播通信
    afAddrBroadcast     = AddrBroadcast/ 广播通信
} afAddrMode_t;
```

// 本节中设置地址模式为组播

```
SampleApp_Flash_DstAddr_Group1.addrMode = (afAddrMode_t)afAddrGroup;
```

**问题 3**：端点的概念是什么？一个应用层数据包必须包含端点地址吗？端点与 ZigBee "节点" 有什么区别，端点地址又是怎么分配的？在 Z-Stack 程序中，怎么为一个设备端点建立任务、端点描述符，以及如何注册端点描述符并向协议栈底层说明消息应交由这个端点的数据处理任务函数？

**问题 4**：本节实例中的组播过程只是使用了一个端点，请读者尝试使用多个端点号，并通过实验验证 AF_DataRequest 消息发送函数中参数组地址中的端点号，以及源地址描述符对多端点多播通信的影响。

**问题 5**：在本节的实验中，组的切换是通过按键选择来实现的。读者能够完成在协调器中心节点发送命令包以对网络中节点设备进行切分的任务吗？本节实验没有考虑设备不在任何分组中的情况，并且在切换后，设备只能加入一个组，读者能够想出一个更好的分组管理方式吗？

# 第 7 章 基于 ZigBee 技术的无线工控网络系统

本章主要介绍一种基于 ZigBee 技术的无线工业控制网络系统。该系统应用于工业缝制设备状态和服装生产线的动态监管。无线工控网络主要是指利用计算机技术、电子技术、无线网络技术将生产设备或其他设备互相连接形成一个控制网络，以使工厂生产和制造过程更加自动化、效率化、精确化，并具有可控性及可视性。

## 7.1 系统介绍

随着信息通信技术的发展和物联网产业的不断壮大，装备制造业机器物联（机器对机器，M2M）成为国内外企业和科研机构的重点研发方向。在充分比较、研究国内外传感/物联网技术和应用的基础上，基于 ZigBee 技术的无线工控网络系统跳出了缝制设备的简单物联研发，从服装厂整条缝制设备生产线的角度，来研发缝制设备生产线所需的物联关键技术，并提出了基于 ZigBee 技术的无线数据采集和传输的解决方案，其既能监测单台设备的工作状态，又能获悉整条生产线甚至整个企业的实时生产状态。一个企业中的设备组成一个物联网络后，远程控制中心就可以集中地监管设备状态和企业生产过程，这对整个企业的设备资产和生产过程管理都具有重要意义。工业现场控制网络已成为现代制造业自动化系统中十分重要和关键的部分。

该系统的突出特点在于以 ZigBee 技术为核心的无线工控网络替代传统有线的工控网络。与有线工控网络相比，无线工控网络系统具有以下显著特点：

① 综合成本低，无须布线，部署快速、方便，特别适合室外距离较远及已完成装修的场合。在许多情况下，有线网络、有线传输的布线工程会受到地理环境和工作内容的限制，如山地、港口和开阔地等特殊地理环境。这对有线施工带来了极大的不便，并且施工周期长。无线工控网络能够摆脱线缆的束缚，具有安装周期短、维护方便、扩容能力强，迅速收回成本的优点。

② 即插即用，组网灵活，可扩展性好。管理人员能够迅速将

新的无线监控点加入到现有网络。无线工控网络能够根据应用需要，在较短时间内完成重新部署。

但是，无线工控网络在网络吞吐量和可靠性方面，较传统的有线工控网络还是存在一定差距。不过，随着无线通信技术的快速发展，这些劣势在不断缩小。

目前，常见的一些无线传输技术有：无线交换技术、网状网络技术以及智能天线等。常见的无线传输标准有：ZigBee（IEEE802.15.4）、超宽带（UWB，IEEE802.15.3a，802.15.4a）和 WiMax（IEEE802.16，Intel 提出）。与其他两种标准相比，基于 IEEE 802.15.4 的 ZigBee 无线通信技术具有不必采用主电源方式供电、低功耗且使用寿命长的优点，很适合工业自动化、智能家居方面的应用。

根据系统需求及缝制设备的工作状况，本项目提出缝制设备健康管理系统的概念。基于 ZigBee 技术无线工控网络的缝制设备管理系统包括生产线管理、数据统计、告警信息检测和网络拓扑管理、RFID 电子工票等五个模块，本系统实现了对缝纫机设备的实时监控、动态信息告警、预测等功能，能够在系统中动态地建立逻辑生产车间、生产小组、产品线等。这与实际的生产环境相对应，有利于用户更快、更好地监控生产环境。数据统计功能使用户可以实时查看和跟踪系统运行状态及生产效率，有利于用户及时地调整设备状况，提高生产效率。RFID 电子工票代替纸质条码工票实时采集生产数据，向用户提供缝制设备整机和部件失效的判定标准、机器保养和维修的建议。

监控系统按照采集数据信息流程可以分为三个子系统：缝制设备控制系统、传感器网络采集系统和后台监控服务系统。

- 缝制设备控制系统，主要获取缝制设备原始的参数数据，通过传感器节点上传到传感器网络采集系统。
- 传感器网络采集系统，用于采集、传输相关参数数据，并通过网关系统，汇集到后台监控服务系统。
- 后台监控服务系统，主要对缝制设备和传感器网络上传的数据进行处理、统计、分析和展示。

该系统具有以下创新点：物联网与工业化的创新结合，互联网和传感网的深度融合；ZigBee 技术的大规模部署和应用，自组织和可扩展性组网、多网络、多信道、高可靠、大规模网络的典型示范；网络动态的可视化管理、缝制设备和生产流程的精细化监管，提高生产率；生产线设计、设备绑定、发布、监控、统计分析的功能；缝制设备的工作状态、智能维护、预警功能；基于 RFID 技术的服装生产线监控具有产品统计报表、智能跟踪、生产线工序的平衡度功能；为后期生产线的维护提供决策支持；为服装 ERP 系统提供接口和支持。

该系统是基于物联网的新一代工业缝制设备监管系统，具有设备安装简单、免现场布线、灵活性高、实时监控、实用性等特点。该系统的研发及应用能增强企业生产的自动化程度，扩展无线传感器网络的应用范围，并能够在多个领域广泛使用。

同时，该系统能够促进 ZigBee 技术在工业、家居生活、军事领域等方面的应用，如监控照明、HVAC 和写字楼安全；配合传感器和激励器对制造、过程控制、农田耕作、环境及其他区域进行工业控制；对油气生产、运输和勘测进行管理、控制、数据采集及其他遥感勘测；对病患、设备及设施进行医疗和健康监控；在军事应用方面，其包括对战场的监视和机器人的控制；配合传感器网络报告汽车所有系统的状态。

## 7.2 系统演示

本节主要介绍无线工业缝制设备监管系统的用户展示界面和实际网络部署应该注意的问题。

### 1. 界面展示

缝制设备监控系统实现了对缝纫机设备的实时监控、动态信息告警、预测等功能，并能够动态地建立生产车间、生产小组，以及创建产品线等，与实际的生产环境相对应，这有利于用户更快、更好地监控生产环境。数据统计功能使用户可以实时地查看和跟踪系统的运行状态及生产效率，以利于用户及时调整设备状况，提高生产效率。以下简单地介绍系统的功能和界面。图7-1所示是用户主界面，图7-2所示是计件统计、时间统计、平衡统计和针数统计的统计视图，图7-3所示是实时数据界面，其向用户展示了缝制设备实时的数据。

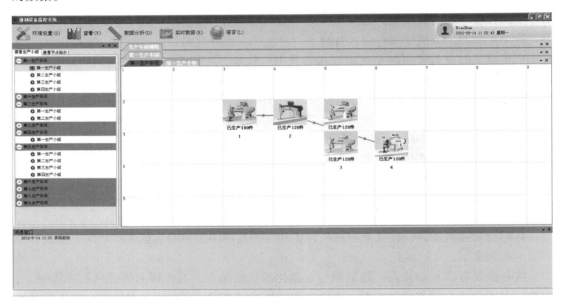

图 7-1 用户主界面

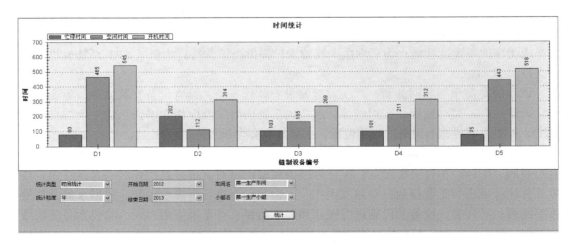

图 7-2 统计视图

| | 设备ID | 总针数 | 总件数 | 单价（元） | 产值（元） |
|---|---|---|---|---|---|
| ▶ 1 | 8 | 0 | 12 | 0.15 | 1.8 |
| 2 | 9 | 0 | 14 | 0.15 | 2.1 |
| 3 | D1 | 160 | 190 | 0.15 | 28.5 |
| 4 | D10 | 120 | 120 | 0.15 | 18 |
| 5 | D2 | 120 | 120 | 0.15 | 18 |
| 6 | D3 | 120 | 120 | 0.15 | 18 |
| 7 | D4 | 120 | 120 | 0.15 | 18 |
| 8 | D5 | 120 | 120 | 0.15 | 18 |
| 9 | D6 | 120 | 120 | 0.15 | 18 |
| 10 | D7 | 120 | 120 | 0.15 | 18 |
| 11 | D8 | 120 | 120 | 0.15 | 18 |
| 12 | D9 | 120 | 120 | 0.15 | 18 |

图 7-3　实时数据

**2. 网络部署**

在工业现场进行 ZigBee 无线网络部署，特别是在网络节点数目很多、工业环境复杂的情况下，如何在有限的空间内进行网络部署，且既要保证网络的覆盖面大，又要保证网络丢包率小，这显得尤为重要。在部署节点时，尽量将 ZigBee 终端节点放置在空旷的地方。如果部署环境是工作车间，尽量把节点天线裸露在控制箱外面。节点密度要均匀，以防止出现掉电断网的极端情况。在实际的应用中，部署要考虑环境的因素、保证节点的完整性等问题。读者应学会从工作中总结经验技巧，把网络部署合理。

# 7.3　系统实现

项目创造性地将无线工控网络技术运用到了缝制设备行业，并提出了缝制设备健康监控系统的概念，同时完成了系统的总体设计、功能设计以及数据交互格式设计。

## 7.3.1　系统总体设计

本系统利用智能传感器技术，开发相关嵌入式软件，实现智能化的数据采集、数据处理等功能。系统网络总体结构如图 7-4 所示。

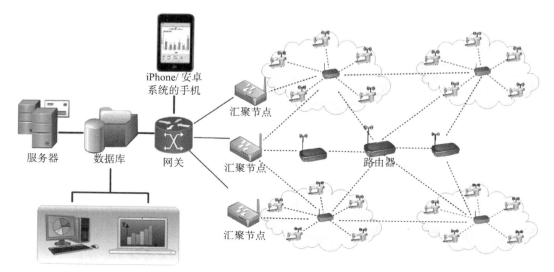

图 7-4　无线工控系统网络结构图

系统可以分成两大部分：一部分是 ZigBee 网络；另一部分是控制端，其包括现场控制端、远程控制端以及移动控制端。ZigBee 网络部分可以是一个企业的各个厂房，厂房中安装有各种工业设备，每个设备通过控制箱设备与 ZigBee 终端节点经串口连接通信。由此，一个厂房的各个设备之间，各个厂房之间通过单跳或者多跳方式构成了一个覆盖整个企业的 ZigBee 网络；缝制设备将采集的信息经过路由节点传送到汇聚节点。汇聚信息通过网关上传到系统服务器。网关将 ZigBee 网络与服务器连接起来，它是整个系统通信的枢纽。且网关与后台服务器直接通过数据库接口的方式进行通信。服务器监控软件访问数据库以完成采集数据分析统计和信息可视化。而移动智能终端则以 WiFi 无线方式通过网关接入访问数据库。

另外，系统监管人员可通过发送上层设置命令快速、便捷地实现缝制设备的相关控制、软件升级等。在需要的情况下，不同地区的企业之间乃至全国装有系统设备的企业之间，还可通过互联网、3G 网络构成庞大的控制网络。用户同时利用移动手持终端，还能够实现随时、随地的信息获取与状态监控，以使整个系统成为能集远程监管控制、信息收集、故障检测排除等于一体的立体化网络控制系统。

缝制设备监控系统包括生产线管理、数据统计、告警信息检测和网络拓扑管理等四个模块（如图 7-5 所示）。

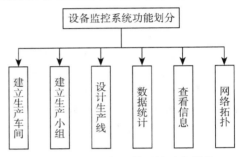

图 7-5　缝制设备监控系统功能结构

系统中负责信息采集和传输的 ZigBee 网络是系统的关键部分，ZigBee 网络中节点的功能如图 7-6 所示。

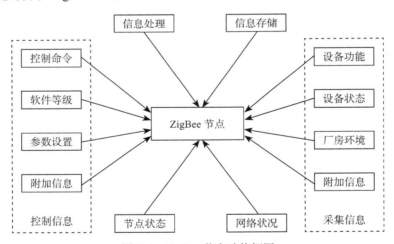

图 7-6　ZigBee 节点功能框图

ZigBee 网络节点与设备相连，一方面采集设备、厂房等信息，并接收控制端发来的控制命令、参数配置、软件升级等信息；另一方面对采集信息、控制信息进行处理存储，同时汇报自己的状态信息、所处的网络状况等。

### 7.3.2　系统数据交互协议

数据交互协议设计在项目开发过程中至关重要，它关系到系统功能实现以及可靠性。

底层 ZigBee 网络采集到的缝纫机数据通过网关系统上传到后台数据库中，这就完成了数据的采集过程，而通过预先定义好的交互协议及格式可完成对数据的分析处理。

为了保证能进行可靠的数据传输，后台系统和网关系统采用了面向可靠连接的 TCP/IP 通信模式，并制定了严格的数据交换协议。

协调器节点与 PC 端通信的报文协议格式如表 7-1 所示。

表 7-1　协调器节点与 PC 端通信的报文协议格式

| 前导帧 OXFE | 数据包总长度 | 命令类型 | 网络 ID 号 | 频道号 | 源地址 | 数据负载长度 | 数据 | FCS 校验序列 |
|---|---|---|---|---|---|---|---|---|

根据上述报文协议格式，下面给出具体报文格式，其字段含义如表 7-2 所示。

表 7-2　报文协议字段内容含义

| 字段 | 类型 | 长度 | 取值 | 作用 |
|---|---|---|---|---|
| 前导帧 | Char | 一个字节 | 0xFE | 用于标识一个数据帧的开始 |
| 数据包长度 | Char | 一个字节 | 0x00 ～ 0xFF | 标识从命令类型到 FCS 校验序列（包括 FCS 校验序列）的总长度，以字节为单位 |
| 命令类型 | Char | 一个字节 | 0x00 ～ 0xFF | 长度为一个字节，用于标识该数据包的作用 |
| 网络 ID 号 | Char | 两个字节 | 0x0000 ～ 0xFFFF | 用于标识该数据包来自的网络 |
| 频道号 | Char | 一个字节 | 0x00 ～ 0xFF | 用于标识该数据包所在网络的频道 |
| 源地址 | Char | 两个字节 | 0x0000 ～ 0xFFFF | 用于标识该数据包发过来的终端源地址 |
| 数据负载长度 | Char | 一个字节 | 0x00 ～ 0xFF | 长度为一个字节，用于标识数据字段的总长度，单位为字节 |
| 数据负载 | Char | 不定长 | | 实际的数据负载 |
| FCS 校验序列 | Char | 一个字节 | 0x00 ～ 0xFF | 记录从数据包总长度字段到数据字段的总校验和 |

1. PC 与缝制设备控制箱的数据交换序列

1）周期上报数据包如图 7-7 所示。

图 7-7　周期上报数据包

2）告警信息包如图 7-8 所示。

图 7-8　告警信息包

3）开关机自动上报数据包如图 7-9 所示。

图 7-9　开关机自动上报数据包

4）命令数据包与应答命令数据包如图 7-10 所示。

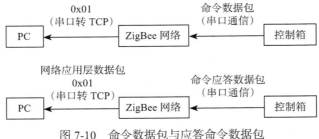

图 7-10　命令数据包与应答命令数据包

5）查询数据包与应答查询数据包如图 7-11 所示。

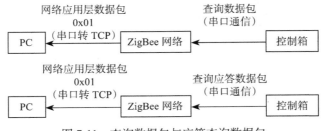

图 7-11　查询数据包与应答查询数据包

2. PC 与 ZigBee 网络的数据交换协议

1）拓扑信息如图 7-12 所示。

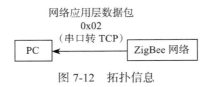

图 7-12　拓扑信息

在 ZigBee 网络与 PC 设备之间传送的数据包中，0x01 代表缝纫设备控制箱数据，0x02 代表 ZigBee 网络拓扑信息。

2）系统启动询问连接是否成功。

PC 端网关服务程序启动后，不断向协调器发送询问消息。协调器收到这个固定内容的报文之后，立刻回复 PC 端，以表明双方通信链路已经建立，可以进行通信。

通信过程如下：

PC → ZigBee 协调器："0xFE 0x09 0x03 0x00 0x00 0x00 0x00 0x00 0x01 0x00 0x0B"；

ZigBee 协调器→ PC："0xFE 0x09 0x03 0x00 0x00 0x00 0x00 0x00 0x01 0x00 0x0B"。

### 7.3.3　ZigBee 网关实现

ZigBee 系统分为三个部分：一部分是 ZigBee 网络，它负责数据采集、网络转发和数据上报、下载等功能，是整个系统的数据源部分；另一部分是 PC 客户端，负责对收上来的数据进行分析、统计并发送命令对缝制设备进行控制；还有一部分是连接 ZigBee 网络和 PC 端之间的网关，它根据前面介绍的协议格式负责数据封包、解包、数据库插入和串口转以太网协议等。

网关起承上启下的作用，是两个部分的连接桥梁，这部分既有软件实现，也有硬件设计。网关硬件连接架构如图 7-13 所示，网关硬件实物图如图 7-14 所示。

网关为编者自主设计的，其处理器采用的是 ARM 9 控制器，并运行 Linux 嵌入式操作系统，以完成资源分配和任务调度。作为数据采集节点的 CC2530 最小模块被集成到网关中，并通过串口将数据发送至 ARM 核心板。采集到的数据既可通过以太网也可通过 WiFi 无线方式发送到 PC 端。EEPROM 暂时保存采集数据。

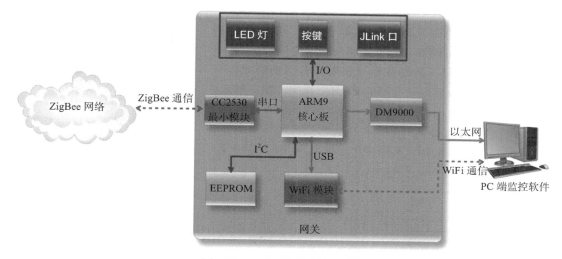

图 7-13　网关硬件连接架构图

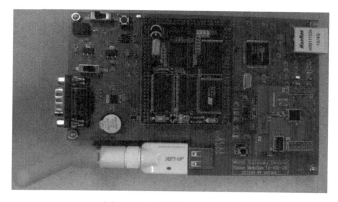

图 7-14　网关硬件实物图

### 7.3.4　ZigBee 网络的实现

本系统的 ZigBee 网络是一个 MESH 全路由节点网络，即只有一个节点是协调器，其他全为路由节点。在编者实现的 ZigBee 网络中，路由节点既作为传感器数据采集节点，又作为数据转发节点。协调器节点作为整个数据网络汇聚节点，它负责整个 ZigBee 网络的建立与运行，向或从网关设备上上传或接收数据。

传感器节点是 ZigBee 网络的终端节点。ZigBee 节点与缝制设备通过工控箱连接，如图 7-15 所示，终端节点与缝制设备控制箱通过串口连接。传感器节点主要完成的任务有：

上传拓扑信息，为 PC 端绘制网络拓扑提供必要支持；根据自身工作状态选择合适的休眠策略，以节省系统资源；接收设备控制箱的数据信息，并组包上传；接收来自 PC 端发送的下行控制信息并转发到控制箱。7.3.2 节中的系统交互协议介绍说明了传感器节点与控制箱的详细通信过程。

图 7-15　ZigBee 节点与缝制设备通过工控箱连接

协调器节点和路由节点共用同一套代码。在系统初始时，读者选择一上电节点并通过按键将其作为协调器运行。协调器建立 ZigBee 网络，随后启动的节点会扫描该网络并尝试加入。节点成功作为路由节点加入网络后，会采集、转发数据。如果加入网络失败，节点将作为协调器建立一个新的 ZigBee 网络。协调器将收集到的信息上传到网关部分。网络中的节点如果在运行过程中出现掉电情况，将不会再执行网络中的任务。图 7-16 是 ZigBee 网络建立过程。

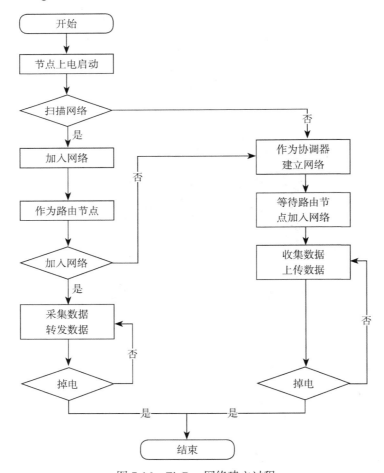

图 7-16　ZigBee 网络建立过程

项目初期，编者围绕本系统的应用需求做了一系列关于无线工控网络的可行性实验。

这些实验涉及 ZigBee 网络实现的一些关键技术。关于无线工控网络系统的 ZigBee 网络实现部分，联系第 6 章和第 8 章内容，读者可以思考以下几个问题：

① 如果开始项目，读者怎样利用 TI 提供的 Z-Stack 协议栈建立一个新的工程，可从哪里开始编写属于读者"自主产权"的第一行代码。

② ZigBee 网络究竟是如何组网的，协调器、路由器、终端节点通信流程究竟是如何进行的，这是 ZigBee 学习开发不得不说的话题。

③ 在实际开发过程中，除了 IAR 开发环境，还有没有其他的工具可用来追踪程序运行。

④ 在服装生产过程中，读者怎样采集工人的完成件数等生产信息和厂房温度、湿度等环境信息，并将这些信息可靠转发？

⑤ 为保证敏感的生产数据信息安全传输，读者可怎样对传输内容进行加密？

⑥ 厂房中可能有各种类型的设备，如缝制设备、熨烫设备，甚至缝制设备也可能用于完成不同的工序。读者应该怎样利用 ZigBee 网络技术分组管理相同类型的设备？

⑦ 读者怎样测得 ZigBee 芯片功率，并降低功耗？

⑧ 厂房中的噪声、电磁等因素会对无线传感器网络信号造成干扰，读者怎样取得这些干扰的参考信息，并对网络进行一定的优化？

⑨ 要确保从缝制设备上传来的信息及时可靠，读者是否需要对发送速率进行评估？

⑩ ZigBee 最小模块是连接在缝制设备控制箱上的，因此，低功耗也是重要的考量因素。

⑪ 读者应该如何利用 ZigBee 网络的多信道、多网络技术扩大 ZigBee 网络的规模。

# 第 8 章 ZigBee 技术关键问题研究

本章探讨内容为 ZigBee 无线传感器网络性能提升方面的高级话题，以供读者深入学习研究 ZigBee 技术：如何降低节点功耗，可参见 8.1 节和 8.2 节；如何分析网络性能，可参见 8.2 节；如何评估外界环境对 ZigBee 网络干扰，可参见 8.2 节和 8.3 节。如何搭建多信道网络，可参见 8.4 节。

## 8.1 调整 ZigBee 网络节点发射功率

低功耗是 ZigBee 网络的主要特点，传感器节点通常由电池供电，有的节点甚至在许多年内只使用一节电池供电。因此，超低功耗设计技术显得至关重要。降低功耗的方法主要是减少在空闲状态和通信状态下的能量消耗。在通信状态下，节点发射功率直接影响节点间的通信距离，因此根据节点间的距离合理地调节发射功率对于节点功耗的降低具有重要意义。

1. 实验目的与器材

（1）实验目的

本实验将利用 Z-Stack 2007 协议栈构建一个简单的点对点通信网络。该网络仅有协调器和终端两个节点，通过动态调整两个设备的发射功率，测量出在空旷环境中，发射功率对通信距离的直接影响，同时为了使实验结果对 ZigBee 网络具有参考意义，仍然需要协调器自动形成一个网络，并允许终端节点的加入；这样做可以为后续更复杂的实验留有扩展的余地。

（2）实验器材

两个 CC2530 开发模块（1 个协调器节点和 1 个终端节点，它们都具有液晶显示屏）。

2. 实验原理与步骤

（1）实验原理

1）CC2530 芯片的 RF 输出功率。

在 CC2530 的芯片中，RF 输出功率由 TXPOWER 寄存器的 7 位值和 TXCTRL 寄存器控制，如表 8-1 和表 8-2 所示。

表 8-1    TXPOWER（0x6190）——控制输出功率

| 位号码 | 名称 | 复位 | R/W | 描述 |
|---|---|---|---|---|
| 7:0 | PA_POWER[7:0] | 0×F5 | R/W | PA 功率控制。<br>注意：转到 TX 之前，必须更新该值。推荐值请参考 CC2530<br>数据手册或后续表 |

表 8-2    TXCTRL（0x0x6191）——控制 TX 设置

| 位号码 | 名称 | 复位 | R/W | 描述 |
|---|---|---|---|---|
| 7 | — | 0 | R0 | 保留 |
| 6:4 | DAC_CURR[2:0] | 10 | R/W | 改变 DAC 的电流 |
| 3:2 | DAC_DC[1:0] | 01 | R/W | 根据 TX 混合器调整 DC 水平 |
| 1:0 | TXMIX_CURRENT[1:0] | 0x01 | R/W | 发送混合器内核的电流，电流随着设置的增加而增加 |

其中，TXPOWER 寄存器的典型值可以如表 8-3 所示，设置值只是所有可能的寄存器设置的一个很小的子集。

表 8-3    典型功率设置及电流消耗

| TX POWER 寄存器设置 | 典型输出功率 /dBm | 典型消耗电流 /mA | TX POWER 寄存器设置 | 典型输出功率 /dBm | 典型消耗电流 /mA |
|---|---|---|---|---|---|
| 0xF5 | 4.5 | 34 | 0x65 | −10 | 25 |
| 0xE5 | 2.5 | 31 | 0x55 | −12 | 25 |
| 0xD5 | 1 | 29 | 0x45 | −14 | 25 |
| 0xC5 | −0.5 | 28 | 0x35 | −16 | 25 |
| 0xB5 | −1.5 | 27 | 0x25 | −18 | 24 |
| 0xA5 | −3 | 27 | 0x15 | −20 | 24 |
| 0x95 | −4 | 26 | 0x05 | −22 | 23 |
| 0x85 | −6 | 26 | 0x05 和 TXCTRL = 0x09 | −28 | 23 |
| 0x75 | −8 | 25 | | | |

2）Z-Stack 中进行发射功率初始化。

在 Z-Stack 中，输出功率的初始化和设置在 MAC 层，其中在 MAC 文件夹的 Low Level → Common 的 mac_radio.c 中的 macRadioInit（void）函数设置了发射功率的初始值，具体代码如下：

```
MAC_INTERNAL_API void macRadioInit(void)
{
    /* 由该模块变量初始化 */
    reqChannel    = MAC_RADIO_CHANNEL_DEFAULT;
    macPhyChannel = MAC_RADIO_CHANNEL_DEFAULT;
    reqTxPower    = MAC_RADIO_TX_POWER_INVALID;
    macPhyTxPower = MAC_RADIO_TX_POWER_INVALID;
}
```

而宏 MAC_RADIO_TX_POWER_INVALID 的定义，在 MAC → Low level → System 文件夹的 mac_radio_defs.h 中。

3）发射功率的动态修改。

当需要动态修改发射功率时，应调用 mac_radio.c 中的 macRadioSetTxPower () 函数，代码如下：

```
#ifndef HAL_MAC_USE_REGISTER_POWER_VALUES
/* - - - - - - - - - - - - - - - - - - - - - - - - - - - - - - - - - - - - */

MAC_INTERNAL_API void macRadioSetTxPower(uint8 txPower)
{
  halIntState_t  s;
#if defined MAC_RUNTIME_CC2591 || defined MAC_RUNTIME_CC2590
  const uint8 CODE *pTable = macRadioDefsTxPwrTables[macRadioDefsRefTableId >>
4];
#elif defined HAL_PA_LNA || defined HAL_PA_LNA_CC2590
  const uint8 CODE *pTable = macRadioDefsTxPwrTables[0];
#else
  const uint8 CODE *pTable = macRadioDefsTxPwrBare;
#endif

  /* 如果选的 dBm 值越界，用最近值 */
  if ((int8)txPower > (int8)pTable[MAC_RADIO_DEFS_TBL_TXPWR_FIRST_ENTRY])
  {
    /* 大于基值，在表范围之外 */
    txPower = pTable[MAC_RADIO_DEFS_TBL_TXPWR_FIRST_ENTRY];
  }
  else if ((int8)txPower < (int8)pTable[MAC_RADIO_DEFS_TBL_TXPWR_LAST_ENTRY])
  {
    /* 小于最小值，在表范围之外 */
    txPower = pTable[MAC_RADIO_DEFS_TBL_TXPWR_LAST_ENTRY];
  }

  /*
   * 用全局变量 reqTxPower，这个变量由函数 macRadioUpdateTxPower() 使用来写入无线电寄存器
   * 一个查找表用来将能级转换成寄存器的值

   */
  HAL_ENTER_CRITICAL_SECTION(s);
  /* 当计算能量寄存器表的下标时，要做类型转换，用有效的方法转换
   */
  {
    uint8 index = pTable[MAC_RADIO_DEFS_TBL_TXPWR_FIRST_ENTRY] - txPower
      + MAC_RADIO_DEFS_TBL_TXPWR_ENTRIES;
    reqTxPower = pTable[index];
  }
  HAL_EXIT_CRITICAL_SECTION(s);

  /* 更新无线电的能量设置 */
  macRadioUpdateTxPower();
}

#else
/* - - - - - - - - - - - - - - - - - - - - - - - - - - - - - - - - - - - - */

MAC_INTERNAL_API void macRadioSetTxPower(uint8 txPower)
{
  halIntState_t  s;
```

```
    /* same as above but with no lookup table, use raw register value */
    HAL_ENTER_CRITICAL_SECTION(s);
    reqTxPower = txPower;
    HAL_EXIT_CRITICAL_SECTION(s);

    /* update the radio power setting */
    macRadioUpdateTxPower();
}


#endif
```

而真正负责修改发射功率的是 macRadioUpdateTxPower()。同时在 mac_radio_defs.c 中定义了 HAL_MAC_USE_REGISTER_POWER_VALUES，以选择是否使用推荐值；其中推荐值表也在其中定义，如下：

```
const uint8 CODE macRadioDefsTxPwrBare[] =
{
   3,   /* 首项传输功率级 */
   (uint8)(int8)-22, /* 末项传输功率级 */
   /*   3 dBm */   0xF5,   /* characterized as  4.5 dBm in datasheet */
   /*   2 dBm */   0xE5,   /* characterized as  2.5 dBm in datasheet */
   /*   1 dBm */   0xD5,   /* characterized as  1   dBm in datasheet */
   /*   0 dBm */   0xD5,   /* characterized as  1   dBm in datasheet */
   /*  -1 dBm */   0xC5,   /* characterized as -0.5 dBm in datasheet */
   /*  -2 dBm */   0xB5,   /* characterized as -1.5 dBm in datasheet */
   /*  -3 dBm */   0xA5,   /* characterized as -3   dBm in datasheet */
   /*  -4 dBm */   0x95,   /* characterized as -4   dBm in datasheet */
   /*  -5 dBm */   0x95,
   /*  -6 dBm */   0x85,   /* characterized as -6   dBm in datasheet */
   /*  -7 dBm */   0x85,
   /*  -8 dBm */   0x75,   /* characterized as -8   dBm in datasheet */
   /*  -9 dBm */   0x75,
   /* -10 dBm */   0x65,   /* characterized as -10  dBm in datasheet */
   /* -11 dBm */   0x65,
   /* -12 dBm */   0x55,   /* characterized as -12  dBm in datasheet */
   /* -13 dBm */   0x55,
   /* -14 dBm */   0x45,   /* characterized as -14  dBm in datasheet */
   /* -15 dBm */   0x45,
   /* -16 dBm */   0x35,   /* characterized as -16  dBm in datasheet */
   /* -17 dBm */   0x35,
   /* -18 dBm */   0x25,   /* characterized as -18  dBm in datasheet */
   /* -19 dBm */   0x25,
   /* -20 dBm */   0x15,   /* characterized as -20  dBm in datasheet */
   /* -21 dBm */   0x15,
   /* -22 dBm */   0x05    /* characterized as -22  dBm in datasheet */
};
```

因此，只需要在修改发射功率时调用 macRadioSetTxPower() 函数，传入的参数是单位为 dBm 的功率值。

（2）程序流程

程序流程如下：

① 协调器节点在网络建立之后，监听终端节点发送过来的数据包，一旦收到，则改变其 LED 灯的亮灭，同时发送数据给该发送数据的终端节点，控制终端节点上 LED 灯的亮灭。

② 终端节点发射功率修改及数据收发：终端节点在加入网络之后，向协调器节点发送数据包，同时从协调器接收数据包，控制 LED 灯的同时，在液晶（LCD）上显示当前的发射功率；通过下键（SW3）来调整终端节点的发射功率，从推荐的最大功率 3dBm 开始，依次向下递减。

（3）实验步骤

1）下载测试代码的步骤如下：

① IAR 编译测试代码，代码是在工程 SimpleApp 的 SimpleCollector.c 和 SimpleSensor.c 基础上修改完成的；使用 SimpleSensorEB 和 SimpleCollectEB；测试代码在"实验代码"文件夹中，并覆盖到工程 SimpleApp 的 Source 目录下。

② 通过仿真器链接 ZigBee 节点与 PC。

③ 根据 SimpleSensorEB 和 SimpleCollectEB 选择下载代码至 ZigBee 对应节点。

2）启动设备调整发射功率发送数据包的步骤如下：

① 按下一个采集节点的重启键，并按下底板上的上键（SW1 键），在 LCD 显示网络号，LED3（黄灯）常亮说明采集节点作为协调器启动，并建立网络成功。

② 使用 USB 转串口线与协调器节点相连，打开串口助手，调整波特率为 38 400。

③ 按下终端节点的重启键，等到 LED3（黄灯）常亮说明已与协调器节点建立连接，通过按键左键（SW4）调整发射功率，从协调器节点连接的串口助手上可观察数据节点功率变化。

④ 终端节点选择好功率后。按下节点的下键（SW3），向协调器发送数据，此时，观察协调器 LED1 是否闪烁。如果闪烁，代表协调器收到数据。协调器接收到数据包后，会回复一个数据包。终端节点收到回复的数据包后，LED2 会闪烁。

⑤ 移动协调器，增大其与终端节点的距离。观察终端节点能否继续收到协调器发回来的数据包。当终端节点和协调器不能够收发数据包时，记录此时的通信距离。改变终端节点的发射功率，以观察发射功率对通信距离的影响。

（4）程序清单

在处理按键事件中加入发送数据包数，通过一个统计所发送数据包数的变量即可。而发射功率的修改，可同时通过 LCD 显示：

```
// 发射功率为 3 ~ -22dBm，这里只测试 3dBm、0dBm、-1dBm、-22dBm
  switch(txIndex)
  {
  case 3:
    txIndex = 0;
    break;
  case 0:
    txIndex = -1;
    break;
  case -1:
    txIndex = -22;
    break;
  case -22:
    txIndex = 3;
    break;
  }
```

```
macPhyTxPower = txIndex;

macRadioSetTxPower(macPhyTxPower);
#if defined( LCD_SUPPORTED )
HalLcdWriteScreen( "Change RF Poewr", "Test" );
HalLcdWriteValue(macPhyTxPower,16,HAL_LCD_LINE_2);
#endif
//HalUARTWrite(HAL_UART_PORT_0,macPhyTxPower,1);//通过串口显示发射功率
}
```

**3. 实验结果**

修改发射功率最直观的做法就是改变通信距离，现根据测试直线通信距离反映其与发射功率之间的关系，如表 8-4 ~ 表 8-6 所示。

表 8-4　协调器 0xF5　终端可变

| 发送功率 /dBm | 3 | 0 | −1 | −22 |
| --- | --- | --- | --- | --- |
| 十六进制值 | 0xF5 | 0xD5 | 0xC5 | 0x05 |
| 通信距离 /m | 105 | 100 | 90 | 15 |

表 8-5　协调器 0xD5　终端可变

| 发送功率 /dBm | 3 | 0 | −1 | −22 |
| --- | --- | --- | --- | --- |
| 十六进制值 | 0xF5 | 0xD5 | 0xC5 | 0x05 |
| 通信距离 /m | 100 | 100 | 90 | 13 |

表 8-6　协调器 0x05　终端可变

| 发送功率 /dBm | 3 | 0 | −1 | −22 |
| --- | --- | --- | --- | --- |
| 十六进制值 | 0xF5 | 0xD5 | 0xC5 | 0x05 |
| 通信距离 /m | 11 | 10 | 10 | 7 |

说明：表 8-4 和表 8-5 数据是在足球场空旷地带测得的，表 8-6 是在实验室走廊内测得的。最远距离误差在 5m 左右。

从表中可以发现，节点间的通信距离随着发射功率的增加而增大。在室内环境中，由于墙壁、桌椅等障碍物的影响，其通信距离要小于空旷的室外环境。

**4. 实验问题**

问题 1：CC2530 芯片的发射功率是由哪一个寄存器来控制的，它能否直接读取和设置这个寄存器的值，为什么？

问题 2：调整协调器发射功率的初始值，观察发射功率的变化在网络建立之初对网络覆盖范围的影响。

问题 3：终端节点和协调器的发射功率都固定时，终端节点与协调器节点建立连接的距离要比连接建立后发送数据的距离要小得多，实验观察一下此现象，以及说明为什么？

问题 4：在终端节点设定了一个发射功率后进行通信距离测量，当网络连接中断，缩小节点与协调器的距离并重新建立连接后，再次测量通信距离有什么变化，为什么？

问题 5：当协调器和终端节点的发射功率均设得较低时，加入路由节点、移动终端节点，使终端节点不能与协调器直接通信，观察网络拓扑的变化。然后移动终端节点，使其靠近协调器，再次观察网络拓扑的变化？

## 8.2  ZigBee 网络的 LQI、RSSI 和包接收率

在实际的网络部署运行中，ZigBee 自组织网络可以应对无线传感器网络环境的复杂多变性。链路质量指示（LQI）、接收信号强度指示（RSSI）、包接收率等都对网络分配调度以及优化具有重要的参考意义。LQI、RSSI 已在 ZigBee 标准中定义，并且 ZigBee 芯片也提供相应的支持，从 Z-Stack 协议栈中能够方便地获取这些信息。

1. 实验目的与器材

（1）实验目的

本实验将利用 Z-Stack 2007 协议栈提供的 API 函数获取 LQI、RSSI 等数据信息，并通过多组测试进行统计分析。由于无法模拟复杂的网络环境，本节主要在实验 8.1 的基础上，通过修改节点的发射功率以及增加干扰节点来影响用于统计的终端节点与协调器节点之间的通信，并由此分析发射功率对 LQI、RSSI、包接收率等的影响，以给实际的网络部署提供具有参考意义的数据信息，同时也可以利用现有的代码将节点直接部署在需要建网的地方以进行测试分析。

（2）实验器材

3 个 CC2530 开发模块（1 个协调器节点，1 个终端节点和 1 个干扰节点）。

2. 实验原理与步骤

（1）LQI、RSSI 介绍

1）链路质量指示（LQI）。

LQI，即链路质量指示，在 ZigBee 标准中规定的链路质量指示用于指示接收数据包的质量，并为网络层或应用层提供接收数据帧时的无线信号强度和质量信息。它要对信号进行解码，生成一个信噪比指标。LQI 的取值是 0x00 ～ 0xff，它分别表示接收到的信号最差质量（0x00）到最好质量（0xff）。

2）接收信号强度（RSSI）。

RSSI 是接收信号的强度指示，它的实现是在反向通道基带接收滤波器之后进行的。同时可以利用 RSSI 来进行统计信息进而实现定位功能。RSSI 一般可从芯片直接获取：

RSSI 与 LQI 的关系：RSSI = −（81−（LQI*91）/255）

RSSI 与 $d$（距离）的关系：

$$\text{RSSI}(d) = \begin{cases} P_t - 40.2 - 10 \times 2 \times \lg d, & d \leqslant 8m \\ P_t - 58.5 - 10 \times 3.3 \times \lg d, & d > 8m \end{cases}$$

（2）程序流程

1）在协议栈中，RSSI、LQI 的获取：

在实验例程中，数据的周期性发送通过 sendReport() 函数来完成。而 SampleApp_MessageMSGCB() 回调函数则完成在接收到数据包后的数据处理。应用层任务处理函数收到下层传来的数据消息后，通过 osal_msg_receive() 函数进行获取解析，并形成 afIncomingMSGPacket_t 类型的消息包。在 afIncomingMSGPacket_t 结构中就包含了 LQI 和 RSSI 值。

afIncomingMSGPacket_t 结构体类型如下所示：

```
typedef struct
{
```

```
   osal_event_hdr_t hdr;          /* OSAL 报文头 */
   uint16 groupId;                /* 组 ID - 不设置，默认为 0 */
   uint16 clusterId;              /* 报文的簇 ID */
   afAddrType_t srcAddr;          /* 源地址，如果终端是 STUBAPS_INTER_PAN_EP,
                                     它是 InterPAN 消息 */
 uint16 macDestAddr;              /* MAC 目的短地址 */
   uint8 endPoint;                /* 目的端口号 */
   uint8 wasBroadcast;            /* 如果是广播，设置为 TRUE*/
   uint8 LinkQuality;             /* 接收数据帧的链路质量 */
   uint8 correlation;             /* 接收数据帧的相关性 */
   int8  rssi;                    /* RF 功率值，单位为 dBm */
   uint8 SecurityUse;             /* 不再使用 */
   uint32 timestamp;              /* 从 MAC 地址接收来的时间戳 */
   afMSGCommandFormat_t cmd;      /* 应用数据 */
 } afIncomingMSGPacket_t;
```

因此，在 SampleApp_MessageMSGCB() 函数中，通过调用传入的参数 afIncoming-MSGPacket_t *pkt（即接收到的数据包）调用即可获得。

```
   void SampleApp_MessageMSGCB( afIncomingMSGPacket_t *pkt )
   {
     uint8 data_buf[5];
     switch ( pkt->clusterId )
     {
       case SAMPLEAPP_PERIODIC_CLUSTERID:
         break;
       case SAMPLEAPP_FLASH_CLUSTERID:
         // 实验 8.2 UART 数据
         data_buf[0] = (((pkt->rssi) ^ 0xff) + 1);      //rssi
         data_buf[1] = pkt->LinkQuality;                //LQI
         data_buf[2] = pkt->cmd.Data[3];                // 数据索引
         data_buf[3] = pkt->cmd.Data[4];                //RF 功率值
         data_buf[4] = '\n';
         HalUARTWrite(HAL_UART_PORT_0,data_buf,5);
         break;
     }
   }
```

为了方便地获取 RSSI、LQI 数据并统计包接收率，读者将数据信息重新组织并从串口输出。从协调器串口输出的数据格式为 5 个字节，其数据形式如表 8-7 所示。

表 8-7　协调器串口输出的数据格式

| RSSI | LQI | 序列号 | 功率 | 分隔符 |
| --- | --- | --- | --- | --- |

2）包接收率和修改发射功率。

简单的包接收率计算是统计接收端收到的数据包个数与发送端发送的数据包个数，并计算两者比值。发送端发送的数据包个数统计可以在数据包发送 sendreport() 函数中增加一个发送数据包数的计数器得到，并可将该值发送到协调器，输出到串口。接收端收到的数据包个数为从协调器串口收到的数据包数目，也可以在协调器接收函数 SampleApp_MessageMSGCB 中增加数据包统计的计数器。本实验采取统计从协调器串口收到的数据包数的方式。而修改发射功率功能的实现可参照实验 8.1。

3）干扰节点。

在终端节点与协调器节点的通信测试统计中，加入干扰节点进行对比分析，在终端节点不同的发射功率下，调整干扰节点的发射功率，统计在干扰影响下 LQI、RSSI、包接收率等值得变化情况。其中干扰节点只需不断发送数据包，而动态的调整发射功率可参照实验 8.1 来进行修改。

（3）实验步骤

第一步，下载 CC2530 测试代码：

① 在实验源码中，使用 EnddeviceEB 和 CoordinatorEB ；测试代码在"实验代码"文件夹下的"正常实验节点"中，并覆盖到工程 SampleApp 的 Source 目录下。

② 通过仿真器链接 ZigBee 节点与 PC，根据 EnddeviceEB 和 CoordinatorEB 选择下载代码至 ZigBee 对应节点。

第二步，启动设备调整发射功率，发送数据包：

① 按下协调器的重启键，可用 LED 表示网络号，LED3（黄灯）常亮说明网络建立。

② 使用 USB 转串口线与协调器节点相连，打开串口助手，调整波特率为 38 400。

③ 按下终端节点的重启键，等到 LED3（黄灯）常亮说明已与协调器节点建立连接，通过按键 SW3 调整发射功率，通过按键左键（SW4 键）调整发送包数。

④ 终端节点选择好功率及一轮发送的包数后，按下节点的上键（SW1 键），允许节点开始发送数据包。从与协调器节点连接的串口助手上可观察到来自终端节点的数据。

第三步，加入干扰节点测试：

① 按照第一步的步骤下载干扰节点代码，其代码在"实验代码"文件夹下的"干扰节点"中。

② 下载 EndDeviceEB 到干扰节点中，通过按下键（SW3 键）调整发射功率，并通过按左键（SW4 键）调整发送包数。

③ 按下上键（SW1 键），允许干扰节点发送数据包到协调器节点上。

第四步，保存记录数据并分析：

① 无干扰节点存在，在发送功率为 3dBm、0dBm、−1dBm、−22dBm 对应的 0xF5、0xD5、0xC5、0x05 情况下，发送数据包，记录串口助手发来的数据。

② 有干扰节点存在，在发送功率为 3dBm、0dBm、−1dBm、−22dBm 的情况下，记录串口助手发送来的数据。

③ 根据数据格式统计并分析节点功率和干扰节点对包接收率、LQI 值、RSSI 值的影响。

（4）程序清单

正常测试终端节点程序清单：

```
static uint8   sendDataIndex      = 1;        // 发送序号
static uint8   sendDataNumber     = 10;       // 每次发送的数据包数量
static int     txIndex            = 3;        // 最大发射功率 3dBm
```

①在按键中添加自定义事件：

```
if ( keys & HAL_KEY_SW_1 )
  {
   /* 这个按键发送 Flash 命令到组 1。
    * 这个设备不能从该设备收到 Flash
    * 命令,(尽管它属于组 1)
    */
   // 设置周期发送事件
```

```
      osal_set_event(SampleApp_TaskID,MY_DATA_SEND);
}
```

② 设置发送功率：

```
if ( keys & HAL_KEY_SW_3 )
  {
    // 发射功率为 3 ~ -22，这里只测试 3 0 -1 -22
    switch(txIndex)
    {
    case 3:
      txIndex = 0;
      break;
    case 0:
      txIndex = -1;
      break;
    case -1:
      txIndex = -22;
      break;
    case -22:
      txIndex = 3;
      break;
    }
    macPhyTxPower = txIndex;
    macRadioSetTxPower(macPhyTxPower);
    #if defined( LCD_SUPPORTED )
    HalLcdWriteScreen( "Change RF Poewr", "Test" );
    HalLcdWriteValue(macPhyTxPower,16,HAL_LCD_LINE_2);
    #endif
  }
```

③ 更改每一轮发送的数据包个数：

```
  if ( keys & HAL_KEY_SW_4 )
  {
    switch(sendDataNumber)
    {
    case 10:
      sendDataNumber = 100;
      break;
    case 100:
      sendDataNumber = 250;
      break;
    case 250:
      sendDataNumber = 10;
      break;
    }

    #if defined( LCD_SUPPORTED )
    HalLcdWriteScreen( "Change Data Numbers", "Test" );
    HalLcdWriteValue(sendDataNumber,10,HAL_LCD_LINE_3);
    #endif
  }
}
```

终端节点数据发送清单：

```
/*********************************************************************
 * 事件名        MY_DATA_SEND
 * 描述          终端节点每次发送 sendDataNumber 个数据包。根据定时器延迟 MY_SEND_DATA_DELAY 定
                 义每个数据包发送的时间间隔。如果发送个到达每次发送的数据包个数 sendDataNumber,
                 则停止数据发送定时器。直到通过按键触发下一轮数据包发送过程
 *********************************************************************/

if( events & MY_DATA_SEND )
  {
    sendReport();
    if(sendDataIndex > sendDataNumber)
    {
      osal_stop_timerEx(SampleApp_TaskID,MY_DATA_SEND);
      sendDataIndex=1;
    }
    else
      osal_start_timerEx( SampleApp_TaskID, MY_DATA_SEND, MY_SEND_DATA_DELAY );
  }

// 自定义函数 sendReport
void sendReport(void)
{
  uint8 buffer[5];
  // 发送数据
  buffer[0] = (uint8)(SampleAppFlashCounter++);
  buffer[1] = LO_UINT16( SAMPLEAPP_FLASH_DURATION );
  buffer[2] = HI_UINT16( SAMPLEAPP_FLASH_DURATION );
  buffer[3] = sendDataIndex++;// 发送数据包序号
  buffer[4] = (uint8)txIndex;// 发射功率

  if ( AF_DataRequest( &SampleApp_Flash_DstAddr, &SampleApp_epDesc,
                       SAMPLEAPP_FLASH_CLUSTERID,
                       5,
                       buffer,
                       &SampleApp_TransID,
                       AF_DISCV_ROUTE,
                       AF_DEFAULT_RADIUS ) == afStatus_SUCCESS )
  {

  }
}
```

### 3. 实验结果

测试说明：编者在实验室东北角到西南角之间（约 5m）进行实验。终端发送数据，协调器接收数据。终端节点每轮发送 100 个包，每两个数据包的发送时间间隔为 400ms，有效载荷为 20 个字节，功率单位为 dBm。

1）在不同发射功率情况下，包接收率的变化如图 8-1 所示。

结果说明：

① 当终端发送数据间隔为 400ms 时，在无干扰、不同的发射功率下，基本上不出现丢包的情况，这说明在没有干扰存在的情况下，发射功率的变化不会影响数据包的接收率。

② 在干扰节点发射功率为 3dBm 时，终端的发射功率越小，丢包越严重；在终端发射功率为 3dBm 时，包接收率为 97% 左右，这说明干扰节点的存在会影响终端节点的包接收率。

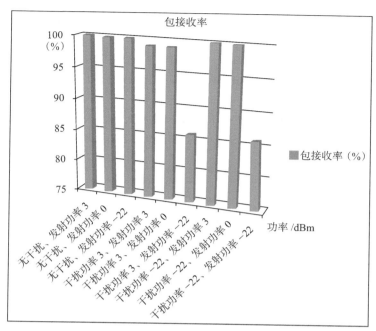

图 8-1    包接收率随功率变化趋势

③ 在干扰节点的发射功率为 −22dBm 时，终端的发射功率越小，丢包越严重；在终端的发射功率为 3dBm 和 0dBm 时，基本没有出现丢包。这说明干扰节点功率越小，对终端节点的包接收率影响也就越小。

2）在无干扰节点存在的情况下，不同发送功率下的 LQI 值比较结果如图 8-2 所示。

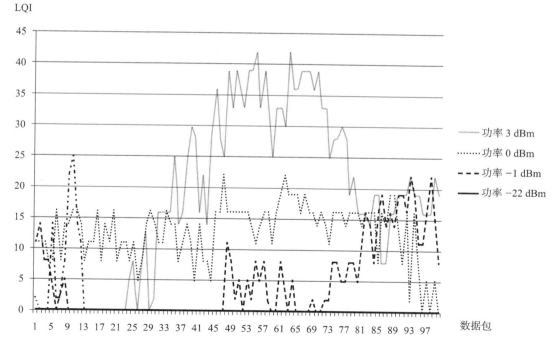

图 8-2    无干扰情形下，数据包 LQI 随功率变化趋势

LQI 值越大，一般表明接收包的信号品质越好。

结果说明：

① 在终端节点发射功率为 3dBm 时，LQI 值较大。而当功率为 −1dBm 时，部分数据包的 LQI 值为 0；而当功率为 −22dBm 时，大部分数据包都为 0。这说明节点的发射功率越大，数据包的 LQI 值就越大。

② 发射功率为 0dBm 时，数据包 LQI 值波动幅度相对小，而其他功率下的波动则较大。

3）在无干扰、不同发送功率下 RSSI 值的变化如图 8-3 所示。

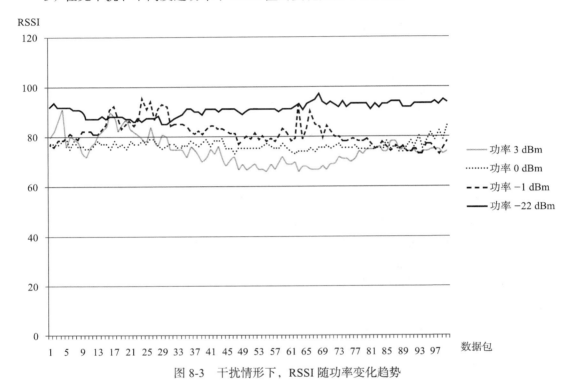

图 8-3　干扰情形下，RSSI 随功率变化趋势

RSSI 值计算：这里显示的是 RSSI 绝对值，该值越小，表示接收到的信号越强。

结果说明：

① 终端发射的功率越大，RSSI 绝对值越小，信号就越强；发射功率越小，RSSI 绝对值越大，信号就越弱。

② 当发射功率为 0dBm 时，RSSI 值波动最小。

4）在有干扰、不同终端发送功率下 LQI 变化。

实验说明：在这里，编者统计的 LQI 值为每组（100 个数据包）的 LQI 平均值，终端发射功率为 3dBm、0dBm、−22dBm，干扰节点的发射功率为 3dBm、−22dBm 时，数据包 LQI 值变化对比如图 8-4 所示。

结果说明：

① 在发射功率为 3dBm 时，干扰功率越大，接收端的数据包 LQI 值就越小。即干扰节点的功率会对数据包的 LQI 值产生影响。

② 在终端节点的发射功率为 0dBm 时，干扰节点发射功率变化对接收端数据包 LQI 值

的影响不大。

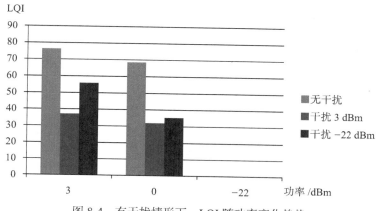

图 8-4　有干扰情形下，LQI 随功率变化趋势

③ 在终端节点的发射功率为 −22dBm 时，不论干扰节点的功率如何变化，接收端数据包的 LQI 值为 0。

5）在有干扰、不同终端发送功率下 RSSI 的变化。

测试说明：这里显示的是 RSSI 绝对值，该值越小，表示接收到的信号越强。具体数据结果如图 8-5 所示。

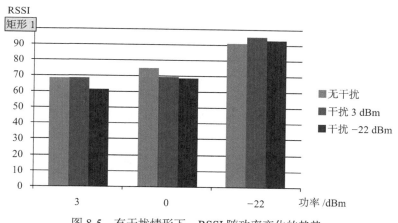

图 8-5　有干扰情形下，RSSI 随功率变化的趋势

结果说明：

干扰节点对接收端数据包 RSSI 值的影响不明显，但是终端节点发射功率越大，其 RSSI 值就越低，信号越强。

4. 实验问题

问题 1：通过实验测试一下 RSSI 与距离的关系，计算一下在现有实验设备环境下的误差是多少？

问题 2：通过实验观察在相同的距离上，在空旷的环境和室内走廊环境下，LQI、RSSI 值的变化，为什么有这样的变化？

问题 3：在问题 2 的基础上，加入干扰节点，观察 LQI、RSSI 值的变化，并分析变化的原因？

问题 4：在问题 2 的基础上，增加实验的节点数目，观察网络规模的扩大对测试结果的影响。

问题 5：在问题 2 的基础上，尝试着打开手机或电脑 WiFi，观察其对实验有无直接的影响，并分析原因。

## 8.3 影响 ZigBee 网络数据传输速率的因素

ZigBee 的低功耗、低复杂度、自组织性使得 ZigBee 网络具有稳定性、高可靠性。然而 ZigBee 在设计之初就具有低速率特点，这也限定了其在特定领域中的应用。在实际网络部署中，ZigBee 数据传输速率能否满足应用的需要，有待进一步地测试评估。

1. 实验目的与器材

（1）实验目的

本实验是在前面实验的基础之上，利用 Z-Stack 2007 协议栈构建一个简单的星形网络，在网络通信中考虑节点之间的**通信距离、发射功率、障碍物以及其他节点的干扰等**情况对数据发送速率的影响。

由于 CC2530 芯片的设计码片速率是 250kbps，但是由于芯片上运行的 Z-Stack 协议栈以及其他外围设备、环境的影响，造成模块的实际数据传输速率低于理论值，因此综合各个方面的影响因素，进行模拟测试，将有助于实际方案的可行性研究。本实验将侧重于实验设计与数据的统计对比。

为了实现上述实验目的，应该做到：

- 网络的自组织与信息绑定。
- 协调器节点对终端节点信息的处理和对干扰节点信息的忽略。
- 影响因素的单一变化。

本实验中传感节点具有获取节点内部温度信息、外界温度信息、外界光照信息等功能。

（2）实验器材

3 个 CC2530 开发模块（1 个协调器节点和两个传感器节点）。

2．实验原理与步骤

（1）ZigBee 无线数据传输速率

数据传输速率是指单位时间内在信道上传输的信息量（比特数），而 ZigBee 标准定义的最大数据传输速率包括了标准头、尾等信息，因此在实际中 ZigBee 有效信息数据传输速率要低于理论数据传输速率。影响 ZigBee 数据传输速率的因素是多方面的，其包括软件、硬件以及无线传输自身的不确定性。在硬件上的设计主要满足了标准规范设定的速率，但是在实际中硬件的质量、天线的角度（包括磨损）等因素都会直接影响到无线传输的质量；在软件上，协议栈实现的复杂程度和对硬件处理能力的协调控制也是一个重要因素；最后，无线信号在空气中传播很容易被各种障碍物、干扰源干扰，而且节点的传输距离是有限的，在实际使用中如果有阻隔的话，这个距离会急剧缩短并会导致数据传输速度变慢。因此只有在实际环境或模拟环境下的测试分析、综合考虑才有助于实际方案的可行性研究。

（2）程序流程

1）在基于 Z-Stack 的协议栈中，加入定时任务：

本实验中的数据传输速率是通过测量一段时间内，协调器节点接收数据包个数与数据包负载大小乘积的单位时间平均值。在协调器节点接收到终端节点发来第一个数据包后，启动定时器 T，并在定时器溢出时向串口输出收到的包数 $P_{num}$。为了方便后续进一步的统计分析，LQI、RSSI 值也随统计包数一并输出。然后，依照公式就可以计算得出数据传输速率。

$$v = (P_{num} * P_{size}) / T$$

其中，$v$ 代表数据传输速率，$T$ 代表设定的定时器时间。$P_{num}$ 代表在时间 $T$ 内，协调器接收到的数据包个数。$P_{size}$ 代表发送数据包的大小。

在本实验中，定时器时间 $T$ 设定为 40s，变量定义为 MY_RECV_DATA_TIME。$P_{size}$ 为 20 字节，变量定义为 SEND_DATA_LENGTH。当定时器溢出时，协调器收到的包计数器 recvDataNumber 值，即 $P_{num}$，并会输入到串口，从而显示出来。这些变量定义如下：

```
#define MY_RECV_DATA_TIME                40000
#define SEND_DATA_LENGTH                 20
static uint8  recvDataNumber  = 0; // 协调器接收到的数据包数（可变）
```

下面是协调器端接收到数据后的处理过程：

```
if( recvDataFlag)// 允许计数
    {
     if( 0 == recvDataNumber )
     {
// 在接收到第一个数据包后开始计时，经过 MY_RECV_DATA_TIME(40s) 后，触发 MY_RECV_
TIME_EVT 事件，向串口写入包计数器值
         recvDataNumber = 1;
         osal_start_timerEx( SampleApp_TaskID,
                             MY_RECV_TIME_EVT,
                             MY_RECV_DATA_TIME );
     }
     else
         recvDataNumber++;// 收到数据包后，包计数器加 1

     data_rssi=pkt->rssi;

     // UART 数据
     data_buf[SEQ_NUMBER_OFFSET] = pkt->cmd.Data[SEQ_NUMBER_OFFSET];
             // 数据索引
     data_buf[RSSI_OFFSET] = data_rssi;
//RSSI
     data_buf[LQI_OFFSE] = pkt->LinkQuality;
//LQI
     data_buf[RF_POWER_OFFSET] = pkt->cmd.Data[RF_POWER_OFFSET];
                 //RF 功率
     data_buf[DATA_OFFSET] = pkt->cmd.Data[DATA_OFFSET];
     data_buf[DATA_END]    ='\n';
     HalUARTWrite(HAL_UART_PORT_0,data_buf,WRITE_UART_LENGTH);// 向串口写数据
     break;
    }
```

从协调器串口输出的数据格式为 6 个字节，其具体形式见表 8-8 所示。

表 8-8    协调器串口输出数据格式

| 名称 | 序列号 | RSSI | LQI | 数据 | 功率 | 结尾分隔符 |
|------|--------|------|-----|------|------|------------|

2）终端节点指定发送，干扰节点不间断发送。

正常实验节点在按上键（SW1）后，允许发送数据包。干扰节点在按下上键后，周期性不间断发送干扰数据包。从两种类型的节点发送函数，读者可以看出其使用不同的簇 ID（其中加粗地方为不同处）来发送数据包。

终端节点发送代码如下：

```
AF_DataRequest( &SampleApp_Flash_DstAddr, &SampleApp_epDesc,
                SAMPLEAPP_FLASH_CLUSTERID,
                SEND_DATA_LENGTH,
                buffer,
                &SampleApp_TransID,
                AF_DISCV_ROUTE,
                AF_DEFAULT_RADIUS )
```

干扰节点发送代码如下：

```
AF_DataRequest( &SampleApp_Periodic_DstAddr, &SampleApp_epDesc,
                SAMPLEAPP_PERIODIC_CLUSTERID,
                SEND_DATA_LENGTH,
                buffer,
                &SampleApp_TransID,
                AF_DISCV_ROUTE,
                AF_DEFAULT_RADIUS )
```

（3）实验步骤

第一步，下载测试代码：

① IAR 编译测试代码，代码是在工程 SampleApp 的 SampleApp.c 和 SampleApp.h 基础上修改完成；使用 EnddeviceEB 和 CoordinatorEB；测试代码在"实验代码"文件夹下的"正常实验节点"中，并覆盖到工程 SampleApp 的 Source 目录下；需要干扰节点时，到"实验代码"文件夹下的"干扰节点"中获取。

② 通过仿真器连接 ZigBee 节点与 PC。

③ 根据 EnddeviceEB 和 CoordinatorEB 选择下载代码至 ZigBee 对应节点。

第二步，启动设备调整发射功率，无干扰发送数据包：

① 按下协调器的重启键，LED3（黄灯）常亮说明网络建立。

② 使用 USB 转串口线与协调器节点相连，打开串口助手，调整波特率为 38 400。

③ 按下终端节点的重启键，等到 LED3（黄灯）常亮说明已与协调器节点建立连接，通过按键 SW3 调整终端节点的发射功率。

④终端节点选择好功率后，按下节点的上键（SW1 键）允许终端节点发送数据。按下协调器节点上的左键（SW4 键），可从连接在协调器节点的串口助手上观察到来自终端节点的数据。

第三步，加入干扰因素测试：

① 测试在距离变化情况下的数据传输速率，测试距离分别为 5m、10m 、30m 、45m。

② 测试室内环境下的数据传输速率。

③ 测试有门、桌椅等阻挡因素的数据传输速率。

④ 加入干扰节点，干扰方式与实验 8.2 一样。

第四步，保存记录数据：

① 在无干扰、发送功率分别为 3dBm、0dBm、−1dBm、−9dBm、−10dBm、−22dBm 的情况下，通过串口助手保存数据包并发送记录文件。

② 在发送功率为 3dBm，通信距离变化的情况下，通过串口助手保存数据包并发送记录文件。

③ 在有干扰节点、不同功率的情况下，通过串口助手保存数据包并发送记录文件。

第五步，分析实验数据：

根据从串口得到的相关实验数据，分析各种情况下实验数据中各字段代表的数据意义，统计发射功率、通信距离、障碍物阻挡、干扰节点等因素对数据传输速率的影响。

（4）程序清单

1）正常测试节点的程序清单：

```
static uint8   sendDataIndex    = 1;            // 发送序列号
uint8  sendDataFlag            = 1;            // 允许发送数据
static int     txIndex         = 3;            // 最大发射功率序号为 3
static uint8   recvDataNumber   = 0;            // 协调器接收到的数据包数（可变），同时
                                                // 用来判断是否已开始接收
uint8 recvDataFlag              = 1;            // 允许接收，为 0 时不接收
```

①发送数据事件。

```
if( events & MY_DATA_SEND_EVT )
    {
      sendReport();// 发送数据处理函数
      if(sendDataFlag)
      {
        osal_stop_timerEx(SampleApp_TaskID,MY_DATA_SEND_EVT);

      #if defined( LCD_SUPPORTED )
      HalLcdWriteScreen( "Send Data Numbers", "Test" );
      HalLcdWriteValue(sendDataIndex-1,10,HAL_LCD_LINE_3);
      #endif

        sendDataIndex=1;
        SampleAppFlashCounter=0;
      }
      else
        osal_start_timerEx( SampleApp_TaskID, MY_DATA_SEND_EVT, MY_SEND_DATA_
DELAY );
    }

  // 统计接收到的数据包数，并显示接收完成
  if( events & MY_RECV_TIME_EVT )
  {
    // 从串口输出得到的包数
    HalUARTWrite(HAL_UART_PORT_0,&recvDataNumber,1);

    //LCD 显示接收完成
    #if defined( LCD_SUPPORTED )
      HalLcdWriteScreen( "RECV Data Over", "Test" );
      HalLcdWriteValue(recvDataNumber,10,HAL_LCD_LINE_3);
    #endif
```

```
      // 计数清 0
    //recvDataNumber = 0
     // 接收不再计数
    //recvDataFlag = 0
}
```

② 数据发送与接收事件处理。

```
    // 终端设备数据发送事件
if( events & MY_DATA_SEND_EVT )
    {
        sendReport();
        if(sendDataFlag)
        {
            osal_stop_timerEx(SampleApp_TaskID,MY_DATA_SEND_EVT);

            #if defined( LCD_SUPPORTED )
            HalLcdWriteScreen( "Send Data Numbers", "Test" );
            HalLcdWriteValue(sendDataIndex-1,10,HAL_LCD_LINE_3);
#endif
            sendDataIndex=1;
          SampleAppFlashCounter=0;
        }
        else
          osal_start_timerEx( SampleApp_TaskID, MY_DATA_SEND_EVT, MY_SEND_DATA_
DELAY );
    }
    // 协调器设备数据接收
    // 定时器溢出时, 统计接收到的数据包数, 并显示接收完成
    if( events & MY_RECV_TIME_EVT )
    {
        // 从串口输出得到的包数
            HalUARTWrite(HAL_UART_PORT_0,&recvDataNumber,1);

        //LCD 显示接收完成
            #if defined( LCD_SUPPORTED )
                HalLcdWriteScreen( "RECV Data Over", "Test" );
                 HalLcdWriteValue(recvDataNumber,10,HAL_LCD_LINE_3);
            #endif

        // 计数清 0
            recvDataNumber = 0;
        // 接收不再计数
            recvDataFlag = 0;
    }
```

3. 实验结果

将接收到的数据进行统计对比, 处理后的结果如下所示:

① 在无干扰节点情况下, 且距离不构成影响因素时, 在有桌、椅阻挡的实验室环境中, 发射功率对数据传输速率的影响 (协议栈本身等因素依然存在) 如图 8-6 所示。

② 网络环境中无干扰, 协调器与终端之间有门阻挡 (接收周期 40s), 其对速度具体的影响如图 8-7 所示。

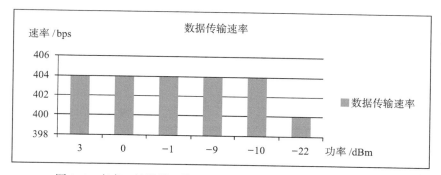

图 8-6　有桌、椅阻挡环境下，发射功率对数据传输速率的影响

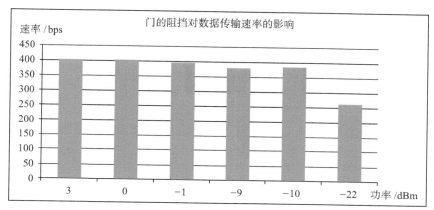

图 8-7　在有干扰存在时，阻挡影响终端与协调器之间的数据传输速率

③ 在无干扰节点的网络环境中，协调器与终端以 5m、10m、30m、45m 为距离（发送功率为 3dbm，接收周期为 40s，有效位为 20 字节）传送数据，其数据传输速率变化如图 8-8 所示。

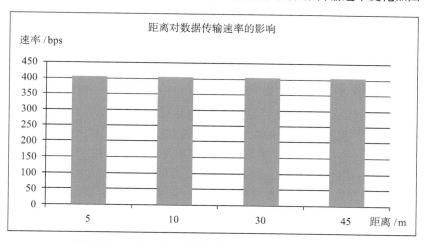

图 8-8　无干扰时，距离因素对数据传输速率的影响

④ 在有干扰点的情况下，根据干扰节点、终端节点以及协调器节点相互之间的对应关系，可得到其对数据传输速率的影响。三种情况分别如下：

● 协调器距离终端节点远，干扰节点距离终端节点近。

- 协调器距离终端节点远，干扰节点距离协调器与终端节点相等距离。
- 协调器距离终端节点近，干扰节点距离终端和协调器节点都较远。

具体结果如图 8-9 所示。

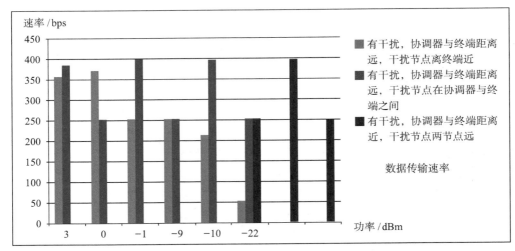

图 8-9　干扰节点存在时，由干扰、终端、协调器三种类型节点对数据传输速率的影响

4. 实验问题

**问题 1**：CC2530 芯片的发送速率理论值是多少，实际的传输速率为什么会低得多？

**问题 2**：在本实验中，设置了一个发送间隔，为什么要设置这个间隔，观察实验发现并分析原因。

**问题 3**：在原有实验的基础上，增加发送数据的节点，观察协调器的结果输出，并分析原因。

**问题 4**：在原有实验的基础上，打开手机或电脑的 WiFi 观察对数据发送速率的影响。

**问题 5**：网络的整体性能是通过一系列参数的调整达到的综合平衡，可以看到发射功率被设为 0dbm，分析一下达到综合平衡的原因，并尝试找出其他参数的设置。

## 8.4　ZigBee 网络多信道调度

如果需要扩大 ZigBee 网络规模，只要网络 PAN ID 不同，在一个信道上建立多个 PAN 网络的方式是可行的，但是，IEEE 802.15.4 标准的 MAC 层信道接入技术采用的是 CSMA/CA 机制，过多的节点势必会造成严重的信道退避冲突。IEEE 802.15.4 标准使用的 2.4GHz 频段具有 16 个信道。因此，利用 ZigBee 多信道特性可以建立多个 PAN 网络。根据多个网络的负载程度设置物理信道以选择性地加入网络，并实现网络负载的相对平衡；当由于某种原因与网络长时间断开连接后，节点能够自动地切换信道加入另一个可用网络中，以增强网络的灵活性和可靠性。本节实验主要讲述节点利用协议栈网络层自动切换信道和在应用层设置信道的两种方式。

1. 实验目的与器材

（1）实验目的

- 深入理解 Z-Stack 节点入网过程以及信道概念。

- 学会在 Z-Stack 中进行信道设置以及切换。
- 理解并学会使用非易失性存储器（NV）的相关操作。
- 在 Z-Stack 中使用标准 C 语言函数库。

（2）实验器材

5 个 CC2530 开发套件（两个协调器模块，1 个终端模块，和两个用于 Packet Sniffer 的抓包）。

2. 实验原理与步骤

（1）实验原理

1）网络发现和节点信道自动切换。

协调器上电后，进行一系列的初始化设备、初始化网络事件等过程后，请求建立形成一个新的网络。当网络建立成功后，就可以等待其他终端设备和路由器节点加入。

终端设备在经过一系列的初始化过程后，首先要请求网络层执行网络扫描，以发现已经存在的网络。然后，终端设备根据网络发现返回的网络号、信道号等信息，请求加入网络。如果加入网络失败，节点初始化网络继续上述过程。终端设备加入网络后，如果与网络断开，节点会初始化网络，并等待再次加入先前的网络。此时，如果在另一个信道上存在一个网络，终端设备可以选择加入这个网络，从而实现信道自动切换，保证节点不离开 ZigBee 网络。

网络启动与节点加入流程函数基本上都在 Z-Stack ZDApp.c 文件中。读者可以在这个文件的关键函数处加入断点，以追踪程序流程。

下面主要介绍终端设备的入网过程和无法自动调频的原因。

**设备初始化**：终端设备上电后，在 **ZDApp_Init** 中调用初始化设备函数：

```
ZDOInitDevice( 0 );
```

**ZDOInitDevice** 函数主要完成初始化任务 ID、网络地址、网络服务、初始化 NV、安全等参数。ZDOInitDevice 函数最后触发初始化网络操作：

```
ZDApp_NetworkInit( extendedDelay );
```

此函数用于启动网络加入过程，extendedDelay 代表在网络启动前需等待的时间。函数中启动网络初始事件的是 ZDO_NETWORK_INIT。

```
osal_start_timerEx( ZDAppTaskID, ZDO_NETWORK_INIT, delay );
```

**ZDO** 层任务事件处理函数 **ZDApp_event_loop** 对网络初始化事件进行处理，设置设备初始状态为 DEV_INIT，并启动该设备。

```
    if ( events & ZDO_NETWORK_INIT )
    {
      devState = DEV_INIT;
      ZDO_StartDevice( (uint8)ZDO_Config_Node_Descriptor.LogicalType, devStartMode,
DEFAULT_BEACON_ORDER,DEFAULT_SUPERFRAME_ORDER );
      return (events ^ ZDO_NETWORK_INIT);
    }
```

**网络发现**：如果是协调器，程序将会调用 NLME_NetworkFormationRequest 函数请求建立网络。如果是终端设备，程序会启动网络发现过程。

在 ZDO_StartDevice 中，执行如下程序：

```
if ( (startMode == MODE_JOIN)|| (startMode == MODE_REJOIN) )
{
    devState = DEV_NWK_DISC;
#if defined( MANAGED_SCAN )
    ZDOManagedScan_Next();
    ret = NLME_NetworkDiscoveryRequest( managedScanChannelMask, BEACON_
ORDER_15_MSEC );
    #else
    ret = NLME_NetworkDiscoveryRequest( zgDefaultChannelList, zgDefaultStar
tingScanDuration );
    #endif
}
```

NLME_NetworkDiscoveryRequest() 正是网络发现过程中最为关键的函数，但是由于 TI 并没有给出该函数的具体实现，所以对理解网络发现的具体实现过程存在一定的困难。 TI 提供了 ZDO_NetworkDiscoveryConfirmCB() 回调函数。该函数返回网络发现的结果，它包括网络 ID，网络频段等网络重要信息。

在 ZDO_NetworkDiscoveryConfirmCB() 中最后触发函数：

```
ZDApp_SendMsg(ZDAppTaskID, ZDO_NWK_DISC_CNF, sizeof(ZDO_NetworkDiscoveryCfm_t),
(byte *)&msg );
```

该函数向 ZDAppTaskID 任务投递一个 ZDO_NWK_DISC_CNF 事件。

**加入网络：** 在 ZDApp_ProcessOSALMsg() 函数中响应 ZDO_NWK_DISC_CNF 事件：

```
case ZDO_NWK_DISC_CNF:
    ......
if ( ZG_BUILD_JOINING_TYPE && ZG_DEVICE_JOINING_TYPE )
    if ( devStartMode == MODE_JOIN )
    {
        devState = DEV_NWK_JOINING;
        ZDApp_NodeProfileSync((ZDO_NetworkDiscoveryCfm_t *)msgPtr);
        if ( NLME_JoinRequest(.....) != ZSuccess )
        {
            ZDApp_NetworkInit( (uint16)(NWK_START_DELAY
        + ((uint16)(osal_rand()& EXTENDED_JOINING_RANDOM_MASK))) );
        }
    }
```

其中，网络的加入通过 NLME_JoinRequest() 函数实现，其参数 logicalChannel 就是加入网络所在的频段。如果成功加入网络，节点将会分配到网络地址和端点等信息，并设为成功加入网络状态。如果该函数执行失败，则调用初始化网络函数 ZDApp_NetworkInit( ) 重新寻找网络。而在 ZDApp_NetworkInit() 函数中又会触发 ZDO_NETWORK_INIT 事件，以进入下一轮的网络加入过程。

**终端节点断开网络后，无法自动切换信道的原因：** 终端节点与网络断开后就会重新进行孤立扫描程序，由于先前没有加入过网络，则利用孤立扫描程序加入网络失败。终端节点重启网络发现过程，具体过程已在上文中详细阐述。当再次执行到网络发现 ZDO_NWK_DISC_CNF 事件时，而后在 ZDApp_ProcessOSALMsg() 函数中响应该事件。如果此时网络没有恢复，节点将不再执行网络加入过程，而是执行 continueJoining 代码段，即执行以下程序：

```
case ZDO_NWK_DISC_CNF:
    .......
    if ( (((ZDO_NetworkDiscoveryCfm_t *)msgPtr)->hdr.status == ZDO_SUCCESS) && (z
doDiscCounter > NUM_DISC_ATTEMPTS) )
    .........
    // 如果指示网络发现不成功或者成功次数不符合规定
    else  if ( continueJoining )
        {
            #if defined ( MANAGED_SCAN )
                ZDApp_NetworkInit( MANAGEDSCAN_DELAY_BETWEEN_SCANS );
            #else
                zdoDiscCounter++;
                ZDApp_NetworkInit( (uint16)(BEACON_REQUEST_DELAY
                    + ((uint16)(osal_rand()& BEACON_REQ_DELAY_MASK))) );
            #endif
        }
```

MANAGED_SCAN 是编译选项，它允许信道扫描延迟。从以上程序可以看到，当节点与父节点断开连接后，子节点会不断地重复执行 ZDApp_NetworkInit 初始化网络，以试图加入先前的网络，直到与先前网络重新建立连接为止。这就是终端节点无法加入到其他网络，进而实现自动切换信道的原因。在 continueJoining 函数段添加增加节点请求入网的 NLME_JoinRequest 函数，即可实现信道跳转，从而加入到其他网络。

2）使用 NV 区设置信道。

利 用 mac_low_level.h 文 件 中 的 macRadioSetChannel（uint8 channel）、ZmacSetReq（ZMACChannel）实现信道设置。但是，这种在 MAC 层设置信道的方式可能会影响到上层一些其他函数的执行，并产生一些严重后果。本节介绍利用非易失存储器（Non Volatile，NV）设置信道、启动节点实现应用层信道设置的方法。

非易失存储器，像硬盘、U 盘（闪存）等存储介质，掉电后其内的信息不丢失。而易失性存储器，像内存，断电后存储信息就会丢失。易失性存储器有什么缺点呢？举个例子来说，你的 IAR 软件在处于编辑状态时，会将 Z-Stack 工程从硬盘装入到内存中，如果此时突然停电了，你想起刚敲打的几行代码还没有保存到硬盘上，这时的你会有怎样的反应呢？与此类似，Z-Stack 把一些重要的系统参数存储到 NV 中。存入 NV 的系统参数通常包括网络 NIB、组表、设备表、绑定表、Profile ID、网络密匙等信息。节点也不必每次在重启时都需重新配置如此多的参数，而能够迅速恢复到掉电前的系统状态。

OSAL 主要有以下几个重要的 NV 函数：

- osal_nv_item_init() 初始化 NV 条目。
- osal_nv_read() 读取 NV 条目。
- osal_nv_write() 写入 NV 条目。
- NLME_InitNV（void）NV 区初始化。
- NLME_SetDefaultNV() 设置默认的 NV 区条目。
- NLME_RestoreFromNV() 从 NV 区中恢复条目。

使用这几个函数时，读者须加入 NV_INIT 和 NV_RESTORE 这两个编译选项。

使用 NV 区设置信道，读者可以把欲写入的信道值使用 osal_nv_write() 函数写入 NV 区中，然后使用 Simple API 中的 zb_SystemReset() 重启系统。重启之后，节点就可能在设定的信道上工作了。这里说"可能"的意思是节点设置的 PAN ID 和信道号可能不存在于现存网络中的 PAN ID 和信道集合里。换句话说，节点不能加入到现存网络。因此，PAN ID 和信道设置要与现存网络 PAN ID 和信道号一致。

（2）程序流程

本实验是在 TI Sensor Demo 官方例程的基础上修改的。Sensor Demo 工程主要分为传感器节点和数据收集节点两种类型。传感器节点为终端节点，其用于采集温度、光照等信息。数据收集节点一般为路由器或协调器节点，它主要用于数据汇集等。

1）默认信道设置。

在 f8wConfig.cfg 配置文件中进行信道设置：

```
/* 通道 11 是错误通道 - 0x0B */
// 通道的设置如下
//      0      : 868 MHz      0x00000001
//      1 ~ 10 : 915 MHz      0x000007FE
//      11 ~ 26 : 2.4 GHz     0x07FFF800
//
//-DMAX_CHANNELS_868MHZ      0x00000001
//-DMAX_CHANNELS_915MHZ      0x000007FE
//-DMAX_CHANNELS_24GHZ       0x07FFF800
//-DDEFAULT_CHANLIST=0x04000000   // 26 - 0x1A
//-DDEFAULT_CHANLIST=0x02000000   // 25 - 0x19
//-DDEFAULT_CHANLIST=0x01000000   // 24 - 0x18
//-DDEFAULT_CHANLIST=0x00800000   // 23 - 0x17
//-DDEFAULT_CHANLIST=0x00400000   // 22 - 0x16
//-DDEFAULT_CHANLIST=0x00200000   // 21 - 0x15
//-DDEFAULT_CHANLIST=0x00100000   // 20 - 0x14
//-DDEFAULT_CHANLIST=0x00080000   // 19 - 0x13
//-DDEFAULT_CHANLIST=0x00040000   // 18 - 0x12
//-DDEFAULT_CHANLIST=0x00020000   // 17 - 0x11
//-DDEFAULT_CHANLIST=0x00010000   // 16 - 0x10
//-DDEFAULT_CHANLIST=0x00008000   // 15 - 0x0F
//-DDEFAULT_CHANLIST=0x00004000   // 14 - 0x0E
//-DDEFAULT_CHANLIST=0x00002000   // 13 - 0x0D
//-DDEFAULT_CHANLIST=0x00001000   // 12 - 0x0C
//-DDEFAULT_CHANLIST=0x00000800   // 11 - 0x0B   0x00000800
-DDEFAULT_CHANLIST=0x01000800   // 11 和 24- 0x0B 和 0x18
```

信道列表值共计 32 位，如果要使用某一信道，将其对应位（自右到左的顺序，最右一位是信道 0）置 1 即可。如果要使用多个信道，需将多个位设置为 1。这里编者设置了 11 和 24 两个信道，信道列表值为 0x01000800。如果使用 2.4GHz 所有的 16 个信道，信道列表值则要设置为 0x07FFF100。

为便于不同信道的网络切换，网络 PAN ID 被定义为固定值：

```
-DZDAPP_CONFIG_PAN_ID=0x0012
```

2）终端节点自动切换信道。

在 ZDApp.c 的 ZDApp_ProcessOSALMsg 函数处理网络发现的 continueJoining 程序段中加入如下语句，可使得终端节点在与网络断开连接后可加入其他网络：

```
// 进行网络初始化
ZDApp_NetworkInit( MANAGEDSCAN_DELAY_BETWEEN_SCANS );
```

```
if (NLME_JoinRequest(.....) != ZSuccess )
        {
            #if defined ( MANAGED_SCAN )
                ZDApp_NetworkInit( MANAGEDSCAN_DELAY_BETWEEN_SCANS );
            #else
                zdoDiscCounter++;
                ZDApp_NetworkInit( (uint16)(BEACON_REQUEST_DELAY+ ((uint16)(osal
_rand()& BEACON_REQ_DELAY_MASK))) );
            #endif
        }
```

当子节点与父节点断开连接后，子节点会首先进行网络初始化，执行 continueJoining 结构中的语句。在加入判断语句后，子节点首先会执行 NLME_JoinRequest() 函数，该函数根据 ZDO_NetworkDiscoveryConfirmCB() 所返回的网络参数加入网络，子节点根据扫描到的信道和 PAN ID 来加入网络，从而实现信道的自动切换。当 NLME_JoinRequest() 的返回状态不是 Zsuccess 时，则说明子节点不在其他 ZigBee 网络中或者现存网络不允许该节点加入。此时子节点会执行 ZDApp_NetworkInit() 函数来等待加入先前网络。一旦先前网络恢复，子节点就会立即加入。如果程序中不添加 ZDApp_NetworkInit 函数，节点不经过重启，将不会加入其他网络。

3）利用 NV 区设置信道。

较好的信道设置方式是根据网络负载或信道干扰情况进行的动态设置。由于篇幅限制，本实验利用在 DemoSensor.c 的按键 SW4 函数中触发。

① 定义信道号和 PAN ID。为便于节点在两个信道 11 和 24 间切换，编者使用两个按键触发信道设置。

SW2 键：

```
newChannel=0x01001000;//0x18
```

SW4 键：

```
newChannel=0x00000800;//0x0B
```

定义网络重启后的网络号，与在 f8wConfig.cfg 中配置 PAN ID 一致：

```
    newPanid=0x0012;// 与协调器建立的 PAN ID 一致
```

② NV 区设置。将定义要写入的网络号和信道号写入 NV 区中。

```
    osal_nv_write(ZCD_NV_PANID, 0, sizeof(newPanid), &newPanid);
    osal_nv_write(ZCD_NV_CHANLIST,0,sizeof(newChannel),&newChannel);// 写 NV
```

上述函数需要包含在 OSAL_Nv.h 头文件中，则需要加入如下语句：

```
#include "OSAL_Nv.h" // 写 NV 条目
```

③ 设备重启。使用 zb_SystemReset() 函数进行协议栈重置。

```
zb_SystemReset();// 协议栈重置，NV 存储器条目改变，这相当于手动重置 NV
//zb_StartRequest();// 协议栈重置，这相当于按重启键
//zb_writeconfiguration(ZCD_NV_STARTUP_OPTION,sizeof(unit8));
// 从上次保存点恢复
```

Simple API（TI 在应用层进一步封装的函数接口）的 zb_SystemReset() 与 zb_StartRequest()

都有重启协议栈的功能。但是，zb_SystemReset() 函数在重启设备后 NV 区的内容会发生改变。而 zb_StartRequest() 只是重新请求启动协议栈，不会改变 NV 区内容，也就是说，诸如一些网络地址、绑定表等系统参数不会发生改变。重置 NV 区也可使用手动方法：同时按下 Push 键和重启键，然后松开重启键，等待大约 2s 后，接着松开 Push 键则可。

zb_writeconfiguration() 为写 NV 命令。如果具有 ZCD_NV_STARTUP_OPTION 选项，节点会从上一次保存状态恢复到 NV 区状态，在本次写入时会自动保存网络状态。如果不写入 ZCD_NV_STARTUP_OPTION 选项，节点会重新启动一个新网络。

4）获取节点地址、PAN ID、信道等指示信息。

① 获取节点地址。使用 zb_GetDeviceInfo() 获取节点网络地址信息，函数原型为：

```
void zb_GetDeviceInfo ( uint8 param, void *pValue )
```

参数 param 为设备信息标识符，pValue 为存储设备信息的缓冲区。

节点自身网络地址和父节点网络地址都是 16 位短地址。因此，它们可共用一个缓冲区：

```
uint16 tmpAddr=0xffff;
```

其标识符分别为 ZB_INFO_SHORT_ADDR、ZB_INFO_PARENT_SHORT_ADDR。因此，获取节点自身地址和父节点地址函数可写为：

```
zb_GetDeviceInfo(ZB_INFO_SHORT_ADDR,&tmpAddr);
zb_GetDeviceInfo(ZB_INFO_PARENT_SHORT_ADDR,&tmpAddr);
```

② 获取节点当前 PAN ID 和信道号。PAN ID 和信道号存在于网络层信息库（NIB）中，可以直接从 NIB 信息库中读出。在 nwk.h 头文件中网络信息描述符为：

```
extern nwkIB_t _NIB;
typedef struct
    {
    ......
        // 不可设置
    uint16   nwkDevAddress;
    byte     nwkLogicalChannel;
    uint16   nwkCoordAddress;
    byte     nwkCoordExtAddress[Z_EXTADDR_LEN];
    uint16   nwkPanId;
    ......
    }
```

读者可以发现这几个参数是不能够设置的。PAN ID 和信道号可直接使用 _NIB.nwkPanId 和 _NIB.nwkLogicalChannel。在程序中，还需要加入"nwk.h"头文件。

③ 十六进制格式化输出信息。上述网络地址信息、信道号、网络号使用十六进制在屏幕上输出比较直观。Z-Stack 应用开发者使用 C 语言进行编程，且调用常用的 C 语言库函数。C 语言中的 sprintf() 函数经常被用来格式化输出字符串。函数原型如下：

```
int sprintf( char *buffer, const char *format, [ argument] … );
```

buffer 是指向写入字符串的缓冲区，format 说明了写入字符串的格式。sprintf 函数需要加入 stdio.h 头文件。

读者可申请一个打印缓冲区，专门用于在屏幕上输出格式化字符串。

```
static uint8 printf_buf[32];
```

如信道号就可以按照下面方式在屏幕上输出：

```
sprintf(printf_buf," CHANNEL:0x%X",_NIB.nwkLogicalChannel);
```

（3）实验步骤

本实验使用三个开发套件，两个节点用于下载 Collect 程序，成为协调器，分别建立 PAN 网络，且在信道 11、24 上工作。剩余一个节点用于下载 Sensor 程序，以成为终端设备，默认工作信道为信道 11 和信道 24。终端设备能够动态地加入信道 11 和 24 上的网络中。

① 将实验目录下的相应代码依照 readme.txt 中的说明，拷贝到 Sensor Demo 对应的文件夹下。如果出现编译不成功的情况，则很可能是没有加入编译选项：NV_INIT、NV_RESTORE 和 MANAGED_SCAN。MANAGED_SCAN 只需加入到 CollectEB 工程编译选项中。

② 按照如表 8-9 所示，在配置 f8wConfig.cfg 中设置默认信道列表并按照工程类型依次将其下载到相应的设备中（程序中的信道号请参考本节程序流程内的默认信道设置）。

然后，定义网络 PAN ID：

```
-DZDAPP_CONFIG_PAN_ID=0x0012
```

**表 8-9　节点的信道设置**

| 节点 | 设备类型 | 工程类型 | 信道设置 | 信道号 |
|------|---------|----------|----------|--------|
| 节点 1 | 协调器 | CollectEB | DEFAULT_CHANLIST = 0x00000800 | 11（0x0B） |
| 节点 2 | 协调器 | CollectEB | DEFAULT_CHANLIST = 0x01000000 | 24（0x18） |
| 节点 3 | 终端设备 | SensorEB | DEFAULT_CHANLIST = 0x01000800 | 11、24 |

③ 节点 1 和节点 2 上电后，分别按下节点 1、节点 2 的 SW1（上）键，它们重启之后，会成为协调器，并建立 PAN 网络。按下下（SW3）键，屏幕上出现它们的网络地址 "0x0000"、PAN ID 为 "0x0012"，信道号为 "0x0B" 或 "0x18"。

④ 将节点 3 上电，观察节点 3 会加入上述哪个信道上的网络。然后，关闭那个信道上的协调器节点。观察节点 3 能否立即切换到另一个信道，并加入此信道上的网络。

⑤ 按下节点 3 的左（SW4）键和右（SW2）键，观察节点能否在两个信道上的网络之间进行切换。按照步骤④的方式，再次关闭协调器节点，观察节点 3 还能否自动跳转信道。

⑥ 去掉编译选项 NV_INIT 和 NV_RESTORE，重复上述实验，观察节点 3 能否自动跳转信道。

（4）程序清单

1）终端节点自动切换信道的程序清单：

```
/***********************************************************************
 * 函数段      void ZDApp_ProcessOSALMsg( osal_event_hdr_t *msgPtr )
 * 位置        ZDO/ZDApp.c
 * 描述        处理网络发现事件，节点断开网络后，可自动跳频加入其他网络
 ***********************************************************************/
if ( continueJoining )
    {
    // 进行网络初始化
    ZDApp_NetworkInit( MANAGEDSCAN_DELAY_BETWEEN_SCANS );
        if ( NLME_JoinRequest( ((ZDO_NetworkDiscoveryCfm_t *)msgPtr)->extendedPAN
        ID,BUILD_UINT16( ((ZDO_NetworkDiscoveryCfm_t *)msgPtr)->panIdLSB, ((ZDO
        _NetworkDiscoveryCfm_t *)msgPtr)->panIdMSB ),((ZDO_NetworkDiscoveryCfm_t
        *)msgPtr)->logicalChannel,ZDO_Config_Node_Descriptor.CapabilityFlags ) != ZSuc
```

```
cess )
{
    #if defined ( MANAGED_SCAN )
        ZDApp_NetworkInit( MANAGEDSCAN_DELAY_BETWEEN_SCANS );
    #else
        zdoDiscCounter++;
        ZDApp_NetworkInit( (uint16)(BEACON_REQUEST_DELAY+ ((uint16)(o
            sal_rand()& BEACON_REQ_DELAY_MASK))) );
    #endif
}
}
```

2）利用 NV 区设置信道的程序清单：

```
/*******************************************************************
 * 函数段      void zb_HandleKeys( uint8 shift, uint8 keys )
 * 位置        APP/DemoSensor.c
 * 描述        定义并写入 NV 区信道号，初始化并重启 NV 条目，实现信道设置
 *******************************************************************/
if ( keys & HAL_KEY_SW_2 )
{
    newPanid=0x0012;
    newChannel=0x00001000;//0x0C
    //NLME_InitNV();//NV 初始化
    //NLME_SetDefaultNV();// 设置默认 NV
    osal_nv_write(ZCD_NV_PANID, 0, sizeof(newPanid), &newPanid);
    osal_nv_write(ZCD_NV_CHANLIST,0,sizeof(newChannel),&newChannel);// 写 NV
    //zb_StartRequest();// 协议栈重启，相当于按重启键
    //zb_SystemReset();// 协议栈重启，这时 NV 存储器也会改变
    // 改变 NV 的手动方法，同时按 Push 键和重启键，然后松开重启键，再松开 Push 键
}

if ( keys & HAL_KEY_SW_4 )
{
    newPanid=0x0012;
    newChannel=0x00000800;//0x0B
    //NLME_InitNV();//NV 初始化
    //NLME_SetDefaultNV();// 设置默认 NV
    osal_nv_write(ZCD_NV_PANID, 0, sizeof(newPanid), &newPanid);
    osal_nv_write(ZCD_NV_CHANLIST,0,sizeof(newChannel),&newChannel);// 写 NV
    //zb_StartRequest();// 协议栈重启，相当于按重启键
    //zb_SystemReset();// 协议栈重启，这时 NV 存储器也会改变
    // 改变 NV 的手动方法，同时按 Push 键和重启键，然后松开重启键，再松开 Push 键
}
```

3）读取传感器测出的外界温度信息的程序清单：

```
/*******************************************************************
 * 函数段      void zb_HandleKeys( uint8 shift, uint8 keys )
 * 位置        APP/DemoSensor.c APP/DemoCollect.c
 * 描述        获取节点地址、PAN ID、信道等指示信息，并在屏幕上显示
 *******************************************************************/
if ( keys & HAL_KEY_SW_3 )
{
    zb_GetDeviceInfo(ZB_INFO_PARENT_SHORT_ADDR,&tmpAddr);// 父节点地址
    sprintf(printf_buf,"parent:-0x%X",tmpAddr);// 格式化输出字符串
```

```
    HalLcdWriteString(printf_buf,HAL_LCD_LINE_2);
    zb_GetDeviceInfo(ZB_INFO_SHORT_ADDR,&tmpAddr); // 节点地址
    sprintf(printf_buf," addr:-0x%X",tmpAddr);
    HalLcdWriteString(printf_buf,HAL_LCD_LINE_3);
    sprintf(printf_buf," PAN ID:-0x%X",_NIB.nwkPanId);// 输出 PAN ID
    HalLcdWriteString(printf_buf,HAL_LCD_LINE_4);
    sprintf(printf_buf," CHANNEL:0x%X",_NIB.nwkLogicalChannel);// 信道号
    HalLcdWriteString(printf_buf,HAL_LCD_LINE_5);
}
```

**3. 实验结果**

为记录和分析两个信道上的实验结果，编者在两台 PC 上使用 Packet Sniffer 分别抓取信道 0x0B 和 0x18 上的数据包。实验结果证明节点在与当前网络断开后，可跳转到另一个信道上的网络中。通过手动按键的方式，终端节点能够在两个信道上进行切换。

① 节点 1 和节点 2 在相应信道上建立网络的抓包，如图 8-10 和图 8-11 所示，节点 1 与节点 2 上电，并按上（SW1）键后，会成为协调器，同时分别建立两个 PAN 网络。网络建立成功后，网络 PAN ID 为 0x0012，协调器地址为 0x0000。

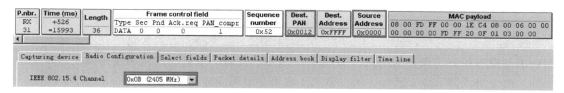

图 8-10　节点 1 在信道 0x0B 上建立网络

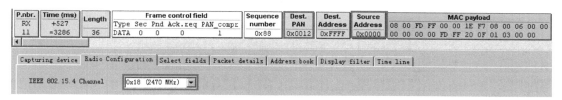

图 8-11　节点 2 在信道 0x18 上建立网络

② 节点 3 上电后，会与两个协调器关联，如图 8-12 所示，在信道 0x0B 上，节点 3（MAC 地址：0x00124B0001658C6D）向协调器节点 1（MAC 地址：0x00124B0001658C6D）提出关联请求。节点 1 收到关联请求后，向节点回应关联请求成功的命令帧。

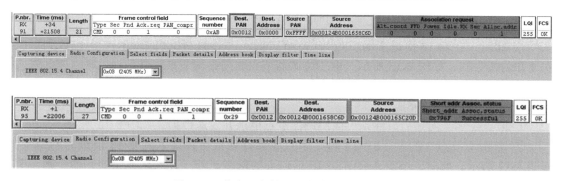

图 8-12　节点 3 与协调器节点 1 进行关联

③ 节点 3 加入协调器节点 1 建立的网络中，分配的网络短地址为 0x796F，并向协调器发送数据请求的命令帧。节点 3 向协调器节点 1 发送数据，如图 8-13 所示，发送的数据帧 APS 负载为 16、25、00、00，它们分别代表片内温度、电压值、父节点设备地址。在串口调试助手中可以看出，协调器发送到串口中的相应位也为 16、25、00、00。

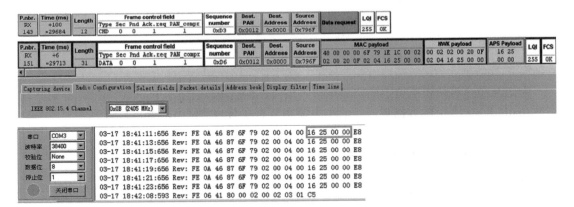

图 8-13　节点 3 向协调器节点 1 发送数据

④ 在抓包过程进行到大约 40s 时，协调器节点 1 被关闭。节点 3 向协调器连续发送数据请求却没有得到协调器的确认，如图 8-14 所示。此时，节点 3 向网络发送孤立通知的命令帧。由于协调器节点 1 已经关闭，节点 1 也不会对孤立通知做出响应。

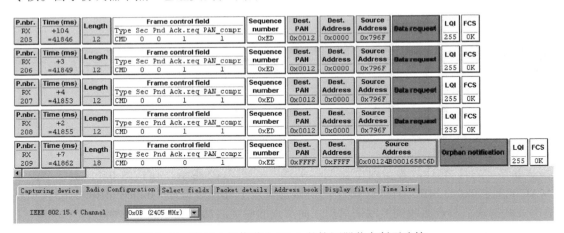

图 8-14　节点 3 与信道 0x0B 上的协调器节点断开连接

⑤ 此时，在 0x18 信道上的节点 2（MAC 地址：0x00124B0001E401A2）也收到了孤立通知的命令帧，如图 8-15 所示。由于协调器节点 2 与终端节点 3 进行过关联，因此它会对节点 3 发送协调器重排列的命令。此时，节点 3 加入了信道 0x18 上的网络，分配给它的网络短地址依然是 0x796F。

⑥ 节点 3 加入网络后，终端可向协调器节点请求并发送数据，如图 8-16 所示。

⑦ 当按下节点 3 的右（SW2）键，节点 3 会自动重启并加入到 0x18 信道的网络上，如图 8-17 所示。此时，节点 3 会与 0x0B 信道上的网络断开，并发送孤立通知命令帧。节点 3 重启之后，设置在 NV 区的网络 PAN ID 和信道号恢复到网络存储器中。

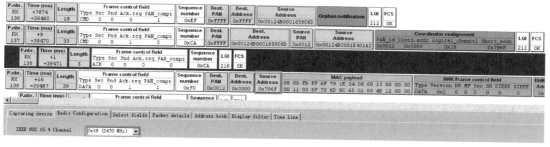

图 8-15  节点 3 加入信道 0x18 上的网络

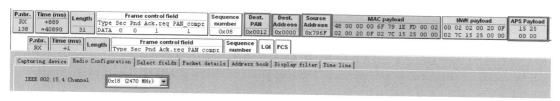

图 8-16  节点 3 向信道 0x18 上的协调器节点 2 发送数据

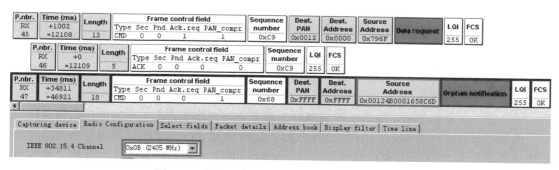

图 8-17  节点 3 与 0x0B 信道上的网络断开连接

⑧ 节点 3 从 NV 区读取的网络号是 0x0012，信道号是 0x18，如图 8-18 所示。0x18 信道上的协调器节点 2 会收到节点 3 发送的孤立通知命令帧，并对节点 3 发送协调器重排列命令。之后，节点 3 加入到信道 0x18 上的网络，其网络短地址为 0x796F。

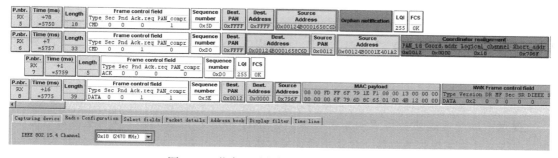

图 8-18  节点 3 重新加入到 0x18 上的网络

⑨ 当按下节点 3 的 SW4 键，节点 3 会重新加入到信道 0x0B 上的网络，如图 8-19 所示。信道 0x0B 上的协调器节点 1 会收到节点 3 发送的孤立通知命令帧，并向节点 3 发送协调器重排列命令帧。节点 3 重启之后，PAN ID 和信道号变为重启前的设定值，并成功加入网络，短地址为 0x796F。

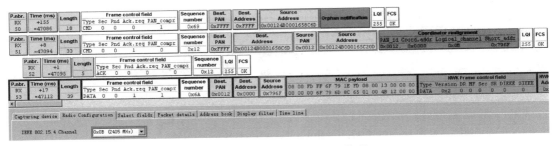

图 8-19　节点 3 切回到 0x0B 信道

**4. 实验问题**

**问题 1**：在 ZDO/ZDApp.c 中的 continueJoining 段中去掉 ZDApp_NetworkInit（MANAGEDSCAN_DELAY_BETWEEN_SCANS）语句，关闭节点所在网络的协调器，终端节点能否自动跳转信道？如果不能跳转，节点重启之后，能否加入另外一个信道的协调器？

**问题 2**：读者按照先节点 1，后节点 3，再节点 2 的上电启动方式重复上述实验，节点能否实现信道自动切换。由此，读者能借助抓包数据，分析和解释终端节点必须与两个信道上的网络实现关联，才能实现的信道跳转吗？

**提示**：一个节点可能由于设备故障、节点配置等原因与协调器节点失去同步，从而成为孤儿节点。孤儿节点的信息会保留在协调器设备的邻居表中，孤儿节点会向周围发送孤立通知，协调器收到孤立通知后查看邻居表，确定是否允许该设备加入网络。

**问题 3**：若读者去掉 continueJoining 程序段中加入网络初始化的 ZDApp_NetworkInit 语句，节点能否实现信道自动跳转？读者能够追踪节点与网络断开后，重新入网的流程吗？

**提示**：读者可以在 SensorEB 工程的 ZDApp.c/ZDApp_ProcessOSALMsg 网络发现事件处理的代码段和 ZDApp.c/ZDApp_ProcessNetworkJoin 孤立节点加入网络代码段中加入断点，并调试跟踪终端节点的流程，以验证自己的想法。

**问题 4**：请读者改变终端节点默认的信道列表值，并利用 NV 区设置信道值，观察节点能否跳转到一个不在默认信道上的网络中？也请读者利用 NV 区设置一个与其他信道不同的 PAN ID 值，观察节点重启后能否加入到指定信道的网络中？再请读者尝试在一个信道上通过设备不同的 PAN ID 值建立多个网络，并实现网络自动切换。

**问题 5**：请读者尝试添加或去掉 zb_writeconfiguration()，zb_StartRequest()，macRadioSetChannel()，NLME_InitNV()，NLME_SetDefaultNV()，NV_INIT 和 NV_RESOTE 等函数或编译选项，观察其对终端节点信道调度的影响。

**问题 6**：在问题 5 的基础上，利用 NV 区设置信道会影响节点的信道自动跳转吗？如果存在影响，读者能够提出解决此问题的方法吗？如果不能，请读者尝试别的信道方法。

**提示**：编者通过实验得出：如果去掉 NV_INIT 和 NV_RESOTE，节点重启后可重新加入网络，并能实现信道跳转，但是手动设置信道将不起作用；利用 NV 区的函数 NLME_InitNV() 和 NLME_SetDefaultNV()，节点网络信道的属性值会发生改变，但是在跳转的信道上抓包，竟不会收到数据。

对于本实验的问题 2 和问题 6，编者目前尚未有很好的解决方法。使用了 NV 区设置后，当节点与网络断开连接后不会再重新加入其他网络。编者觉得这是一个"鱼和熊掌不可兼得"的命题。读者如果能够解决这一看似"不可调和"的矛盾，请联系编者。

## 8.5 ZigBee 网络低功耗模式机制研究

ZigBee 网络节点通常由电池供电，并部署在野外环境中，要求常年连续工作。因此，低功耗设计对延长 ZigBee 网络生存寿命具有至关重要的意义。而低占空比机制是一种非常重要的节能措施，通常应用在网络节点间通信频率较低的空闲型场合。本节首先介绍 Z-Stack 协议栈的低功耗电源管理模式，然后在应用层实现 ZigBee 节点周期性休眠与唤醒。这对减少 ZigBee 网络能量消耗，实现低占空比（Low Duty-cycle）网络具有重要参考意义。

1. 实验目的与器材

（1）实验目的

- 学习和理解 Z-Stack 协议栈电源管理模式，睡眠机制。
- 学会使用 Z-Stack 协议栈低功耗模式。
- 学会使用 CC2530 睡眠定时器进行睡眠和唤醒。
- 学会在应用层实现简单的低占空比模式。

（2）实验器材

两个 CC2530 开发套件（1 个协调器模块和 1 个终端模块）。

2. 实验原理与步骤

（1）实验原理

ZigBee 网络节点一般由能量有限的电池供电，并长期处于无人看守的状态下，同时其个数多、分布区域广、所处环境复杂，使得其难以进行电池更换。如果节点电池能量耗尽之后，网络连通性以及网络生存时间会受到极大影响。为使节点长期正常工作下去，必须从能量供应的角度进行研究，并采取有效的方法为无线传感器网络提供可持续的能量供应。

周全的传感器节点能量管理设计方案，必须从"开源"和"节流"两个方面采取相应措施，以达到能量有效使用。所谓"开源"，就是通过采取各种措施补充传感器节点能量，其中主要措施是能量收集网络。例如，利用太阳能电池板可以为传感器节点供电，白天，光伏电池为传感器节点供电，同时将富余能量储存到电池中。夜间，在太阳光不足时，由电池为传感器节点供电。所谓"节流"，就是通过采取各种节能措施减少传感器节点的能量消耗，延长网络使用寿命。"开源"措施的目标是最大化地扩展能量来源，而"节流"措施为了在保证通信质量的同时，尽可能地减少能量消耗。

本节主要关注如何节约 ZigBee 网络节点能量。在 ZigBee 通信协议中的 MAC 层，网络层已经采用许多能量节约机制。其中，最常用的设计思想是当 ZigBee 节点空闲时，尽快进入休眠状态的低功耗电源模式，从而节约能量消耗。

1）CC2530 电源管理。

电池供电的终端设备通常采用电源管理方案来最小化节点功耗。一个终端设备在空闲时会关闭大功耗外设并进入休眠模式。Z-Stack 提供了两种休眠模式，其分别为轻度休眠（定时器休眠）和深度休眠。系统处于轻度睡眠模式时会在一个预定延时后被唤醒执行任务。当系统没有任务需要执行时会进入深度休眠模式。系统进入深度休眠模式后，需要一个外部触发（如按键）来唤醒设备。在轻度模式下工作电流通常降为几毫安，而深度模式通常降为几微安。终端设备休眠例子有：温湿度等传感器周期被唤醒报告数据；监控中心用户通过按键命令向远程控制设备索取数据；遥控器在按键时，才向控制设备发送命令。这些设备的共同特点是它们大部分时间都处于休眠模式，并最大限度地减少功耗。

在 HAL/hal_sleep.c 文件中的关于 CC2530 睡眠模式的定义：

```
#define HAL_SLEEP_OFF          CC2530_PM0
#define HAL_SLEEP_TIMER        CC2530_PM2
#define HAL_SLEEP_DEEP         CC2530_PM3
```

电源管理默认设置为 HAL_SLEEP_OFF，即处于正常工作模式，时钟、电源稳压器都处于工作状态。如表 8-10 所示，CC2530 处于睡眠模式时会关闭系统时钟、微控制单元（MCU），当其不是默认模式时，需要在 Z-Stack 中增加编译选项 POWER_SAVING 才能够使用。HAL_SLEEP_TIMER 和 HAL_SLEEP_DEEP 分别为轻度睡眠和深度睡眠模式。CC2530 处于 HAL_SLEEP_TIMER 模式时可以被睡眠定时器、I/O、重置唤醒，而处于深度睡眠时，只能够被 I/O 中断和重置唤醒。因此，轻度睡眠模式比较省功耗并能够被定时唤醒；深度睡眠模式最省电，但只能被外部中断唤醒。

```
#define CC2530_PM0   0   /* PM0, 时钟工作，电源稳压器工作 */
#define CC2530_PM1   1   /* PM1, 32.768 kHz 时钟工作，电源稳压器工作 */
#define CC2530_PM2   2   /* PM2, 32.768 kHz 时钟工作，电源稳压器关闭 */
#define CC2530_PM3   3   /* PM3, 所有时钟关闭，电源稳压器关闭 */
```

表 8-10　CC2530 电源配置模式

| 电源模式 | 高频振荡器 | 低频振荡器 | 电源稳压器 |
|---|---|---|---|
| 配置 | 32MHz 振荡器 | 32.768kHz 振荡器 | |
| PM0 | 开 | 开 | 开 |
| PM1 | 关 | 开 | 开 |
| PM2 | 关 | 开 | 关 |
| PM3 | 关 | 关 | 关 |

CC2530 轻度睡眠模式可通过 32.768kHz 晶振时钟源驱动的 24 位硬件休眠定时器来实现。电源管理器在休眠定时器溢出后，唤醒 MCU。CC2530 最大的网络休眠时间为 510s，在 HAL/hal_sleep.c 定义：

```
/* MAX_SLEEP_TIME 计算：
 *   最大睡眠定时器时间 = 0xFFFF7F / 32768 Hz = 511.996 s
 *   设置为 510 s or 510 000 ms
 */
#define MAX_SLEEP_TIME 510000   /* 睡眠定时器允许的最大时间 */
```

休眠定时器有一个 24 位计数器和一个 24 位比较器。当 SLEEP_TIMER 定时器计数到比较器的设定值时，产生中断唤醒 MCU。而 OSAL 定时器为 16 位，最大定时器溢出时间为 0xFFFFms。

2）Z-Stack 低功耗模式启动流程。

① 操作系统启动。操作系统在 main.c 中经过一系列初始化过程后，调用 osal_start_system() 启动操作系统。这时系统并不会进入低功耗模式，当遍历所有的任务后发现没有活动任务时，并且用户也定义过 POWER_SAVING 编译选项，系统才会考虑进入休眠状态。具体过程如下：

```
void osal_start_system( void )
{
......
```

```
    {
......
        if (idx < tasksCnt)// 该事件处于活跃状态
        {
......
            events = (tasksArr[idx])( idx, events );
......
        }
#if defined( POWER_SAVING )
        else  // 遍历所有的任务，这些任务没有处于活动状态的
        {
            osal_pwrmgr_powerconserve();  // 系统进入休眠状态
        }
#endif
    }
}
```

② 总休眠函数 osal_pwrmgr_powerconserve()。osal_pwrmgr_powerconserve() 函数在尝试进入休眠模式前，将会进行两项检查工作。首先，检查 pwrmgr_device 变量是否被设置为电池设备。此设置是设备在加入网络时利用 osal_pwrmgr_device（PWRMGR_BATTERY）函数实现的，可参见 ZDApp.c 文件。其次，检查 pwrmgr_task_state 变量以确保没有任务的节能状态是 " put a hold "，该机制使得 Z-Stack 任务在临界区操作时禁止休眠。当两个条件都符合时，预期的睡眠时间则由系统下一次定时器移除时间决定。最后，系统调用 OSAL_SET_CPU_INTO_SLEEP（ next ）进入休眠模式。

具体过程如下：

```
void osal_pwrmgr_powerconserve( void )
{
......
   // 判断是否进入休眠模式
   if ( pwrmgr_attribute.pwrmgr_device != PWRMGR_ALWAYS_ON ) // 如果电池供电
   {
      // 电源管理任务状态: 0 允许, 1 不允许
      if ( pwrmgr_attribute.pwrmgr_task_state == 0 )
      {
         // Hold off interrupts.
         HAL_ENTER_CRITICAL_SECTION( intState ); // 屏蔽中断
         // 从系统中获取休眠时间
         next = osal_next_timeout();
         // Re-enable interrupts.
         HAL_EXIT_CRITICAL_SECTION( intState );// 打开中断

         // 调用休眠函数
         OSAL_SET_CPU_INTO_SLEEP( next );// 休眠模式
      }
   }
}
```

电源管理属性状态为：

```
typedef struct
{
  uint16 pwrmgr_task_state;     // 任务的电源管理状态
```

```
        uint16 pwrmgr_next_timeout;   // 下一次超时时间
      uint16 accumulated_sleep_time; // 睡眠定时器累积的计数值
       uint8  pwrmgr_device;       // 分为两种设备模式: PWRMGR_ALWAYS_ON、PWRMGR_BATTERY
     } pwrmgr_attribute_t;
```

③ 休眠函数。OSAL_SET_CPU_INTO_SLEEP（next）为宏定义函数：

```
#define OSAL_SET_CPU_INTO_SLEEP(timeout)   halSleep(timeout)
```

HalSleep 是系统实际调用的休眠函数。该函数首先设置睡眠模式：深度睡眠或者轻度睡眠。当设置为轻度休眠模式，系统会执行一系列有序的操作：调用 MAC_PwrOffReq() 函数关闭 MAC 层，关断外设，使 MCU 进入休眠模式，休眠结束后会唤醒 MCU，开启外设，最后重启 MAC 层。然而，当设置空闲时接收器使能（RFD_RCVC_ALWAYS_ON）会导致 MAC 层在休眠时不关闭，从而会阻止设备进入休眠模式。

以下是 halSleep 函数，timeout 是设置的定时器溢出时间：

```
void halSleep( uint16 osal_timeout )
    {
    //------------------------------ 设置睡眠模式 ------------------------------//
        /* 将系统设置的毫秒单位时间转换为以 320μs 单位的定时器时间 */
        timeout = HAL_SLEEP_MS_TO_320US(osal_timeout);
        if (timeout == 0)
        {// 获取 MAC 层时间链表 timeout 的最小值
            timeout = MAC_PwrNextTimeout();
        }
        else
        {// 获取 MAC 层时间链表 timeout 的最小值, 并与 OSAL 层的 timeout 值比较大小取得最小值
            macTimeout = MAC_PwrNextTimeout();

            if ((macTimeout != 0) && (macTimeout < timeout))
            {
                timeout = macTimeout;
            }
        }
    // 如果 timeout 等于 0, 设置睡眠模式为深度睡眠模式
    // 如果 timeout 不为 0, 设置睡眠模式为轻度睡眠模式
        halPwrMgtMode = (timeout == 0) ? HAL_SLEEP_DEEP : HAL_SLEEP_TIMER;
    //timeout 是否大于最小定时时间或者 timeout 是否等于 0
//------------------------------ 设置睡眠模式 ------------------------------//
#if ZG_BUILD_ENDDEVICE_TYPE && defined (NWK_AUTO_POLL)
   if ((timeout > HAL_SLEEP_MS_TO_320US(PM_MIN_SLEEP_TIME)) ||
       (timeout == 0 && zgPollRate == 0))
#else
   if ((timeout > HAL_SLEEP_MS_TO_320US(PM_MIN_SLEEP_TIME)) ||
       (timeout == 0))
#endif
   {
//------------------------------ 使能睡眠模式 ------------------------------//
     // 关闭所有中断
     HAL_DISABLE_INTERRUPTS();
     // 请求关闭 MAC 层
     /* always use "deep sleep" to turn off radio VREG on CC2530 */
     if (halSleepPconValue != 0 && MAC_PwrOffReq(MAC_PWR_SLEEP_DEEP) == MAC_SUCCESS)
     {
```

```
//---------------------------- 使能睡眠定时器 ---------------------------//
    /* 外设进入休眠状态 */
    #if ((defined HAL_KEY) && (HAL_KEY == TRUE))
        HalKeyEnterSleep();
    #endif
    // 进入休眠状态前，关闭 LED3
    #ifdef HAL_SLEEP_DEBUG_LED
            HAL_TURN_OFF_LED3();
    #else
        HalLedEnterSleep();
    #endif
//---------------------------- 使能轻度睡眠模式 ---------------------------//
    /* 如果 timeout 不为 0，使能睡眠定时器；如果 timeout 等于 0，进入深度休眠模式 */
    if (timeout != 0)
        { // 设置睡眠定时器时间
        if (timeout > HAL_SLEEP_MS_TO_320US( MAX_SLEEP_TIME ))
            {
            timeout -= HAL_SLEEP_MS_TO_320US( MAX_SLEEP_TIME );
            halSleepSetTimer(HAL_SLEEP_MS_TO_320US( MAX_SLEEP_TIME ));
            }
        else
            {
                halSleepSetTimer(timeout);
            }
        /* 设置睡眠定时器中断 */
        HAL_SLEEP_TIMER_CLEAR_INT();
        HAL_SLEEP_TIMER_ENABLE_INT();
    }


            #ifdef HAL_SLEEP_DEBUG_LED
            // 如果是 PM1 模式（正常工作模式），LED 灯亮
        if (halPwrMgtMode == CC2530_PM1) {
                HAL_TURN_ON_LED1();
            }
        Else   // 如果是睡眠模式，LED1 灯灭
            {
                HAL_TURN_OFF_LED1();
            }
    #endif
    /* 设置功率模式 */
    HAL_SLEEP_PREP_POWER_MODE(halPwrMgtMode);
    /* 使能所有中断 */
    HAL_SLEEP_IE_BACKUP_AND_DISABLE(ien0, ien1, ien2);
    HAL_ENABLE_INTERRUPTS();
    /* 设置 CC2530 功率 */
    HAL_SLEEP_SET_POWER_MODE();
    /* 禁止所有中断 */
    HAL_DISABLE_INTERRUPTS();
    /* 恢复中断，使能寄存器 */
    HAL_SLEEP_IE_RESTORE(ien0, ien1, ien2);
    /* 禁止所有定时器中断 */
    HAL_SLEEP_TIMER_DISABLE_INT();

    /* 退出睡眠状态，打开 LED3*/
    #ifdef HAL_SLEEP_DEBUG_LED
```

```
                    HAL_TURN_ON_LED3();
            #else
                    HalLedExitSleep();
            #endif

            /* 如果有按键中断, 处理按键中断 */
            #if ((defined HAL_KEY) && (HAL_KEY == TRUE))
                    (void)HalKeyExitSleep();
            #endif

            /* 使能 MAC 层 */
            MAC_PwrOnReq();

            HAL_ENABLE_INTERRUPTS();
            macMcuTimer2OverflowWorkaround();
        }
    //--------------------------- 使能轻度睡眠模式 ---------------------------//

    //--------------------------- 使能深度睡眠模式 ---------------------------//
    else // 如果 timeout=0, 进入深度休眠模式
    {
        if (halSleepPconValue == 0)
        {
            HAL_ENABLE_INTERRUPTS();
        }
        else
        {
            halSleepEnterIdleMode(timeout);
        }
    }
    //--------------------------- 使能深度睡眠模式 ---------------------------//
    }
//--------------------------- 使能睡眠模式 ---------------------------//
    else// 设定的休眠时间太小则不进入休眠模式, 处于空闲状态
    {
        HAL_DISABLE_INTERRUPTS();
        halSleepEnterIdleMode(timeout);
    }
}
```

系统预期休眠时间取决于 OSAL 定时器下一次溢出时间 timeout。下一次溢出时间一般是取所有打开的定时器中最小时间作为睡眠时间。举个例子, 如果设定的睡眠时间为 6s, 但是数据请求轮询时间间隔为 100ms, 那么 100ms 就是睡眠时间。如果下一次溢出时间大于 0 而小于系统定义的最小睡眠时间 PM_MIN_SLEEP_TIME, 系统将进入定时器休眠状态, LED1 将被关闭。当进入休眠状态时, LED3 关闭, 当退出休眠状态时, LED3 重新开启。因此, 如果睡眠定时器设定时间较小（如几百毫秒）时, LED3 处于闪烁状态。如果睡眠定时器设定时间较大（如数秒或者更长）时, LED3 处于时而闪烁, 时而关闭状态。如果下一次溢出时间设为 0, 系统将进入深度休眠模式, 所有的 LED 处于关闭状态。如果下一次溢出时间小于系统定义的最小时间, 将不会进入休眠模式, 而继续处于空闲状态。

3）应用层周期性睡眠实现。

Z-Stack 低功耗模式由操作系统调度运行。如果不改变协议栈代码, 读者理论上是不

能够控制低功耗模式。这种低功耗模式显然不能实现节点每隔 60s 上报一次传感器数据而其余时间都处于深度睡眠模式状态的任务。读者可以在 CC2530 裸机上控制睡眠定时器实现上述任务。首先，手动初始化睡眠定时器，并设定预期睡眠时间，当睡眠定时器溢出时，唤醒节点进行数据收发，然后再让节点进入睡眠模式。另一种类似方法是读者可以利用上文进入休眠模式的宏函数 OSAL_SET_CPU_INTO_SLEEP（timeout），进而设定预期休眠时间。当睡眠定时器溢出时，节点被唤醒进行数据收发。为了使得节点能够周期性地进入睡眠状态，应用层程序需要向系统注册一个进入睡眠状态的任务事件（TASK EVENT），并每隔一段时间触发一次该任务事件，使得节点进入睡眠状态。

（2）程序流程

本实验是基于 Sensor Demo 原版例程的。Sensor Demo 分为 CollectEB 和 SensorEB 两个子工程。CollectEB 一般定义为协调器和路由器类型，SensorEB 定义为终端设备类型。协调器和路由器的电源设备常设置为 PWRMGR_ALWAYS_ON，不使用电源管理方案。低功耗模式设置针对终端设备工程，即 SensorEB。

1）低功耗设置。

① 添加编译选项：POWER_SAVING、HAL_SLEEP_DEBUG_LED、HAL_KEY。在默认情况下，Z-stack 工程终端设备电源管理是处于关闭状态的。启动该功能需在编译器中添加编译选项 POWER_SAVING。

为了便于观察节点进入睡眠模式的过程，LED 用来指示节点睡眠模式和进入 / 退出定时器睡眠模式，这时，需要定义 HAL_SLEEP_DEBUG_LED 编译选项。

为了通过按键唤醒处于睡眠状态下的节点，需要定义编译选项 HAL_KEY。

② 在 f8wConfig.cfg 配置文件中，设置终端设备在空闲时，接收机处于关闭状态。

```
-DRFD_RCVC_ALWAYS_ON=FALSE
```

③ 如果终端设备需要进入深度睡眠，还需在 f8wConfig.cfg 里设置三个参数：

```
-DPOLL_RATE=0
-DQUEUED_POLL_RATE=0
-DRESPONSE_POLL_RATE=0
```

Z-stack 工程的终端设备在默认情况下，上面三个轮询选项处于开启状态，每一个轮询选项都由一个不同的时间延迟参数控制。由于 halSleep 函数的睡眠时间一般是取所有打开的定时器中的最小时间，电源管理功能开启后（添加 POWER_SAVING 选项），轮询选项的设置会影响到睡眠模式。如果使用默认的轮询频率，终端设备只能进入轻度睡眠模式。对于一个不需要接收消息的设备，为使其进入深度睡眠模式，须将这三个轮询速率设为 0。如果 APS 层使用 ACK 机制，则必须确保在发送消息后到收到 ACK 命令帧的这一段时间内，轮询是使能的。

另一种查询操作是按键查询。在默认情况下，按键查询每 100ms 被使能一次，如果设备需要进入深度睡眠，需要禁止按键查询，具体过程如下：

```
/************************ZMain/onboard.c************************/
/************************Initialize Key stuff************************/
      Hal_KeyIntEnable=HAL_KEY_INTERRUPT_ENABLE;    HalKeyConfig(Hal_KeyIntEnable,
OnBoard_KeyCallback);
```

但是，为了便于观察节点进入 / 退出睡眠状态的过程，编者将这三个参数设为 2000，即2s。

```
-DPOLL_RATE=2000
-DQUEUED_POLL_RATE=2000
-DRESPONSE_POLL_RATE=2000
```

2）应用层周期性睡眠实现。

为了使得节点能够周期性地进入睡眠状态，在DemoSensor.c中需要定义睡眠触发事件：

```
#define MY_CHANGE_SLEEP_EVT    0x0008// 定义睡眠改变事件
```

在程序中，通过按键触发休眠函数：

```
if ( keys & HAL_KEY_SW_4 )
    {
        // 进入休眠模式，休眠时间为54s
        OSAL_SET_CPU_INTO_SLEEP( 54000 );
        // 醒来6s后触发事件
        osal_start_timerEx( sapi_TaskID, MY_CHANGE_SLEEP_EVT, 6000 );
    }
```

当睡眠定时器溢出时，会触发睡眠改变任务事件。操作系统接收到睡眠改变事件后，会对该事件进行处理。在事件处理函数中，程序继续进入休眠模式，并再次触发睡眠改变任务事件。这样，节点睡眠54s醒来后，发送数据包，在6s之后，又进入休眠状态。

```
void zb_HandleOsalEvent( uint16 event )
   {
   ......
   if(event & MY_CHANGE_SLEEP_EVT)
       {
       OSAL_SET_CPU_INTO_SLEEP( 54000 );// 休眠时间为54s
       // 必须在事件处理程序中调用才能实现事件的重复触发
       osal_start_timerEx( sapi_TaskID, MY_CHANGE_SLEEP_EVT, 6000 );
       }
   }
```

OSAL_SET_CPU_INTO_SLEEP 宏定义函数包含在 OnBoard.h 中。因此，在程序中需要定义 OnBoard.h 头文件，具体如下：

```
#include "OnBoard.h" // 定义 OSAL_SET_CPU_INTO_SLEEP 包含函数
```

（3）实验步骤

本实验使用三个开发套件，一个节点下载 Collect 程序，以成为协调器，建立 PAN 网络。另外两个节点下载 Sensor 程序，成为终端设备。终端设备能够进入低功耗模式，且能够通过按键周期性地发送数据包。

① 将实验目录下的相应代码依照 readme.txt 的说明拷贝到 Sensor Demo 对应的文件夹下。在 SensorEB 工程中加入 POWER_SAVING，HAL_SLEEP_DEBUG_LED 和 HAL_KEY 编译选项。

② 将 CollectEB 和 SensorEB 工程分别下载到节点 1 和节点 2 中。按下节点 1 上左（SW1）键和右（SW2）键，节点 1 成为协调器设备，建立网络，并进入网关模式。按下节点 2 重启键，节点 2 会加入节点 1 建立的网络。按下节点 2 的下（SW3）键，观察节点 2 是否向节点 1 发送数据包。

③ 观察节点 2 的灯 LED1 以及灯 LED3 状态。分析节点是否进入睡眠模式，进入 / 退出定时器睡眠模式。

④ 按下节点 2 的左（SW4）键，观察节点 2 的灯 LED1、LED2、LED3 状态。如果灯全熄灭，等待 1min 左右，观察节点是否醒来。

⑤ 将节点 1 通过串口与 PC 连接，在串口调试助手中观察节点 2 向节点 1 发送的周期性数据包。

⑥ 当节点 2 进入休眠模式时，按下节点 2 的上（SW1）键，观察节点能否被唤醒。

3. 实验结果

节点 Z-Stack 协议栈睡眠模式。按下节点 2 的重启键之后，灯 LED1、LED2 和 LED3 会不断闪烁，如图 8-20 所示。灯 LED1 停止闪烁，说明节点已进入休眠模式。灯 LED3 大约每隔 2s 闪烁一次，说明节点周期性进入睡眠状态。预期休眠时间取决于操作系统定时器时间链表的最小时间。编者定义的轮询速率全为 2s，并禁用了键盘轮询，因此，LED3 休眠、闪烁周期为 2s。进入睡眠模式前，LED3 关闭，退出睡眠模式时，LED3 开启。

图 8-20　LED 灯指示节点睡眠模式（一）

应用层节点周期性睡眠。在节点 2 的左（SW4）键被按下后，灯 LED1、LED3 处于关闭状态，表明节点已进入睡眠模式，如图 8-21 所示。节点休眠大约 1min 后，灯 LED3 被点亮，表明节点已退出睡眠模式。节点 1 的灯 LED2 闪烁，表明接收到节点 2 发送的数据包。大约 6s 后，节点 2 的灯 LED1、LED3 熄灭，表明再次进入睡眠模式。

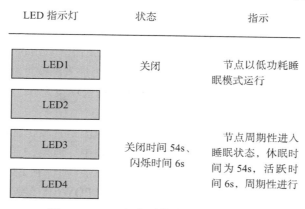

图 8-21　LED 灯指示节点睡眠模式（二）

节点 1 通过串口与 PC 连接后，在串口调试助手中可以看到当节点进入睡眠状态时，串口接收不到节点 1 发来的数据包。而当节点进入唤醒状态时，如图 8-22 所示，串口调试助手显示接收到来自节点 2 的数据包。节点活跃时间为 6s，数据发送周期为 2s，每次活跃期间收到 3 个数据包左右。

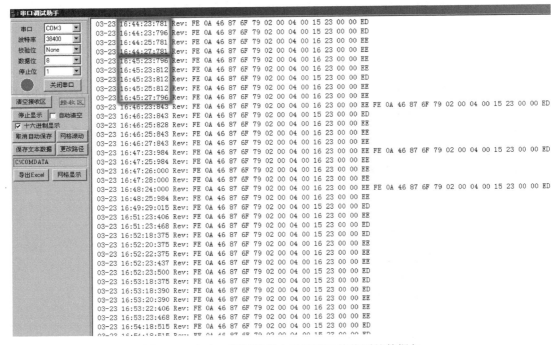

图 8-22　在串口调试助手中显示串口接收到的数据包

当节点 2 处于睡眠状态时，按下节点 2 的上（SW1）键后，可以发现节点 2 的 LED3 再次处于活跃状态，串口调试助手接收到来自节点 2 的数据，这说明通过按键外部中断的方式可以将节点从睡眠状态下唤醒。

4. 实验问题

**问题 1**：请读者直接在 CC2530 裸机上，直接操纵睡眠定时器实现节点周期性睡眠和唤醒。

**问题 2**：halSleep 函数在逻辑上较为复杂，读者能够根据上文中对 halSleep 函数的介绍画出 halSleep 函数的程序流程图吗？

**问题 3**：请读者尝试将 OSAL_SET_CPU_INTO_SLEEP（timeout）宏定义函数中的 timeout 设为 0，观察 ZigBee 模块的变化，并确定其是否进入深度睡眠模式。

**问题 4**：请读者将 f8wConfig.cfg 配置文件中的轮询选项设为 0，观察通过按键的方式，节点是否还能够进入睡眠模式，并分析原因。

**问题 5**：低功耗的一种测试方式是测量模块电路电流是否较正常模式下的电流低。如果使用万用表来测量电路电流，万用表需要串联到电路中。但是，万用表的量程可能不足以测量出 CC2530 模块的低功耗电流。根据 CC2530 数据手册，在 PM1 模式下，它的电流为 0.2mA，在 PM2 模式下为 1μA。读者可以测量增加 POWER_SAVING 编译选项前、后的模块电流，并根据模块电压计算功率，以对 ZigBee 低功耗形成一个更为直观的认识。

# 附录 A · TI Z-Stack 2007/Pro 编译选项

如表 A-1 所示，Z-Stack 中具有许多编译选项，它们可以方便地配置工程中的参数，在应用开发中非常重要。这些编译选项大多是在 TOOLS/f8wConfig.cfg 文件中配置，通常包括一个设备启动时的 PAN ID、信道等。TOOLS/f8wCoord.cfg 文件用于配置协调器，于是，这个文件的任何改变都会影响到协调器。同样的，TOOLS/ f8wRouter.cfg 和 TOOLS/ f8wEnd.cfg 配置文件也会分别影响到工程中所有的路由器和终端设备。

为了对工程中特定的设备类型增加一个编译选项，在相应文件中增加一行类似 "-DXXX = XX" 即可。为了禁用选项，在相应行的前面加入 " //" 即可。另外，也可以如本书图 4-32 所示在编译器中添加选项。表中 "-" 表示该编译选项不在源代码中存在，需要在编译器中设定或者被封装到动态链接库中。

表 A-1　常用编译选项

| 编译选项 | 说明 | 默认值 | 位置 |
|---|---|---|---|
| APS_DEFAULT_INTERFRAME_DELAY | 当使用分片时，发送包之间的延迟 | — | — |
| APS_DEFAULT_MAXBINDING_TIME | 协调器在接收到绑定请求后，等待的时间（以秒为单位） | 16 | nwk_globals.h |
| APS_DEFAULT_WINDOW_SIZE | 使用分片时，发送窗口的大小 | — | — |
| APS_MAX_GROUPS | 组表中，允许最大的条目 | 16 | f8wConfig.cfg |
| APSC_ACK_WAIT_DURATION_POLLED | 一个轮询终端设备需要等待从目的设备收到 APS 应答的周期数（以 2ms 为一个周期） | 3000 | f8wConfig.cfg |
| APSC_MAX_FRAME_RETRIES | 传输失败后，APS 层允许重传的最大次数 | | |
| ASSERT_RESET | 如果程序中有断言声明，此时规定设备需要重启。如果没有这条编译选项，遇到断言声明时，设备屏幕会闪烁 | 无 | f8wConfig.cfg |
| BEACON_REQUEST_DELAY | 在一个加入网络的周期中，每次信标请求的最小延迟数（以 ms 计） | 100 | f8wConfig.cfg |
| BLINK_LEDS | 允许扩展的 LED 闪烁函数 | — | — |
| DEFAULT_CHANLIST | 信道默认列表（在 f8wConfig.cfg 文件中） | 11 | f8wConfig.cfg |
| EXTENDED_JOINING_RANDOM_MASK | 随机加入网络延迟的掩码，即加入网络周期。如 0x007F 代表将在 0 ～ 127ms 间的一个随机时间加入网络 | 0x007F | f8wConfig.cfg |
| HOLD_AUTO_START | 禁止 ZDApp 事件处理循环的自动启动 | — | — |
| LCD_SUPPORTED | 允许 LCD 模拟发送到 ZTOOL 串口的文字 | — | — |
| MANAGED_SCAN | 允许信道扫描延迟 | — | — |
| MAX_BINDING_CLUSTER_IDS | 在绑定表中，最大的 Cluster ID 数目 | 4 | f8wConfig.cfg |

（续）

| 编译选项 | 说明 | 默认值 | 位置 |
|---|---|---|---|
| MAX_POLL_FAILURE_RE TRIES | 在向父设备指示与父设备失步前，向父设备重试轮询数据的最大次数<br>注：POLL 轮询，即终端设备向父设备请求数据 | 2 | f8wConfig.cfg |
| MAX_RREQ_ENTRIES | 在网络中，并发执行路由发现的最大数目 | 8 | f8wConfig.cfg |
| MAX_RTG_ENTRIES | 在常规路由表中，增加的最大路由修复最大条目数 | 40 | f8wConfig.cfg |
| MAXMEMHEAP | 决定动态内存中可供使用的全部内存 | 3072/2048 | OnBoard.h |
| NONWK | 禁止 NWK、APS、ZDO 层功能 | — | — |
| NV_INIT | 允许在设备重启后，装载最基本的 NV 条目<br>注：NV（非易失性存储，即掉电后也不会丢掉信息，常把一些重要的网络信息存入 NV 中） | — | — |
| NV_RESTORE | 允许设备向/从 NV 中存储/恢复网络状态信息 | — | — |
| NWK_AUTO_POLL | 允许终端设备自动地向父设备轮询数据 | — | — |
| NWK_INDIRECT_MSG_TI MEOUT | 一个请求轮询数据的父设备处理数据的最大时间（以毫秒计） | 7 | f8wConfig.cfg |
| NWK_MAX_BINDING_EN TRIES | 在绑定表中，最大的条目数 | — | — |
| NWK_MAX_DATA_RETRIES | 为了寻找一个信息下一跳地址、最大重传次数 | 2 | f8wConfig.cfg |
| NWK_MAX_DEVICE_LIST | 网络中一个设备的关联设备表条目最大数目，即最大子节点数 | 20 | nwk_globals.h |
| NWK_MAX_DEVICES | 网络中和一个设备连接的设备最大数目。默认是 NWK_MAX_DEVICE_LIST + 1，即最大子节点数加上父设备 | 21 | nwk_globals.h |
| NWK_MAX_DEPTH | 网络最大深度，限制了网络在物理上的长度 | 20（ZigBee PRO）/5（ZigBee 2007） | nwk_globals.h |
| NWK_MAX_ROUTER | 决定了一个路由器或者一个协调器节点可以处理的具有路由功能的子节点的最大个数 | 6 | nwk_globals.h |
| NWK_START_DELAY | 为了阻止网络中设备启动的最小时间和在加入周期间的最小延迟 | 100 | f8wConfig.cfg |
| OSAL_TOTAL_MEM | 追踪 OSAL 内存堆使用（LCD SUPPORT） | — | — |
| POWER_SAVING | 允许电池供应设备使用节能函数 | — | — |
| POLL_RATE | 只对终端设备有效，终端设备向其父设备进行数据轮询的时间间隔（以毫秒计） | 1000 | f8wConfig.cfg |
| QUEUED_POLL_RATE | 只针对终端设备，接收到一个数据指示后，向队列信息立即轮询的时间 | 100 | f8wConfig.cfg |
| REFLECTOR | 允许源绑定方式 | 允许 | f8wConfig.cfg |
| REJOIN_POLL_RATE | 仅仅适合于重加入网络的终端设备请求，用于响应轮询速率，这个速率由加入设备的父节点的响应时间决定 | 440 | f8wConfig.cfg |

（续）

| 编译选项 | 说明 | 默认值 | 位置 |
|---|---|---|---|
| RESPONSE_POLL_RATE | 只针对终端设备，收到数据确认包之后，响应数据包的时间（以毫秒计） | 100 | f8wConfig.cfg |
| ROUTE_EXPIRY_TIME | 路由表中路由条目的存活时间（以秒计算），0 代表不限制路由存活时间 | 30 | f8wConfig.cfg |
| RTR_NWK | 允许路由网络 | — | — |
| SECURE | 允许 ZigBee 使用安全（0 禁止，1 允许） | 0 | f8wConfig.cfg |
| ZAPP_Px | 允许通过串口 Px（x 代表串口标识，如 1、2），使得 ZApp 消息传输 | — | — |
| ZDAPP_CONFIG_PAN_ID | 协调器 PAN ID | 0xFFFF | f8wConfig.cfg |
| ZDO_COORDINATOR | 允许设备作为一个协调器 | — | — |
| ZIGBEEPRO | 允许使用 ZigBee Pro 协议栈版本特性 | — | — |
| ZTOOL_Px | 使用 ZTOOL 工具时，允许通过串口 Px（x 代表串口标识，如 1、2）使得 ZTOOL 消息传输 | — | — |

# 附录 B  TI Z-Stack 2007/Pro 重要数据结构

　　Z-Stack 2007/Pro 协议栈中有一些常用且重要的表结构。现归纳总结如表 B-1 ～ B-16 所示，供读者学习和查阅。编者记录了这些数据结构在协议栈目录结构中的位置，所用协议栈版本为 ZStack-CC2530-2.3.1-1.4.0。

表 B-1　Z-Stack 协议栈网络发现表

| 网络发现表 | NWK/NLMEDE.h:193-209 |
|---|---|

网络发现表条目 networkDesc_t;

　　路由器和终端设备在加入网络前，首先要搜索已经存在的 ZigBee 网络。网络发现的结果以描述符的方式返回，其包括网络的信道号、设备能力、协议栈版本、路由器信息等。设备根据网络发现结果，选择加入特定网络

```
193.    typedef struct
194.      {
195.        uint16 panId;
196.        byte logicalChannel;// 信道号
197.        byte beaconOrder;
198.        byte superFrameOrder;
199.        byte routerCapacity;// 路由能力
200.        byte deviceCapacity;// 设备能力
201.        byte version;// 版本
202.        byte stackProfile;// 协议栈 Profile
203.        uint16 chosenRouter;// 所选路由器
204.        uint8 chosenRouterLinkQuality;// 所选路由器链路质量
205.        uint8 chosenRouterDepth;// 所选路由器深度
206.        uint8 extendedPANID[Z_EXTADDR_LEN];
207.        byte updateId;
208.        void *nextDesc;
209.      } networkDesc_t;
```

表 B-2　Z-Stack 协议栈网络邻居表

| 邻居表 | NWK/nwk_util.h:430-438 |
|---|---|

邻居表元素结构（Neighbor table entry）----neighborEntry_t

　　每个节点保存一张邻居节点列表，用来存储当节点入网、路由、广播时，此节点在一跳传输范围内其他节点的信息

```
431.typedef struct
432.  {
433.      uint16   neighborAddress;
434.      uint8    neighborExtAddr[Z_EXTADDR_LEN];// 邻居扩展地址
435.      uint16   panId;
436.      uint8    age;    // 自上次链路状态，nwkLinkStatusPeriod 的数量
437.      linkInfo_t linkInfo;
438.    } neighborEntry_t;
```

（续）

| 邻居表 | NWK/nwk_util.h:430-438 |
|---|---|
| 链路信息 linkInfo_t; | OSAL/INCLUDDE/ZComDef.h:322-332 |

```
322. typedef struct
323.   {
324.     uint8   txCounter;      // 发送成功 / 失败的计数器
325.     uint8   txCost;         // 如果链路状态使能，发生 RSSI 信号的平均成本
326.                            // 换句话说，NWK_LINK_STATUS_PERIOD 定义为非 0
327.     uint8   rxLqi;          // 接受到 RSSI 信号的平均值
328.                            // 在使用前，需要转换为 link cost (1-7)
329.     uint8   inKeySeqNum;    // 安全键序列号
330.     uint32  inFrmCntr;      // 安全帧计数器
331.     uint16  txFailure;      // 可能会发生更多链路失败的指示器
332. } linkInfo_t;
```

表 B-3　Z-Stack 协议栈关联设备表

| 关联设备表 | NWK/AssocList.h:86-99 |
|---|---|

关联设备表条目 associated_devices_t;

关联表（AssociatedDevList）用来统计整个网络中与此设备相关联的设备的信息，而并不是统计 ZigBee 网络中的所有设备。每个设备加入它的父节点时会在父设备关联表中添加一个记录，此记录包括该设备的短地址、设备类型、设备连接关系等信息，但是子节点断电离开网络时不会删除该条记录

```
90.  typedef struct
91.    {
92.     UINT16 shortAddr;      // 关联设备的短地址
93.     uint16 addrIdx;        // 地址管理索引
94.     byte nodeRelation;
95.     byte devStatus;        // 不同设备状态值的位图
96.     byte assocCnt;
97.     byte age;
98.     linkInfo_t linkInfo;   // 链路信息
99. } associated_devices_t;
```

表 B-4　Z-Stack 协议栈路由表

| 路由表 | NWK/trg.h:112-122 |
|---|---|

路由表条目 rtgEntry_t

ZigBee 路由器或协调器中的路由表（Routing Table，RT）存储网络的路由信息，且始终存储在内存或 EEPROM 中，它包含此条路由下一跳节点地址、路由状态和目的地址

```
115. typedef struct
116.   {
117.     uint16  dstAddress;      // 目的地址
118.     uint16  nextHopAddress;  // 下一跳地址
119.     byte    expiryTime;      // 生存时间
120.     byte    status;          // 状态
121.     uint8   options;         // 选项
122.   } rtgEntry_t;
```

**表 B-5　Z-Stack 协议栈路由发现表**

| 路由发现表 | NWK/trg.h:124-133 |
|---|---|

路由发现表条目 rtgEntry_t

　　路由发现表（Route Discovery Table，RDT）主要用于路由发现，其中包含请求序号、发送源节点网络地址、前一跳的发送节点的网络地址、前向路径代价、残留代价以及生存期等多种信息。路由发现过程结束，路由发现表自动从内存中删除

```
125.  typedef struct
126.    {
127.    byte    rreqId;              // 请求序号
128.    uint16  srcAddress;          // 发送源节点的网络地址
129.    uint16  previousNode;        // 前一跳的发送节点的网络地址
130.    byte    forwardCost;         // 前向路径代价
131.    byte    residualCost;        // 残留代码
132.    byte     expiryTime;         // 生存期
133.    } rtDiscEntry_t;
```

**表 B-6　Z-Stack 协议栈组表**

| 组表 | NWK/Aps_groups.h:69-81 |
|---|---|

组表条目结构 apsGroupItem_t

　　组播是为了便于分组发送数据，一个多播组使用 16 位组 ID 唯一标记，并具有组名称。多播组是所有已登记在同一个多播组 ID 下的端点集合。一个多播信息发送给一个特定的目标组，即多播表中该组 ID 所列的所有端点

```
76.  typedef struct apsGroupItem
77.    {
78.      struct apsGroupItem *next;   // 指向下一个组表条目的指针
79.      uint8        endpoint;       // 接收发送给组信息的端点
80.      aps_Group_t  group;          // 组表结构
81.    } apsGroupItem_t;
```

组表的元素结构（Group Table Element）aps_Group_t

```
70.  typedef struct
71.    {
72.      uint16 ID;                        // 组 ID
73.      uint8 name[APS_GROUP_NAME_LEN];   // 组名称
74.    } aps_Group_t;
```

**表 B-7　Z-Stack 协议栈端点描述符**

| 端点描述符 | Profile/AF.h:273-283 |
|---|---|

端点表条目 endPointDesc_t;

　　ZigBee 节点上的不同设备（如各种类型传感器、开关、LED 灯等）被称为应用框架中用户定义的应用对象。为方便这些应用对象进行通信，ZigBee 协议将它们定义为端点。端点需要向应用框架注册端点描述符，并指定该端点上的任务处理 task ID 和简单描述符。简单描述符是描述驻留在应用端点上的应用对象

```
277.  typedef struct
278.    {
279.    byte endPoint;
280.    byte *task_id;  // Pointer to location of the Application task ID.
281.    SimpleDescriptionFormat_t *simpleDesc;
282.    afNetworkLatencyReq_t latencyReq;
283.    } endPointDesc_t;
```

| 简单描述符 SimpleDescriptionFormat_t; | Profile/AF.h:179-191 |
|---|---|

（续）

| 端点描述符 | Profile/AF.h:273-283 |
|---|---|

```
180.    typedef struct
181.    {
182.      byte              EndPoint;              // 端点域
183.      uint16            AppProfId;             // 应用 Profile 标识符域
184.      uint16            AppDeviceId;           // 应用设备标识符域
185.      byte              AppDevVer:4;           // 应用设备版本域
186.      byte              Reserved:4;            // 用于 AppFla 的 AF_V1_SUPPORT
187.      byte              AppNumInClusters;      // 应用输入 Cluster 计数器
188.      cId_t             *pAppInClusterList;    // 应用输入 Cluster 列表
189.      byte              AppNumOutClusters;     // 应用输出 Cluster 计数器
190.      cId_t             *pAppOutClusterList;   // 应用输出 Cluster 列表
191.    } SimpleDescriptionFormat_t;
```

### 表 B-8　Z-Stack 协议栈电源描述符

| 电源描述符 | Profile/AF.h:154-161 |
|---|---|

电源描述符：NodePowerDescriptorFormat_t;

　　节点电源描述符动态地指明 ZigBee 节点的电源状态，并对每个节点都是强制的。一个节点只有一个节点电源描述符

```
typedef struct
{
  unsigned int PowerMode:4;// 电源模式域
  unsigned int AvailablePowerSources:4;// 可用电源来源
  unsigned int CurrentPowerSource:4;// 当前电源来源
  unsigned int CurrentPowerSourceLevel:4;// 当前电源来源等级
} NodePowerDescriptorFormat_t;
```

### 表 B-9　Z-Stack 协议栈节点描述符

| 节点描述符 | Profile/AF.h:102-118 |
|---|---|

节点描述符：NodeDescriptorFormat_t;

　　节点描述符包含有关 ZigBee 节点能力的信息，对每个节点都是强制的。一个节点只有一个节点描述符

```
// Node Descriptor format structure
typedef struct
{
  uint8 LogicalType:3;// 节点逻辑类型
  uint8 ComplexDescAvail:1;   /* AF_V1_SUPPORT - reserved bit. */
  uint8 UserDescAvail:1;      /* AF_V1_SUPPORT - reserved bit. */
  uint8 Reserved:3;
  uint8 APSFlags:3;// APS 标志
  uint8 FrequencyBand:5;// 频段
  uint8 CapabilityFlags;// MAC 功能标志域
  uint8 ManufacturerCode[2];// 制造商代码域
  uint8 MaxBufferSize;// 最大缓冲区大小域
uint8 MaxInTransferSize[2];// 最大输入传输大小域
  uint16 ServerMask;// 服务掩码域
  uint8 MaxOutTransferSize[2]; // 最大传输数据单元大小
  uint8 DescriptorCapability; // 描述符能力域
} NodeDescriptorFormat_t;
```

表 B-10　Z-Stack 协议栈绑定表

| 绑定表 | NWK/BingdingTable.h:77-93 |
| --- | --- |

绑定表条目 BindingEntry_t

　　绑定机制为了更方便地在应用层进行设备间的数据发送。而且绑定服务只能在"互补"设备之间建立，即两个节点的简单描述符中簇 ID（Cluster ID）相同，输入输出属性相反。

　　绑定表的大小可以通过 f8wConfig.cfg 配置文件中的 NWK_MAX_BINDING_ENTRIES 和 MAX_BINDING_CLUSTER_IDS 配置。只有定义 REFLECTOR 编译选项才能使用此表

```
79.typedef struct
80.{
81.                         // 源绑定方式中，此地址是本地地址
82.  uint8 srcEP;           // 源端点
83.  uint8 dstGroupMode;    // 目的地址类型；
84.  uint16 dstIdx;         // 这个字段在两种模式 (group and non-group) 下使用，用于节省
                            //    NV and RAM 空间
85.                         // dstGroupMode = 0 - 组管理模式
86.                         // dstGroupMode = 1 - 组地址
87.  uint8 dstEP;
88.  uint8 numClusterIds;
89.  uint16 clusterIdList[MAX_BINDING_CLUSTER_IDS];
90.                         // 当使用 clusterIdList 字段时，不要使用
91.                         // MAX_BINDING_CLUSTERS_ID
92.                         // 使用 gMAX_BINDING_CLUSTER_IDS 代替
93.} BindingEntry_t;
```

表 B-11　Z-Stack 协议栈 MAC 层属性

| MAC 层属性 | ZMAC/Zmac.c/zmac_internal.h:71-126 |
| --- | --- |

通过 Z-Stack 提供的 API 函数可以获取和设置 PIB 属性值：

```
MAC_MlmeGetReq()       // 获取属性值
MAC_MlmeSetReq()       // 设置属性值
```

```
enum
{
  ZMacAckWaitDuration,           // 等待确认帧最大时间
  ZMacAssociationPermit,         // 允许关联
  ZMacAutoRequest,               // 自动发送请求数据
  ZMacBattLifeExt,               // 启用电池寿命
  ZMacBattLefeExtPeriods,
  ZMacBeaconMSDU,                //MAC 层信标帧负载
  ZMacBeaconMSDULength,          // MAC 层信标帧负载长度
  ZMacBeaconOrder,               // 信标发送间隔
  ZMacBeaconTxTime,              // 信标发送时间
  ZMacBSN                        // 信标帧序列号
  ZMacCoordExtendedAddress,      // 协调器扩展地址
  ZMacCoordShortAddress,         // 协调器短地址
  ZMacDSN= MAC_DSN,              // 命令帧序列号
  ZMacGTSPermit,                 //PAN 协调器接收 GTS 请求
  ZMacMaxCSMABackoffs,           // 在 CSMA 机制中，MAC 最大回避次数
  ZMacMinBE,                     // 避免碰撞
  ZMacPanId,                     //PAN ID
  ZMacPromiscuousMode,
  ZMacRxOnIdle,                  //MAC 层处于空闲时期，启用接收机
```

（续）

| MAC 层属性 | ZMAC/Zmac.c/zmac_internal.h:71-126 |
|---|---|
| ```
ZMacShortAddress,                                  //MAC 层设备短地址
ZMacSuperframeOrder,                               // 超帧活动时间
ZMacTransactionPersistenceTime,                    // 信标间隔最大时间
ZMacAssociatedPanCoord,                            // 设备关联到协调器
ZMacMaxBE,                                         //CSMA 回避次数最大值
ZMacMaxFrameTotalWaitTime,
ZMacMaxFrameRetries,                               // 传输失败后，最大重传次数
ZMacResponseWaitTime,                              // 响应等待时间
ZMacSyncSymbolOffset,
ZMacTimestampSupported,
ZMacSecurityEnabled,                               // 启用安全
// Proprietary Items
ZMacPhyTransmitPower,                              // 使用攻略
ZMacChannel,                                       // 使用的信道
ZMacExtAddr,                                       // 设备扩展地址
ZMacAltBE,
ZMacDeviceBeaconOrder,
ZMacPhyTransmitPowerSigned,
ZMacACLDefaultSecurityMaterialLength  = 0,          // 未执行
ZMacTxGTSId   = 1,                                 // 未执行
ZMacUpperLayerType = 2,                            // 未执行
ZMacRxGTSId = 3,                                   // 未执行
ZMacSnoozePermit   = 4                             // 未执行
};
typedef uint8 ZMacAttributes_t;
``` | |

表 B-12  Z-Stack 协议栈网络层属性

| 网络层属性 | NWK/NLMEDE.h:152-191 |
|---|---|
| 通过 Z-Stack 提供的 API 函数可以获取和设置 PIB 属性值：<br>```
NLME_GetRequest()    // 获取属性值
NLME_SetRequest()    // 设置属性值
``` | |

```
typedef enum
{
  nwkSequenceNum = 0x81,
  nwkPassiveAckTimeout,
  nwkMaxBroadcastRetries,                 // 广播传输失败后，最大的传输次数
  nwkMaxChildren,                         // 最大子节点数
  nwkMaxDepth,                            // 最大深度
  nwkMaxRouters,                          // 最大路由器数
  nwkNeighborTable,                       // 邻居表
  nwkBroadcastDeliveryTime,               // 广播传输延迟
  nwkReportConstantCost,
  nwkRouteDiscRetries,                    // 0x8a
  nwkRoutingTable,                        // 路由表
  nwkSecureAllFrames,
  nwkSecurityLevel,
  nwkSymLink,
  nwkCapabilityInfo,                      // 0x8f
  // next 5 attributes are only needed for alternate addressing
```

（续）

| 网络层属性 | NWK/NLMEDE.h:152-191 |
|---|---|
| `//nwkUseTreeAddrAlloc,` | `// boolean 使用分布式地址分配方案` |
| `//nwkUseTreeRouting,` | `// boolean 分层次路由` |
| `//nwkNextAddress,` | `// 16 位分配给下一个成功关联设备的地址` |
| `//nwkAvailableAddresses,` | `// 16 位成功关联，此值减 1` |
| `//nwkAddressIncrement,` | `// 16 位` |
| `nwkTransactionPersistenceTime = 0x95,` | `// 16 位` |
| `//nwkShortAddress,` | `// 16 位网络短地址` |
| `//nwkStackProfile,` | `//ZigBee 协议栈标识符` |
| `nwkProtocolVersion = 0x98,` | `// 网络层使用的协议栈版本` |
| `//nwkAllowAddressReuse,` | `// Boolean` |
| `//nwkGroupIDTable,` | `// 组 ID 表` |
| `// non-standard items` | |
| `nwkRouteDiscoveryTime = 0x9B,` | `// 路由发现时间` |
| `nwkNumNeighborTableEntries,` | `// 邻居表数目，可以利用 NLME_GetRequest() 读取此`<br>`// 值以确定邻居表大小，然后再使用 NLME_GetRe`<br>`// quest() 读取邻居表内容` |
| `nwkNumRoutingTableEntries,` | `// 路由表数目，可以利用 NLME_GetRequest() 读取此`<br>`// 值以确定路由表大小，然后再使用 NLME_GetRequ`<br>`// est() 读取路由表内容` |
| `nwkNwkState,` | `// 网络层状态属性` |
| `nwkMAX_NIB_ITEMS` | `// 必须是最后一个条目` |
| `}ZNwkAttributes_t;` | |

表 B-13　Z-Stack 协议栈 APS 属性

| APS 属性 | NWK/APSMEDE.h:229-245 |
|---|---|
| 通过 Z-Stack 提供的 API 函数可以获取和设置 PIB 属性值：<br>`APSME_GetRequest()   // 获取属性值`<br>`APSME_SetRequest()   // 设置属性值` | |

```
typedef enum
  {
  apsAddressMap,                    //Proprietary Items
  apsMaxBindingTime,                // 最大绑定时间
  apsBindingTable,                  // 绑定表
  apsNumBindingTableEntries,        // 绑定表条目数
  apsUseExtendedPANID,
  apsUseInsecureJoin,
  apsMAX_AIB_ITEMS                  // 必须是最后一个条目
} ZApsAttributes_t;
```

表 B-14　信标通知原语

| 信标通知 | MAC/mac_api.h:634-644 |
|---|---|
| 信标通知原语 MLME-BEACON-NOTIFY 定义了一个设备在正常的操作工作状态下，接收到一个信标后，向上层通知的过程 | |

```
typedef struct
{
  macEventHdr_t  hdr;              /* mac 层时间头部 */
  uint8  bsn;                      /* 信标序列号 */
  macPanDesc_t  *pPanDesc;         /* 接受信标设备的网络信息 */
  uint8  pendAddrSpec;             /* 设备未确定的地址信息 */
```

（续）

| 信标通知 | MAC/mac_api.h:634-644 |
|---|---|

```
    uint8    *pAddrList;              /* 信标帧中的设备地址列表 */
    uint8 sduLength;                  /* 信标帧负载的比特数 */
    uint8           *pSdu;            /* 信标负载 */
} macMlmeBeaconNotifyInd_t;
```

| PAN 描述符 | MAC/mac_api.h:493-506 |
|---|---|

PAN 描述符描述一个 PAN 网络的基本信息

```
typedef struct
{
    sAddr_t coordAddress;            /* 发生信标的协调器地址 */
    uint16  coordPanId;              /* 网络的 PAN ID*/
    uint16  superframeSpec;          /* 网络的超帧信息 */
    uint8   logicalChannel;          /* 网络的逻辑信道 */
    uint8   channelPage;             /* 网络当前的信道信息 */
    bool    gtsPermit;               /* 如果协调器接收到信标请求, 设为 TRUE */
    uint8   linkQuality;             /* 接受到信标的链路质量 */
    uint32 timestamp;                /* 信标接受到的时间戳 */
    bool    securityFailure;         /* 设置为 TRUE, 如果在安全处理过程中出现错误 */
    macSec_t    sec;                 /* 接受到的信标帧的信息选项 */
} macPanDesc_t;
```

表 B-15 Z-Stack 协议栈设备启动属性

| 设备启动属性 | ZDO/ZDObject.h:70-77 |
|---|---|

设备启动属性分为四种状态, 它们在分析设备入网的过程时非常重要

```
typedef enum
{
    MODE_JOIN,                       // 设备加入状态
    MODE_RESUME,                     // 设备为恢复状态
//MODE_SOFT,                         // 还不支持
    MODE_HARD,                       // 设备初始状态
    MODE_REJOIN                      // 设备为重新加入状态
} devStartModes_t;
```

表 B-16 Z-Stack 协议栈设备状态属性

| 设备状态属性 | ZDO/ZDOApp.h:176-189 |
|---|---|

设备状态属性分为 11 种, 在分析网络设备实时状态和网络设备故障诊断时非常实用

```
typedef enum
{
    DEV_HOLD,                        // 初始化, 不会自动启动
    DEV_INIT,                        // 初始化, 没有和任何设备连接
    DEV_NWK_DISC,                    // 发现加入个域网
    DEV_NWK_JOINING,                 // 加入一个网络
    DEV_NWK_REJOIN,                  // 只针对终端设备而言, 重新加入网络
    DEV_END_DEVICE_UNAUTH,           // 加入网络, 但未被信任中心信任
    DEV_END_DEVICE,                  // 验证后作为设备启动
    DEV_ROUTER,                      // 设备已加入网络, 并是路由器
    DEV_COORD_STARTING,              // 以 ZigBee 协调器方式启动
    DEV_ZB_COORD,                    // 作为 ZigBee 协调器运行
    DEV_NWK_ORPHAN                   // 设备失去父节点的信息
} devStates_t;
```

# 附录 C  部分 ZigBee 协议原语及其 TI Z-Stack 实现形式

本书给出了部分原语在 Z-Stack 中的实现形式和所在的文件（见表 C-1 ～ C-6），希望读者能够根据 Z-Stack 源码或 TI 提供的多个 Z-Stack API 函数参考手册了解 ZigBee 规范中原语是如何实现的。在 Z-Stack 协议栈的实现中，请求（Request）、响应（Response）原语由协议栈较高层直接调用函数实现，而对于确认（Confirm）、指示（Indication）原语的实现则是采用间接处理的机制，一般是通过事件触发回调函数（CallBack）来完成的。

表 C-1  MAC 层数据服务原语

| 原语 | | 请求 | 确认 | 通知 | 响应 |
|---|---|---|---|---|---|
| MCPS-DATA<br>（MAC 层数据服务原语）<br>发送和接收物理层数据单元 | 原语形式 | MCPS-DATA<br>.request | MCPS-DATA<br>.confirm | MCPS-DATA<br>.indication | — |
| | Z-Stack<br>函数接口 | MAC_McpsDataReq() | MAC_MCPS_DA<br>TA_CNF | MAC_MCPS_<br>DATA_IND | |
| | 位置 | MAC/mac_api.h | ZMAC/zmac_cb.c | ZMAC/zmac_cb.c | |
| MCPS-PURGE<br>（撤销数据发送原语）<br>向 MAC 层请求撤销事务队列中的数据发送事务 | 原语形式 | MCPS-PURGE.request | MCPS-PURGE.co<br>nfirm | — | — |
| | Z-Stack<br>函数接口 | MAC_McpsPurgeReq | MAC_MCPS_PU<br>RGE_CNF | | |
| | 位置 | MAC/mac_api.h | ZMAC/zmac_cb.c | | |

表 C-2  MAC 层管理服务原语及 Z-Stack 实现形式

| 原语 | | 请求 | 确认 | 通知 | 响应 |
|---|---|---|---|---|---|
| MLME-START<br>（网络启动原语）<br>初始化和配置网络 | 原语形式 | MLME-START<br>.request | MLME-START<br>.confirm | | — |
| | Z-STACK<br>函数接口 | MAC_MlmeStar<br>tReq() | MAC_MLME_ST<br>ART_CNF+<br>nwk_MTCallback<br>SubNwkStartCnf | | — |
| | 位置 | MAC/mac_api.h<br>ZMAC/zmac.c | MAC/mac_api.h<br>ZMAC/zmac_cb.c | | — |

（续）

| 原语 | | 请求 | 确认 | 通知 | 响应 |
|---|---|---|---|---|---|
| MLME-BEACON-NOTIFY（信标通知原语）设备接收到一个信标后，向上层通知 | 原语形式 | — | — | MLME-BEACON-NOTIFY.indication | — |
| | Z-STACK 函数接口 | — | — | MAC_MLME_BEACON_NOTIFY_IND+ nwk_MTCallbackSubNwkBeaconNotifyInd() | — |
| | 位置 | — | — | MAC/mac_api.h ZMAC/zmac_cb.c | — |
| MLME-SCAN（信道扫描原语）执行信道扫描 | 原语形式 | MLME-SCAN.request | MLME-SCAN.confirm | | — |
| | Z-STACK 函数接口 | MAC_MlmeScanReq() | -MAC_MLME_SCAN_CNF | — | — |
| | 位置 | MAC/mac_api.h ZMAC/zmac.c | - MAC/mac_api.h ZMAC/zmac_cb.c | — | — |
| MLME-GTS（保证时隙 GTS 管理）GTS 的请求和维护 | 原语形式 | MLME-GTS.request | MLME-GTS.confirm | MLME-GTS.indication | — |
| | Z-STACK 函数接口 | Z-Stack 没有实现对 GTS 管理的支持 | | | |
| MLME-ASSOCIATE（关联原语）设备如何与一个 PAN 取得关联 | 原语形式 | MLME_ASSOCIATE.request | MLME_ASSOCIATE.confirm | MLME_ASSOCIATE.indication | MLME-ASSOCIATE.response |
| | Z-STACK 函数接口 | MAC_MlmeAssociateReq() | MAC_MLME_ASSOCIATE_CNF+ nwk_MTCallbackSubNwkAssociateCnf() | MAC_MLME_ASSOCIATE_IND+ nwk_MTCallbackSubNwkAssociateInd() | MAC_MlmeAssociateRsp() |
| | 位置文件 | MAC/mac_api.h ZMAC/zmac.c | MAC/mac_api.h ZMAC/zmac_cb.c | MAC/mac_api.h ZMAC/zmac_cb.c | MAC/mac_api.h ZMAC/zmac.c |
| MLME-DISASSOCIATE（解关联原语）一个设备如何从 PAN 中解关联的过程 | 原语形式 | MLME-DISASSOCIATE.request | MLME-DISASSOCIATE.confirm | MLME-DISASSOCIATE.indication | — |
| | Z-STACK 函数接口 | MAC_MlmeDisassociateReq() | MAC_MLME_DISASSOCIATE_CNF+ nwk_MTCallbackSubNwkDisassociateCnf() | MAC_MLME_DISASSOCIATE_IND+ nwk_MTCallbackSubNwkDisassociateInd() | — |
| | 位置文件 | MAC/mac_api.h ZMAC/zmac.c | MAC/mac_api.h ZMAC/zmac_cb.c | MAC/mac_api.h ZMAC/zmac_cb.c | — |

（续）

| 原语 | | 请求 | 确认 | 通知 | 响应 |
|---|---|---|---|---|---|
| MLME-SYNC （同步原语） 子节点追踪信标与 父节点实现周期同步 | 原语形式 | MLME-SYNC.request | | | — |
| | Z-STACK 函数接口 | MAC_MlmeSyncReq() | — | | — |
| | 位置文件 | MAC/mac_api.h ZMAC/zmac.c | — | | — |
| M L M E - S Y N C - LOSS （失步原语） 向本节点的上层发 送与父节点无法同步 的通知 | 原语形式 | — | — | MLME-SYNC-LOSS.indication | |
| | Z-STACK 函数接口 | — | — | MAC_MLME_ SYNC_LOSS_I ND +nwk_MT CallbackSubNw kSyncLossInd | — |
| | 位置文件 | — | — | MAC/mac_api.h ZMAC/zmac_cb.c | — |
| MLME-ORPHAN-NOTIFY （孤立通知原语） 协调器向孤立设备 发送通知 | 原语形式 | — | MLME-ORPHAN– NOTIFY.confirm | MLME-ORPHA N -NOTIFY .indication | MLME-ORPHAN -NOTIFY.response |
| | Z-STACK 函数接口 | — | — | MAC_MLME_ ORPHAN_IND+ nwk_MTCallbac kSubNwkOrpha nInd | MAC_MlmeOrpha nRsp() |
| | 位置文件 | — | — | MAC/mac_api.h ZMAC/zmac_cb.c | MAC/mac_api.h ZMAC/zmac.c |
| MLME-POLL （数据轮询原语） 终端设备如何从一 个协调器请求数据的 过程 | 原语形式 | MLME-POLL .request | MLME-POLL.con firm | MLME-POLL.i ndication | — |
| | Z-STACK 函数接口 | MAC_MlmePoll Req () | MAC_MLME_PO LL_CNF+ nwk_ MTCallbackSubN wkPollCnf() | MAC_MLME_ POLL_IND | — |
| | 位置文件 | — | MAC/mac_api.h ZMAC/zmac_cb.c | MAC/mac_api.h ZMAC/zmac_cb.c | — |
| M L M E - R X - ENABLE （接收机状态使能 原语） 在指定的时间开启 和关闭接收机 | 原语形式 | MLME-RX-EN ABLE.request | MLME-RX-ENAB LE.confirm | | — |
| | Z-STACK 函数接口 | Z-Stack 没有使能接收机状态的相关函数，但定义了： macRxOn()：打开接收机 macRxOff()：关闭接收机 macRxOnRequest()；如果允许，打开接收机 void macRxOffRequest()；如果允许，关闭接收 | | | |
| | 位置文件 | MAC/Low Level/mac_rx_onoff.h | | | |

（续）

| 原语 | | 请求 | 确认 | 通知 | 响应 |
|---|---|---|---|---|---|
| **MLME-COMM-STATUS-NOTIFY**（通信状态原语）上层交互传输状态 | 原语形式 | — | — | MLME-COMM-STATUS.indication | — |
| | Z-STACK 函数接口 | — | — | MAC_MLME_COMM_STATUS_IND + nwk_MTCallbackSubCommStatusInd | — |
| | 位置文件 | — | — | MAC/mac_api.h ZMAC/zmac_cb.c | — |
| **MLME-GET**（PIB 属性读取原语）从 MAC PIB 中读取属性值 | 原语形式 | MLME-GET.request | MLME-GET.confirm | — | — |
| | Z-STACK 函数接口 | MAC_MlmeGetReq() | — | — | — |
| | 位置文件 | MAC/mac_api.h ZMAC/zmac.c | — | — | — |
| **MLME-SET**（PIB 属性设置原语）对 PIB 属性进行写操作 | 原语形式 | MLME-SET.request | MLME-SET.confirm | — | — |
| | Z-STACK 函数接口 | MAC_MlmeSetReq() | — | — | — |
| | 位置文件 | MAC/mac_api.h ZMAC/zmac.c | — | — | — |
| **MLME-RESET**（物理层复位原语）把 MAC 层的 PIB 属性值恢复为缺省值 | 原语形式 | MLME-RESET.request | MLME-RESET.confirm | — | — |
| | Z-STACK 函数接口 | MAC_MlmeResetReq() | — | — | — |
| | 位置文件 | MAC/mac_api.h ZMAC/zmac.c | — | — | — |

表 C-3　网络层数据服务原语及 Z-Stack 实现接口

| 原语 | | 请求 | 确认 | 通知 | 响应 |
|---|---|---|---|---|---|
| **NLDE-DATA**（网络层数据服务原语）发送和接收网络层数据单元 | 原语形式 | NLDE-DATA.request | NLDE-DATA.confirm | NLDE-DATA.indication | — |
| | Z-stack 函数接口 | NLDE_DataReq() | NLDE_DataCnf() | NLDE_DataIndication() | |
| | 位置 | NWK/NLMEDE.h | NWK/NLMEDE.h | NWK/NLMEDE.h | |
| | 描述 | 请求网络层数据服务 | 报告从本地 APS 子层实体向一个对等的 APS 子层实体请求数据单元（NPDU）的请求 | 向本地 APS 子层实体通知数据单元到来 | |

表 C-4　网络层管理服务原语及 Z-Stack 函数接口

| 原语及说明 | | 请求 | 确认 | 通知 | 响应 |
|---|---|---|---|---|---|
| NLME-NETWORK-DISCOVER（网络发现原语）要求网络层发现邻居网络，该函数在执行网络扫描前被执行 | 原语形式 | NLME-NETWORK-DISCOVERY.request | NLME-NETWORK-DISCOVERY.confirm | — | — |
| | Z-STACK 函数接口 | NLME_NetworkDiscoveryRequest() | NLME_NetworkDiscoveryConfirm() | | |
| | 位置 | NWK/NLMEDE.h | NWK/NLMEDE.h | | |
| | 描述 | 请求网络层发现邻居路由 | 返回邻居网络列表 | — | — |
| NLME-ED-SCAN（信道能量扫描原语）高层请求信道能量扫描，并返回能量检测列表 | 原语形式 | NLME-ED-SCAN.request | NLME-ED-SCAN.confirm | | |
| | Z-STACK 函数接口 | NLME_EDScanRequest() | NLME_EDScanConfirm() | | |
| | 位置 | NWK/NLMEDE.h | NWK/NLMEDE.h | | |
| | 描述 | 允许上层进行能量扫描，并评估本地区域的信道 | 返回能量测量列表 | | |
| NLME-NETWORK-FORMATION（网络建立原语）请求设备建立一个新网络并成为新网络的协调器 | 原语形式 | NLME-NETWORK-FORMATION.request | NLME-NETWORK-FORMATION.confirm | | |
| | Z-STACK 函数接口 | NLME_NetworkFormationRequest() | NLME_NetworkFormationConfirm() | | |
| | 位置 | NWK/NLMEDE.h | NWK/NLMEDE.h | | |
| | 描述 | 请求设备建立一个新网络 | 报告新网络建立的结果 | — | — |
| NLME-JOIN（加入网络原语）允许上层请求设备加入特定的网络 | 原语形式 | NLME-JOIN.request | NLME-JOIN.confirm | NLME-JOIN.indication | — |
| | Z-STACK 函数接口 | NLME_JoinRequest() | NLME_JoinConfirm() | NLME_JoinIndication() | |
| | 位置 | NWK/NLMEDE.h | NWK/NLMEDE.h | NWK/NLMEDE.h | |
| | 描述 | 请求设备加入特定的网络 | 请求加入一个网络的返回结果 | 通知协调器上层远程设备加入请求 | — |
| NLME-PERMIT-JOINING（允许设备加入网络原语）协调器上层允许设备在一定时间间隔内加入网络 | 原语形式 | NLME-PERMIT-JOINING.request | NLME-PERMIT-JOINING.confirm | — | — |
| | Z-STACK 函数接口 | NLME_PermitJoiningRequest() | — | | |
| | 位置 | NWK/NLMEDE.h | — | | |
| NLME-DIRECT-JOIN（直接加入网络原语）请求路由器或协调器设备将另一个设备作为子设备加入到网络 | 原语形式 | NLME-DIRECT-JOIN.request | — | | |
| | Z-STACK 函数接口 | NLME_DirectJoinRequest() | — | | |
| | 位置 | NWK/NLMEDE.h | — | | |

（续）

| 原语及说明 | | 请求 | 确认 | 通知 | 响应 |
|---|---|---|---|---|---|
| NLME-REJOIN（重入网原语）请求一个设备加入一个已经加入过的网络 | 原语形式 | NLME-REJOIN.request | | | |
| | Z-STACK 函数接口 | NLME_ReJoinRequest() | | | |
| | 位置 | NWK/NLMEDE.h | | | |
| NLME-Orphan-JOIN（孤立加入网络原语）请求设备搜寻其父设备并加入网络 | 原语形式 | NLME-Orphan-JOIN.request | | | |
| | Z-STACK 函数接口 | NLME_OrphanJoinRequest() | | | |
| | 位置 | NWK/NLMEDE.h | | | |
| NLME-LEAVE（离开网络原语）请求自身或其他设备离开网络 | 原语形式 | NLME-LEAVE.request | NLME-LEAVE.confirm | NLME-LEAVE.indication | NLME-LEAVE.response |
| | Z-STACK 函数接口 | NLME_LeaveReq () | NLME_LeaveCnf() | NLME_LeaveInd() | NLME_LeaveRsp() |
| | 位置 | NWK/NLMEDE.h | NWK/NLMEDE.h | NWK/NLMEDE.h | NWK/NLMEDE.h |
| | 描述 | 请求自身或其他设备离开网络 | 向上层通知请求自身或其他设备离开网络的结果 | 通知一个设备来自远程离开网络的请求 | 上层响应离开网络的指示原语 |
| NLME-START-ROUTER（路由启动原语）请求一个设备作为路由器 | 原语形式 | NLME-START-ROUTER.request | NLME-START-ROUTER.confrim | — | — |
| | Z-STACK 函数接口 | NLME_StartRouterRequest() | NLME_StartRouterConfirm | — | — |
| | 位置 | NWK/NLMEDE.h | NWK/NLMEDE.h | — | — |
| NLME-ROUTE-DISCOVERY（网络层路由发现原语）允许上层对一个给定目的地址的设备初始化路由发现 | 原语形式 | NLME-ROUTE-DISCOVERY.request | | | |
| | Z-STACK 函数接口 | NLME_RouteDiscoveryRequest() | — | | |
| | 位置 | NWK/NLMEDE.h | | | |
| NLME-SYNC（信标同步原语）允许设备与父设备进行同步，并提取数据 | 原语形式 | NLME-SYNC.request | | | — |
| | Z-STACK 函数接口 | NLME_SyncReques() | | | |
| | 位置 | NWK/NLMEDE.h | | | |
| NLME-SYNC-LOSS（MAC 层信标失步原语）允许上层被通知 MAC 层失步原语 | 原语形式 | | | NLME-SYNC_LOSS.indication | |
| | Z-STACK 函数接口 | | | NLME_SyncIndication() | |
| | 位置 | | | NWK/NLMEDE.h | |

（续）

| 原语及说明 | | 请求 | 确认 | 通知 | 响应 |
|---|---|---|---|---|---|
| NLME-RESET（网络层属性重置原语）允许上层执行网络属性重置操作 | 原语形式 | NLME-RESET.request | NLME-RESET .confirm | | |
| | Z-STACK函数接口 | NLME_ResetRequest() | — | | |
| | 位置 | NWK/NLMEDE.h | | | |
| NLME-GET（网络层属性获取原语）从网络层 PIB 中读取属性值 | 原语形式 | NLME-GET.request | MLME-GET.confirm | | |
| | Z-STACK函数接口 | NLME_GetRequest() | — | — | — |
| | 位置 | NWK/NLMEDE.h | — | — | |
| NLME-SET（网络层属性设置原语）对 PIB 属性进行写操作 | 原语形式 | NLME-SET.request | MLME-SET.confirm | | |
| | Z-STACK接口 | NLME_SetRequest() | — | — | — |
| | 位置 | NWK/NLMEDE.h | — | — | |

表 C-5　APS 层数据服务原语和 Z-Stack 实现接口

| 原语 | | 请求 | 确认 | 通知 | 响应 |
|---|---|---|---|---|---|
| APSDE-DATA（APS 子层数据服务原语）发送和接收应用支持子层数据单元 | 原语形式 | APSDE-DATA.request | APSDE -DATA.confirm | APSDE-DATA.indication | — |
| | Z-Stack函数接口 | APSDE_DataReq()APSDE_DataReqMTU() | APSDE_DataConfirm()APSDE_DataCnf() | APSDE_DataIndication() | |
| | 位置文件 | NWK/APSMEDE.h | NWK/APSMEDE.h | NWK/APSMEDE.h | |
| | 描述 | 上层向对等的 APS子层请求数据服务 | 报告从本地更高层实体向一个对等的更高实体请求数据单元（ASPDU）的请求 | 向本地更高层实体通知数据单元到来 | |

表 C-6　APS 层管理原语及 Z-Stack 实现接口

| 原语 | | 请求 | 确认 | 通知 | 响应 |
|---|---|---|---|---|---|
| APSME-BIND（绑定原语）允许上层请求绑定两个设备 | 原语形式 | APSME-BIND.request | APSME-BIND.confirm | | — |
| | Z-STACK函数接口 | APSME_BindRequest() | APSME_BindConfirm() | | — |
| | 位置 | NWK/APSMEDE.h | NWK/APSMEDE.h | — | — |
| APSME-UNBIND（解绑定原语）允许上层解除两个设备的绑定关系 | 原语形式 | APSME-UNBIND.request | APSME-UNBIND.confirm | | — |
| | Z-STACK函数接口 | APSME_UnBindRequest() | APSME_UnbindConfirm() | | — |
| | 位置文件 | NWK/NLMEDE.h | NWK/NLMEDE.h | — | — |
| APSME-ADD-GROUP（加入组原语）请求设备（端点）加入到一个已存在的组 | 原语形式 | APSME-ADD-GROUP.request | APSME-ADD-GROUP.confirm | | — |
| | Z-STACK函数接口 | aps_AddGroup() | — | | — |
| | 位置文件 | NWK/aps_groups.h | — | | — |
| | 描述 | 请求设备建立一个新网络 | 报告新网络建立的结果 | — | — |

（续）

| 原语 | | 请求 | 确认 | 通知 | 响应 |
|---|---|---|---|---|---|
| APSME-REMOVE-GROUP<br>（移除组原语）<br>将设备（端点）从组中移除 | 原语形式 | APSME-REMOVE-GROUP.request | APSME-REMOVE-GROUP.confirm | | — |
| | Z-STACK<br>函数接口 | aps_RemoveGroup() | — | | — |
| | 位置文件 | NWK/aps_groups.h | — | | — |
| APSME-GET<br>（APS 层属性获取原语）<br>获取 APS 子层属性 | 原语形式 | APSME-GET.request | APSME-GET.confirm | — | — |
| | Z-STACK<br>函数接口 | APSME_GetRequest() | — | — | — |
| | 位置文件 | NWK/NLMEDE.h | — | — | — |
| APSME-SET<br>（APS 层属性设置原语）<br>设置 APS 子层的属性 | 原语形式 | APSME-SET.request | APSME-SET.confirm | — | — |
| | Z-STACK<br>函数接口 | APSME_SetRequest() | — | — | — |
| | 位置文件 | NWK/NLMEDE.h | — | — | — |

# 延 伸 阅 读

[1] http://www.zigbee.org

[2] http://www.tinyos.net/

[3] http://www.cougar-world.com/cn/home.html

[4] G. David, L. Philip, R. Behren, M. Welsh, E. Brewer, D. Culler, "The nesC Language:A Holistic Approach to Networked Embedded Systems". in Proceedings of PLDI'03, June 9-11, 2003, San Diego, California, USA.

[5] N. Xu, S. Rangwala, K. Chintalapudi, D. Ganesan, A. Broad, R.Govindan, D. Estrin, "A wireless sensor network for structural monitoring". In Proceedings of ACM SenSys 2004, Nov. 2004.

[6] M. Li and Y. Liu, "Underground structure monitoring with wireless sensor networks". In Proceedings of the 6th international conference on Information processing in sensor networks (IPSN07), Apr. 2007.

[7] P. Mainwaring, J. Polastre, R. Szewczyk, "Wireless Sensor Networks for Habitat Monitoring". In Proceedings of ACM International Workshop on Wireless Sensor Networks and Applications,Sept.2002.

[8] P. Juang, H. Oki, Y. Wang, M. Martonosi, L. Peh, D. Rubenstein, "Design tradeoffs and early experiences with zebranet". In Proceedings of ASPLOS, October 2002, San Jose, CA.

[9] IEEE std 802.15.4-2003: Part 15.4: Wireless Medium Access Control（MAC）and Physical Layer（PHY）Specifications for Low-Rate Wireless Personal Area Networks（LR-WPANs）2003[OL]. http://www.ieee802.org/15/pub/TG4.html

[10] ZigBee Specification 2007[OL].http://www.ZigBee.org

[11] ZigBee Specification 2006[OL].http://www.ZigBee.org.

[12] ZigBee Specification 2003[OL].http://www.ZigBee.org.

[13] ZigBee Alliance http://www.zigbee.org/.

[14] R. Shah, J. Rabaey, "Energy aware routing for low energy ad hoc sensor networks". In Proceedings of the IEEE Wireless Communications and Networking Conference（WCNC'02）, Mar.2002.

[15] C. Intanagonwiwat, R. Govindan, D. Estrin, "Directed diffusion: A scalable and robust communication paradigm for sensor networks". In Proceedings of 6th Annual Int'l Conf on Mobile Computing and Networks（MobiCOM 2000）, Boston, MA. August 2000.

[16] B. Karp, H. Kung, "GPSR: Greedy Perimeter Stateless Routing for Wireless Networks". In Proceedings of the Sixth Annual ACM/IEEE International Conference on Mobile Computing and Networking（MobiCom'00）, 2000, August.

[17] B. Deb, S. Bhatnagar, B.Nath, "ReInForM: Reliable Information Forwarding using Multiple paths in sensor networks". In Proceedings of 28th Annual IEEE Conference on Local Computer Networks（LCN）, October 2003.

[18] A. Perrig, R. Szewczyk, "SPINS: Security protocols for sensor networks". In Proceedings of 2003

IEEE Symp on Security and Privacy, 2003, 197.

[19] W. Heinzelman, A. Chandrakasan, H. Balakrishnan, "An application-specific protocol architecture for wireless microsensor networks". IEEE Transactions on Wireless Commu-nications,2002, 1（4）:660–670.

[20] Y .Xu, J. Heidemann , D. Estrin, "Geography-informed energy conservation for ad hoc routing". In Proceedings of 7th Annual Int'l Conference on Mobile Computing and Netwoking（MobiCOM）, Rome,Italy. July 2001. 70–84.

[21] C. Schurgers, V. Tsiatsis, S.Ganeriwal, M. Srivastava,"Topology management for sensor networks: Exploiting latency and density". In Proceedings of 3rd ACM Int'l Symp on Mobile Ad Hoc Networking & Computing , Lausanne, Switzerland. June , 2002. 135–145.

[22] W. Shi, C. Miller, "Waste containment system monitoring using wireless sensor networks". Technical Report MIST-TR-2004-009, Wayne State University, Mar. 2004.

[23] K. Sha, W. Shi, S. Sellamuthu, "Load Balanced Query Protocols for Wireless Sensor Networks". Sensor Network Operations, edited by S. Phoha and T. F. La Porta, IEEE Press, 2004.

[24] D. Estrin, R. Govindan, J. Heidemann, S. Kumar, "Next century challenges: Scalable coordination in sensor networks". In Proceedings of the 5th Annual ACM/IEEE International Conference on Mobile Computing and Networking（MobiCom'99）, Aug. 1999.

[25] A. Savvides, C. Han, M. Strivastava, "Dynamic fine-grained localization in ad-hoc networks of sensors". In Proceedings of the 7th Annual ACM/IEEE International Conference on Mobile Computing and Networking （MobiCom'01）, July 2001.

[26] K. Whitehouse, C. Sharp, E. Brewer, D. Culler, "Hood: A neighborhood abstraction for sensor networks". In Proceedings of the International Conference on Mobile Systems, Applications, and Services（MOBISYS'04）, June 2004.

[27] J .Elson, L. Griod, D. Esrein, "Fine-grained network time synchronization using reference broadcasts". In Proceedings of 5th Symp Operating Systems Design and Implementation（OSDI 2002）, Boston, MA. December 2002.

[28] M. Sichitiu, C. Veerarittiphan, "Simple accurate time synchronization for wireless sensor networks". In Proceedings of IEEE Wireless Communications and Networking Conference（WCNC'2003）, New Orleans, LA. March 2003.

[29] S. Ganneriwal, R. Kumar, B. Srivastava, "Timing-sync protocol sensor networks". In Proceedings of 1st Int'l Conference on Embedded Networked Sensor Systems（SenSys 2003）, Los Angeles,CA. November 5-7, 2003. 138–149.

[30] L .Girod, D. Estrin. "Robust range estimation using acoustic and multimodal sesing" . In Proceedings of IEEE/RSJ Int'l Conference Intelligent Robots and Systems（IROS'01）, Vol.3, Maui, Hawaii,USA. 2001. 1312–1320.

[31] N. Priyantha, A. Chakraborthy, H. Balakrishnan, "The cricket location-support system". In Proceedings of Int'l Conference on Mobile Computing and networking, August 6-11, 2000, Boston, MA.32–43

[32] D. Niculescu, B. Nath, "Ad hoc position system（APS）using AOA". In Proceedings of 22nd Annual Joint Conference of the IEEE Computer and Communications Societies（INFOCOM'2003）. IEEE,Vol. 3,2003.

[33] P. Bahl, V. Padmanabhan, "Radar: An in-building RF-based user location and tracking system".In Proceedings of INFOCOM'2000, Tel Aviv, Israel. 2000, Vol.2:775–784.

[34] N. Bulusu, J. Heidemann, D. Estrin. "Density adaptive algorithms for beacon placement in wireless sensor networks". In Proceedings of IEEE ICDCS'01,Phoenix, AZ. April 2001.

[35] T. He, C. Huang, B. Blum, J. Stankovic, T. Abdelzaher, "Range-free localization schemes for large scale sensor networks". In Proceedings of 9th Annual Int'l Conf on Mobile Computing and Networking（MobiCom）, San Diego, CA., 2003. 81–95.

[36] N. Bulusu, J. Heidemann, D. Estrin. "GPS-less Low Cost Outdoor Localization For Very Small Devices". IEEE Personal Communications Magazine, Vol. 7, No. 5, pp. 28–34. October, 2000.

[37] V. Chandra, A. GUMMALLA, J. LIMB, "Wireless medium access control protocols". IEEE Communication Surveys, vol. 3, no. 2, pp. 2–15, 2000.

[38] S. Kumar, V. Raghavan, and J. Deng, "Medium access control protocols for ad hoc wireless networks: a survey". Elsevier Ad-Hoc Networks Journal, vol. 4, pp. 326–358, 2006.

[39] I. Demirkol, C. Ersoy, and F. Alagz, "Mac protocols for wireless sensor networks: a survey". IEEE Communications Magazine, vol. 44, no. 4, pp. 115– 121, 2006.

[40] N. Abramson, "The aloha system another alternative for computer communications". In Proceedings of the Fall Joint Computer Conference, vol. 37, p. 281C285, 1970.

[41] C. Lau and C. Leung, "A slotted aloha packet radio network with multiple antennas and receivers". IEEE Transactions on Vehicular Technology, vol. 39, no. 3, p. 218C226, 1990.

[42] L. Kleinrock and F. Tobagi, "Packet switching in radio channels: Part i carrier sense multiple access modes and their throughput delay characteristics". IEEE Transactions on Communication, vol.23, no. 3, p. 1400C1416, 1975.

[43] P. Karn, "Maca: a new channel access method for packet radio". In Proceedings of the 9th ARRL/ CRRL Amateur Radio Computer Networking Conference, Sept. 1990.

[44] V. Bharghavan, A. Demers, S. Shenker, and L. Zhang, "Macaw: A media access protocol for wireless lans". In Proceedings of Annual ACM Conference of the Special Interest Group on Data Communication（SIGCOMM'94）, Aug. 1994.

[45] K. Arisha, M. Youssef, and M. Younis, "Energy-aware tdma based mac for sensor networks". In Proceedings of the IEEE Integrated Management of Power Aware Communications, Computing and Networking（IMPACCT'02）, May 2002.

[46] C. Fullmer and J. Garcia-Luna-Aceves, "Floor acquisition multiple access（fama）for packet-radio networks". In Proceedings of Annual ACM Conference of the Special Interest Group on Data Communication（SIGCOMM'95）, Aug. 1995.

[47] C. Wu and V. Li, "Receiver-initiated busy-tone multiple access in packet radio networks". In Proceedings of Annual ACM Conference of the Special Interest Group on Data Communication （SIGCOMM'87）, Oct. 1987.

[48] G. Bianchi, F. Borgonovo, L. Fratta, L. Musumeci, and M. ZORZI, "C-prma: the centralized packet reservation multiple access for local wireless communications". IEEE Transactions on Vehicular Technology, vol. 46, no. 2, pp. 422–436, 1997.

[49] R. Bolla, F. Davoli, and C. Nobile, "A rra-isa mutliple access protocol with and without simple priority schemes for real-time and data traffic in wireless cellular systems". Mobile Networks and

Applications, no. 2, pp. 35–53, 1995.

[50] M. Karol, Z. Liu, and K. Eng, "An efficient demand assignment multiple access protocol for wireless packet（atm）networks". Wireless Networks, vol. 1, no. 3, pp. 267–279, 1995.

[51] J. Mikkonen. J. Aldis, G. Awater, A. Lunn, and D. Hutchison, "The magic wand – functional overview". IEEE Selected Areas in Communications, Vol. 16, no. 6, pp. 953–72, 1998.

[52] S. Singh and C. Raghavendra, "Pamas-power aware multi-access protocol with signaling for ad hoc networks", ACM Computer Communication Review, vol. 28, no. 3, pp. 5–26,1998.

[53] E. Jung and N. Vaidya, "A power control mac protocol for ad hoc networks," in Proceedings of the 8th Annual ACM/IEEEInternational Conference on Mobile Computing and Networking （MobiCom'02）, Sept. 2002.

[54] IEEE 802.11, "Part 11: Wireless lan medium access control（mac）and physical layer（phy）specification," Aug. 1999.

[55] D. Deng and R. Chang, "A priority scheme for IEEE 802.11dcf access method", IEICE Transactions on Communications,vol. 82, no. 1, 1999.

[56] A. Pal, A. Dogan, and F. Ozguner, "Mac layer protocols for real-traffic in ad hoc networks", in Proceedings of the IEEE International Conference on Parallel Processing（ICPP'02）,Sept. 2002.

[57] C. Lin and M. Gerla, "Maca/pr: An asynchronous multimedia multihop wireless network", in Proceedings of IEEE Conference on Computer Communications（INFOCOM'97）, Mar. 1997.

[58] N. Vaidya, S. Bahl, and S. Gupta, "Distributed fair scheduling in a wireless lan", in Proceedings of the 6th Annual ACM/IEEE International Conference on Mobile Computing and Networking （MobiCom'00）, Aug. 2000.

[59] http://telegraph.cs.berkeley.edu.tinydb/

[60] http://cougar.cs.cornell.edu/

[61] M. Li , Yh. Liu. Underground structure monitoring with wireless sensor networks. in Proceedings of the 6th international conference on Information processing in sensor networks（IPSN07）. 2007.

[62] Lufeng Mo，Yuan He，Yunhao Liu. Canopy Closure Estimates with GreenOrbs: Sustainable Sensing in the Forest. SenSys'09, November 4–6, 2009, Berkeley, CA, USA.

[63] C. Intanagonwiwat, R. Govindan, D. Estrin.Directed diffusion: a scalable and robust communication paradigm for sensor networks.MobiCom '00 Proceedings of the 6th annual international conference on Mobile computing and networking.

[64] J. Kulik, W. Heinzelman, H. Balakrishnan. Negotiation-based protocols for disseminating information in wireless sensor networks. Wireless Networks, 2002 dl.acm.org.

[65] Arati Manjeshwar and Dharma P. Agrawal.TEEN: A Routing Protocol for Enhanced Efficiency in Wireless Sensor Networks. in Proceedings of the 6th international conference on Information processing in sensor networks（IPSN01）. 2001.

[66] Jerry Zhao, Ramesh Govindan, Deborah Estrin. Residual Energy Scans for Monitoring Wireless Sensor Networks 2002.

[67] Kulik J, Heinzelman W R, Balakrishnan H. Negotiation-based protocols for disseminating information in wireless sensor networks 2002（2-3）.

[68] Ye W, Heidemann J, Estrin D. An energy-efficient MAC protocol for wireless sensor networks. In: Proc 21st Int'l Annual Joint Conference IEEE Computer and Communications Societies（INFOCOM

2002）, New York, NY, June 2002.

[69] I. Rhee, A. Warrier, M. Aia, and J. Min, "Zmac: a hybrid mac for wireless sensor networks". in Proceedings of the 3nd International Conference on Embedded Networked Sensor Systems（SenSys'05）, Nov. 2005.

[70] J. Polastre, J. Hill, D. Culler. "Versatile low power media access for wireless sensor networks". in Proceedings of the 2nd International Conference on Embedded Networked Sensor Systems（SenSys'04）, Nov. 2004.

[71] M. Buettner, G. V. Yee, E. Anderson, R. Han. "X-mac: A short preamble mac protocol for duty-cycled wireless sensor networks". in Proceedings of the 4nd International Conference on Embedded Networked Sensor Systems（SenSys'06）, Nov.2006.

[72] G. Ahn, E. Miluzzo, A. Campbell, S. Hong, F. Cuomo. "Funneling-mac: A localized,sink-oriented mac for boosting fidelity in sensor networks". in Proceedings of the 4nd International Conference on Embedded Networked Sensor Systems（SenSys'06）, Nov. 2006.

[73] IEEE 802.15.4—2006. "Part 15.4: Wireless medium access control（mac）and physical layer（phy）specifications for low-rate wireless personal area networks（wpans）". Sept. 2006.

[74] Y. Yu, D. Estrin, R. Govindan. "Geographical and energy-aware routing: a recursive data dissemination protocol for wireless sensor networks". Technical Report Computer Science Department Technical Report UCLA/CSD-TR-01-0023, UCLA, 2002, May.

[75] B. Karp and H. Kung. "GPSR: Greedy Perimeter Stateless Routing for Wireless Networks". in Proceedings of the Sixth Annual ACM/IEEE International Conference on Mobile Computing and Networking（MobiCom'00）, 2000, August.

[76] J. Newsome, D. Song GEM: Graph Embedding for routing and data-centric storage in sensor networks without geographic information. In Proc. 1st ACM Conf. on Embedded Networked Sensor Systems（SenSys'03）, Redwood, CA, Nov. 2003.

[77] R. Shah and J. Rabaey. "Energy aware routing for low energy ad hoc sensor networks". In Proceedings of the IEEE Wireless Communications and Networking Conference（WCNC'02）, Mar.2002.

[78] M. Youssef, M. Younis, K. Arisha. "A constrained shortest-path energy-aware routing algorithm for wireless sensor network". In Proceedings of the IEEE Wireless Communications and Networking Conference（WCNC'02）, Mar. 2002.

[79] M. Younis, M. Youssef, and K. Arisha. "Energy-aware routing in cluster-based sensor network". In Proceedings of ACM/IEEE MASCOTS'2002, Oct. 2002.

[80] J. Faruque, A. Helmy. "RUGGED: Routing on fingerprint gradients in sensor networks". In Proceedings of IEEE Int'l Conf. on Pervasive Services, July 2004.

[81] G. Gupta, M. Younis. "Fault-tolerant clustering of wireless sensor networks". In Procee-dings of the IEEE Wireless Communication and Networks Conference（WCNC 2003）, Mar.2003.

[82] A. Datta. "Fault-tolerant and energy-efficient permutation routing protocol for wireless networks". In Proceedings of International Parallel and Distributed Processing Symposium（IPDPS'03）, Apr. 2003.

[83] G. Khanna, S. Bagchi, Y. Wu. "Fault tolerant energy aware data dissemination protocol in sensor networks". In Proceedings of 2004 International Conference on Dependable Systems and Networks

（DSN'04）, June 2004.

[84] F. Stann and J. Heidemann. "Rmst: Reliable data transport in sensor networks". In Proceedings of the First International Workshop on Sensor Net Protocols and Applications, Apr.2003.

[85] C. Wan, A. Campbell, L. Krishnamurthy. "Psfq: A reliable transport protocol for wireless sensor networks". In Proceedings of the 1st ACM international workshop on Wireless sensor networks and applications, Sept. 2002.

[86] B. Deb, S. Bhatnagar, B. Nath, ReInforM: Reliable Information Forwarding using Multiple paths in sensor networks. In Proc 28th Annual IEEE Conf. on Local Computer Networks（LCN）,October 2003.

[87] T. He, J. Stankovic, C. Lu, T. Abdelzaher. SPEED: A stateless protocol for realtime communication in sensor networks. In Proc. 23rd Int'l Conf. on Distributed Computing System, Rhode Island, 2003.

[88] 孙利民，李建中，陈渝等. 无线传感器网络 [M]. 北京：清华大学出版社，2005.

[89] K. Akkaya, M. Younis. "A survey on routing protocols in wireless sensor networks". Ad Hoc Networks, 2004, 3（3）:325–349.

[90] D. Estrin, R. Govindan, J. Heidemann, S. Kumar. Next century challenges: Scalable coordination in sensor networks. in Proc. Int. Conf. Mobile Computing and Networking（MOBICOM）, 1999，263–270.

[91] J. Agre, L. Clare.An integrated architecture for cooperative sensing networks[J]. IEEE Computer Magazine. 2000, 33（5）: 106-108.

[92] Xufei Mao, Xin Miao, Yuan He. CitySee: Urban $CO_2$ Monitoring with Sensors. INFOCOM 2012.

[93] BaoL, Garcia-Luna-Aceves J J.A New approach to charmel aceess scheduling for adhoc networks[C]. In: proc 7th Int-1 Confon Mobile Computing and Networking（MobiCOM 2001）. Rome, Italy, July 16-21, 2001，210-221.

[94] V.Rajendran, K.Obraczka, Gareia-Lrma and J.J Aceves. Energy-efficient, Collision-free Medium Aeeess Control for Wireless Sensor Networks[J].proc1st, Int'1 Conference on Embedded Networked Sensor Systems（Sensys.03）, LosAngeles, CA, 2003.

[95] T Van Dam, K Langendoen，An adaptive energy-efficient MAC protocol for wireless sensor networks，SenSys '03 Proceedings of the 1st international conference on Embedded networked sensor systems.

[96] A El-Hoiydi, JD Decotignie .WiseMAC: an ultra low power MAC protocol for the downlink of infrastructure wireless sensor networks .Computers and Communications 2004.

[97] E. Ziouva, T. Antonakopoulos.CSMA/CA performance under high traffic conditions: throughput and delay analysis.Computer Communications, 2002 - Elsevier.

[98] Digital Sun http://www.digitalsun.com/

[99] en.wikipedia.org/wiki/Link_16
GreenOrbs http://www.greenorbs.org/.

[100] MEMS http://www.stmcu.org

[101] http://www.fqdz.net

[102] http://italian.alibaba.com

[103] Linnyer Beatrys Ruiz. MANNA: A Management Architecture for Wireless Sensor Networks[OL]. http://www.dcc.ufmjz.br.

[104] A.Arora, P. Dutta, S. Bapat, V. Kulathumani, H. Zhang. "A line in the sand: A wireless sensor

network for target detection, classification, and tracking". Computer Networks，2004，46（5）：605–634.

[105] H. Tian, S. Krishnamurthy, J. Stankovic. "VigilNet: An integrated sensor network system for energy-efficient surveillance". ACM Transactions on Sensor Networks（TOSN），February 2006.

[106] Bhishek Das，Abhoshek Ghose. "Enhancing Performance of Asynchronous Data Traffic over the Bluetooth Wireless Ad-hoc Network". Proc，IEEE INFOCOM'01(Apr. 2001).

[107] atrick Kinney ZigBee Technology: Wireless Control that Simply Works. http://www.zigbee.org/.

[108] SAN RAMON, Calif ZigBee IP: The First Open Standard for IPv6-Based Wireless Mesh Networks http://www.zigbee.org/.

[109] 高守玮，吴灿阳. ZigBee 技术实践教程 [M]. 北京：北京航空航天大学出版社，2009.

[110] 李文仲，段朝玉. ZigBee 2007/PRO 协议栈实验与实践 [M]. 北京：北京航空航天大学出版社，2009.

[111] 钟永峰，刘永俊. ZigBee 无线传感器网络 [M]. 北京：北京邮电大学出版社，2011.

[112] 吕治安. ZigBee 网络原理与应用开发 [M]. 北京：北京航空航天大学出版社，2008.

[113] 瞿雷，刘盛德，胡咸斌. ZigBee 技术及应用 [M]. 北京：北京航空航天大学出版社，2007.

[114] 孙利民. 无线传感器网络 [M]. 北京：北京清华大学出版社，2005.

[115] 刘云浩. 物联网导论 [M]. 科学出版社，2011.

[116] 孙亭，杨永田，李立宏. 无线传感器网络发展现状 [J]. 电子技术应用. 2006（6）.

[117] CC2530 Data Sheet[OL]. http://www.ti.com

[118] CC2530ZDK User's Guide [OL]. http://www.ti.com

[119] Z-Stack[OL].http://www.ti.com

[120] MC13193 DataSheet[OL]. http://www.freescale.com.cn

[121] MC13193 Reference Manual[OL]. http://www.freescale.com.cn

[122] BeeStack[OL].http://www.freescale.com.cn

[123] EMBER[OL]. http://www.silabs.com/

[124] EXPLORERF-CC2530 系统使用说明书 , http://www.rfmcu.cn

[125] FBee Zigbee Module 产品手册 V1.12, http://bbs.feibit.com

[126] 8051 IAR Embedded Workbench Help, http://www.iar.com

[127] SmartRF ™ Packet Sniffer User Manual, http://www.ti.com

[128] Perytons ™ Protocol Analyzer User Manual, http://www.perytons.com

[129] ZigBee Wireless Networks And Transceivers, Elsevier's Science & Technology Rights in Oxford，2008.

[130] http://www.zigbee.org/Standards/Overview.aspx

[131] http://www.cnblogs.com/yqh2007/archive/2011/04/27/2030014.html

[132] http://www.ti.com.cn/tool/cn/cc2530-cc2591emk

[133] http://www.ece.msstate.edu/~reese/msstatePAN/

[134] http://sourceforge.net/projects/freakz/

[135] http://www.sics.se/contiki/